U0223635

国家出版基金资助项目

现代数学中的著名定理纵横谈丛书

丛书主编　王梓坤

THE PRINCIPLE OF
EINSTEIN'S SPECIAL THEORY OF RELATIVITY

Einstein狭义相对论原理

刘培杰物理工作室　编

哈尔滨工业大学出版社

HARBIN INSTITUTE OF TECHNOLOGY PRESS

内容简介

本书主要叙述了 Einstein 狭义相对论原理的相关知识以及 Einstein 在物理学上的主要成就.本书内容涵盖了相对论的一般概念、相对论运动学、相对论动力学、场论等.

本书适合物理专业研究爱好者及大学教师、物理等相关专业的学生研读.

图书在版编目(CIP)数据

Einstein 狭义相对论原理/刘培杰物理工作室编. —哈尔滨:哈尔滨工业大学出版社,2018.8
(现代数学中的著名定理纵横谈丛书)
ISBN 978 - 7 - 5603 - 6544 - 2

Ⅰ.①E… Ⅱ.①刘… Ⅲ.①狭义相对论
Ⅳ.①O412.1

中国版本图书馆 CIP 数据核字(2017)第 073319 号

策划编辑	刘培杰　张永芹	
责任编辑	张永芹　李宏艳	
封面设计	孙茵艾	
出版发行	哈尔滨工业大学出版社	
社　　址	哈尔滨市南岗区复华四道街 10 号　邮编 150006	
传　　真	0451－86414749	
网　　址	http://hitpress.hit.edu.cn	
印　　刷	哈尔滨市石桥印务有限公司	
开　　本	787mm×960mm　1/16　印张 43.75　字数 532 千字	
版　　次	2018 年 8 月第 1 版　2018 年 8 月第 1 次印刷	
书　　号	ISBN 978 - 7 - 5603 - 6544 - 2	
定　　价	198.00 元	

读书的乐趣

你最喜爱什么——书籍.

你经常去哪里——书店.

你最大的乐趣是什么——读书.

这是友人提出的问题和我的回答. 真的,我这一辈子算是和书籍,特别是好书结下了不解之缘. 有人说,读书要费那么大的劲,又发不了财,读它做什么? 我却至今不悔,不仅不悔,反而情趣越来越浓. 想当年,我也曾爱打球,也曾爱下棋,对操琴也有兴趣,还登台伴奏过. 但后来却都一一断交,"终身不复鼓琴". 那原因便是怕花费时间,玩物丧志,误了我的大事——求学. 这当然过激了一些. 剩下来唯有读书一事,自幼至今,无日少废,谓之书痴也可,谓之书橱也可,管它呢,人各有志,不可相强. 我的一生大志,便是教书,而当教师,不多读书是不行的.

读好书是一种乐趣,一种情操;一种向全世界古往今来的伟人和名人求

1

教的方法,一种和他们展开讨论的方式;一封出席各种活动、体验各种生活、结识各种人物的邀请信;一张迈进科学官殿和未知世界的入场券;一股改造自己、丰富自己的强大力量.书籍是全人类有史以来共同创造的财富,是永不枯竭的智慧的源泉.失意时读书,可以使人重整旗鼓;得意时读书,可以使人头脑清醒;疑难时读书,可以得到解答或启示;年轻人读书,可明奋进之道;年老人读书,能知健神之理.浩浩乎! 洋洋乎! 如临大海,或波涛汹涌,或清风微拂,取之不尽,用之不竭.吾于读书,无疑义矣,三日不读,则头脑麻木,心摇摇无主.

潜能需要激发

我和书籍结缘,开始于一次非常偶然的机会.大概是八九岁吧,家里穷得揭不开锅,我每天从早到晚都要去田园里帮工.一天,偶然从旧木柜阴湿的角落里,找到一本蜡光纸的小书,自然很破了.屋内光线暗淡,又是黄昏时分,只好拿到大门外去看.封面已经脱落,扉页上写的是《薛仁贵征东》.管它呢,且往下看.第一回的标题已忘记,只是那首开卷诗不知为什么至今仍记忆犹新:

日出遥遥一点红,飘飘四海影无踪.

三岁孩童千两价,保主跨海去征东.

第一句指山东,二、三两句分别点出薛仁贵(雪、人贵).那时识字很少,半看半猜,居然引起了我极大的兴趣,同时也教我认识了许多生字.这是我有生以来独立看的第一本书.尝到甜头以后,我便千方百计去找书,向小朋友借,到亲友家找,居然断断续续看了《薛丁山征西》《彭公案》《二度梅》等,樊梨花便成了我心

2

中的女英雄.我真入迷了.从此,放牛也罢,车水也罢,我总要带一本书,还练出了边走田间小路边读书的本领,读得津津有味,不知人间别有他事.

当我们安静下来回想往事时,往往会发现一些偶然的小事却影响了自己的一生.如果不是找到那本《薛仁贵征东》,我的好学心也许激发不起来.我这一生,也许会走另一条路.人的潜能,好比一座汽油库,星星之火,可以使它雷声隆隆、光照天地;但若少了这粒火星,它便会成为一潭死水,永归沉寂.

抄,总抄得起

好不容易上了中学,做完功课还有点时间,便常光顾图书馆.好书借了实在舍不得还,但买不到也买不起,便下决心动手抄书.抄,总抄得起.我抄过林语堂写的《高级英文法》,抄过英文的《英文典大全》,还抄过《孙子兵法》,这本书实在爱得狠了,竟一口气抄了两份.人们虽知抄书之苦,未知抄书之益,抄完毫末俱见,一览无余,胜读十遍.

始于精于一,返于精于博

关于康有为的教学法,他的弟子梁启超说:"康先生之教,专标专精、涉猎二条,无专精则不能成,无涉猎则不能通也."可见康有为强烈要求学生把专精和广博(即"涉猎")相结合.

在先后次序上,我认为要从精于一开始.首先应集中精力学好专业,并在专业的科研中做出成绩,然后逐步扩大领域,力求多方面的精.年轻时,我曾精读杜布(J. L. Doob)的《随机过程论》,哈尔莫斯(P. R. Halmos)的《测度论》等世界数学名著,使我终身受益.简言之,即"始于精于一,返于精于博".正如中国革命一样,必须先有一块根据地,站稳后再开创几块,最后连成一片.

丰富我文采,澡雪我精神

辛苦了一周,人相当疲劳了,每到星期六,我便到旧书店走走,这已成为生活中的一部分,多年如此.一次,偶然看到一套《纲鉴易知录》,编者之一便是选编《古文观止》的吴楚材.这部书提纲挈领地讲中国历史,上自盘古氏,直到明末,记事简明,文字古雅,又富于故事性,便把这部书从头到尾读了一遍.从此启发了我读史书的兴趣.

我爱读中国的古典小说,例如《三国演义》和《东周列国志》.我常对人说,这两部书简直是世界上政治阴谋诡计大全.即以近年来极时髦的人质问题(伊朗人质、劫机人质等),这些书中早就有了,秦始皇的父亲便是受害者,堪称"人质之父".

《庄子》超尘绝俗,不屑于名利.其中"秋水""解牛"诸篇,诚绝唱也.《论语》束身严谨,勇于面世,"己所不欲,勿施于人",有长者之风.司马迁的《报任少卿书》,读之我心两伤,既伤少卿,又伤司马;我不知道少卿是否收到这封信,希望有人做点研究.我也爱读鲁迅的杂文,果戈理、梅里美的小说.我非常敬重文天祥、秋瑾的人品,常记他们的诗句:"人生自古谁无死,留取丹心照汗青""休言女子非英物,夜夜龙泉壁上鸣".唐诗、宋词、《西厢记》《牡丹亭》,丰富我文采,澡雪我精神,其中精粹,实是人间神品.

读了邓拓的《燕山夜话》,既叹服其广博,也使我动了写《科学发现纵横谈》的心.不料这本小册子竟给我招来了上千封鼓励信.以后人们便写出了许许多多的"纵横谈".

从学生时代起,我就喜读方法论方面的论著.我想,做什么事情都要讲究方法,追求效率、效果和效益,方法好能事半而功倍.我很留心一些著名科学家、文学家写的心得体会和经验.我曾惊讶为什么巴尔扎克在51年短短的一生中能写出上百本书,并从他的传记中去寻找答案.文史哲和科学的海洋无边无际,先哲们的明智之光沐浴着人们的心灵,我衷心感谢他们的恩惠.

读书的另一面

以上我谈了读书的好处,现在要回过头来说说事情的另一面.

读书要选择.世上有各种各样的书:有的不值一看,有的只值看20分钟,有的可看5年,有的可保存一辈子,有的将永远不朽.即使是不朽的超级名著,由于我们的精力与时间有限,也必须加以选择.决不要看坏书,对一般书,要学会速读.

读书要多思考.应该想想,作者说得对吗?完全吗?适合今天的情况吗?从书本中迅速获得效果的好办法是有的放矢地读书,带着问题去读,或偏重某一方面去读.这时我们的思维处于主动寻找的地位,就像猎人追找猎物一样主动,很快就能找到答案,或者发现书中的问题.

有的书浏览即止,有的要读出声来,有的要心头记住,有的要笔头记录.对重要的专业书或名著,要勤做笔记,"不动笔墨不读书".动脑加动手,手脑并用,既可加深理解,又可避忘备查,特别是自己的灵感,更要及时抓住.清代章学诚在《文史通义》中说:"札记之功必不可少,如不札记,则无穷妙绪如雨珠落大海矣."

许多大事业、大作品,都是长期积累和短期突击相结合的产物.涓涓不息,将成江河;无此涓涓,何来江河?

爱好读书是许多伟人的共同特性,不仅学者专家如此,一些大政治家、大军事家也如此.曹操、康熙、拿破仑、毛泽东都是手不释卷,嗜书如命的人.他们的巨大成就与毕生刻苦自学密切相关.

王梓坤

目录

第一篇

绪　　论

引言

第一章

Einstein 的相对论原理在其诞辰百年之后再次受到全世界的关注.

2016 年 2 月 11 日,美国"激光干涉仪引力波天文台(LIGO)"项目组宣布发现引力波,证实了 Einstein 100 年前所做的预测,广义相对论彻底获得验证.引力波发现后,美国麻省理工学院校长发了一封公开信,信中评价基础科学研究的一番话发人深省:"它是艰苦的、严谨的和缓慢的,又是震撼的、革命性的和催化性的.没有基础科学,最好的设想就无法得到改进,创新只能是修修补补.只有基础科学进步,社会才能进步."

亚利桑那州立大学的理论物理学家劳伦斯克劳斯日前在一篇专栏文章中写道:"人们常常会问,如果不能生产更快的汽车或更好的烤面包机,像(引力波)这样的科学研究有什么用处. 但是对于毕加索的油画或莫扎特的交响乐,人们却很少问同样的问题,这些人类创造力的巅峰之作改变了我们对于自身在宇宙中的位置的看法. 与艺术、音乐和文学一样,科学拥有令人惊奇和兴奋、目眩和迷惑的能力. 科学的文化贡献及其所具有的人性,或许就是它最为重要的特征. "

请不要忘记,电磁波的发现最终使人类有了无线电通信和手机,在狭义相对论中质能关系理论指导下,科学家最终制造出了原子弹、氢弹和核反应堆,卫星定位等技术也借助了狭义相对论的知识. 基础科学研究可以带给人类什么? 它带给人类无穷的可能.

正如 Peter Lax 所指出:数学和物理的关系尤其牢固. 其原因在于,数学的课题毕竟是一些问题,而许多数学问题是物理中产生出来的,并且不止于此,许多数学理论正是为处理深刻的物理问题而发展出来的.

这正如本书的主题.

我们先从四道 IPhO(International Physics Olympiad) 试题谈起.

国际奥林匹克物理竞赛是国际中学生的物理大赛,1967 年由波兰等三个东欧国家的物理学家倡议发起,第一届竞赛在波兰华沙举行,邀请五个东欧国家的代表队参赛,包括捷克斯洛伐克、匈牙利、波兰、保加利亚和罗马尼亚. 每个代表队有三名队员. 以后范围扩大到西欧、美洲和亚洲等许多国家,逐渐成为国际性的中

学生物理竞赛. 中国 1986 年首次参赛.

　　竞赛的目的是增进中学物理教学的国际交流；促进物理学课外活动的开展，加强各国青年之间的相互了解与合作；激发参赛者的创造能力，提高中学生解决实际问题的能力. 我们发现 Einstein 的狭义相对论在历届试题中时有出现，下面仅举几例.

　　题 1　某电子显微镜电子的加速电压 $U = 512\ \text{kV}$，先将静止电子加速，加速后的电子束进入非均匀磁场区，非均匀磁场由一系列线圈 $L_1, L_2, \cdots, L_N$ 产生，各线圈中的电流强度分别为 $i_1, i_2, \cdots, i_N$. 电子在非均匀磁场区沿一确定轨道 T 运动. 今欲将该电子显微镜改装成质子显微镜，以 $-U$ 加速静止质子，要求质子进入非均匀磁场区后沿着与电子完全相同的轨道运动，则各线圈中的电流 $i'_1, i'_2, \cdots, i'_N$ 与原电流 $i_1, i_2, \cdots, i_N$ 应有何种关系？

　　分析　首先弄清轨道完全相同的条件. 设空间曲线切线方向的单位矢量用 $\boldsymbol{\tau}$ 表示，曲线弧长改变 $\mathrm{d}s$ 时，$\boldsymbol{\tau}$ 的改变量为 $\mathrm{d}\boldsymbol{\tau}$. 若两条光滑曲线 $\boldsymbol{\tau}_1$ 和 $\boldsymbol{\tau}_2$ 的对应点恒有

$$\frac{\mathrm{d}\boldsymbol{\tau}_1}{\mathrm{d}s_1} = \frac{\mathrm{d}\boldsymbol{\tau}_2}{\mathrm{d}s_2} \qquad (1)$$

则通过曲线的平移操作，总能使 $\boldsymbol{\tau}_1$ 和 $\boldsymbol{\tau}_2$ 处处重合. 本题中电子和质子均从同一点进入磁场区，只要满足式（1），两者的轨道就完全重合.

　　电子和质子在磁场中受洛伦兹力 $\boldsymbol{F} = q\boldsymbol{v} \times \boldsymbol{B}$ 的作用，它们在磁场中的运动轨道由动力方程 $\boldsymbol{F} = \dfrac{\mathrm{d}\boldsymbol{p}}{\mathrm{d}t}$ 决定，

据此可得 $\dfrac{\mathrm{d}\boldsymbol{\tau}}{\mathrm{d}s}$ 与磁感应强度 $\boldsymbol{B}$ 的关系,再由条件式(1),并应用动量和能量的相对论关系,可得出使用电子束和质子束时所需磁场之间的关系.

解 设带电粒子的电量为 q,速度为 $\boldsymbol{v}$,动量为 $\boldsymbol{p}$,则其动力方程为

$$q\boldsymbol{v} \times \boldsymbol{B} = \frac{\mathrm{d}\boldsymbol{p}}{\mathrm{d}t} \tag{2}$$

上式两边点乘 $\boldsymbol{p}$,得

$$(q\boldsymbol{v} \times \boldsymbol{B}) \cdot \boldsymbol{p} = \frac{\mathrm{d}\boldsymbol{p}}{\mathrm{d}t} \cdot \boldsymbol{p}$$

因 $\boldsymbol{p} = m\boldsymbol{v}$,上式左边为零,右边为

$$\frac{\mathrm{d}\boldsymbol{p}}{\mathrm{d}t} \cdot \boldsymbol{p} = \frac{1}{2} \frac{\mathrm{d}}{\mathrm{d}t}(\boldsymbol{p} \cdot \boldsymbol{p}) \frac{\mathrm{d}\boldsymbol{p}}{\mathrm{d}t} = \frac{1}{2} \frac{\mathrm{d}}{\mathrm{d}t}p^2$$

故

$$\frac{\mathrm{d}p^2}{\mathrm{d}t} = 0$$

$$p = 常量 \tag{3}$$

由式(2),有

$$q\boldsymbol{v} \times \boldsymbol{B} = \frac{\mathrm{d}\boldsymbol{p}}{\mathrm{d}t} = \frac{\mathrm{d}\boldsymbol{p}}{\mathrm{d}s} \cdot \frac{\mathrm{d}s}{\mathrm{d}t} = v\frac{\mathrm{d}\boldsymbol{p}}{\mathrm{d}s} = vp\frac{\mathrm{d}}{\mathrm{d}s}\left(\frac{\boldsymbol{p}}{p}\right)$$

上式最后一步用到了式(3)$p = $ 常量. 因

$$\boldsymbol{\tau} = \frac{\boldsymbol{v}}{v} = \frac{\boldsymbol{p}}{p}$$

故上式可写为

$$\frac{\mathrm{d}\boldsymbol{\tau}}{\mathrm{d}s} = \frac{q}{pv}\boldsymbol{v} \times \boldsymbol{B} = \frac{q}{p}\boldsymbol{\tau} \times \boldsymbol{B}$$

分别用下标 e 和 p 区别电子和质子的有关量,用电子束时的磁场为 $\boldsymbol{B}$,用质子束时的磁场为 $\boldsymbol{B}'$,则有

$$\frac{\mathrm{d}\boldsymbol{\tau}_{e}}{\mathrm{d}s_{e}} = \frac{q_{e}}{p_{e}}\boldsymbol{\tau}_{e} \times \boldsymbol{B} \qquad (4)$$

$$\frac{\mathrm{d}\boldsymbol{\tau}_{p}}{\mathrm{d}s_{p}} = \frac{q_{p}}{p_{p}}\boldsymbol{\tau}_{p} \times \boldsymbol{B}' = -\frac{q_{e}}{p_{p}}\boldsymbol{\tau}_{p} \times \boldsymbol{B}' \qquad (5)$$

轨道重合的条件为

$$\frac{\mathrm{d}\boldsymbol{\tau}_{e}}{\mathrm{d}s_{e}} = \frac{\mathrm{d}\boldsymbol{\tau}_{p}}{\mathrm{d}s_{p}}$$

此时轨道的每一点有

$$\boldsymbol{\tau}_{e} = \boldsymbol{\tau}_{p}$$

由式(4)(5),得

$$\boldsymbol{B}' = -\frac{p_{p}}{p_{e}}\boldsymbol{B} \qquad (6)$$

根据式(3),p_{p} 和 p_{e} 均为常量,等于由加速电压 $U = 512\ \mathrm{kV}$ 加速后的动量. 只要求出 p_{e} 和 p_{p},根据式(6),即可得出 $\boldsymbol{B}$ 与 $\boldsymbol{B}'$ 之间的具体关系. 对电子,加速后的动能正好等于电子的静止能量,即

$$E_{ke} = 512\ \mathrm{keV} = m_{e}c^{2}$$

式中,m_{e} 为电子的静止质量,计算电子动量必须用相对论公式

$$p_{e}^{2}c^{2} = (E_{ke} + m_{e}c^{2})^{2} - m_{e}^{2}c^{4} = 3E_{ke}^{2}$$

故

$$p_{e} = \frac{\sqrt{3}}{c}E_{ke}$$

对质子,其静止能量为

$$m_{p}c^{2} = \frac{1.67 \times 10^{-27} \times (3 \times 10^{8})^{2}}{1.60 \times 10^{-19}}\mathrm{eV} = 941\ \mathrm{MeV}$$

可见,质子动能

$$E_{kp} = 512\ \mathrm{keV} \ll m_{p}c^{2}$$

质子动量 p_p 可用经典近似,为

$$p_p = \sqrt{2m_p E_{kp}} = \frac{1}{c}\sqrt{2(m_p c^2) E_{kp}}$$

于是,得出

$$\frac{p_p}{p_e} = \sqrt{\frac{2m_p c^2}{3E_{ke}}} = \sqrt{\frac{2 \times 941 \times 10^3}{3 \times 512}} = 35.0$$

由式(6),有

$$B' = -35.0B$$

因此,当用质子束代替电子束时,为使两者的轨道完全重合,磁场区每个点的 B' 应为 B 的 35.0 倍,而方向则相反. 因 i 与 B 成正比,故各线圈的电流应满足

$$i'_n = -35.0i_n, n = 1, 2, \cdots, N$$

〔本题是 1989 年第 20 届 IPhO(国际中学生物理奥林匹克竞赛)试题.〕

题 2　如图 1 所示,有一均匀带电的正方形绝缘线框 ABCD,每边边长为 L,线框上串有许多带电小球(看成质点),每个小球的带电量为 q,每边的总带电量为零(即线框的带电量和各小球的带电量互相抵消). 今各小球相对线框以速率 u 沿绝缘线做匀速运动,在线框参考系中测得相邻两小球的间距为 a(≪L). 线框又沿边 AB 以速率 v 在自身平面内相对 S 系做匀速运动. 在线框范围内存在一均匀电场 **E**,其方向与线框平面的倾角为 θ. 考虑相对论效应,试在 S 系中计算以下各量:

1. 线框各边上相邻两小球的间距 $a_{AB}, a_{BC}, a_{CD}, a_{DA}$.

2. 线框各边的净电量 $Q_{AB}, Q_{BC}, Q_{CD}, Q_{DA}$.

3. 线框和小球系统所受的电力矩大小.

4. 线框和小球系统的电势能.

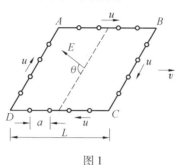

图 1

分析 首先建立坐标系. 设进行观测的坐标系为 S, 绝缘线框静止的坐标系为 S', 小球静止的坐标系为 S'', 各坐标系的 x 轴与边 AB 一致. 求 a_{AB} 时, 首先将 S' 系中的小球间距根据洛伦兹收缩公式转换成 S'' 系中的间距, 再由相对论速度合成法则求出小球(即 S'' 系)相对 S 系的运动速度, 再次利用洛伦兹收缩公式, 将 S'' 系中的间距转换到 S 系中. 其他各边的间距可用同法求得.

计算各边净带电量时, 必须注意以下事实, 即带电量是交换不变量, 所以绝缘线的带电量不因坐标变换而改变. 但计算小球总的带电量时, 必须考虑边长的洛伦兹收缩和小球间距的改变, 前者仅与速度 v 有关, 后者不仅与 v, 而且还与 u 有关. 故两者对小球带电总量的影响不能抵消, 从而出现不为零的净电荷.

各边的净电量算出后, 电力矩和电势能就容易求得.

解 1. 先算 a_{AB}. 设在 S'' 系中相邻两小球的间距为 a_0, 它是静止长度. 题给间距 a 是 S' 系中的间距, S' 和 S'' 的相对速度为 u, 根据洛伦兹收缩公式, 有

$$a_0 = \frac{a}{\sqrt{1 - \dfrac{u^2}{c^2}}} \tag{1}$$

按速度合成法则,小球(即 S'' 系)相对 S 系的速度为

$$u_{AB} = \frac{u + v}{1 + \dfrac{uv}{c^2}} \tag{2}$$

把 S'' 系中的间距转换到 S 系,得出 S 系中的间距为

$$a_{AB} = \sqrt{1 - \frac{u_{AB}^2}{c^2}}\, a_0$$

把式(1)(2)代入,化简后得

$$a_{AB} = \frac{\sqrt{1 - \dfrac{v^2}{c^2}}}{1 + \dfrac{uv}{c^2}}\, a \tag{3}$$

计算 a_{CD} 时,因小球相对线框的速度反向,故只需把式(3)中的 u 用 $-u$ 代替即可,得

$$a_{CD} = \frac{\sqrt{1 - \dfrac{v^2}{c^2}}}{1 - \dfrac{uv}{c^2}}\, a$$

由于边 BC 和 DA 与线框的运动方向垂直,故线度测量在 S' 与 S 系间无洛伦兹收缩,所以

$$a_{BC} = a_{DA} = a$$

2. 在 S' 系中每边绝缘线上的电量为

$$Q_L = -\frac{L}{a}q$$

其中, $\dfrac{L}{a}$ 为各边上的小球数. 因电量是变换不变量,故

在 S 系中也是该值.

先算 Q_{AB}. 在 S 系中边长为 $L\sqrt{1-\dfrac{v^2}{c^2}}$,小球间距为 a_{AB} ,故 AB 边上小球带电总量为

$$Q_{AB,球} = \frac{L\sqrt{1-\dfrac{v^2}{c^2}}}{a_{AB}}q$$

把式(3)代入,得

$$Q_{AB,球} = \frac{L}{a}\left(1+\frac{uv}{c^2}\right)q$$

于是 AB 边净电量为

$$Q_{AB} = Q_L + Q_{AB,球} = \frac{Luv}{ac^2}q$$

同理可得边 CD 上小球的带电总量为

$$Q_{CD,球} = \frac{L\sqrt{1-\dfrac{v^2}{c^2}}}{a_{CD}}q = \frac{L}{a}\left(1-\frac{uv}{c^2}\right)q$$

边 CD 净电量为

$$Q_{CD} = Q_L + Q_{CD,球} = -\frac{Luv}{ac^2}q$$

在 S 系中测得 BC 和 DA 的边长仍为 L ,小球间距仍为 a ,故

$$Q_{BC,球} = Q_{DA,球} = \frac{L}{a}q$$

这两条边的净电量为

$$Q_{BC} = Q_{DA} = Q_L + \frac{L}{a}q = 0$$

总之, AB 和 CD 两边所带净电量等量异号,而 BC 和 DA 两边不带电(正、负电之和为零).

3. 边 AB 和 CD 所受电场力分别为

$$\boldsymbol{F}_{AB} = Q_{AB}\boldsymbol{E} = \frac{Luv}{ac^2}q\boldsymbol{E}$$

$$\boldsymbol{F}_{CD} = Q_{CD}\boldsymbol{E} = -\frac{Luv}{ac^2}q\boldsymbol{E}$$

上述两力对线框形成力偶矩,其大小为

$$M = \mid \boldsymbol{F}_{AB} \mid L\sin\theta = \frac{L^2uv}{ac^2}qE\sin\theta$$

4. 因边 AB 和 CD 均与 $\boldsymbol{E}$ 垂直. 故边 AB 和 CD 均处于 $\boldsymbol{E}$ 场的等势位置,设它们的电势分别为 U_{AB} 和 U_{CD},则线框的电势能为

$$W = Q_{AB}U_{AB} + Q_{CD}U_{CD}$$

为确定 U_{AB} 和 U_{CD},如图 2 所示,建立与 $\boldsymbol{E}$ 垂直的参考平面 P,边 AB 与平面 P 的垂直距离为 R,并规定平面 P 的电势为零,则边 AB 和 CD 的电势为

$$U_{AB} = -ER$$
$$U_{CD} = -E(R + L\cos\theta)$$

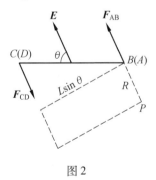

图 2

故线框电势能为

$$W = -ERQ_{AB} - E(R + L\cos\theta)Q_{CD}$$

因 $Q_{AB} = -Q_{CD}$，代入，得

$$W = ELQ_{AB}\cos\theta = \frac{L^2uv}{c^2a}\cos\theta$$

〔本题是1991年第22届IPhO（国际中学生物理奥林匹克竞赛）试题.〕

题3 相对论性粒子.

在狭义相对论里，一个质量为 m_0 的自由粒子的能量 E 和动量 p 之间的关系为

$$E = (p^2c^2 + m_0^2c^4)^{\frac{1}{2}} = mc^2$$

当这样的粒子受到一个保守力作用时，其总能量，即 $(p^2c^2 + m_0^2c^4)^{\frac{1}{2}}$ 与势能之和是守恒的. 如果粒子的能量非常高，则它的静止能量可以忽略，这样的粒子叫作极端相对论性粒子.

1. 考虑一个能量极高的做一维运动的粒子（忽略静止能量），受到一个大小为 f = 常量的向心吸引力的作用. 设开始时（$t = 0$）粒子处于力心（$x = 0$），具有初始动量 p_0. 试在 (p, x) 图上（动量 – 空间坐标图）和在 (x, t) 图上（坐标 – 时间图）分别画出粒子运动的图像，要求至少画一个运动周期，标明各转折点的坐标（用所给参数 p_0 和 f 表示），并在 (p, x) 图上用箭头指示出运动过程的方向.

2. 介子是一种由两个夸克构成的粒子. 介子的静止质量 M 等于两夸克系统的总能量除以 c^2.

考虑一个关于静止介子的一维模型，其中两个夸克沿着 x 轴运动，它们之间存在着一个常数吸引力，大小为 f，并假定它们可以自由地互相穿透. 在分析夸克的高能运动时，它们的静止质量可以忽略. 设开始计时时($t=0$)两夸克都在 $x=0$ 处. 试在(x,t)图上和(p,x)图上指示出运动的方向,并求出两夸克之间的最大距离.

　　3. 上面第 2 问中所用的参考系记为 S,今有一实验室参考系 S',S' 相对于 S 以恒定速度 $v=0.6c$ 沿负 x 方向运动. 两参考系的坐标这样选择,即使得 S 系中的 $x=0$ 点与 S' 系中的 $x'=0$ 点在 $t=t'=0$ 时重合. 试在(x',t')图上画出两夸克的运动图像,标出转折点的坐标(用 M,f 和 c 表示),并给出 S' 系观察到的两夸克之间的最大距离.

　　在 S 系和 S' 系中观察到的粒子的坐标之间的关系由洛伦兹变换决定,即

$$x' = r(x + \beta ct)$$

$$t' = r\left(t + \frac{\beta x}{c}\right)$$

式中,$\beta = \dfrac{v}{c}$,$r = \dfrac{1}{\sqrt{1-\beta^2}}$,$v$ 是 S 系相对于 S' 系的速度.

　　4. 已知一介子,其静止能量为 $Mc^2 = 140$ MeV,相对于实验室系 S' 的速度为 $0.60c$. 试求出它在 S' 系中的能量.

　　解　1. 取力心为空间坐标 x 的原点和势能零点,则粒子的势能 $U(x)$ 和总能量 W 分别为

$$U(x) = f \mid x \mid$$

$$W = \sqrt{p^2 c^2 + m_0^2 c^4} + f \mid x \mid \tag{1}$$

若忽略静止能量,得

$$W = \mid p \mid c + f \mid x \mid \tag{2}$$

因总能量 W 在整个运动过程中守恒,故有

$$W = |\ p\ |\ c + f|\ x\ | = p_0 c \qquad (3)$$

取粒子初始动量的方向为 x 的正方向，则上式可写为

$$\begin{cases} pc + fx = p_0 c, 当\ x > 0, p > 0 \\ -pc + fx = p_0 c, 当\ x > 0, p < 0 \\ pc - fx = p_0 c, 当\ x < 0, p > 0 \\ -pc - fx = p_0 c, 当\ x < 0, p < 0 \end{cases} \qquad (4)$$

当 $p = 0$ 时，粒子到达离原点最远处，设此距离为 L，由式（3）可得

$$L = \frac{p_0 c}{f} \qquad (5)$$

由 $x = 0$ 时 $p = p_0$ 和牛顿定律，得

$$\frac{\mathrm{d}p}{\mathrm{d}t} = F = \begin{cases} -f, 当\ x > 0 \\ f, 当\ x < 0 \end{cases} \qquad (6)$$

可求得粒子从原点运动至离原点最远处（$p = 0$）所需时间 τ 为

$$\tau = \frac{p_0}{f} \qquad (7)$$

由式（3）及式（6），可求得粒子运动的速率为

$$\left| \frac{\mathrm{d}x}{\mathrm{d}t} \right| = \frac{c}{f} \left| \frac{\mathrm{d}p}{\mathrm{d}t} \right| = c$$

即粒子总是以光速 c 运动. 当它位于与 $x = \pm L$ 点极为接近的区域时，由于获得式（3）的条件 $pc \gg m_0 c^2$ 不再满足，此时粒子的速度不再等于 c，但在本题中以后的计算均忽略此差别引起的微小影响. 此粒子将在 $x = L$ 和 $x = -L$ 两点之间往复运动，周期为 $4\tau = \dfrac{4p_0}{f}$，速率为 c，x 和 t 之间的关系为

$$\begin{cases} x = ct, \text{当 } x \leqslant t \leqslant \tau \\ x = 2L - ct, \text{当 } \tau \leqslant t \leqslant 2\tau \\ x = 2L - ct, \text{当 } 2\tau \leqslant t \leqslant 3\tau \\ x = ct - 4L, \text{当 } 3\tau \leqslant t \leqslant 4\tau \end{cases} \quad (8)$$

式中,$\tau = \dfrac{p_0}{f}$. 第 1 问的答案如图 3 和图 4 所示.

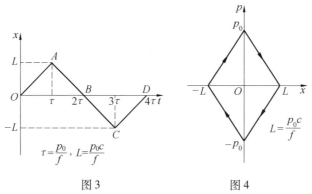

图 3   图 4

2. 两夸克系统的总能量可表为

$$Mc^2 = \mid p_1 \mid c + \mid p_2 \mid c + f \mid x_1 - x_2 \mid \quad (9)$$

式中,x_1, x_2 和 p_1, p_2 分别为夸克 1 和夸克 2 的位置坐标和动量. 在介子参考系中,两夸克的总动量为零,且 $t = 0$ 时两夸克都在 $x = 0$ 处,因而有

$$p_1 = -p_2, x_1 = -x_2 \quad (10)$$

即两者始终对称地在原点附近做彼此反向的往复运动. 设夸克 1 在 $x = 0$ 处的动量为 p_0,则有

$$Mc^2 = 2p_0 c \text{ 或 } p_0 = \frac{1}{2}Mc \quad (11)$$

因 $\mid p_1 \mid = \mid p_2 \mid, \mid x_1 - x_2 \mid = 2 \mid x_1 \mid, Mc^2 = 2p_0 c$,代入式(9),得

$$p_0 c = \mid p_1 \mid c + f \mid x_1 \mid \quad (12)$$

16

此式表明,夸克 1 的运动与第 1 问中单粒子的运动一样,只是初始动量 $p_0 = \dfrac{1}{2}Mc$. 因而由第 1 问的答案即可得到夸克 1 的 (x_1, t) 图和 (p_1, x_1) 图,如图 5 和图 6 所示. 夸克 2 的情形与夸克 1 类似,只要改变 x 和 p 的正、负号即可得到夸克 2 的 (x_2, t) 图和 (p_2, x_2) 图,如图 5 和图 6 所示. 两者的运动方向分别由 $p = p_0$ 和 $p = -p_0$ 出发,夸克 1 向 $+x$ 方向运动,夸克 2 向 $-x$ 方向运动,由图 5 容易看出,两夸克之间的最大距离为

$$d = 2L = \frac{2p_0 c}{f} = \frac{Mc^2}{f} \qquad (13)$$

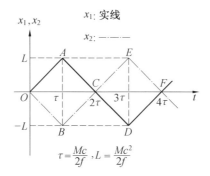

图 5

3. 参考系 S 以恒定速率 $v = 0.6c$ 相对于实验室参考系 S' 沿 x' 方向运动,S 系和 S' 系的原点在 $t = t' = 0$ 时重合. 这两个参考系之间的洛伦兹变换为

$$x' = r(x + \beta c t)$$

$$t' = r\left(t + \frac{\beta x}{c}\right)$$

其中

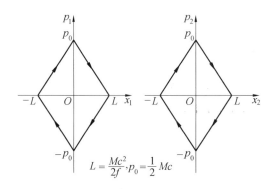

$$L = \frac{Mc^2}{2f}, p_0 = \frac{1}{2}Mc$$

图 6

$$\beta = \frac{v}{c} = 0.6$$

$$r = \frac{1}{\sqrt{1-\beta^2}} = 1.25$$

因为洛伦兹变换是线性的, (x,t) 图中的直线经变换后在 (x',t') 图中仍为直线, 所以只要计算出各转折点在 S' 系的 x' 和 t' 的数值, 即可得到 (x',t') 图. 夸克 1 和夸克 2 应分别计算. 对于夸克 1, 计算结果为:

参考系 S		参考系 S'	
x_1	t_1	$x_1' = r(x_1 + \beta c t_1) =$ $\frac{5}{4}x_1 + \frac{3}{4}ct_1$	$t_1' = r\left(t_1 + \frac{\beta x_1}{c}\right) =$ $\frac{5}{4}t_1 + \frac{3}{4}\frac{x_1}{c}$
0	0	0	0
L	τ	$r(1+\beta)L = 2L$	$r(1+\beta)\tau = 2\tau$
0	2τ	$2r\beta L = \frac{3}{2}L$	$2r\tau = \frac{5}{2}\tau$
$-L$	3τ	$r(3\beta-1)L = L$	$r(3-\beta)\tau = 3\tau$
0	4τ	$4r\beta L = 3L$	$4r\tau = 5\tau$

其中 $L = \dfrac{p_0 c}{f} = \dfrac{Mc^2}{2f}, \tau = \dfrac{p_0 c}{f} = \dfrac{Mc}{2f}, \beta = 0.6, r = 1.25.$

对于夸克 2,计算结果为:

参考系 S		参考系 S′	
x_2	t_2	$x_2' = r(x_2 + \beta ct_2) =$ $\dfrac{5}{4}x_2 + \dfrac{3}{4}ct_2$	$t_2' = r\left(t_2 + \dfrac{\beta x_2}{c}\right) =$ $\dfrac{5}{4}t_2 + \dfrac{3}{4}\dfrac{x_2}{c}$
0	0	0	0
$-L$	τ	$-r(1-\beta)L = -\dfrac{1}{2}L$	$r(1-\beta)\tau = \dfrac{1}{2}\tau$
0	2τ	$2r\beta L = \dfrac{3}{2}L$	$2r\tau = \dfrac{5}{2}\tau$
L	3τ	$r(3\beta + 1)L = \dfrac{7}{2}L$	$r(3+\beta)\tau = \dfrac{9}{2}\tau$
0	4τ	$4r\beta L = 3L$	$4r\tau = 5\tau$

　　利用上面的结果可画出如图 7 所示的 (x_1', t') 图和 (x_2', t') 图. 图中的直线 OA 和 OB 的方程为

$$OA: x_1'(t') = ct', 0 \leqslant t' \leqslant r(1+\beta)\tau = 2\tau \quad (14\text{a})$$

$$OB: x_2'(t') = -ct', 0 \leqslant t' \leqslant r(1-\beta)\tau = \dfrac{1}{2}\tau \quad (14\text{b})$$

由图 7 可以看出,两夸克之间的距离,在 $t' = \dfrac{1}{2}\tau$ 时达到最大值,从而可以求出此最大值的数值为

$$d' = 2cr(1-\beta)\tau = 2c \times 1.25 \times 0.4 \times \dfrac{Mc}{2f} = \dfrac{Mc^2}{2f}$$

$$(15)$$

　　4. 已知介子的静止质量为 $Mc^2 = 140$ MeV,介子相对于实验室系的运动速度 $v = 0.60c$,在实验室中,测出

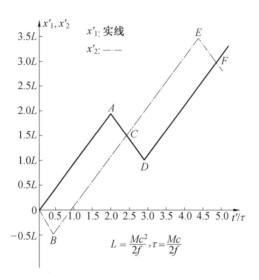

图 7

此介子的能量为

$$E' = \sqrt{p^2c^2 + M^2c^4} = \sqrt{\frac{M^2v^2c^2}{1 - \dfrac{v^2}{c^2}} + M^2c^4} =$$

$$\left(\sqrt{\frac{0.36}{0.64} + 1}\right)Mc^2 = \frac{5}{4} \times 140 = 175 \text{ MeV}$$

［本题是 1994 年第 25 届 IPhO(国际中学生物理奥林匹克竞赛) 试题.］

题 4　引力红移和恒星质量的测定.

1. 频率为 f 的一个光子具有惯性质量 m, 此质量由光子的能量确定. 在此假定下光子也有引力质量, 量值等于惯性质量. 与此相应, 从一颗星球表面向外发射出的光子, 逃离星球引力场时, 便会损失能量.

试证明, 初始频率为 f 的光子从星球表面到达无

20

穷远处,若将它的频移(频率增加量)记为 Δf,则当 $\Delta f \ll f$ 时,有

$$\frac{\Delta f}{f} \approx - \frac{GM}{Rc^2}$$

式中,G 为引力常量,R 为星球半径,c 为真空光速,M 为星球质量. 这样,在距星球足够远处对某条已知谱线频率红移的测量,可用来测出比值 $\frac{M}{R}$,如果知道了 R,星球的质量 M 便可确定.

2. 在一项太空实验中发射出一艘无人驾驶的宇宙飞船,欲测量银河系中某颗恒星的质量 M 和半径 R. 宇宙飞船径向地接近目标时, 可以监测到从星球表面 He^+ 离子发射出的光子对飞船实验舱内的 He^+ 离子束进行共振激发. 共振吸收的条件是飞船 He^+ 离子朝着星球的速度必须与光子引力红移严格地相适应. 共振吸收时的飞船 He^+ 离子相对星球的速度 v(记为 $v = \beta c$),可随着飞船到星球表面最近距离 d 的变化而进行测量,实验数据在下面的表格中给出. 请充分利用这些数据,试用作图法求出星球的半径 R 和质量 M. 解答中不必进行误差估算.

共振条件数据表:

速度性参量 $\beta = \frac{v}{c}(10^{-5})$	3.352	3.279	3.195	3.077	2.955
到星体表面距离 $d/(10^8 m)$	38.90	19.98	13.32	8.99	6.67

3. 为在本实验中确定 R 和 M,通常需要考虑因发射光子时离子的反冲造成的频率修正(热运动对发射谱线仅起加宽作用,不会使峰的分布移位,因此可以假

定热运动的全部影响均已被审查过了).

（a）令 ΔE 为原子（或者说离子）在静止时的两个能级差,假定静止原子在能级跃迁后产生一个光子并形成一个反冲原子. 考虑相对论效应,试用能级差 ΔE 和初始原子静止质量 m_0 来表述发射光子的能量 hf.

（b）现在,试对 He$^+$ 离子这种相对论频移比值 $\left(\dfrac{\Delta f}{f}\right)_{\text{反冲}}$ 作出数值计算.

计算结果应当得出这样的结论,即反冲频移远小于第 2 问中得出的引力红移.

计算用常量:

真空光速 $c = 3.0 \times 10^8$ m/s,He 的静质量 $m_0 c^2 =$ 4×938 MeV,玻尔能级 $E_n = -\dfrac{13.6 Z^2}{n^2}$ eV,引力常量 $G = 6.7 \times 10^{-11}$ N·m^2/kg^2.

解 1. 一个光子所有的惯性质量 m 可由关系式

$$mc^2 = hf$$

求得,为

$$m = \frac{hf}{c^2}$$

据题文假设,m 是惯性质量,也是引力质量. 光子在距星球中心 r 处形成时的能量若为 hf,向外射出过程中便会损失能量.

从能量守恒考虑,光子能量的损失应等于引力势能的增加. 用下标 i 表示初态,下标 f 表示远离星球的终态,则有

$$hf_i - hf_f = -G \frac{M m_f}{\infty} - \left(-G \frac{M m_i}{r} \right)$$

22

即

$$hf_f = hf_i - G\frac{Mm_i}{r}$$

$\Delta f \ll f$ 意味着光子能量的相对变化很小,故有

$$m_f \approx m_i = \frac{hf_i}{c^2}$$

继而可作如下推演

$$hf_f \approx hf_i - G\frac{M\left(\dfrac{hf_i}{c^2}\right)}{r} = hf_i\left(1 - \frac{GM}{rc^2}\right)$$

$$\frac{f_f}{f_i} = 1 - \frac{GM}{rc^2}$$

$$\frac{\Delta f}{f} = \frac{f_f - f_i}{f_i} = -\frac{GM}{rc^2}$$

等号右边的负号表明 Δf 取负,频率减小,即有频率红移,波长 λ 则将增大.

对于从半径为 R 的星球表面发射的光子,便有

$$\frac{\Delta f}{f} = -\frac{GM}{Rc^2}$$

2. 光子初位置 r_i 到终位置 r_f 的能量减少为

$$hf_i - hf_f = -\frac{GMm_f}{r_f} + \frac{GMm_i}{r_i}$$

已假定光子能量变化很小,即 $\Delta f \ll f$,也就是

$$m_f \approx m_i = \frac{hf_i}{c^2}$$

因此

$$hf_i - hf_f \approx G\frac{M(hf_i)}{c^2}\left(\frac{1}{r_i} - \frac{1}{r_f}\right)$$

23

解出

$$\frac{f_f}{f_i} = 1 - \frac{GM}{c^2}\left(\frac{1}{r_i} - \frac{1}{r_f}\right)$$

本项实验中,r_i 即为星球半径 R,r_f 则为 R 与 d 之和,故有

$$\frac{f_f}{f_i} = 1 - \frac{GM}{c^2}\left(\frac{1}{R} - \frac{1}{R+d}\right) \tag{1}$$

为了能对飞船中的 He^+ 离子进行共振激发,射来的光子必须通过多普勒效应使其频率又从 f_f 升到 f_i. 相对论的多普勒效应公式为

$$\frac{f'}{f_f} = \sqrt{\frac{1+\beta}{1-\beta}}$$

式中 f' 为飞船离子接收到的光子频率. 参照实验数据表可知 $\beta \ll 1$,故有

$$\frac{f_f}{f'} = (1-\beta)^{\frac{1}{2}}(1+\beta)^{-\frac{1}{2}} \approx$$

$$\left(1 - \frac{\beta}{2}\right)\left(1 - \frac{\beta}{2}\right) \approx 1 - \beta$$

也可采用经典多普勒效应公式直接得出

$$\frac{f_f}{f'} = 1 - \beta$$

共振吸收的条件是

$$f' = f_i$$

故有

$$\frac{f_f}{f_i} = 1 - \beta \tag{2}$$

把式(2)代入式(1),解出

$$\beta = \frac{GM}{c^2}\left(\frac{1}{R} - \frac{1}{R+d}\right) \tag{3}$$

根据已给的实验数据,设法找出一种有效的作图解法. 为此,先将式(3)改写为

$$\beta = \frac{GM}{c^2} \cdot \frac{d}{R(R+d)}$$

两边取倒数,得

$$\frac{1}{\beta} = \left(\frac{Rc^2}{GM}\right)\left(\frac{R}{d} + 1\right) \qquad (4)$$

利用题目给定的 $\beta \sim d$ 数据,可得出 $\frac{1}{\beta} \sim \frac{1}{d}$ 数据表如下:

$\frac{1}{\beta}(10^5)$	0.298	0.305	0.313	0.325	0.338
$\frac{1}{d}/(10^{-8}\ \mathrm{m}^{-1})$	0.026	0.050	0.075	0.111	0.150

据此可画出 $\frac{1}{\beta} \sim \frac{1}{d}$ 的线性关系曲线,如图 8 所示. 对于该直线,有

$$斜率 = \alpha R, \alpha = \frac{Rc^2}{GM} \qquad (5)$$

$$\frac{1}{\beta} \text{轴的截距} = \alpha \qquad (6)$$

$$\frac{1}{d} \text{轴的截距} = -\frac{1}{R} \qquad (7)$$

由式(5)和式(6)可以很容易定出 R 和 M,式(7)则可用来检查 R 的计算结果,但本题并不作此要求.

按此作图法,由图 8 可以得出

$$\alpha R = 3.2 \times 10^{12}\ \mathrm{m}$$

$$\alpha = 0.29 \times 10^5$$

$$R = \frac{\alpha R}{\alpha} = 1.104 \times 10^8\ \mathrm{m}$$

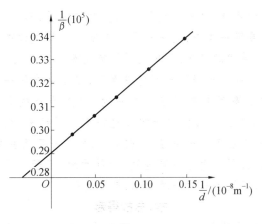

图 8

$$M = \frac{Rc^2}{G\alpha} = 5.11 \times 10^{30} \text{ kg}$$

事实上设计题文所给数据表时,已先取定

$$R = 1.11 \times 10^8 \text{ m}, M = 5.2 \times 10^{30} \text{ kg}$$

作图法所得结果与此是很接近的.

3.(a)原子发射光子前、后的关系如图 9 所示. 光子的动量 p' 与能量 E' 分别为

$$p' = \frac{hf}{c}$$

$$E' = hf$$

原子总能量 E 和动量 p 的相对论关系为

$$E^2 = p^2 c^2 + m_0^2 c^4$$

在实验室参考系中,发射光子前的系统总能量为

$$E_0 = m_0 c^2 \tag{8}$$

发射光子后的系统总能量为

$$E = \sqrt{p^2 c^2 + m_0'^2 c^4} + hf \tag{9}$$

26

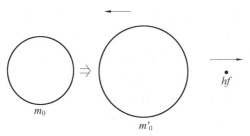

图9

系统能量守恒

$$E_0 = E \qquad (10)$$

由式(8)(9)(10),得

$$(m_0 c^2 - hf)^2 = p^2 c^2 + m_0'^2 c^4$$

由动量守恒,得

$$p = p' = \frac{hf}{c}$$

把此式代入上式,并作如下推演

$$(m_0 c^2 - hf)^2 = (hf)^2 + m_0'^2 c^4$$
$$(m_0 c^2)^2 - 2hfm_0 c^2 = m_0'^2 c^4$$
$$hf(2m_0 c^2) = (m_0^2 - m_0'^2)c^4 =$$
$$(m_0 - m_0')c^2(m_0 + m_0')c^2$$

考虑到题文所给能级差 ΔE 与 m_0 和 m_0' 的关系为

$$\Delta E = m_0 c^2 - m_0' c^2$$

可得

$$hf(2m_0 c^2) = \Delta E[2m_0 - (m_0 - m_0')]c^2 =$$
$$\Delta E(2m_0 c^2 - \Delta E)$$

由此解出

$$hf = \Delta E\left(1 - \frac{\Delta E}{2m_0 c^2}\right)$$

（b）考虑原子反冲，所发射的光子的频率 f 满足关系式

$$hf = \Delta E \left(1 - \frac{\Delta E}{2m_0 c^2}\right)$$

不考虑原子反冲，所发射的光子的频率 f_0 满足关系式

$$hf_0 = \Delta E$$

反冲频移 $\Delta f = f_0 - f$ 对应的频移比为

$$\frac{\Delta f}{f_0} = \frac{\Delta E}{2m_0 c^2}$$

以 He^+ 离子从能级 $n = 2$ 到 $n = 1$ 的光子发射为例，作一计算

$$\Delta E = 13.6 \times 2^2 \times \left(1 - \frac{1}{2^2}\right) = 40.8 \text{ eV}$$

$$m_0 c^2 = 3\,752 \times 10^6 \text{ eV}$$

可算出由离子反冲产生的频移比为

$$\frac{\Delta f}{f_0} = 5.44 \times 10^{-9}$$

由前面讨论的引力红移公式 $\dfrac{\Delta f}{f} = -\dfrac{GM}{Rc^2}$，可估算得

$$\frac{|\Delta f|}{f} \sim 10^{-5}$$

前者远小于后者，在太空引力红移实验中完全可以忽略.

［本题是 1995 年第 26 届 IPhO（国际中学生物理奥林匹克竞赛）的试题.］

最后介绍一点国际物理学奥林匹克的历史.

为组织国际性物理学科竞赛，波兰的 Cz. Scistowski 教授、捷克斯洛伐克的 R. Kostial 教授和匈

牙利的 R. Kunfalvi 教授做了艰苦的准备工作,使得首届 IPhO 于 1967 年在波兰的首都华沙举行. 第 1 届赛事仅有波兰、捷克斯洛伐克、匈牙利、保加利亚和罗马尼亚参加. 第 2 届 IPhO 于 1968 年在匈牙利的布达佩斯举行,苏联、东德和南斯拉夫等国也组队参加,参赛国增加为 8 个. 第 3 届 IPhO 于 1969 年在捷克斯洛伐克的布尔诺举行,参赛国不变. 而后,第 4 届和第 5 届相继在苏联的莫斯科和保加利亚的索菲亚举行. 1972 年在罗马尼亚的布加勒斯特举办第 6 届赛事时,法国与古巴也参加了. 这是第一次有西方国家和非欧州国家加盟 IPhO. 以后参赛国逐渐增多. 1981 年越南作为第一个亚洲国家参赛,1985 年加拿大作为第一个北美国家参赛. 特别值得一提的是 1986 年我国与美国正式参加竞赛,这是 IPhO 历史上的一件大事,因为我国的高教育理论水平和美国的高科技水平是举世公认的. 1987 年澳大利亚第一次组队参赛,这意味着 IPhO 活动已扩展到除非洲以外的全世界四大洲. 1993 年在美国的威廉斯堡举行了第 24 届 IPhO,参赛国已多达 40 个.

国际物理奥林匹克竞赛举办地

2022 年　　泰国

2021 年　　印度尼西亚

2020 年　　立陶宛

2019 年　　以色列

2018 年　　葡萄牙

2017 年　　摩尔达维亚

2016 年   瑞士和列支敦士登

2015 年   都柏林,爱尔兰

2014 年   哈萨克

2013 年   哥本哈根丹麦

2012 年   爱沙尼亚

2011 年   泰国

2010 年   萨格勒布,克罗地亚

2009 年   梅里达,墨西哥

2008 年   河内,越南

2007 年   伊斯法罕,伊朗

2006 年   新加坡

2005 年   萨拉曼卡,西班牙

2004 年   浦项,韩国

2003 年   台北,中国

2002 年   巴厘岛,印度尼西亚

2001 年   安塔利亚,土耳其

2000 年   莱斯特,英国

1999 年   帕多瓦,意大利

1998 年   雷克雅未克,冰岛

1997 年   萨德伯里,安大略省,加拿大

1996 年   奥斯陆,挪威

1995 年   堪培拉,澳大利亚

1994 年   北京,中国

1993 年   威廉斯堡,弗吉尼亚州,美国

1992 年   赫尔辛基,芬兰

1991 年   哈瓦那,古巴

1990 年   格罗宁根,荷兰

1989 年　　华沙,波兰

1988 年　　巴德伊舍,奥地利

1987 年　　耶拿,德意志民主共和国

1986 年　　伦敦哈罗,英国

1985 年　　波尔托罗,南斯拉夫

1984 年　　锡格蒂纳,瑞典

1983 年　　布加勒斯特,罗马尼亚

1982 年　　马伦特,西德

1981 年　　瓦尔纳,保加利亚

1979 年　　莫斯科,苏联

1977 年　　赫拉德茨－克拉洛韦,捷克斯洛伐克

1976 年　　布达佩斯,匈牙利

1975 年　　居斯特罗,东德

1974 年　　华沙,波兰

1972 年　　布加勒斯特,罗马尼亚

1971 年　　索菲亚,保加利亚

1970 年　　莫斯科,苏联

1969 年　　布尔诺,捷克斯洛伐克

1968 年　　布达佩斯,匈牙利

1967 年　　华沙,波兰

Einstein 小传

第二章

Einstein 全名 Albert Einstein，1879 年生于德国东部的乌尔姆(Ulm)城. 他的父亲名赫尔满(Hermann)，开了一个电化工厂. 在 Einstein 出世一年后，他的父亲即迁到慕尼黑(Munich) 去开厂，所以他少年时期的教育是在慕尼黑的学校开始的. 他在中学时，不喜欢各种强迫训练及形式主义的功课，但当他读到几何学时，立刻产生浓厚的兴趣，使他不能放下书本来. 因为几何学中理论的明确，演证的有步骤以及图形与说理的清楚，使他感觉到在这个杂乱无章的世界中还

有秩序井然的存在. 又因为在他刚六岁的时候,即开始学习小提琴,对于教师所用的呆板方法深感不满,后来用他自己所创的特殊方法去学习方觉满意. 因此,他对于古典音乐有了深嗜笃好. 到他 14 岁时,已能登台伴奏. 这样,算术物理和古典音乐就成了他一生的两个伴侣.

Einstein 在中学时,一般功课皆属平常,但算术的成绩则远在全班同学之上. 当他十五岁时,他的父亲因经营工厂失败而迁到意大利去了,他也因为性情孤僻,不为学校中的师友所喜爱,于是退学到了瑞士的苏黎世(Zurich),进了一个有名的高等工业学校(The Swiss Federal Polytechnic School),目的的在于专攻理论物理与算术,为将来担任学校教授做好准备. 就在 20 世纪开始的一年,Einstein 在这个学校毕业了,因为他非瑞士人,要找到一名教学的职位甚不容易,后来由一位同学把他介绍到伯尔尼(Berne)的发明注册局去做一名检验员. 这个职位对于他很相宜,因为既使他有了充分的余暇,又使他接触到很多发明家的新观念,给他一种思想上的刺激. 就在伯尔尼发明注册局任职期间,1905 年 Einstein 发表了他的特殊相对论.

特殊相对论的出发点,是要解决多年以来在物理学家心中的"以太"(Ether)问题,也就是绝对空间的是否存在问题. 这个问题是古典物理学遗留下来的. 因此,我们有回溯一下相对论发明以前物理学情形的必要.

我们知道,牛顿力学是以物体在空间距离的改变来表示运动的. 牛顿力学的基本观念,又从伽利略

（Galileo）的物体运动原则发展而来. 伽利略把物体下落的运动,分析为两种运动:

（一）惯性运动,即物体运动开始后其运动的速度与方向均保持不变;

（二）重力运动,即物体以一定的加速度从垂直方向下落的运动.

牛顿把这个形式推广到天体中的复杂运动,成立了他的力学三定律和万有引力说. 力学三定律的第一定律说:每一物体均继续其静止的状况,或在一直线上继续其匀速运动,除非是受了外力的作用而改变其状况.

第二定律说:运动的改变与外加的力成正比例,并且在外力的方向上发生.

第三定律说:每一个作用都有一个相等的而在反方向上的反作用.

最后,他的万有引力说:宇宙中每一质点皆吸引其他质点,引力的方向为联结此二质点间的直线,其大小与它们质量的乘积成正比,与二质点间的距离的平方成反比.

牛顿的力学三定律和万有引力说,在原理上是那样的根本与重要,在应用上又是那么的广泛与成功,因此成了一切物理学、天文学、机械工程学的基础. 18 世纪以后,机械哲学竟成了一切自然科学界的领导思想,凡是科学上所有的新发明、新现象,都要归总到机械学说来说明;凡是不能用机械原理说明的,都认为是对于物理性质不够了解.

但牛顿的力学定律有一点不够清楚,即说物体在

没有外力作用时,常在一直线上继续其不变速度的运动.此外,所谓"在一直线上"的意思是什么? 在平常生活中它的意思很明白.如,一个台球沿球桌的边平行运动时,我们可以说它是在一直线上运动,但球桌是停在地球上的,地球则时时刻刻绕着自转轴自转并围着太阳公转.这样,在地球以外的人看来,这个台球运动的路径却是非常繁杂的.所以我们说这个台球在一直线上运动,仅是指对于在球房中人的位置而言的.

因此,我们知道牛顿力学原来含有一个相对原理.就是说,力学原理在一个惯性系统中是有效的,在另一个惯性系统中也是有效的;而且只要这个惯性系统对另一个惯性系统用均一速度运动时,我们用了伽利略变换式可以立刻得到另一个惯性系统中运动的形式.换句话说,任何物体在一个惯性系统中的未来运动可从它对于这个系统的开始位置及运动速度来决定,不需要知道惯性系统本身的运动.这是牛顿力学成立的原理,它在有限范围内运用起来是有效的.但在处理一切天体的现象时不免产生困难,因为实际上这种严格的惯性系统是不存在的.

牛顿力学一方面是非常成功的,一方面是作为最后惯性系统的不存在,使物理学家感觉到理论上的缺憾.同时,自从 18 世纪以来,各门科学发展的突飞猛进,特别是光学和电磁学的许多新发明,使物理学家感觉到这些光波和电磁波需有一个在空间传播的媒介.于是创造了"以太"这个神秘的东西来说明光、热、电磁等现象."以太"是弥漫空间,无所不在的,而且地球在空中运行不会把"以太"带着走,是从天空中星光的视差而证明了的. 因此, 我们如果能利用在"以太"海中的光波与地球运行的关系而觉察出"以太"的存在, 那么, "以太"就可以代表空间的绝对性, 而牛顿力学的最后症结也就得到了解决. 根据这个希望, 迈克尔生 (Michelson) – 莫尔列 (Morley) 在 1887 年施行了他们有名的光学实验. 实验的结果却是一个完全的负. 于是科学家又碰到了更大的难关, 他也许要放弃"以太"这个神秘东西, 不然就得承认地球是不动的. 固然, 自从哥白尼证明了太阳中心说以后, 没有人再怀疑地球是环绕太阳的行星, 不过也有少数的物理学家, 对于"以太"仍旧恋恋不舍. 与 Einstein 同时期的, 后来成了纳粹党员, 专门以攻击 Einstein 为事的德国物理学者菲列普·理纳特 (Philipp Lenard) 就是一个.

　　Einstein 看到以上种种困难, 是因为假定"以太"的存在, 然后研究光在"以太"中的运动的关系得来的. 假如不问光在"以太"中运动的结果怎样, 而只问光和运动作用的结果是怎样, 那么, 牛顿力学的相对原则也就可用来解释光的现象, 而迈克尔生 – 莫尔列试验的负结果乃当然的事了. 这样, 解决了"以太"的问题, 说明了不但"以太"这个假想的物质不存在, 即绝对空间的观念也是不必要的. 从空间的相对性推阐到时间的相对, 从空间时间的相对性就可得到运动的相对, 从运动的相对性又可知物质也是相对的. 这一系列的推论, 都是特殊相对论的结果. 但它把物理学上这些基本观念放在一个和古典物理学完全不同的基础上, 由此又得到一些异乎寻常的结论, 如长度因运动而缩短, 质量因运动而增加, 等等, 使普通的人听了不免要

瞠目结舌,但它在叙述某些自然现象上,比古典物理学
要更精确些.

　　在此期间,Einstein 还有两个重要的发明:一个是
质与能的联系公式,即物质当吸收或放射动能而增加
或减少质量时,其质与能的联系常可用公式 $E = mc^2$ 来
表示.这个公式在原子能发展的研究上是何等重要,已
经成了普通常识,此处不必再加以说明.另一个是光的
量子说.20 世纪初,光的性质还不十分明了,因此,光
的现象也不能解释清楚.例如光的由红到紫,从玻尔兹
曼(Boltzmann)的统计律说来,它只是与绝对温度成
正比例,那就是说,它是和气体分子运动的平均动能成
正比例的.但从实验的结果来说,频率高的紫光总要比
频率低的红光放出得少些,无论温度是如何增高.要解
释这个现象,蒲兰克(Planck)在1900 年提出了量子的
理论,说原子放出或吸收的能量不能为任何数值,这必
定是一个常数的倍数.蒲兰克这个量子说,只是拿来解
释热或光的吸收或发射现象,Einstein 则把量子理论
应用到光的一切性质,说光的本身就是由一定量的能
量构成.他创立了"光子"(Photon)的名词.用了这个
观念,不但许多光的现象容易解释,而且使光与原子构
造发生密切关系,成了后来光电学的基础,而物理学上
光和电磁学的根本观念也非修改不可了.他在 1922 年
凭借这个发明获得了诺贝尔科学奖金.

　　特殊相对论在物理学上冲破了近代科学思想的藩
篱,是一个破天荒的大创造.它发表之后,物理学界无
不惊异 Einstein 的发明天才.1909 年苏黎世大学请他
去任物理学教授.1910 年布拉格(Prague)大学的理论

物理学教授出缺,他又被推为候选人之一. 布拉格大学是德国古老大学之一,在当时属于奥地利行政系统. 当时奥地利的教育部长蓝姆巴(Lampa)曾问蒲兰克对于 Einstein 的意见,蒲兰克回答说:"如果 Einstein 的理论被证明是正确的 —— 这个我想没有问题 ——Einstein 将被认为是 20 世纪的哥白尼." 蒲兰克是德国理论物理学的权威,从他对 Einstein 的称誉,可见当时的科学界对于 Einstein 是何等的重视了.

1912 年 Einstein 回到苏黎世,即在他毕业的高等工业学校担任教职. 就在这时,他发展了特殊相对论使它包括万有引力,成为普遍相对论. 大概说来,普遍相对论是以加速运动来代替重力作用,而加速运动又可解释为四维空间的曲度. Einstein 说,在重力场中的空间的几何性,不同于其他不在重力场中的空间的几何性. 换句话说,即物质在空间可制造一种曲度,使在此空间的物质都依照此空间形式而运动. 光也是物质的一种,故光在有大量物质的附近通过,可能发生偏折的现象. 这个新理论推算的结果,经 1919 年日全食时所摄经过日球附近星光的照相而得到证明. 这是 Einstein 的完全胜利,从此再没有人怀疑相对论的科学价值了.

Einstein 于 1912 年重到苏黎世的时候,已经是世界仰望的大物理学家了. 苏黎世这样一个小地方,当然不能长久留住他. 1913 年他被任命为德皇威廉研究所(Kaiser Wilhelm's Institute of Research)的研究教授,并同时做了普鲁士科学研究院(Prussian Academy of Science)院士. 在当时这是一个德国学者所能得到

的最高荣誉,但 Einstein 并没因此改变他反对德国武
力主义的主张.1914 年第一次世界大战开始时,德国
的权威学者共九十二人发表了一个联合声明,替德国
的文化作辩护,Einstein 拒绝在这个声明上签名.在当
时这也是一个震惊世界的事件.

　　在战争期间,尽管心理状况紧张,但是 Einstein 仍
不断地发展他的普遍相对论,使它在逻辑上能够更完
美,在数学上成为更精密的系统.例如在 1912 年,他根
据自己重力的理论,用了牛顿力学定律来计算光线经
过日球附近的曲折率为 0.87 s,但根据他的空间曲度
新理论计算则为 1.75 s,恰为前数的两倍,是和实测相
切合的.(实际观测所得数值为 1.64 s).

　　普遍相对论拿空间的曲度来代替了重力作用,空
间的曲度则是因物质的存在而发生,同时又作用于其
他的物质.这个情形在电磁力场也一样存在,因带电的
质点产生电磁力场,这个力场又作用于其他带电质点.
最后原子核与核内电子的关系也有同样情形.Einstein
因此想发现一个统一场论(Theory of unified field) ,
这将是普遍相对论的扩大,使它包括一切电磁现象,并
对于光的量子理论得到一个更满意的表示.如果可能
的话,将不止于四维空间的曲度而会有其他特殊的因
子加入考虑.这个艰巨的工作,据说在 Einstein 五十岁
生日的那年(1929)已完成了一部分.但令当时人士失
望的是:当他在普鲁士科学院的会报上发表出来时,不
过寥寥的几页,而且大部分是算术符号,不是平常人所
能了解的.

  Einstein 是德籍犹太人,他对于犹太人处处受到迫害和他们的复国运动有很强的同情心.同时他也是热烈的和平主义者,对于德国的武力主义从小即抱着深切的厌恶.因此,在第一次世界大战结束后,他在柏林成为排斥犹太人攻击的目标.1922 年,他为犹太人办的耶路撒冷大学筹款到美国,受到盛大欢迎.同时也到过东方,在日本住了相当长的时间,在上海则匆匆一过而已.1931 年,他以访问教授的名义再到美国加州工科大学(California Institute of Technology)讲学,并参加了大天文台的建设计划,因为他确信战后的美国是与世界和平有重大关系的.这些行为,为后来希特勒对他的压迫伏下引线,也使他最后移居到美国,在普林斯顿的高级学术研究所(Institute of Advanced Study at Princeton)继续他的研究工作成为可能.

  Einstein 从 1933 年迁到美国普林斯顿居住,一直到 1955 年逝世为止,其间经过第二次世界大战.他和这次大战产生的重大关系,是因为他的一封信,促成了原子弹的出现.原来在原子结构的研究过程中,原子核内中子的存在,以及中子击破原子核机遇的增进,铀原子被高速质子冲击而分裂成为原子重大约相等的两种不同元素,同时放出大量的能量等事实,都已陆续发明,成为物理学界共有的知识了.当时只要使中子击破铀原子的作用成为链式,在瞬间进行,那么一个能量巨大的爆炸武器即成为可能.这种武器若是落在纳粹德国的手里,将成为世界的大灾难.因此,由欧洲逃难来美的两个物理学家 —— 匈牙利的里奥·史拉德和意

40

大利的费米①——去见 Einstein，要他把这个重要事件提出来，请美国当局注意. 于是 Einstein 在 1939 年 8 月 2 日写了一封信给美国的罗斯福总统，请他注意这件事，并组织研究原子能应用的机构. 结果在 1945 年出现了人类历史上第一颗原子弹在日本广岛爆炸的事件.

原子能在毁灭性武器上的应用，将为人类带来无穷灾难和恐惧，Einstein 和许多权威物理学家深深感到他们对于世界和平及人类前途的重大责任. 他曾不惮烦劳地发表公开言论，呼吁各大国牺牲一部分主权，成立世界政府来管理原子武器，使它不能成为人类的威胁. 他说，"一切共同管理，必须先有国际协定来执行视察和监督的任务. 这种协定又需先有彼此间极高度的信任. 假如有了这种信任，战争危险即可消灭，不管有原子弹或无原子弹." 不用说，他的这个希望，到现在为止还是未能实现的空想，而他也终于赍志以殁了.

Einstein 死后，世界各国的言论界、学术界、同声一致地写文章悼念这个不世出的哲人. 美国物理学会（American Physical Society）出版的《现代物理学评论》季刊1956 年 1 月登载了奥勃海麦②的一篇短文，对于 Einstein 的生平学术贡献有清楚确切的评价. 现在我们把它译出附载于后，以作本章的补充. 奥勃海麦是

---

① Leo Szilard 及 Enico Fermi 两人皆是哥伦比亚大学的物理学教授.

② J. Robert Oppenheimer：*"Einstiein"*. Review of Modern Physics，Vol 28 No 1 January，1956.

美国理论物理学的权威,曾负责监造第一颗原子弹,对于 Einstein 学术思想的了解,在同时期的物理学家中是无出其右的. 以下是奥勃海麦的话:

1955 年 4 月 Einstein 的逝世,物理学家失去了他们最强的同行伙伴. 在 20 世纪最初 20 年的黄金时代中,物理学史是与 Einstein 的发明史分不开的.

Einstein 开始的工作是 19 世纪的统计力学和电磁理论发展起来的. 在他成熟工作的第一年,他的关于布朗运动(Brownian movement)的论文,扩大和明确了统计理论,并导致到变动现象的洞察,在对于量子论的贡献上有极大关系. 他的第二篇论文,把光的量子假说十分近似地作成了定律,使我们对于原子范围内物质进程的了解,有了不可挽回的改变. 第三篇论文就是他的特殊相对论. 在这篇论文里虽然也包含了许多洛伦兹(Lorentz)和庞加莱(Poincaré)等同时独立发表的结果,但只有 Einstein 看到在本质上光的有限速度在决定我们观察的性质、同时的定义、和空间时间的间隔上的作用;从这些又引到更深的逻辑上不可避免的现象,后来依靠实验才验证的:运动着的钟表要走得慢些.

在此后的十年内,Einstein 总是抓着惯性、物质、加速度、重力等问题,从不放手. 第一,他发现了物质与能量是同一的东西. 这个发现,在二十五年后才被详细证明,并且替在第二次世界大战中及以后的人类历史的决定性发展打下基础. 他开始了解惯性与重力场中的物质恰恰相等的意义,从这里他看出重力的几何学理论基础. 他留意保存逻辑上必要的物理算式的一般

共变性,直到这些努力归宿到普遍相对论及力场方程式的发明.他差不多同时指出了在观察技术可能的情形下的三种实验,来比较他的理论包含的稀奇结论.在此后四十年中,这些是重要的,唯一的实验与普遍相对论的关系,只除了一个例外.这个例外在宇宙学范围内,在这里,Einstein 是第一个看出了普遍相对论开出了全新的路径.普遍相对论比其他物理学上的大进展不同,它完全是一个人的工作.没有他,也许会隐藏很长时间而不能发现.

在这个时期内 Einstein 一直和快速进展的原子现象的量子理论保持着亲密关系.他回复到应用统计的论点和变动现象的逻辑意义来发现光线的发射与吸收的定律,并建立了布罗格里(Broglie)的波动与罗斯(Rose)叙述光量子的统计律的关系.这个时期,随着 1925 年量子力学的发现,特别是博尔(Bohr)逐渐把它形成了一定形式,Einstein 的任务也改变了.他感觉到自己一开始就是对新力学的统计与因果的性质激动和不满意的一个人,而这个力学的发现他是有巨大贡献的.

在长时期的尖锐的讨论和分析中,特别是和埃令费斯特(Ehrenfest)和博尔的讨论,他不止一次表示这个新力学虽然有很多地方和实验结果符合,仍包含着逻辑上的错误和不一致.但在分析之后,许多例子都表现它和量子理论的协调与一致,他终于接受了它,不过常常保留他的不变信心,说这个不能成为原子世界的最终形容,而最后的叙述必须要把因果的和统计的项目除去.

这样,在他一生的最后十年中,他没有完全分预他的多数同行的信念和兴趣. 相反地,用了他的与日俱增的单独思想,一心一意去发现于他是物质原子性的基本的并且是满意的叙述. 这也就是统一场的课题. 此外,他打算把没有物质的普遍相对论力场的算式普遍化,使它也能够叙述电磁现象. 他想要找出一些算式,它的解决要合于物质与电荷的区域性集合,而其性行又同于量子论所正确叙明的原子世界. 他努力工作一直到死为止. 这个课题没有引起许多物理学家的重视与兴趣;但他对于他们工作的知识与他的判断,始终是坚定与明敏的.

倘若天气够好,他常从工作地点走回家. 不久以前有一天他告诉我说:"只要有一天你得到了一个合理的事去做的时候,从此你的工作与生活都会有一点特别奇美". 的确,他真做了一些合理的事情. 他在我们当中使我不至于陷入愚昧的苦境,而凡是认识他的人没有不被他的大度所感动的.

宇宙与 Einstein

第三章

3.1　科学天才

在纽约江边礼拜堂的白石墙上,雕刻着有史以来六百位巨人的雕像,他们中有圣贤、智者与君王,在不朽的大理石中,用了空白而不可毁灭的眼睛察视时与空. 在一个框栏中,安置了十四位科学天才,从纪元前 370 年死去的希颇克拉底(Lincoln Barnett) 到 1948 年 3 月刚满 69 岁的 Einstein,包括许多世纪的科学人物在内. 可注意的是 Einstein 乃是这一班名人雕像中唯一活着的人.

45

同样可注意的是每星期到这个礼拜堂去礼拜的成千上万的人们,其中有百分之九十九,不明白为什么 Einstein 的像会在这里. 这有一个缘故,约 30 年前,当这个礼拜堂正计划雕刻这些偶像的时候,福斯狄克(H. E. Fosdick)博士曾写信给全国科学界领袖,请他们提出十四位科学史上最重要的人名. 他们所投的票都不一致. 大部分包含阿基米德(Archimedes)、欧几里得(Euclid)、伽利略(Galileo)与牛顿(Newton),但每一名单中均有 Einstein 这个名字.

自从 1905 年特殊相对论发表以来,在 Einstein 科学上的卓越成就与其被了解中产生了一个大缝隙,这个缝隙存在 40 多年,它也是美国教育缝隙的测验. 目前大部分读报的人恍惚知道 Einstein 与原子弹有一些关系,此外,他的名字就与玄秘同其意义. 虽然他的理论已成为近代科学本体的一部分,但它还未成为近代学校课程的一部分. 因此,许多大学毕业生并不知道 Einstein 是发现人类为了解物质环境的真实而尺寸挣扎中的某重要普遍定律的发明家,仍以为他只是一种数学的超实在论者. 他不知道相对论除了在科学上重要,还包含着一个重要的哲学体系,把伟大的知识论者,如洛克(Lock)、柏克勒(Berkeley)、休谟(Hume)的思想,加以扩充与阐发. 因此,他对于自己所居住的浩漠、秘奥与具有神秘性的秩序的世界也就茫然无知.

I

Einstein 博士现在已是普林斯顿高级学术研究所的退休老教授,同时仍在拼命研究一个问题,这个问题

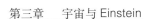

让他牵挂已有二十五年之久,他决心在就木以前把它解决.他的野心是要完成他的"统一场论"用一串数学公式把支配宇宙的两个基本力量 —— 重力与电磁力 —— 的定律表达出来.这个工作的意义只有明了世界的一切现象均由此两个原始力量所成,方能了解.电与磁虽在希腊时代即被知道与研究,一直到一百年以前还被认为是两种分离的东西.但 19 世纪奥斯特(Oersted)与法拉第(Faraday)的实验,表示一个电流常常被一个磁场所围绕,反之,在某种情形下,磁场亦能产生电流.从这些实验发现电磁场是弥漫空间,而且经过它,光波、无线电波以及其他一切电磁波才能传达.因此,电与磁可认为是一个力.除了重力之外,一切物质世界的力 —— 摩擦力,使原子成为分子的化学力,使物质较大的质点集结在一起的粘力,使物体成为一定形式的塑力 —— 都是电磁的原因;因为一切力的表现,都包含物质的互相作用,而物质是由原子组成,原子又是由带电的质点组成的.不但如此,重力与电磁的现象也有极相似之处,如行星在太阳的重力场中运行;电子在原子核的电磁场中旋转.还有,地球是一个大磁石,是任何曾用过指南针的人所知道的.太阳也是一个磁石.其他一切星球无一不是磁石.

虽然人们曾多次努力要把重力吸引与电磁效力认为是同一事件,但都失败了.Einstein 在 1929 年发表了统一场论,并以为他已成功解决这个问题,但后来又以为不正确而放弃了.他目前的计划更是远大,打算发明一套普遍定律,适用于包括星球间的无限度的重力与电磁力场以及原子内的微小场地.这样一个广漠的宇宙图画,可以沟通无限大与无限小,而宇宙繁复的全体将总结到一个同一的组织;在这个组织中,质与能是不可分别的,而一切运动的形式,由迟缓的星球运行以至电子的疯狂旋转,不过是简单的结构的改变与原始力场的集中而已.

因为科学的目的是在叙述并解释我们所居住的世界,Einstein 在用了单纯调和理论的术语来说明错综复杂的自然现象,可谓已达其最高目的. 不过在人们追求真实的过程中,"解释"这个字的意义受到了相当大的限制.科学实在还不能"解释"重力、电与磁;它们的效力可以测量及预计,但它们的最后性质是什么,现代科学家所知道的并不比纪元前 585 年的泰勒斯(Thales of Miletus)最初用琥珀生电时多.大部分现代的物理学家不承认人们能发现这些神秘力的真实是什么. 柏脱朗·罗素(Bertrand Russell)说:"电不是一件东西,如圣保罗礼拜堂一样;它是物体的动作状态. 当我们说物体受电时如何动作,并在哪些情形下它们会受电,我们已经说了能说的一切". 此种说法,在最近以前是不为科学家所接受的. 亚里士多德(Aristotle)的自然科学笼罩了西方思想两千多年,他以为人类从自身明了的原则加以推理,便可达到了解最后真相的理想. 例如,凡是物体在宇宙间都有自己的位置,是一个自身明了的原则,因此,人们可以得到结论说,物体下降因为地下是它们的位置,烟上升因为它是属于天上的. 亚里士多德科学的目的是要说明物体行为的"为何". 近代科学的产生,由于伽利略要说明物体的"如何",由此产生了控制试验的方法,这也就是科学

研究的基础.

　　由于伽利略以及稍后牛顿的各种发明,演变成了一个由各种力 —— 压力、张力、颤动、波动 —— 所组成的机械世界.自然界的变动似乎没有一件不可以日常经验的术语来叙述,同时用了具体的模型,或依据牛顿精确的力学定律,来预测或证明.但在19世纪开始以前,这些定律的不无例外,已很显然了;虽然这些例外是很小的,但它们的性质却是根本重要,将使牛顿机械世界的全体构造开始破坏.科学能说明物体的"如何"的信念,约二十年前已渐黯淡了.眼下科学家能否接触真相更成问题 —— 或者竟不能有这个希望.

II

　　使物理学家对于机械世界的顺利发展失去信念的,有两个因素在我们知识的内外边缘长大起来 ——在不可见的原子区域及不能测量的星球空间的深处.要从量的方面叙述这些现象,在1900 ~ 1927年间发展了两个大的理论系统:一个是量子论(Quantum Theory),它所讲的是质与能的基本单位;另外一个是相对论,它所讲的是空间、时间以及宇宙全体的构造.

　　这两个理论系统是现今物理学家接受了的思想柱石.它们用了数理关系始终一致的术语,在其各个范围内说明现象.它们不能解答牛顿的"如何",正如牛顿的定律不能解答亚里士多德的"为何"一样.例如,它们可以供给公式,极端正确地定出支配着放射与光线进行的定律,但原子何以能发出光线,及光线何以能在空间前进的实际原理,仍是自然界的无上秘密.同样,

49

科学家可根据放射定律去预测在一定量的铀素中,有一定量的原子将在一定时间内毁坏,但那些原子将要毁坏,何以这些原子先要毁坏,仍为人们所不能解答的问题.

物理学家接受自然界的数学的叙述,必须放弃平常经验的世界,即感官所觉察的世界.要明了这个放弃的意义,我们必须越过隔离物理学与形而上学的稀薄界限.自从人类知用理性以来,主观者与目的物,观察者与真实的关系,成了哲学思想家的讨论问题. 2 300年前希腊哲学家德谟克利特(Democritus)写道:“甘与苦,冷与热,以及一切颜色,一切同类的东西,都没有实际的存在,它们只存在于人的意识中.实际存在的是不变的质点,即原子与其在空间的运动.”伽利略也明白色、香、味、声等感觉是属于主观性的,他指出“这些不能认为属于外界物质,与有时触到某些物体而觉到快感或痛苦,不能说是外物的性质一样”.

英国哲学家洛克把物性分为原始性与次要性两种,想由此达到物质的实际本质.这样,他把形象、运动、坚实及一切几何性的性质认为是真实或属于物质的原始性,而色、声、味等则为投射在感官上的次要性.这种区别是勉强而不自然的,后来的思想家都十分明白.

德国的大数学家莱布尼兹(Leibniz)说:“我能证明,不但光、色、热及其相似的物性,即运动、形象、延展,都不过是表面的性质”.例如我们的视觉告诉我们高尔夫球是白色的,同样,我们的触觉帮助了视觉,也可以告诉我们,它是圆的,平滑的,而且是小的 —— 这

些性质不能独立于我们感觉之外而有其真实性,与由习惯赋予所谓白色的性质一样.

这样,渐渐地,哲学家与科学家得到一个令人震惊的结论,说一切质与能,原子与星球的物质世界,除了在我们自觉的构造中,除了在一个为人类感官所形成的习惯符号的构造中,没有存在.按照物质主义的最大敌人柏克勒的说法:"天上的歌唱,地上的陈设,一言以蔽之一切组成此世界大间架的物体,没有心即没有质 …… 在未为我所感觉,或没有存在于我的心中,或任何其他创造的灵魂中以前,它们是完全没有存在,或存在于神的心中的". Einstein 把这个逻辑思想推类至义之尽,指出即时间与空间也是自觉的一种形式,它们不能与自觉分离,正如颜色、形象、大小,不能与意识分离一样.空间除了为觉到物体的位置与次序外,没有客观的真实;时间除了计算事件的次序外,没有独立的存在.

这些哲学的精微,对于近世科学有很大的影响.因为从哲学家把一切客观的真实分化为感觉的模糊世界以后,科学家开始明白人类感官惊人的限度.无论何人,放一个三棱镜于日光中而观察其折射出的七色彩虹时,他已看见所能看见的光线.因为人类的眼睛只能看见在红与紫两种光波中波长极狭窄的一段射线.看得见的光波长度与看不见的光波长度相差不过一厘米的十万分之几.红色光的波长为 0.000 07 cm,紫色光的波长则为 0.000 04 cm(图 1).

但太阳也放射他种射线.例如红内线的波长为 0.000 08 到 0.032 cm,它们太长了一点,不能刺激眼睛的虹膜而发生光的感觉,但我们的皮肤能以热的感觉发现它们. 同样,紫外线的波长 由 0.000 03 cm 到 0.000 001 cm,太短了不能用肉眼看到,但照相的感光片可以纪录它们. X 射线的波长比紫外线更短,也可以照相. 此外还有较长或较短的电磁波 —— 镭的 γ 射线,无线电波,宇宙线 —— 可用各种不同的方法去发现,它们与光波不同的地方只在于波长这点上. 因此,很明显的,人类的眼睛所看见的光实在不多,而且他所看见周围的现实,因为他的视官的限度,而是微弱且变了形的. 假如人类的眼睛能看见 X 射线,那么,他所知道的世界就要大大的不同了.

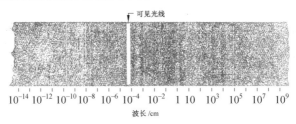

图 1　此电磁光谱表示人眼所能看见的放射中狭窄的一段. 从物理学家看来,无线电波,可见的光,与高频率的放射如 X 射线及 γ 射线的不同,只在于波长这一点. 但在这大段的电磁波中,从万亿分之一厘米的宇宙线到无限长的无线电波,人眼只能看见图中用白色表出的一小部分. 因此可见人类对于其居住世界的感觉,为他的视觉的限度所限制. 在上图中,波长是以十进法表示,如 10^3 cm = $10 \times 10 \times 10 = 1\,000$;而 10^{-3} = $1/10 \times 1/10 \times 1/10 = 1/1\,000$

当我们想到我们关于世界的一切认知,不过是感

觉印象的残余,而这些印象又为我们不完全的感官所蒙蔽,要发现真相似乎是绝望的事了.因为除了感觉之外没有什么存在,世界将分裂为无政府的单个感觉.但在我们感觉的里面,常保持一种奇怪的秩序,这似乎表示有一个客观的真相隐藏在后面,我们的感觉则把它翻译出来.虽然无人能确定他所看见红色或中 C 的颜色与他人所看见的是否一样,但我们仍可假定每个人所看见的颜色与听见的声音是大致相同的.

这种自然界的功能一致,柏克勒·笛卡儿(Descartes)和斯宾诺莎(Spinoza)认为是神的作用.近代物理学家不愿求助于神来解决他们的问题(虽然似乎越来越难),强调主张自然界是神秘地在数学原则上作用.这个数学宙宇的信念,使得像 Einstein 这类的理论物理学家单靠解决算术公式来预示和发现自然规律.但目前物理学的矛盾是:数学的工具越进步,作为观察者的人与科学叙述的客观世界中间的距离就越远.

从简单的大小等级说来,人恰恰位于大宇宙与小宇宙之间,这也许是很有意思的.粗浅地说,一个超级红色星球(宇宙间最大的物体)比人体大过的倍数,恰与一个电子(当时最小的物质单位)比人体小的倍数相等.因此,如我们觉得自然界的原始神秘存在于离为感官所桎梏的人类最遥远的区域,或科学在以古典物理学的平凡譬喻叙述真实的极端而发生困难时,只得以能发现数学的关系为满足,是不足为怪的.

Ⅲ

科学由机械的解释退入数学的玄想,以 1900 年蒲兰克提出量子论来解决由研究放射发生的问题为第一步. 众所周知,当物体热到炽热时,它先发红光,随着温度的上升,变为橙、黄及白色. 在 19 世纪中期,科学家费了无数心力,想发明一个定律来表达此种热体放出的能量因波长与温度的不同而变异的关系. 所有一切的努力均失败了,最后蒲兰克由数学方法发现的公式,才与实验的结果相符合. 他的公式特殊之处,是假定能量的放射,不是一条不断的河流,而是间断的点滴或片段,这个他称之为量子(Quantum)(图 2).

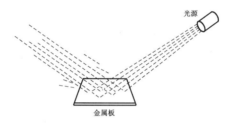

光源

金属板

图 2　1905 年 Einstein 解释光电效果如下:当光射到金属板上时,此板即发射一阵电子. 这个现象不能用古典的光的波动说来解释. Einstein 推想光不是继续不断的能量流,而是由能量的个点或束所组成,这些点或束,他叫它为光子. 当一个光子冲击一个电子时,其结果与台球的碰击相似

蒲兰克对于这个假设并没有任何证明,因为无论当时,无人知道放射的实际机动是怎样. 但从纯粹理论的基础上,他断定每一量子所带的能量可以用公式 $E = hv$ 表示,其中 v 是放射的频率,h 是蒲兰克常数,这是一个极小但不可避免的数(约 0.000 000 000 000 000 000 000 000 006 624),后来证明它是自然界最基本的常数. 在任何放射过程中,

频率除能量所得的数总是等于 h. 虽然蒲兰克常数处理了原子物理的计算有半世纪之久,但我们不能说明它的大小的意义,正如我们不能说明光速的大小一样.它如其他普遍性常数一样,只是一个算数的事实,没有理由可以解释. 爱丁顿爵士(Sir Arthur Eddington)曾说,任何真实的自然律,在理智的人类看来,都有被认为不可理解的可能;因此,他以为蒲兰克的量子原理,是科学所发明的少数真正自然律之一.

　　蒲兰克的推想涵义深远,在 1905 年以前还不明显,到了 1905 年,Einstein 在同时期的物理学家不关注之时,独能心知其意,把量子论带到新的领域. 蒲兰克自己以为是仅仅完成放射的公式,但 Einstein 假定一切放射能 —— 光、热、X 射线 —— 都是以分离的、不连续的量子形式在空中推进的. 这样,我们在火炉边感到的热,是由于无数放射能的量子打击我们的皮肤. 同样,颜色的感觉是由于光量子对我们视神经的打击,这些光量子按照在公式 $E = hv$ 中 v 的频率不同而各不相同.

　　Einstein 作成一个定律,精确地说明所谓光电效果的迷惑现象,使以上的概念得到实际效用. 物理学家对于一条纯粹紫光射到一个金属板时发出一阵电子的现象,常感到无法解释. 假如一道频率较低的光,例如黄光或红光,射到金属板上,依旧可以发出电子,但速度则将降低.电子由金属板拉出的强度,仅依光的颜色而定,与光的强度无关. 假如把光源移到较远的地方,并且使它暗到微弱的光亮,金属板发出的电子将要少些,但速度仍然不变. 即使光源暗到不可感觉的程度,这个作用仍是立时的.

　　Einstein 解释这些奇怪的现象,只有假定一切光都是由能量的个点或粒,他叫作光子的组成,方可解释;这些光子的一个碰到电子时,它的结果可与两个台球撞击相比拟.他更推想紫光、紫外光和其他高频率放射的光子所含的能量,要比红光与红外光的光子多些,而由金属板发出的每个电子,是和打击它的光子所含能量成正比例的.他把这些原理用一串有历史性的公式表达出来,这个工作使他得到诺贝尔奖(Nobel Prize)奖金,并对于后来的量子物理学及光谱学产生了极大的影响.电视及其他光电池的应用也因为有了 Einstein 的光电定律而存在.

　　在提出以上的重要新原理的同时,Einstein 也发现了一个自然界的最深奥秘密.当时无人质疑于物质是由原子构成,而原子又由更小的电子、中子及质子等材料构成的.但 Einstein 提出光也是由不连续的微点构成的观念,与崇信已久的光的波动说相冲突.

　　不用说,有些与光有关的现象,只有用波动说方能解释.例如有些物体,如房屋、树木、电杆等的影子是很清楚的,但如把一根锑丝或头发映在光与白幕之间,它将不能呈现出清晰的影子,表示光线能绕过物体,正如水波能绕过一个小石头一样.同样,光线通过一个圆孔时,在白幕上将呈现出一个清楚的碟形,但如将圆孔缩小到一个针孔大小时,那碟形就变成黑白相间的同心圆,好像平常射击的样子.这个现象叫作光的衍射,和海波经过港口的狭窄处而有回折并分散的倾向一样,假如针孔不是一个而是并排的两个,那么,回折模型将

为一串平行的光带.这是由于通过两个针孔的光波,如果两波相加则呈现光线,两波相减则呈现黑线,与游泳池中的两上波浪系统相加相减,使水波增高或降低一样.这些现象——回折与干涉——正是波动特有的性质,如其光是由个别微点构成即不会发生.两个多世纪的实验与理论都说明光一定是波动构成的.但 Einstein 的光电定律说光是由光子组成的.

光究竟是由波动还是微点构成?这个根本问题始终不曾得到答案.但光的双重性质,不过是自然界更深更奇的双重性质的一方面而已.

最初提到这个奇异的双重性质,是一个法国的青年物理学家,他的名字叫鲁易斯·德布罗格里(Louis de Broglie).他在 1925 年提议说,凡物质及放射互相作用的现象,如其我们不把电子当作个别的质点而看为波动的系统时,最易得到了解.这个大胆的观念,违背了二十年以来物理学家由量子研究所构成的物质原始微点的特殊见解.原子被想象为缩小的太阳系,有一个居中的原子核,其外为不同数目的电子(氢元素有 1 个,铀元素有 92 个),在圆形或椭圆形的轨道上围绕.关于电子的观念却不大清楚.实验证明,一切电子都有同样的质量与电荷,因此,我们很自然地把它们看作构造世界的基本材料.而且最初把它们想象为坚硬而有弹性的球体,也似乎是合于逻辑的.但是随着研究的进步,它们慢慢地变成了不可捉摸的东西,观察和度量都成为不可能的.在许多方面,它们行为的复杂简直不像物质的质点.英国的物理学家金斯爵士(Sir James Jeans)曾说:"一个坚硬的球体常在空间占一定位置,但电子好像没有位置.一个坚硬的球体必定占据一定的地方,但电子——好了,要说电子占了若干地方,似乎与说一种恐惧、悬念,或不安心占了若干地方一样的无意义".

在德布罗格里发表了他的见解后不久,一个维也纳的物理学家名叫薛定谔(Schrödinger)的,在数学形式中发展了同样的观念,他成立了一个体系,把特殊的波动功能加在质子和电子身上,来解释量子的现象.这个系统现在叫作"波动力学".在1927年,由美国物理学家大卫生(Davisson)与格尔麦(Germer)用实验证明了电子确实显示波动的特性而得到确证.他们把一条电子射线射在金属结晶上得到回折圈,与光穿过针孔而生的回折圈一样.并且由他们的量度,知道电子的波长,恰恰与由薛定谔公式:$\lambda = h/mv$ 所预示的大小相符合.在这个公式中,v 是电子的速度,m 是它的质量,h 是蒲兰克常数.但奇怪的事情还在后面.因为后来的实验告诉我们,不但是电子,即原子、分子射在结晶面上时,也发生回折现象,而且它们的波长也正是薛定谔所预期的.如此看来,一切物质的基本单位——麦克斯韦(J. Clerk Maxwell)所称为"世界不可毁灭的基石"——渐渐地消灭于无质了.旧式球形的电子成为电能的波动变化,而原子也就成为一个重复波动的体系.我们只好提出一个结论,说一切物质都是波动组成,我们也就生活在波动世界之中.

一方面说物质是波动的,另一方面又说光是质点,这个矛盾,在第二次世界大战的前十年间已经有了新发展而得到解决.两个德国物理学家海森堡与波恩发

展了一种新的数学工具,可以任意用波动或质点的术语来叙述量子现象,因此,可以说他们在波与质之间架了一道桥梁.在他们系统后面的观念,对于科学的哲学有了极深的影响.他们主张一个物理学家对于单个电子性质的研究是无意义的;在试验室中,他所用为工作的是电子射线或电子雨,每一条线或雨包括有亿万的质点(或波动).所以与他有关的只是众数行为,只是统计及概率与机遇.所以单个电子之为质点或波动体系,在实际上并无分别 —— 在集体上它们可以想象为任何一种.譬如有两个物理学家在海边分析海波,一个可以说"波浪的性质与密度,可从它的波峰与波谷的位置清晰地表示出来";另一个可以同样正确地说,"你所称为峰的一段波浪所以有意义,只是因为它包含的海水分子比所谓谷的一段更多的缘故".同样,海森堡与波恩把薛定谔在他的公式中所用数学形式拿来代表波动关系,而解释它为统计上的"或然数".那就是说,他认为波浪某段的密度即是某处质点分布的或然的代表.于是"物质的波动"又变为"或然的波动".我们如何认识一个电子或一个原子或一个或然的波动,无关紧要.海森堡与波恩的公式,可以适用于任何一个想象的图画.我们若是愿意的话,还可以想象我们住在一个波世界里,或一个点世界里,或如一个诙谐的科学家所说,一个"波点"世界里面.

IV

这样,量子物理学虽然以极大的准确度规定了管制放射与物质基本单位的数学关系,但把放射与物质的真正性质反而弄糊涂了.不过大部分的现代物理学家认为要去推究任何东西的真正性质是太天真的事.有些"实证主义者"（Positivists）主张一个科学家只能报告他所观察的现象,此外则非他所能.所以如其他用了不同的仪器施行了两个试验,一个好像表示光是由质点组成,另一个则表示光是一种波动,他必须同时接受这两种结果,认为它们是互相发明而不是互相抵触.用这两种观念来解释光,分开来都不够,合起来就行.要说明真实,两者皆是必须,要问某一个是真实的所在,则无意义.因为在量子物理学的抽象辞典中没有像"真实"这样的字.

不但如此,希望发明更精密的工具来向微点世界做更进一步的钻研,也是不会成功的.在原子世界的一切事情都有一种不确定存在,不是量度或观察的精密所能消除的.原子行为的反复无定,不能归咎于人为工具的粗糙.它是由物性本身发出来的,这是 1927 年海森堡发表的有名的物理定律,现时所称为"测不准原则"（Principle of uncertainty）的,早已告诉我们.要解明他的课题,海森堡设想一个假想的试验,一个物理学家用了一个功能极强大的显微镜来观察运动中的电子的位置与速度.因为电子比光的波长更小,这个物理学家只好用放射线中较短的波来"照明"他所要看的物体.X 射线是不中用.只有镭元素放射中的高频率 γ 射线可以看见电子.但不要忘记,照光电效果说来,平常光线的光子已经使电子感到很大力量,X 射线更使它动荡不定,那么,一个更有力的 γ 射线的冲击,岂不是大灾难?

　　所以,按照"测不准原则"来说,要同时决定一个电子的位置与速度 —— 说一个电子是"在此时此地"并以"某某速度"在运动 —— 是绝对而且永远不可能的事.因为在我们观察它的举动中,它的速度已经改变了.物理学家在测量电子的位置与速度而计算不准率的算数界限时,他们发现这常是那个神秘数 —— 蒲兰克常数 h —— 的一个函数.

　　这样,量子物理学又摧毁了旧物理学的两个支柱,因果律与定命论.因为在用统计与或然数研究材料时,它已经放弃了一切自然界显示不可避免的原因与结果的观念.而在容许不准的界限时,这把古来的希望,说只要知道宇宙间每一物体的眼前情形及其速度时,科学便能预言未来世界的历史,也放弃了.这些投降的一个副产品,就是自由意志存在的新论据.因为如果物理的事情是那样不定的而未来也是不可预测的,那么,这个叫作"心"的未知数,也许在变幻不测,惝恍无定的世界里,还能指导人类的命运.但这个意思侵入了一个与物理无关的思想领域,我们无须加以讨论.另外一个比较重要的科学上的结论,是由于量子物理学的发展,使除去人与物之间存在的隔阂,几乎成为不可能.因为人所依靠来观察外物的窗子,只是带了雾的感觉,当他要去穿透窥探"真实"物质世界的时候,他的观察过程已经把物质世界改变与扭曲了.他可以设法去把"真实"世界和他的感觉分离,但他做到了这一层时,除了一个数学计划外,他将一无所有.他的地位,真像一个瞎子想去明白一片雪花的形式和组织.当雪花碰到他的手或舌时,早已化为乌有了.一个波动电子,一个光子,一个或然数波,是不能用眼看见的;它们只是一种符号,在表达微世界的数学关系上有它们的用处.

现在你要问为什么现代物理学家要用那样的抽象方法来叙述,物理学家的答语是:因为量子物理的公式能把肉眼看不见的基本现象比任何机械模型叙述得更正确.简单一句话,它们能见效,由它们的计算孵出了原子弹是最显著的证明.所以实用物理学家的目的,就是要用每进愈精的数学术语来演述自然律. 19 世纪的物理学家把电想象成一种流质,有了这个譬喻在心中,他们发明了产生现时电时代的各项定律;20 世纪的物理学家则常要避免譬喻.他们知道电不是流质,他们也知道如像"波"与"点"等有图画性的观念,虽然可用为新发现的指路牌,但决不能当作真实的正确代表.用了数学的抽象术语,他能叙述物体如何行动,虽然他不知道 —— 或需要知道 —— 物体是什么.

但是现时的物理学家有的承认,科学与真实之间存在着的空隙是一种挑战. Einstein 曾屡次表示一种希望,说量子物理学的统计方法,不过是暂时的手段.他说:"我不能相信上帝是在和世界掷骰子".他排斥实证论者的理论,说科学只能报告与连贯观察所得的结果.他相信世界是有秩序与协调的.并且他相信人类钻研不已,必能得最后真实的知识.要达到这个目的,他的目光不再向原子注视,而转向诸天体,并超越诸天体而投入到空间时间的广漠无垠的深处.

3.2　洛伦兹公式

I

三百年前哲学家约翰洛克在他的"人类理解论"(On Human Understanding) 中曾写道:"一队下棋的人站在棋盘的十字格边,假如我们把棋盘由此屋移至彼屋,我们仍可说他们是在同一位置或未移动……假如此棋盘留在房舱的同一地位,我们也可以说它未曾移动,虽然载着这棋盘的船一直在那里行进;又假如此船对于邻近的陆地常保持一定的距离,我们也可以说它是在同一位置,虽然地球已经旋转一周了.这样,如以辽远的物体作标准,下棋的人、棋盘、船,每一个都变了位置".

这个小小的动与不动的图画,包含着一个相对的原理 —— 位置的相对.但它指出另一个意思 —— 动的相对.任何乘过火车的人都知道,当两列火车以相反方向运行时,会觉得行驶的更加迅速;反之,如其向同一方向运行,则几乎感觉不到运动.这种效果,在像纽约中央车站那样闭隔车站中,尤易让人产生错觉.有时火车开动得非常平稳,乘客感觉不到一点震动.此时如其向窗外望望,他们将看见邻近的轨道上有一列车也在慢慢移动,他们将不能判断出哪一列车是静止,哪一列车是在运动;他们也不能知晓任何一列车运动的速度与方向.要确定他们的地位,唯一的方法是从相反方向的窗子去找不动的物体,如月台、信号灯等来做参考.牛顿是明白这些运动的"骗术"的,不过他只在船的航行上研究.他说,在海上天气晴好的时候,一个水手可以很舒服地刮胡子或喝汤,正如船在港中一样,不觉得震动.他面盆中的水或碗中的汤毫无簸动,不管船行速度是每小时 5 海里或 15 海里或 25 海里.所以,除非他往海中看看,否则他将不知道船行的速度是什么,真的,他将不知道船是否在行驶.当然,如其海波忽然大起来了,或船忽然改变方向,他将感觉到行动的状态.但如果波平如镜,船行无声等理想条件存在的时候,任何在舱面以下发生的事情 —— 无论若干在船内施行的观察或机械试验 —— 均不能发现船在海中的速度.这些考虑所提示的物理原则,曾经牛顿在 1687 年以公式方式提出.他说,"在一个一定空间内的各物体,彼此间相对的运动是不变的,不管这个空间是静止的或在一直线上以同一速度运动".这个即所谓牛顿的或伽利略的"相对原则".这个原则可用更普通的术语叙述如下:凡机械定律在一地方有效的,在另一个对于前者以同一速度运行的地方仍为有效.

这个原则说到宇宙的地方,有其在哲学上的重要性.因为科学的目的是要说明我们所居住的世界,无论就全部来说,或一部分来说,科学家对于自然界协调一致的信心是有必要的.他们必须相信在地球上发现的物理定律是真正的普遍律.这样,当牛顿发现苹果落到地球上时,他提出了一个普遍律.而当他利用在海中的船来解明相对原则的时候,他心中的船实际上就是地球.就科学上平常的目的来说,地球可看作一个静止的体系.我们如其愿意的话,可以说,山、树、房屋是静止

的,而动物、汽车、飞机是动的. 但在一个天文物理学家看来,地球不但不是静止的,而且是眩晕地,颇为复杂地,在空中旋转. 在每日以 1 000 mi/h 的速度自转与每年以 20 mi/s 的速度沿着太阳公转之外,它还有多数不甚为人熟悉的回转. 月球也和一般认知相反,并非仅绕地球旋转,它和地球是彼此旋绕 —— 或者更清楚一点说,围着一个共同重心旋转. 不但如此, 太阳系是以 13 mi/s 的速度, 在区域恒星系中运行;区域恒星系又以 200 mi/s 的速度在银河系中运行;而这全银河系又以 100 mi/s 的速度对于辽远在外的银河飘荡 —— 而且所有这些都在不同的方向.

　　虽然在那时牛顿不能知道地球运动的复杂性,但他觉得要在这个纷纭忙乱的世界里面,把相对的运动和真的或"绝对"的运动分别出来,是一个繁难的问题. 他曾建议说:"在恒星系的辽远区域或在此区域之外,也许有某个绝对静止的物体",但他也承认在人类眼光所及的天体中,没有什么可以证明此点. 从另一方面说,牛顿觉得空间本身也许可以用来做参考的标准,即在空间里面运行的恒星系和银河系,可以作为绝对运动. 他把空间当作一个物理的实体,它是静止的,不可移动;虽然这样一个想法不能用科学的论证来支持,他仍根据宗教的论点,锲而不舍. 因为在牛顿看来,空间代表上帝在自然界的无所不在.

　　在此后 18 及 19 世纪中,牛顿的想法似乎有存在的可能. 因为随着光的波动说的发展,科学家觉得有把某种机械性质加上空洞的空间的必要 —— 真的,他们假定空间是一种物质. 即在牛顿以前,法国哲学家德卡尔曾说,物体之成为分离,即证明其中间必有介质的存在.在18及19世纪的物理学家看来,如其光是一种波动,那么,传播光波的介质是不可少的,正如海波必待水来传播,声波必待空气来传播一样.后来实验证明光可以在真空中传播的时候,科学家乃想出一种假设的物质,叫作以太,这个以太他们认为是弥漫于一切物体与空间的.后来法拉第又提出另外一种作为电及磁力传播媒介的以太.最后麦克斯韦证明光即电磁波的一种时,以太的地位似乎决无疑问了.

一个为看不见的介质所弥漫的宇宙,星球在其中运行,光在其中颤动如在胶质盘中震荡一样,这便是牛顿派物理学的最后产品.它供给了一切已知自然界现象的一个机械模型,并供给了一个固定的参考间架,即牛顿的宇宙观所需的绝对而不动的空间.不过,以太自己也发生一些问题,即它的是否真正存在,也还不曾得到证明.因为要一了百了地去决定是否真有以太这个东西,两个美国物理学家,迈克生与莫尔列曾经于1887年在克利夫兰(Cleveland)举行了一个经典式的实验.

他们的实验所根据的原则甚为单简.他们这样推想:假如所有空间都只是平静的以太海,那么,地球在以太中运动应该可以察出与量度,如像水手量度船在海中的速度一样.牛顿曾指出,船在静水中的运动,不能用在船内进行的机械实验去测出其速度.水手们要知道船行速度,他们就丢一个测程器在海中,同时注意测程器细节的回转.同样,要研究地球在以太海中的运动,迈克生与莫尔列也丢了一个"测程器"到海中,而这

个测程器却是一条光线. 因为如果光是真由以太传播的,那么,它的速度必定为因地球的运行而发生的以太流所影响. 特别地,一条光线向地球运行的方向射出,它必定要稍微地为以太流所延阻,正如游泳的人逆流游泳,必定为水流所延阻一样. 这个差异必定很小,因为光的速度(在1849年正确地测定过)是186 284 mi/s,而地球绕日轨道上的速度是 20 mi/s. 所以光线逆着以太流射出时,其行进的速度应为 186 264 mi/s,而顺着以太流时,应为 186 304 mi/s. 迈克生与莫尔列抱了这个意思在心中,他们制成一个极精密的仪器. 在光的极大速度中,即使每秒几分之几英里的差异,它也可以测出. 这个仪器他们叫作"干涉器"(Interferometer)是由几个玻璃镜做成,由它的特殊装置把一条光线分为两道,同时向不同方向放射(图3).

这整个试验是用了最大的精心与确度来计划并施行,所以它的结果是不用怀疑的. 它的结果,简单地说来就是:不管光线的方向是怎样,光的速度总是一样.

迈克生－莫尔列的试验使科学家陷入了左右为难的境地. 他们或者须放弃曾经说明电磁及光的许多现象的以太理论. 如果他们不肯放弃以太,那么,他们必须放弃比以太更古老的哥白尼地动说. 在许多物理学家看来,似乎宁愿相信地球是静止的,而不愿信波 —— 光波与电磁波 —— 没有以太去支持. 这是一个严重的两难问题,它曾在过去二十五年中使物理学家意见出现分歧. 许多新的假说曾经提出又抛弃了. 莫尔列和他人曾经再做这个试验,其结果总是一样:地球在以太中的显然速度总是零.

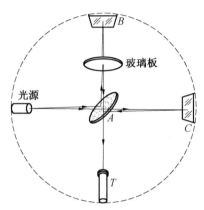

图3　迈克生－莫尔列干涉器的装置法,是用几个玻璃镜使
　　　由光源(上左)发出的光线分为两道,同时向两个不同
　　　的方向进行.这可用一个上有薄银面的玻璃镜 *A* 做成,
　　　光线射到 *A* 镜时,一半透过 *A* 射到玻璃镜 *C*,其余的以
　　　直角反射到玻璃镜 *B.B* 与 *C* 又把光线回射到 *A*,在此
　　　处合成一道,再前进到观镜 *T*.因为光线 *ACT* 须经过 *A*
　　　镜反射面后的玻璃片三次,所以在 *AB* 之间放置一块
　　　与 *A* 镜同厚的白玻片,使*ABT*光线经过它,以补偿*ACT*
　　　光线的延迟.整个干涉器可以在各种方向上旋转,使
　　　ABT 和 *ACT* 光线可以与假定的以太流成或顺或逆或
　　　直角的方向.如果任何一道光线因以太流的关系而发
　　　生加速或延迟的现象时,在观镜 *T* 中必定可以观察出
　　　来.可是这种现象从来不曾观察到.这个仪器的构造
　　　是那样极端精确,所以它所得出的结果是毋庸怀疑的

II

　　在许多对于迈克生－莫尔列试验的谜加以审虑
的众人中,有一个在柏尔尼发明注册局的青年检验员,
他的名字叫 Einstein.在 1905 年,才二十六岁的他发表

了一篇短文,提出对于这个谜的解答,这篇文章的术语
发展了物理思想的一个新世界.开始,他抛斥以太说,
及由以太说而来的空间是绝对静止的,固定的体系或
间架,在空间可以分出绝对与相对运动的整套观念.迈
克生 – 莫尔列试验成立了一个不可否认的事实,那就
是,地球运动不影响光的速度.Einstein 抓住这一点,
认为是普遍定律的发现.他推想:如其光的速度不因地
球运动而变,它也必定不因太阳、月球、星球、彗星,或
任何其他体系在宇宙间任何地方的运动而变.从这个
推理,他得到一个更普遍的结论,说自然界的定律在一
切同一速度运动的体系中是一样的.这个简单的说法
实即含有 Einstein 特殊相对论的要点.它也包括伽利
略的相对原理,因为这个原理说在一切同一运动的体
系中,机械律是一样的.但 Einstein 的词意要广泛些,
因为他心中所想的不但是机械律而且是支配着光及电
磁现象的定律.他把各种定律总括起来成立一个假设,
说:一切自然界现,一切自然界的定律,在彼此相对间,
以同一速度运动的一切体系中,是一样的.

　　从表面上看来,这个宣言并没什么让人惊异之处.
它不过重言申明科学家信仰自然律的普遍协调而已.
并且它劝告科学家不要在自然界中去寻觅绝对静止的
参考系统.自然界是没有绝对静止的:星体、星云、银河
以及外边空间的一切广漠的重力系统,都无时不在运
动中.但它们的运动只能就它们彼此间的关系加以叙
述,因为空间是没有方向与界限的.不但如此,科学家
要想用光做尺度来发见任何体系的"真"速,也是做不
到的,因为在宇宙间光的速度是不变的,不论光源的运

动或接受人的运动是怎样. 自然界没有给你比较的标准;空间如在 Einstein 二百年前德国大数学家莱布尼兹所看到的,只是"其中物件的次序或关系." 没有物体也就没有空间.

随着绝对空间 Einstein 把绝对时间(一个稳定不变,始终如一,从无穷的既往流到无穷的将来的时间流)的观念也取消了. 围绕相对论的许多误会,发生于人们不肯承认时间观念与颜色观念一样,同是感觉的一种. 正如没有眼官去感觉就没有颜色一样,没有事情来做标记,一瞬间,一时间或一日间,是没有意义的. 正如空间不过是物件的可能次序一样,时间不过是事情的可能次序. 时间的主观性可以 Einstein 自己的话来说明. 他说:"一个人的经验,由我们看来是由一串事情作成的;在这一串事情中有一件为我们特别记得的,似乎又依了'早'及'迟'的规定而有一定次序. 所以每一个人有一个'我时'或'主观时'. 这个我时或主观时本身是无法量度的. 诚然,我可以把事件与数目联合起来,使较大的数目代表较后的事件. 这个联合的作用,我可以用钟表来表达,即拿钟表所示事件的次序与一串相关事件的次序来比较. 我们靠钟表得到了一些可以计算的事件的次序".

用一个钟表或日历来做经验的参考,我们把时间变成了客观的观念. 但是钟表或日历所供给的时间距离,绝不是上帝所颁布于全世界的绝对数量. 一切人类所用的钟表都是与我们的太阳系相联系的. 我们所谓的一小时,事实上是空间的量度 —— 即天体表面每日运行的十五度. 我们所谓一年,不过是地球绕日轨道运

行一周的量度.水星上居民的时间观念必定大为不同.因为水星以地球上的八十八天绕日一周,而在这个时期中恰恰自转一周.因此,在水星上一年与一日是同样的事.但当科学推广到太阳邻近以外的时候,我们一切地球上的时间观念成了毫无意义.因为相对论告诉我们,离开了用为标准的系统,没有一定时间这个东西.真的,离开了标准的系统,没有"同时""现在"这样东西.例如一个在纽约的人打电话与伦敦朋友,虽然在纽约是午后七点钟,在伦敦是半夜,我们可以说他们是在"同时"谈话.这是因为他们同住在地球上,而且他们的钟表也联系于同一天文体系.但如我们要知道牧夫座中的 Arcturus 是"此刻"发生什么事件,情形就较为复杂了. Arcturus 星离地球有38光年远,一光年是光行一年的距离,约等于 6 000 000 000 000 mi. 假如我们"此刻"要与 Arcturus 通无线电,这个电报需38年方能达到,再要38年方能得到回电.(无线电波与光波的速度是一样的).当我们仰观 Arcturus,说我们"此刻"看见它了,事实上我们看见的是一个鬼魂——一个在38年前由光源发出的光线射在我们视神经上所成的影像.究竟"此刻"Arcturus 存在与否,要到38年以后,自然我们不知道.

尽管经过这些考虑,在地球上的人们,仍感觉难于接受"此刻"或"现在"的观念不能普遍应用于宇宙全体这个意思. Einstein 在特殊相对论中,曾用了例证与推理的不容反驳的结果,证明在互不相关的体系中,说事件的同时发生是无意义的.他的辩证法可略述如下.

首先,我们必须明了科学家的任务是要用客观的术语来叙述物理事件,因此,他不能用主观的词头如"这个""此处""此刻"等. 在他看来,空间时间等观念,只有在事件及系统的关系规定明白后,才有物理的意义. 而科学家在处理有繁复运动形式的物体(如天体力学、电动力学等)时,是常常有把一个体系中所找到的度量参考到其他体系的必要. 规定这种关系的数学定律,叫作转换定律(Laws of transformation). 最简单的转换,可以一个人在海船舱面上散步作例:如其他是以 3 mi/h 的速度向前走,而船行的速度是 12 mi/h,那么,此人对于海的速度为 15 mi/h;假如他是向后走,那么,他对于海的速度是 9 mi/h. 或者另举一例,我们可以设想一个闹钟在火车交叉点发响. 由闹钟发出的声浪,以 400 码／秒的速度向空气四周传播. 一部列车正以 20 码／秒的速度向交叉点驰来. 因此,声浪对于火车的速度,在火车向着交叉点行来的时候是 420 码／秒,而在火车行过交叉点以后是 380 码／秒. 这种简单的速度加减是普通常识,自从伽利略以来,即经应用在组合运动的问题上. 但用到与光有关的问题时,困难就发生了.

在他的原作相对论文中,Einstein 用了另一个火车的故事来说明这个困难. 此时照旧有一个交叉点,但用为记号的是一条光线,它以 186 284 mi/s 的速度 —— 这是光速的常数,在物理学以上 c 代表之 —— 向铁路线上放射. 一列火车正以速度 v 向着记号光行进. 依照速度相加的原则,我们可以说,在火车向着记号光进行的时候,光对于火车的速度是 $c+v$,而在火车经过记号光以后,是 $c-v$. 这个结论是和迈克生－莫尔

列试验冲突的;因为迈克生－莫尔列试验证明不论光的来源或接收器的运动如何,光的速度是不变的.这个奇怪的事实,在研究环绕一个共同重心运行的双星时也得到参证.在精细地分析这些动的系统之后,我们知道在每对双星中,向着地球行来的光与背着地球行去的光,速度是完全一样的.因为光的速度是一个普遍性的常数,所以在 Einstein 的铁路问题中,不能因火车的速度有所改变.即使我们假想火车以 10 000 mi/s 向着记号光行来,光速不变的原则将告诉我们,在火车观察者将仍旧记下光的速度是恰恰 186 284 mi/s,一点不多不少.

　　这个情形发生的两难论,并非如星期新闻上的猜谜,它有更深远的意义.它提供一个自然界的奥秘.Einstein 看出问题是根据两个信条:(1)光的速度不变;(2)速度相加的原则的互相抵触,无从调解.虽然后者是根据于数学的硬性逻辑(即 2 加 2 等于 4),Einstein 承认前者是一个自然界的根本定律.于是他决定必须寻出一个新的转换定律,使科学家能够叙述运动体系的关系,而得到能够满足光的已知事实的结果.

　　Einstein 在荷兰物理学家洛伦兹所发现关于他自己的学说的一串公式中,找到了他所要的东西.虽然它的本来应用,现在只有科学历史家感兴趣,但洛伦兹的转换仍以相对论数学间架一部分的资格而存在.要了解它的意义,我们将先明白旧速度相加原则的缺点在什么地方.Einstein 再拿一个铁路的故事来说明它的缺点.他想象一条直长的铁道,在铁道之外的堤边坐着一位观察者. 忽然天上打雷,铁道的 A,B 两处同时被闪电击中(图 4).

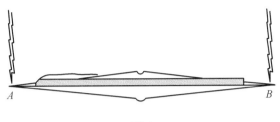

图 4

  Einstein 现在问我们所谓"同时"是什么意思. 要弄清楚这个意思,他假定这个观察者恰恰坐在 A,B 两点的中间,并且用了玻璃镜装置,使他的眼睛不动而能同时看到 A,B 两点. 如其此时观察者的镜中在同一时间内反射着两处发来的电光,这两个电光可以说是同时发生的. 现在一条列车在铁路上跑来了,第二个观察者正拿着一副与第一观察者同样的玻璃镜的装置,会在列车的一个车厢上. 假设第二观察者恰恰行到与第一观察者对面的时候,电光击到 A,B 两处. 现在的问题是:两个电光对于第二观察者是同时的吗? 答案是:它们不是. 因为如其列车是离电光 B 向着电光 A 行进,那么,很明显地 B 反射到镜中的时间要比 A 迟一秒钟的几分之几. 如其有人疑惑这个说法,我们可以设想这个列车是以不可能的速度,即光的速度 186 284 mi/s,在那里行进. 在这个情形下,电光 B 绝无反射到镜中的可能,因为它不能赶上列车,正如枪声不能赶上比声速更快的子弹一样. 所以在列车上的观察者将肯定地说只有一道电光落到铁道上. 由此看来,不管列车的速度怎样,在列车上的观察者总是坚决地说在他前面的电光

先击到铁道上. 因此, 对于静止的观察者是同时的电光, 对于在列车上的观察者便是非同时的了.

这个电光同时非同时的奇论, 把 Einstein 哲学中的一个最精微奥妙的观念, 即同时的相对观念戏剧化地表达出来. 这个观念表示人不能假定他的主观的"此刻"可应用到宇宙间一切地方. Einstein 指出"每一个参考物体(或坐标系统)都有它自己特殊的时间; 除非我们知道关于时间的参考物体, 说一件事情的时间是无意义的". 旧式速度相加原则的漏洞, 在它暗中假定一件事情的时间与它的参考系统的运动情形无关. 例如一个人在船上散步, 我们假定他每点钟行三英里, 不管用船上行着的钟或海中静止的钟表测度, 都是一样. 再者, 我们还假定他在一点钟内所行的距离有同样价值, 不管是用船的舱面(动的系统)或海(静的系统)来做参考标准. 这又成为速度相加原则的第二个漏洞 —— 因为距离与时间一样, 是一个相对的观念, 与参考系统的运动情形无关的空间距离, 那样的东西是没有的.

因此, Einstein 断言科学家要叙述自然现象在宇宙间一切系统都不发生抵触, 他必须把时间与距离的度量当作可变量. 洛伦兹转换定律的各公式恰恰做了这种职务. 它们保持光的速度, 认为是普遍常数, 但按照每一个参考系统的速度来改变时间与距离的一切量度.

注 洛伦兹转换式表示在运动系中观察的距离和时间, 与在相对静止系中观察的距离和时间的关系. 例如设有一个系统或参考物体在某一方向中运动,那么,依照旧式速度相加的原则,其运动的距离或长度 x'(按照运动系统在运动方向上量度)与按照相对静止的系统上量度的长度 x 的关系,可以用公式 $x' = x \pm vt$ 表达.此公式内的 v 是在运动系统的速度,t 是它运动的时间.再有两个行进方向 y' 与 z',在运动系统上与 x' 成直角,并且互相以直角来量度的(即高度与宽度),与在相对静止的系统中 y 与 z 的关系是 $y' = y, z' = z$.最后,时间的间隙在运动系统记下的 t',对于相对静止系统记下的时间 t 的关系,可用 $t' = t$ 代表.换一句话说,在古典物理学中,距离与时间都不因问题中的系统速度而发生影响.但正是为了这个先定的假设,发生了电光的奇论.洛伦兹转换式把在运动系统上看到的距离和时间,变换为静止观察者的情形,每个人的光速常如 c 不变.以下是洛伦兹的转换公式,它补充了旧的也就是不精确的上面所说的各种关系

$$x' = \frac{x - vt}{\sqrt{1 - \left(\dfrac{v^2}{c^2}\right)}}$$

$$y' = y$$

$$z' = z$$

$$t' = \frac{t - \left(\dfrac{v}{c^2}\right) x}{\sqrt{1 - \left(\dfrac{v^2}{c^2}\right)}}$$

可注意的是 y 与 z' 与旧的转换定律一样,不受运动的影响.又如其运动系统的速度 v 对于光速度 c 是极小时,则洛伦兹转换式成为旧式的速度相加的关系.但如 v 大到近于 c 时,则 x' 和 t' 的数值都根本改变了.

　　虽然洛伦兹的公式原来只为解决一个特殊问题而发展出来，Einstein 却把它作为一个极广大结论的基础，在相对论的结构上加上一个公理，说：在以洛伦兹转换为标准的一切系统内，自然律保持其一致. 用数学的抽象语句表达出来的这个定律，在普通人的心目中不见得有什么意义. 但在物理学上，一个公式从来不是纯粹抽象；它是一种速配，科学家拿来便利地叙述自然界的现象. 有时它也是一种罗塞达石（Rosetta Stone），理论物理学家可用以发现知识的奥秘. 所以 Einstein 用了演绎的方法，从洛伦兹转换公式的信息中发现许多关于物质世界的新而异常的真理.

III

　　这些真理可以用极具体术语来叙述. 因为 Einstein 一旦推定了相对论的哲学的与数学的基础之后，他将把它们拿到试验室中来；在试验室中，抽象观念如时间与空间，受到钟表与尺度的拘束. 而在把关于时与空的基本观念翻译为实验室术语时，他指出一些到此刻为止没有经人注意的钟表与尺度的性质. 例如在运动系统上的钟表，比静止的钟表快慢不同；一个在任何动体上的尺度，因其系统速度的大小而改变其长度. 特别是运动越快钟表的时间将越慢，而量物的尺度，将顺着运动的方向缩短. 这种改变，与钟表的制法及尺度的构造是无关的. 钟表可能是一个锤摆钟，或是一个弹簧表，或是一个沙漏时针. 尺度可能是木尺，或金属码尺或十英里长的皮尺. 钟表的变慢与尺度缩短并非机械的现象；与钟表、尺度同时在动的观察者将看不见这些改变.但静止的观察者,即对于动的系统是静止的观察者,将见得动的钟表对于他静的钟表是慢了,动的尺度对于他静的尺度是缩短了.

这个动的钟表与尺度的奇怪行为,可以解释光的速度何以是常数.它说明了一切观察在一切系统的每一角落,不管动的情形怎样,他们总看见光射到及离开他们的仪器速度是一样的.因为当他们的速度接近光速的时候,他们的钟表将要变慢,他们的尺度将要缩短,他们的一切度量将要变到与比较静止的观察者所得的价值一样.管制这些缩短的定律就是洛伦兹的转换,说起来极简单,即:速度越大,缩短越多.一个码尺的速度到了光速的百分之九十时,它将缩短到一半;此后缩短率将更大;如码尺的速度到了与光速相等时,它将缩到没有.同样,钟表旅行的速度如其与光速相等时它将完全停止.从这些考虑,我们得到一个结论:不管用了什么力量,没有东西能比光行动得更快.于是相对论又得到一个自然界的定律,即光速乃宇宙间最高的速度.

初遇见这些事实时很难消化,这是因为古典派的物理学假定一个物体不论是在运动中或静止时,它的长短大小总是一样;钟表在运动与静止中保持同样时间;这种假定是不合理的.由普通常识知这种假定正确.但如 Einstein 告诉我们的,常识不过是十八岁以前聚集在心中的一堆成见.在此后岁月中遇见的每一个新观念,必须与这个"自明"观念的积累相斗争.正因为 Einstein 不愿接受任何未证明的理论认为是自明的,他才能够比在他之前的任何科学家更进一步,参透

自然界里面的真实. 他问为什么假定运动中的钟表变慢与尺度缩短比不慢不短要奇怪些? 古典物理学之所以主张后一个看法, 只是因为在人们的日常经验中, 他从不曾遇见够大的速度使这些改变实现. 在一个汽车, 一个飞机, 甚至一个 $V-2$ 火箭炮中, 钟表的变慢是看不见的. 只有速度到了近于光速的时候, 这相对论的效果才观察得出来, 洛伦兹的转换公式明确指出, 在平常速度中, 时间空间短距离的变化实际上等于零. 这样看来, 相对论与古典物理学并不抵触. 它仅把旧的观念看作有限的事件, 只有在人们常见的经验中才能适用.

Einstein 这样超过了人们完全依靠感觉以求真实的心理所造成的阻碍物. 正如量子论证明物质的原始微点, 与我们感觉的粗鲁世界中较大的质点行为不同, 相对论表示我们不能依据平常肉眼所看见的迟缓的物体行为来预测由极大速度所发生的现象. 我们也不能假定相对论的定律只能处理特殊的事件; 反之, 它提供了一个难于置信的复杂世界的全体图画, 而我们地球上的简单机械事件乃是例外. 现时的科学家在处理原子宇宙的极大速度或恒星间的浩漠无限的时与空时, 发现旧式牛顿定律的不正确. 但相对论却给了他每一事件的正确而完全的叙述.

Einstein 的假设, 任何时加以试验, 都得到充分的证明. 1936 年贝尔电话实验所 (Bell Telephone Laboratories) 的艾伟思 (H. E. Ives) 做了一个实验, 证明时间的相对迟缓, 甚为可异. 一个放射的原子, 可认为是一种钟表, 因为它放出一定频率与波长的光, 这个又可以用光谱仪 (Spectroscope) 来精确地量度. 艾伟思拿在高速度运动中的氢素原子发出的光与在静止时的氢素原子发出的光相比较,发现在运动中原子的颤动频率,恰恰依照 Einstein 公式的预测而变缓. 将来科学家也许会想出更有趣的实验来试验这个假设. 因为任何周期运动均可以拿来计算时间,Einstein 指出,人的心脉也是一种钟表. 按照相对论说来,一个人如其以近于光速的速度旅行,他的心脉跳动会和他的呼吸以及一切生理作用一同迟缓下来. 他自己将不觉得,因为他的钟表也同等的迟缓了. 但在一个静止计时的人看来,他将要老得慢些. 在一个幻想世界中,我们可以想象未来的宇宙探险家,坐在原子推进的空间游船中,以 167 000 mi/s 的速度,旅行了天空十年之后,回到地球上来,看到他自己仅仅老了五岁.

IV

叙述物质世界的机构,我们需要三种数量:即时间、距离与质量. 既然时间与距离是相对数量,我们可以臆想质量也是依据运动的情形而变动. 的确,相对论最重要的实际结果,就是从质量的相对原则发展出来的.

在普通意识中,"质量"就等于"重量". 但物理学家用这个字却代表着一个物质的特殊而较为基本的性质,即对于运动改变的抵抗. 推动一辆货车比推动一辆双轮车所需的力量要大些;因为货车的质量比双轮车大,所以它抵抗运动的力量比双轮车也大. 在古典物理学中,任何物体的质量是一定不变的性质. 所以一个货车的质量是不变的,不管它是停在路轨上或以 60 mi/h

的速度在地上行动,或以 60 000 mi/s 的速度在空间飞驰.但相对论说,在运动中物体的质量绝对不是一定的,它是随着速度而变动的.旧物理学不曾发现这个事实,仅是因为人类的感觉与仪器太粗疏,不能觉察平常经验的轻微加速所发生的无限小的质量加重,它只有在物体的速度到了与光速相近时才能被觉察到.(顺便提一句,这个现象并不和长短的相对缩短相抵触.有人要问:一个物体怎么能变小同时也变重? 我们要知道物体的扁缩仅沿着行动的方向,宽与广是没有影响.再则质量并不就是"重",它是对于运动的抵抗).

Einstein 的质量随速度增加的公式和其他相对论公式的形式相似,但其结果是更为极端重要的

$$M = \frac{m}{\sqrt{1 - v^2/c^2}}$$

此处的 M 代表以速度 v 运动的物体质量,m 代表物体静止时的质量,c 代表光的速度.任何学过初等代数的人可以看出,如其 v 极小(一切通常经验的速度皆是极小的),则 m 与 M 的差数实际上等于零.但如果 v 接近光速时,质量的增加将极大,至运动物体的速度到了与光速相等时,质量将增加到无穷大.因为一个无穷大质量的物体,对于动的抵抗也是无穷大.结论就是没有物体能够以光的速度行动.

关于相对论的各方面,质量增加的原则是实验物理学家最常证明与最有结果地应用过的.在强大电力场中运行的电子及放射质射出的 β 质点,它们的速度可达光速的 99% . 在研究这些高速的原子物理学家看

来,相对论预示的质量增加并非可辩论的理论而是实验的事实,在他们的计算上是不能忽略的. 事实上,β 线以及其他新的超越寻常能量机器的构造,都是根据于质点接近光速时质量增加的情形而决定的.

Einstein 更进一步把物质相对的原则加以演绎,得到一个对于世界非常重要的结论. 他的推论次序大致如下:因为运动物体的质量随着运动速度的增加而增加,又因为运动即是能量的一种形式(动能),那么,运动物体质量的增加即由能量的增加得来. 简言之,能量即物质. 用了几个比较简单的数学步骤,Einstein 寻到任何单位能量 E 的等值物质 m 的数值,可以用公式 $m = E/c^2$ 代表. 有了这个关系,任何年级的中学生可以完成其余的代数步骤而写出那个最重要也是历史上最有名的公式:$E = mc^2$.

这个公式在原子弹的发展过程中所占的地位,是大部分读报的人所熟悉的. 它用物理学的速记法告诉我们说,任何物质所含有的能量等于这个物体的质量(克)乘光速的平方(厘米／秒). 这个关系非常重要,当我们把它的各项翻译成具体的价值时,尤其显明,即:1 千克(约 2 磅)的煤,如果完全变成能量时,可产生 250 亿瓦时的电能,或等于美国所有的发电厂在两个月内连续不断开工所能产生的电能.

$E = mc^2$ 公式解开了许多物理学上久已存在的秘密. 它说明了放射物质如镭与铀何以能以极大的速度射出质点而且放射到几百万年之久. 它又说明太阳及

一切恒星何以能发射光与热至亿万年之久;因为如果太阳是用平常燃烧的方法来毁灭自己,地球早已在冰冻黑暗中死去了.它可以计算在原子核中蕴藏的能量是如何大,预测要毁灭一个城市需要多少克的铀.它暴露了关于物质真实的一些基本真理.在相对论以前,科学家想象宇宙是一个器皿装着两种划然个别的元素,质与能 —— 前者是有惰性的,可捉摸的,而且具有一种特性叫作物质;后者是活泼的,不可见的,而且是没有质的.Einstein 证明质与能是同等的东西:质就是能的集中.换言之,质就是能,能就是质,它们的分别只在于临时的状态.

从这个宽泛原则来看,许多自然界的秘密都可以解决了.物质与放射的交互作用,有时好像是质点的集合,有时好像是波动的聚会,从前使人难于索解的,此时也可以了解了.电子的双重任务,它既是质的单位又是电的单位;电子波、光子、质波或然波,一个波的世界 —— 这一切的一切似乎没有那么奇怪.因为这一切的观念,不过叙述同一真实的各种表现,要问其中的任何一种是"真实",是无意义的.质与能是可以互相转换的.如其物质把它的质脱卸了而以光的速度行动起来,我们叫作放射或能.反之,如其能量凝聚起来并成为不活动,于是我们能测定其质量,就叫作质.在此以前,科学仅能注意到它们与人类感觉抵触的暂时的性质与关系.但在 1945 年 7 月 16 日以后,人们已能把它们互相转换.因为那天晚间在新墨西哥的阿拉摩哥多

（Alamogordo）人们已第一次把相当数量的质变成了光、热、声与动，即我们所称的能.

不过根本的奥秘仍然存在. 科学的观念统一的全部过程 —— 把所有物质简化到若干元素，再简化为几种质点，简化各种的"力"为一个简单的"能"，又把质与能简化为一个单纯基本数量 —— 仍然引到一个未知世界. 许多问题合而为一，这个问题也许始终得不到答案：这个质能不分的东西究竟是什么？ 科学所要发现的物质世界底面的东西究竟是什么？

这样，相对论与量子论相同，把人们的智慧更从牛顿的世界，一个植根在空间时间，如像可管理而无误差的大机器世界分离了. Einstein 的定律，他的距离、时间、物质的相对原则，与其从这些原则得出的推论，包括为所谓特殊相对论. 在发表了这个创作后十年之间，他把这个科学与哲学的体系扩大，成为普遍相对论，从这个观点他查验了支配在空间运转的恒星、彗星、流量、银河、一切铁、石、汽的运动系统，以及在广漠的、不可思议的空洞中的火焰的力. 这些力，牛顿叫作"万有引力". Einstein 从他自己对于重力的观念，得到了一个关于宇宙全体的解剖及其巨大结构的看法.

3.3　四维空间

I

Einstein 说："一个非数学家听到四维一类的话，将会感觉到一种神秘的恐惧，一种好像对于魔术将要

发生的感觉.但是说我们所居住的世界是一个四维的时空连续区(Continuum)是最通常不过的话".

非数学家也许要问 Einstein 所用"通常"这个字的正确性.不过困难是在用字,不在意思.一旦连续区这个字的意义弄明白了,Einstein 的世界是一个四维的时空连续区 —— 这是一切现代宇宙观所根据的看法 —— 的图案将十分清楚.一个连续区是说一个有连续性的东西.例如尺是一个一维的空间连续区.许多尺度又分为寸和寸的分数.

但我们可想象一个尺可分到百万或亿万分之一寸.在理论上没有理由说点与点之间不能再分细一点.连续区的显著特性,就是任何两点间的距离可以再分为任何无穷小的一段.

一条铁路轨道是一个一维连续区,列车上的工程师可以用一个单坐标点 —— 即车站或里程碑 —— 来表示任何时间他所在的地位.但是一个海船的船长就得考虑二维了.一个海面是二维连续区,在这个连续区中,水手用来定地位的坐标是经度和纬度,一个飞机驾驶员在三维连续区中飞行,他不但要知道经度与纬度,并且离地面的高度也得考虑到.这飞机驾驶员的连续区就是我们所知道的空间.换一句话说,我们世界的空间是一个三维连续区.

但是要叙述任何运动的物理事件,单描述在空间的地位还不够.我们还得说明地位如何随时间而改变.这样,要表示纽约芝加哥特快车行驶的真相,我们不但须说明它由纽约到阿尔本列、色列寇斯、克里夫兰、托里多、芝加哥,并须指出它到以上各处每一点的时间.

假如把由纽约到芝加哥的距离画在格子纸的横线上,又把时刻画在纵线上,于是连接表示距离与时间的各点而得的线,即表示这列车在二维时空连续区中行进的情形.这种图表是读报的人所熟悉的;例如股票市场的图表,表示在币时连续区中经济事件的情形.同样,一架飞机由纽约飞到洛斯安哲斯的情形,最好是在四维时空连续区中表示.单说这个飞机在纬度 x,经度 y,高度 z,对于航线交通管理员是无意义的,除非把时间的坐标也同时举出.所以时间是第四维.假如一个人要把这个飞行当作整个的物理的事实来观察,那么,他不能把它分列成一串不连贯的起飞、上升、下降与着地.相反地,它必须看作是四维时空连续区中一个连续的曲线.

时间是一个不可捉摸的东西,因此不能画一个四维时空连续区的图形或制造一个模型.但我们可想象并用数学方法来表示.科学家要叙述我们的太阳系以外,银河星团以外,甚至孤立在虚空中燃烧着的外缘星河以外的广漠空间时,必须明确它们全是一个三进空间一进时间的连续区.在我们心中,我们常有把这些维分开的倾向.我们有空间的感觉,也有时间的感觉.但是这个分离是纯粹主观的;正如特殊相对论告诉我们的,空间时间分开来都是相对量,它们对于每一个观察者是不同的.在任何客观的宇宙叙述 —— 那正是科学

所需要的 —— 时间的维不能与空间的维分开,正如要叙述一座房屋或一株树木,不能把长与宽和深分开一样. 照德国大数学家闵可夫斯基(Herman Minkowski)—— 他发展了时空连续区的算术来做表达相对原理的便利工具 —— 的说法,"空与时分开则消失为阴影,只有两者的联合能保持一点真实".

　　但你不要以为时空连续区不过是算术上的虚构.这个世界,实在就是时空连续区.一切真实在空间与时间中存在,两者是分不开的.一切时间的量度事实上是空间的量度;反过来,空间的量度也依赖于时间的量度.秒、分、时、日、月、季、年等是地球在空间对于太阳、月球、恒星等地位的量度.同样,我们计算在地球上位置的经纬度,是用分与秒来量度的;而要精密地计算经纬度时,我们必须知道这年中的某日与日中的某时.许多地图的标记,如赤道、夏至线、北极线,不过是表示时季变动的日规;最初子午线是每日时间的调节;"正午"只是太阳的一个角度.

　　就是这样,空与时之同等性,非到我们审思天空的恒星时不能真正明白. 在我们熟悉的星座中,有些是"真"的,因为组成星座的星体成功一个真正重力体系,彼此相对有秩序地运动;有的只是外观的 —— 它们的形式是由几个无关系的星体,在一条视线上形成好像邻近的偶然视觉. 在这样光学星座中我们可能看见两个同光度的星体,说它们在天空中是"手挨手"的,其实一个的距离可能是40光年,另一个可能是400

光年.

　　天文学家必须把宇宙看作是时空连续区,是很显然的. 当他用望远镜观察时,他不但看到了眼前的空间,也看到了时间. 他的锐敏照相镜能发觉远在五万万光年距离的宇宙岛的微光 —— 这种微光,在地球时期中最初的有脊动物由温暖的古生代海洋爬入初成立的青年大陆时,即已开始旅行. 不但如此,他的光谱仪告诉他,这些巨大外缘体系正以难以至信的,大至 35 000 mi/s 的速度,离开我们的银河星系而投入黑暗的深渊. 或更准确地说,它们是在五万万光年以前已向我们退却,"此刻" 它们在那里,或它们"此刻"是否仍存在,没有人能说清. 设如我们分析我们的宇宙图案成为主观的三进空间与一进的地方时间,则这些星云除了在照相片上留下古老微弱的模糊光影外没有客观的存在. 它们只有在适当的参考架格上得到物理的真实,而这个架格乃是四维的时空连续区.

　　在人生在世的短时间内,人们总是以自己为中心,照着自己的感觉把事情分为过去、现在与未来. 但除了在他自己感觉的影片上,宇宙 —— 客观的真实世界 —— 并不"出现"而只是存在. 它的全部伟大只有宇宙智慧才能包含. 但数学家可认为它是一个四维的时空连续区,用记号来表达. 时空连续区的了解,是明了普遍相对论以及其关于重力 —— 那个看不见的,但把宇宙维持不散,并决定其形象与大小的力量 —— 的看法的必要条件.

II

在特殊相对论中,Einstein 研究了运动现象,并且证明宇宙间似乎没有固定的标准来决定地球的"绝对"运动,或其他任何体系的绝对运动. 一个物体的运动只有靠了它对于另一物体的改变位置而察觉. 例如,我们知道地球是以 20 mi/s 的速度围绕太阳运行,一年四季的变迁说明这个事实. 不过四百年前人们看见太阳在天空中的位置改变,以为太阳是绕地球运行;根据这个假设,古昔的天文学家发展了一个完全实用的天文力学,可以精密地预测一切重要天体现象. 他们的假设是很自然的;因为我们不能感觉我们在空中的行动,也从来没有任何物理的试验,证明地球是实际在运行. 其他一切行星、恒星、银河星系与宇宙间的运动体系,虽然也在不断地不息地改变位置,它们的运动只能在彼此相对上才能察见. 假如宇宙间的一切物体除了一个之外都没有了,那么,无人能说这个留下的物体是静止的状态,或以 100 000 mi/s 的速度在空中穿射. 运动是相对的状态;除非有可作标准的体系来比较,说一个单体的运动是无意义的.

但在特殊相对论发表后不久,Einstein 开始考虑是否有一种运动可以称为"绝对",只要这个运动的实际效果是在运动体系的本身而可被察觉,不须要旁的体系作参考. 例如一个观察者在平稳行进的火车中,不能依靠在车中施行的试验来决定火车的动或静. 但是假如列车的工程师忽然刹车或急掣节汽管,他将由车身发生的颠簸而感到速度的改变. 又如当火车转弯时,他的身体将因抵抗方向的改变而向外倾动,因此他可以觉得火车是向某方向改变它的行程. Einstein 由此推想假如全宇宙间只有一个物体存在 —— 例如地球 —— 而它忽然不规则地旋转起来,那么,其中的居民将要不舒适地感到它的运动. 这个考虑提示非均一运动如某力或加速所造成的,最后说来也许是"绝对". 这也就是说空间可作参考的系统,在空然无物的空间,我们可能辨别出绝对运动来.

在主张空间的没有与运动的相对的 Einstein 看来,这个非均一运动的表面稀有特性,是深切地扰乱不宁的. 在特殊相对论中,他有一个简单的前提,说自然律在一切彼此相对均一运动的体系中是一致的. 而且以他对于自然界普遍协调信仰心的强盛,他不信任何非均一运动的体系可以成为一个独特显著的体系,在这个体系中自然律要不同些. 因此,它为他的普遍相对论的基本前提,他说:不管运动的状态怎样,在一切体系中的自然律是一样的. 他发展这个论题,成立了一套新的重力定律,把三百年以来形成人们宇宙图形的观念大部分都推翻了.

Einstein 的跳板是牛顿的惯性律,这个定律如每一名中学生所知道的,"每一物体常继续其静止或在直线上的均一运动的状态,除非有外力加于其上强迫其改变运动状态". 所以当火车行驶忽然变慢或变快或转弯的时候,使我们产生特别感觉的就是这个惯性. 我们的身体要继续在直线上均一运动,而当火车向我们施展其反对力时,这个称为惯性的性质就发生反抗这个力量的倾向. 一列很长的货车开始行驶时,让火车

头喘气与用力的也是这个惯性.

但是这又带给我们到另一个考虑. 假如货车是装了货物的,火车头必定比空车要多用气力或多燃些煤炭.于是牛顿在他的惯性律之外又加上第二条定律,说使一个物体加速所需的力量,依那个物体的质量而定;假如同样的力量加在不同质量的两个物体时,那么,质量小的物体必定比质量大的产生较大的加速.这个原理在人生日常经验中没有例外,从推动一辆婴儿车到发射一枚炮弹,都是一样.这仅仅把掷一个棒球比掷一个炮弹要远些快些的平常事实,归纳为原则化而已.

但有一个特殊情形,似乎运动物体的加速与它的质量并无关系.棒球与炮弹如让其自由降落,它们将得到同样的加速度,这个现象最初是由伽利略发现的;他用实验证明,忽略空气阻力,物体不论其形状及组织是怎样,同一初速度它们总是以同样的速度落下.一个棒球和一个毛巾落地的速度不同,那是因为毛巾所受的空气阻力要大些.但是有差不多同样形状的物体,如一个大理石球,一个棒球与一个炮弹,它们落地的速度是一样的(在真空管中毛巾与炮弹将并排地下落).这个现象似乎违反了牛顿的惯性律.因为如其某些物体在水平面上被相等的力量推动时,其运动的速度是一定由它们的质量来决定,为什么这些同一的物体,不管它们形状大小与质量多少,在垂直线上运动的速度总是一样? 这好像是表示惯性因素只在水平面上才有效.

牛顿用了他的重力定律来解决这个谜,这个定律简单地说,是一个物体吸引另一物体的神秘的力量,与所吸引物体的质量成比例地增加.物体越大,其重力也

91

越强. 物体质量越小,其惯性或抵抗行动的倾向亦小,但重力也小. 物体质量越大,其惯性亦大,但重力也大. 这样,重力常常是用出到恰能胜过物体的惯性为止. 这就是一切物体不问其惯性质量怎样,以同一速度降落的理由.

这个颇为奇怪的偶合 —— 重力与惯力的完全平衡 —— 是作为信仰来接受,但自牛顿以后三百年来,没有了解或说明过. 一切近代机械与工程都是从牛顿的观点产生出来,而各天体也似乎服从他的定律. 但 Einstein 的许多发明是从天生的不信教条得来,所以他对于牛顿的几个假设也不喜欢. 他怀疑重力与惯性力的平衡不过是自然的偶合. 他也抛弃重力能经过远距离立刻发生的观念. 说地球能以一种力量,神秘地并且一定不易地与其要吸引物体的惯性抵抗力相等,向空间去拉吸物体,在 Einstein 看来是不大可能的,因此他发明了一个新重力说来代替,这个新重力说,根据实验的表示,对于自然界的描写,比牛顿的古典定律更要准确些.

III

依照他平常创造思想的情形,Einstein 用了一个想象的境况做背景. 无疑地,其详细已经许多梦想家在他们的不安静的微睡中,或在他们疯狂的妄想的一刹那,臆想过了. 他设想一个其高无比的建筑,其中有一升降机正脱离了绳索自由下降. 在升降机中正有一群物理学家在进行试验,他们不知升降机的灾难来临,因此也不觉得不安. 他们从口袋中掏出一些物件,一支自

来水笔,一个铜圆,一串钥匙,撒手让它们降落.但没有那么一回事.自来水笔、铜圆、钥匙,在升降机中的人眼中,好像是悬在空中,不升不降;这是因为它们和升降机与人都按照牛顿的重力定律以完全一样的速度下降的缘故.因为在升降机中的人们还感觉不到他们的处境,他们可能用了一个不同的假设来解释这个特别的事情.他们可以相信有什么魔术让他们失重,事实上使他们悬挂在空洞空间的某处.而且他们很有理由这样相信.假如他们中间的一人离地跳跃,他将依照他跳跃力量的比例,向天花板平滑地浮起.假如他把自来水笔或钥匙向任何方向抛去,它们将匀速向那个方向前进,一直到碰壁为止.每一物体似乎都在服从牛顿的惯性律,继续静止的状态或在一直线上均一运动.升降机已成了一个惯性体系,在机中的人们无法知道他们是在重力场中下降,或只是飘浮在空间中,没有任何外力的干涉.

现在 Einstein 改换他的场面.物理学家仍在升降机中.但此次他们真正在空洞的空间,与任何天体的吸引力都隔离得很远.升降机的顶上有一条铁缆系着;某种超自然的力量开始绞挽这铁缆;于是这升降机以不变的加速度——即累进的加快——"向上"运行.在升降机中的人们照旧不知自己的所在,他们照旧施行一点实验来考验自己的境地.此番他们觉得自己的脚是紧紧地蹋在地板上.如其跳跃,他们将飘浮不到房顶去,因为地板也随之上来了.如其手中抛掷东西,物体好像在"下降".如其向水平方向抛掷,物体不会在直线上平均运动,但对地板画一抛物曲线.这样,这些科

93

学家不知他们的无窗升降机正在星座空间中上升,还以为他们是在平常情形下,坐在地球上静止的房间中,受到万有引力的正常影响.他们实在没有方法能够分别出他们是静止在重力场中,还是以不变的加速度,在没有重力的宇宙外边的空间上升.

若是他们的房间是附着在一个巨大的木马回旋机而旋转时,他们将碰到同样的疑难.他们将感觉一个奇怪力量把他们从木马回旋机的中心拉开,而一个在外巧辩的旁观者将立刻指认这个力量就是惯力(或如在旋转情形下所叫的离心力).但在房间内的人们照常不知他们所处的难境,仍旧以为这是重力的作用.因为如其房间里既无东西又无点缀,他们除了把他们拉向房里一边的力外,没有什么来告诉他们哪边是地板,哪边是房顶.所以在离开的旁观者看来是旋转房间的"外壁"的,在房间里面的人看来就成了"地板"了.我们略为思考,就可知道在空洞的空间中,无所谓"上"或"下".我们在地球的人所谓"下",仅仅是重力的方向.在日球上的人看来,澳洲、非洲和阿根廷的人都是把脚跟悬挂在南半球的地面上.依照同样的记号,贝尔得海军上将(Admiral Byrd)的飞越南极是一个几何学上的虚构故事;事实上他是从南极底下飞过 —— 上下颠倒.这样,在木马回旋机房间里面的人,将发现他们的一切试验,均得到与他们在"上升"的房间中施行的试验完全相同的结果.他们的脚稳定的站在"地板"上,固体物件均"下落".他们照旧把这些现象归功于重力的作用,并且相信他们自己是静止在重力场中的.

通过这些假想的事件,Einstein 得出一个理论上

极重要的结论.这就是物理学家所知道的重力惯力同等的原则(The Principle of Equivalence of Gravitation and Inertia).这个原则,简单地说,要区分是由惯力(加速、反撞、离心力等)产生的运动还是由重力产生的运动,是不可能的.这个原则的作用,对于任何飞行家都极显然;因为在飞机上没法把由惯力产生的效果与由重力产生的效果分开.泅水时泅出水面的身体感觉,与以高速度旋行一个巉斜的转弯时所发生的感觉是恰恰一样的.在两个场合中都有飞行家所称为"G - load"(重力载量)出现,血液离开脑部,身体贴紧座位.但在前一场合是重力的作用,后一场合则是惯力.

这个原则是普遍相对论的基础,Einstein 从它里面找到重力的谜与"绝对"运动问题的答案.它显示,说到最后,非均一运动并没有什么特殊与"绝对";因为非均一运动的效果,我们认为即使孤独地存于空间也能显出物体运动情形的,事实上和重力的效果没有分别.如木马回旋机的例子,在一观察家认为是惯力或离心力的拖引,即运动的效果的,在另一个观察家则以为是常见重力的影响.此外任何由改变速度或方向而产生的惯性效果,都可以认为是重力场的改变或波动.所以,相对论的基本前提仍属有效;即运动不管是均一的或非均一的,都必须要有一个参考的体系方能决定 —— 绝对运动是没有的.

Einstein 用来打倒绝对运动的武器是重力,但重力又是什么呢? Einstein 的重力和牛顿的重力完全不同.它不是"力".照 Einstein 看来,物体互相"吸引"的观念,是一种由错误的机械宇宙观所产生的幻觉.只要一个人相信宇宙是一个大机械,他会天然的相信这个机械的各部分,彼此间能生出一种力量.但科学考察真实越深,越觉得宇宙并不是一个机械.所以 Einstein 的重力定律绝不含有力的观念.它叙述物体在重力场中的行为 —— 例如行星 —— 不用"吸引"的说法,而只是说它遵循的路径.牛顿定律的数学用语包含力学的概念,如"力"与"质",Einstein 定律的数学用语是几何学.在 Einstein 看来,重力不过是惯力的一部分,恒星和行星的运行起源于它们自有的惯性;而它们遵循的路径则是由空间的几何学性质来决定 —— 或者更确切些说,时空连续区的几何学性质.

　　虽然这个听来好似极其抽象甚至极诡辩的,但只要一个人除去物体能通过亿万里的空间而起力的作用的观念,则一切皆极易明白.这个"通过距离作用"的观念,自从牛顿时期以来已使科学家感到烦恼.例如在了解电与磁的现象中,特别发生困难.现时的科学家不再说磁石"吸引"铁片,是因为某种神秘的但是立刻通过距离的作用了.他们宁愿说磁石在其附近的空间造成一种物理情形他们叫作磁场;此磁场又作用于铁片,使它在某种可观测的情形下行列.任何初等科学课程的学生都知道磁场是什么样子,它可以用一张硬纸放在一个磁石上,再把铁屑撒在纸上而轻弹之即得(图5).一个磁场与一个电场是物理的真实.它们有一定的结构,而由马克斯威尔的场地公式表示出来,这个公式也就是 20 世纪一切电机工程及无线电工程发明的前导.重力场也是物理的真实,与电磁场不相上下,它的结构由 Einstein 的场地公式决定.

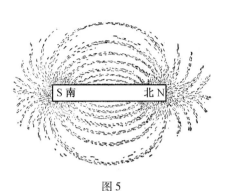

图 5

　　正如马克斯威尔和法拉第假定一个磁石在其附近的空间造成某种性质，Einstein 得到一个结论，说星球月球及其他天体，各个决定其附近空间的几何学性质.又正如一块在磁场中铁片的行动是为磁场的构造所左右，任何在重力场中物体的路径也是为那个场所的几何学性质所决定.牛顿的重力与 Einstein 的重力不同，曾经有人用一个小孩在城市街道中玩大理石球来做比喻加以说明.街道的地面极其坎坷不平.一个在十层楼上的观察者将看不见地面上的不规则.看见大理石球似乎在避开某些地点同时又滚向某些地点，他将假定一种"力"在那里作用，从某些地点把大理石球推开，同时又把它吸引到某些地点.但在地面上的另一观察者，将立刻察觉到大理石球的路径是简单地为场地的形状所支配的.在这个小比喻中，牛顿是楼上的观察者，想象有一个"力"在作用，Einstein 是地面上的观察者，他没有理由要一个"力"的假设.所以 Einstein 的重力定律，仅仅是用几何学的术语来叙述时空连续区的场地性质罢了.分别说来，定律中的一群表示作用物体的质量与场地结构的关系的，叫作结构律，另外一群分析在重力场中运动物体所画的路线,它们就是运动定律.

不要以为 Einstein 的重力说只是一个形式的数学设计.它是建立于有深远宇宙意义的假设上的.这些假设最让人惊奇的是:宇宙并不是一个坚固的,不可改变的结构,有许多独立的物质,存在于独立的空间与时间中;相反地,它是无定形的连续区,没有固定的结构,它是可塑的而且不同的,常常在受到改变与易形.无论何时,一有物质与运动,连续区便震动了.正如鱼在海中游泳就使附近的海水震动一样,一个星球,一颗彗星或一群星座在空间行动的时候,也就改变了空时间的几何性.

Einstein 的重力定律应用到天文问题上得到的结构,与牛顿定律所得到的紧密联系.假如每种情况的结果都能平行切合,科学家也许愿意保留牛顿定律的熟悉观念,而认为 Einstein 的理论是奇怪的,即使是独创的幻想.但根据普遍相对论发现了许多奇异的新现象,而且至少一个古老的疑难是解决了.这个古老的疑难产生于水星的奇怪行动.它不像其他行星循着椭圆轨道有规则的运行,它要偏离轨道,虽每年度数甚微,但逐年加剧.天文家曾探究每一可能发生这个扰动的因素,但在牛顿理论的架格内是得不到解决的.直到 Einstein 发明了他的重力定律,这个问题才得到解决.在所有行星中,水星与太阳最相近.它体积小转速快.用牛顿定律来说,这些因素不能解释偏离的原因;水星行动的力学,根本上和其他行星是一样的.但在 Einstein 定律下,太阳重力场的强度和水星极大的速

度就发生作用, 它们使水星的整个椭圆轨道, 绕着太阳, 迟缓但坚定不移地, 以 3 000 000 年而一周的速度左右摆动(图6). 这个计算完全与水星轨道的实际观测相符合. 这样, Einstein 的数学, 在处理高速度与强盛重力场上, 是比牛顿的要更正确些.

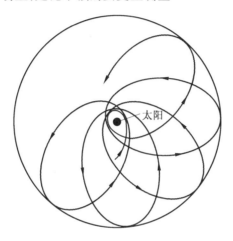

图6　水星椭圆轨道的旋转放大图. 此图夸大甚多. 事实
上每一百年椭圆轨道仅前进周天一度的43 s

但比解决古老问题更重要的成就, 是 Einstein 关于一个向来科学家所梦想不到的新的宇宙现象的预测 —— 即重力对于光的影响.

IV

使 Einstein 预言这个现象的思想次第, 是从另一个想象的情形开始. 仍如以前一样, 开场时正有一个升降机以均一加速度在离开重力场很远的空间上升. 此时有一个游荡星座间的铳手忽然朝着这升降机打了一铳. 铳弹打中机箱的一面, 穿过机箱从另一面的屋壁射出, 其地位比打进时壁上的地位略低一点. 所以略低的缘故, 在升降机外的铳手看来是极明白的. 他晓得铳弹遵从牛顿的惯性律循着直线前进; 但当它行过两壁距离的时候, 升降机已"上升"了一点, 因此使第二个弹孔不能恰恰与第一个弹孔相对而稍稍与地板更为接近. 但在升降机内的人, 并不晓得自己在宇宙的何处, 对于这个情形有另外一个解释. 他们熟悉炮弹在地面上进行的路线是抛物线, 于是简单的结论说他们是静止在重力场中, 而穿过升降机箱的铳弹, 正对于箱底画了一个完全正常的曲线.

过了一会, 当升降机仍在继续上升时, 一道光线忽然从机箱一边的开孔穿过. 因为光的速度极大, 光线经过机箱两壁距离的时间将极短. 虽然如此, 机箱在这段时间也上升了一点距离, 因此光线射到机箱的对壁时也必定比射入的地位低一小段距离. 设如在机箱内的观察者有极精密的测量仪器, 他将能计算光线的曲度. 但问题是: 他们怎样解释这个现象? 他们仍不知道升降机在上升, 而以为是静止在一个重力场中. 假如他们谨守牛顿的原则, 他们将完全迷惑不解, 因为他们认定光线是常走直线的. 但如果他们熟悉特殊相对论的理论, 他们当记得按照 $m = E/c^2$ 公式, 能是有质量的. 因为光是能的一种形式, 他们将推论光是有质量的, 因此, 光也受重力场的影响. 于是得到光线的曲度.

根据这些纯粹理论的考虑, Einstein 得到结论说光与其他有质量的物体一样, 经过大质量的重力场时, 也是走曲线路径的. 他提议这个理论可以用在太阳重

力场中的星光路径来做考验. 因为白昼时不能看见星体,只有当日全食的时候星体与太阳才能同时看见. Einstein 于是提议在日食时把挨近太阳黑面的星用照相仪照下,拿来与另一时间所照的同一星体的照相互相比较. 依照他的理论,在太阳附近的星体,其光线经过太阳的重力场必向内曲折,因此,地球上面的人看见这些星体影像,是比它们原来在天空的位置移向外些(图 7). Einstein 计算了可观察的偏差度数,并且预测与日球最近的星体其偏差应为 1.75 s. 因为他的普遍相对论整个理论是否正确,要靠这个实验来决定. 世界上的科学家都提心吊胆地等待着 1919 年 5 月 29 日日食照相的结果. 当他们的照相洗出并加以考查时,发现在太阳重力场中星体光线的偏差平均为 1.64 s,这个数目与 Einstein 预测的数目完全密合的程度,是合于仪器的精密度所能允许的范围的.

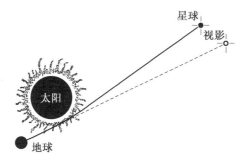

图 7　在太阳重力场中星光的回折. 因在太阳附近的星体,其光线经过太阳重力场时折而向内,它的影响在地球上的观察者看来却是折而向外,离日更远

　　Einstein 根据普遍相对论的又一个预测,是与时间有关的. 空间的性质怎样受到重力场的影响既已弄

明白了，Einstein 用了此类但更加深邃的推理，得到一个结论，说时间的距离也随重力场的强弱而生变动。一个钟表在太阳里面，应该比在地球上走得略为迟缓一点。一个在太阳中的放射原子也应当比地球上同样的原子发出频率略低的光线。在这种情况下，波长的差别一定是小到不可测度。但宇宙间有比太阳更强的重力场。围绕那个奇怪的星体，我们称为"天狼之伴"的，就是其中的一个 —— 天狼之伴是一颗白色小星，它的密度非常大，一立方英寸在地球上可重到一吨。因为它的极大质量，这个非常厉害的小家伙，虽然仅比地球大了三倍，却有一个强大的重力场可以扰乱比它大七十倍的天狼星的运行。这个有力的重力场，也能把它自己放射线的频率降低到一个可测量的程度。真的，光谱仪测度的结果，曾经证明天狼之伴所发光线频率的降低，是恰恰如 Einstein 所预测的。这个星光在光谱上波长的移动，天文学家称为"Einstein 效果"，也是普遍相对论另一个有力的证明。

V

到此处为止，相对论仅讨论单个重力场的现象。但宇宙充满着无数的物体 —— 流星、月球、彗星、星云，更有无数的星体，依着它们重力场互相连锁的几何，类聚为球团、云汉、银河以及超银河等体系。一个人自然要问包括这些飘流物体的时空连续区的最后几何是什么？用粗浅的语言说，宇宙的形式和大小是怎样？一切现代的对于此问题的答案都是直接地或间接地从普遍相对原理得来。

102

　　在 Einstein 以前,一般想象宇宙是一个物质的岛,浮沉在无限空间的中心.这个概念的成立有几个理由.科学家须得承认宇宙是无限的;因为一承认空间有尽的话,他们将立刻遇到一个难答的问题:"那么空间之外又是什么"? 但牛顿定律禁止无限宇宙包含着物质的平均分布的说法,因为如此则所有一切物质的全体重力,将扩展至于无穷,而诸天体也将为无穷的光所照耀.不但如此,在人类微弱的肉眼看来,在我们的天河边缘之外,空间的灯火似乎越来越少,最后稀薄到仅像无底深渊边际的孤立灯塔.但岛宇宙的说法也有困难.在这样的宇宙中间,物质的量比起无穷的空间是那样的小,支配星河的动力将不可避免地使它们分散得像云层中的小雨点,而宇宙将成为完全空洞的东西.

　　在 Einstein 看来,这个分散及消失的想象都是极不满意的.他断定根本的困难在于人们自然的但无理由的假定,说天空的几何与他的感觉在地球上发明的几何是一样的.例如我们确然假定,两条平行光线在空间旅行将永远不能相遇,因为在欧几里得几何学的无限平面上,两条平行线是不能相交的.我们也觉得在天空中与在地球场中一样,直线是两点间最短的距离.但欧几里得从来不曾证明过直线是两点间最短的距离;他仅任意地规定直线是两点间最短的距离而已.

　　Einstein 于是质问:人们用欧几里得几何来描写宇宙,不会是被他的有限度的感觉所欺骗的吗? 从前曾有一段时间人们相信地球是扁平的.现时他知道地球是圆球形,而且地球上两点的最短距离,例如纽约与伦敦,并不是经过大西洋的一条直线,而是向北经过加拿大东部的新斯科舍（Nova Scotia）、纽芬兰与冰岛共和国的"大圆". 从地球表面说来, 欧几里得几何学是无效的. 以赤道上的两点为底, 北极为顶, 在地球面上画一个大三角形, 将不适合欧几里得的定理, 说三角形的各内角之和等于二直角和或 180°. 它将比 180° 大, 只要一看地球平面图便可明白（图 8）. 假如有人在地球面上画一极大的圆, 他将发现圆周与直径的比, 将较常识中的圆周率（π）小. 这些与欧几里得差离的原因, 是因为地球的曲度. 虽然目前没有人疑惑地球的曲度, 但人们也不是飞出天外观察地球来发现这个事实. 地球的曲度, 可以用适当的数学解释极易看到的事实, 在地面上很容易计算出来. 同样, Einstein 用了综合天文上事实与推演的方法, 得到结论, 说宇宙不像一般科学家所想象的那样, 既不是无限的, 也不是欧几里得式的, 它是到现在为止人们所意想不到的一个东西.

图 8

104

　　上面曾说过欧几里得几何在重力场中不适用. 光线在重力场中不走直线, 因为这个力场的几何学根本就没有直线; 在重力场中光线能走的最短路线是一个曲线或大圆, 这是为力场的几何结构所决定的. 因为一个重力场的几何结构, 是由重力物体 —— 恒星、卫星或行星 —— 的质量与速度来决定形式, 从而我们可以说, 整个宇宙的几何结构是由它的内在物质的总量来决定形式的. 在宇宙中间, 每一个物质的集中, 时空连续区即有一个相当的扭曲. 每一个天体, 一个星河, 都在时空间发生地方性的不规则, 恰如海岛附近的潮水一样. 物质的集中越大, 时空的曲度也越大. 全体功效就是整个时空连续区的包括一切的曲度: 宇宙间一切不可数计的物质造成连合的扭曲, 使连续区折回到自己, 成一个大而合拢的宇宙曲线.

　　这样, Einstein 的宇宙是非欧几里得的与有限的. 地球上的人类看来一条光线好像是循着直线走向无穷, 正如一条蚯蚓向前"直"行不停, 它所看见的地球一定也是平而无穷的. 人类对于宇宙的印象以为是欧几里得式的, 正如蚯蚓对于地球的印象一样, 是为他的有限感觉所给予. 在 Einstein 宇宙里, 没有直线, 只有大圆. 空间虽有限, 但是无界的; 一个数学家可以拿球体表面的四进类似体来叙述它的几何性质. 用已故英国物理学家金斯爵士的话来说, 较易了解. 他说: "用简单与常见的东西来做比喻, 一个肥皂泡表面上带着凝聚的质点, 大约是代表相对论所表示的新宇宙最好的东西. 这宇宙不是肥皂泡的里面而是它的表面, 而且我们必须时时记住, 虽然肥皂泡的表面只有二维, 宇宙

泡的表面则有四维 —— 空间的三进与时间的一进. 吹成这个泡的东西 —— 肥皂沫 —— 就是空洞的空间与空洞时间的混合体. "

同许多现代科学的概念一样, Einstein 的有限的球状的宇宙, 不能用肉眼去观察, 正与一个光子或一个电子不能用眼看见一样. 但如光子电子一样, 它的性质可用数学方法来叙述. 应用现代天文学所有最好的数值于 Einstein 的场地公式, 我们可以算出宇宙的大小. 但要决定宇宙的半径, 我们必须先知道它的曲度. 因为如 Einstein 所表示, 空间的几何或曲度, 是由所包含的物质来决定, 所以宇宙问题只有得到宇宙内物质平均密度的数值才能解决.

幸而这个数值是现有的, 因为威尔逊山天文台 (Mt. Wilson Observatory) 的台员哈柏 (Edwin Hubble) 曾用了多年的精力, 一心一意地研究了天空中一些试验区域, 算出了包含在其中的平均物质数量. 他的结论是: 就宇宙全部说来, 每一立方厘米的空间中, 含有 0.000 000 000 000 000 000 000 000 001 厘米物质. 应用这个数目到 Einstein 的力场公式, 我们得到一个宇宙曲度的正值, 它又显示宇宙的半径是 35 亿光年或 210 000 000 000 000 000 000 000 mi. Einstein 的宇宙虽然不是无限的, 但也有够大的空间去包容亿万星河, 每一星河又包含千百万发光的恒星, 无量数的稀薄气体, 与冷却了的铁、石及宇宙灰尘的体系. 在这个宇宙中, 一条日光以每秒钟 186 000 mi 的速度射过空间, 将画一个宇宙大圆, 经过比 2 000 亿地球年略多的时间回到出发的地点.

VI

不过在 Einstein 发展他的宇宙论的时候,他还不知道一个奇怪的天文现象,这是几年后才解释出来的.他假定星体与星河的运动是漫无规则的,如像气体中的分子无目的地飘荡着一样.因为在它们的飘荡中找不出任何统一的步调,他就不去管它们而认为宇宙是静止的.但天文学家慢慢地觉察到,在我们望远镜能看到的最远限度的一些星河,也有系统运动的迹象.所有这些外缘的星河或"岛宇宙",看起来好像是从我们的太阳系退走,并且从它们相互间退走.这些遥远星河——最远的约有5亿光年距离——的有组织的分散,与较近的重力系统的缓慢旋转,完全是两件事.因为这样一个有系统的运动必对于整个的宇宙曲度是有影响的.

所以宇宙并非静止的;它是在扩大,与肥皂泡或气球的扩大大致相像.但这个比喻并不十分确切,因为假如我们想象宇宙是一种有斑点的气球,——斑点代表物质——那么,宇宙扩大时斑点也必同时扩大.但这是不可能的,因为如果斑点也扩大,我们将不能区分宇宙的扩大,正如《爱丽斯梦游奇境记》所说的,当她的环境随着她而扩大或缩小时,她将察觉不到自己的忽然改变高矮.所以加省工科大学的宇宙学家罗宾生(H. P. Robertson)曾说,在想象宇宙是一个有斑点的气球时,我们必须想象斑点是一些没有弹性的小块粘着在表面上,有质的物体保持着它的大小,而在它们中间的空间则向外扩大,正如气球的橡皮在斑点中间扩大一样.

这个非常现象,大大地把宇宙论弄复杂了.如其光谱分析所表示的外缘星河的退走是正确的话(大部分的天文学家认为它是正确的),那么,它们跑入深渊边缘的速度,是令人难以置信的.它们的速度似乎随着距离增加.虽离开我们约一百万光年较近的星河,其旅行速度仅仅每秒钟可行 100 mi,离开我们 250 百万光年的星河,其速度即大到每秒钟可行 25 000 mi,差不多等于光速的七分之一.因为所有这些遥远的星河,都对着我们,对着它们相互间退走分散,我们必须归结说,在某一宇宙的时期,它们必定是在一个原始热烈的质体下挤成一团.而且如其空间的几何形式是由它的物质内容来决定,那么,这个前星河时期的宇宙,必定是一个很不舒服拥挤的容器,这具有过分的曲度及包含着有不可想象的密度的物质等特性.用退走星河的速度作根据来计算,知道它们必定是大约 2 000 百万年以前就开始分离,从瘪缩宇宙的"中心"飞散.

天文学家及宇宙学家曾提出几种理论来解释这个宇宙扩大的谜.一个是宇宙学家勒玛托(Abbé Le Maitre)所提议的,说宇宙的原始起于一个巨大初始的原子,这个原子的爆裂成功了宇宙的扩张,即我们现在所察觉到的.另外一个是加省工科大学的托尔曼(R. C. Tolman)所提出的,说眼前的扩张也许是暂时的情形,它可能在将来的某宇宙时期中来一个收缩的时期.在托尔曼的想象中,宇宙是一个有脉动性的气体,它的扩张与收缩,此起彼落,如环无端,永久这样.这些起落的圆圈受着宇宙中物质数量改变的管制;因为照 Einstein 的说法,宇宙的曲度是随着它的物质含量而

定的.托尔曼的理论有一个困难,就是它假定在宇宙的某处有物质在生成.宇宙中物质的数量在不断地改变虽然是实在的,但改变只朝着一个方向 —— 向着消灭.一切宇宙的现象,可见的与不可见的,原子内的与外缘空间的,都表示宇宙间的质与能都像蒸气一样,不可挽回地消散于无何有之乡.太阳虽是缓慢地但确实地燃烧去了,星体是一些将尽的烬余,宇宙中任何地方热在变冷,物质成为放射,而能量常常是分散在空洞的空间.

　　宇宙是这样走向最后的"热终",或用专门的词语来说,走向"极大熵"的情形,亿万年之后宇宙到了这个情形的时候,一切自然界程序皆将停止.一切空间的温度将皆是同样.因为一切能量将平均地分布于全宇宙,故没有可用的能量.无光,无生命,无热 —— 除了永久与不可变易的停滞外,没有什么东西.因为自然律 —— 特别是那个决定命运的原则,现在所称为热力第二律的 —— 告诉我们,自然界的根本程序是不能翻回的.自然的道路仅有一条.但托尔曼主张在人类的狭隘眼界以外,在某些地方,不知什么理由,宇宙可能又在那里再造自己.照 Einstein 的质能常等的原则说来,我们可想象分布在空间的放射线复又凝聚成为细微质点 —— 电子、原子、分子 —— 这些又合并为较大的单位,这些单位复靠了它们自己的重力影响,聚集而为分散的星云、星体,最后成星河体系.这样,宇宙的生命圈可以重复到无穷尽.

　　这样一个长生起伏的宇宙观念是适意的,因为人总觉得湮没是不愉快的心情,不管它是怎么远.但托尔曼的理论还不曾被一般接受,因为没有支持它的证据.
有一个时候,曾有人猜想天外经常攻击地球的神秘的
宇宙线,可能是原子创造的副产物.但另一个理论说它
们是原子毁灭的副产物,较为有据些.的确,在无生的
自然界里,没有东西可以解释为创造的程序.一切事件
都表示宇宙正不可挽回地走向最后的黑暗与毁灭,而
且越来越快.

但这种看法也有它的酬偿.因为假如宇宙是走向
毁灭而且它的过程只有一个方向,那么,由此得到一个
不可避免的结论,就是什么时候,不知什么理由,发生
了这个过程,使宇宙成为存在.而凡科学知识界限内外
所发现的大部端绪,都暗示一个确定的创造时期.铀素
以不变的速度放射它的原子核能,同时又不见有天然
方法创造铀素,就表示所有地球上的铀素必定在某一
特别时间得到存在.星体内的不可控制的电磁力把物
质变成放射能的速度,使天文学家可以相当准确地去
计算星体生命的发生.所以一切征象指示宇宙最后毁
灭的,也同样确切指示它的起始.而且即使我们接受托
尔曼的永久起伏的宇宙观,宇宙原始的秘密仍然存在.
这个理论仅把创造时期推到无穷远的过去而已.

VII

宇宙论者平常对于最初原始的问题保持缄默,他
们宁可让哲学家和神学家去讨论.但是在现代科学家
中间,只有最纯粹的经验论者才对于关系物质真实的
神秘表示淡漠.Einstein 科学的哲学,曾被批评为偏于
唯物的,曾有如下的说话:

　　我们所能感觉的最美丽最深奥的情感就是神秘这个感觉.它是一切真科学的播种者.一个人对于这个情感有如陌生,不能对自然的神妙产生惊奇与狂喜,他就与死人无异了.知道我们所不能了解的东西实际存在,它以最高的智慧与最光彩的美丽表现出来,而我们愚钝的感官仅能感到它们最粗浅的形式 —— 这个知识,这个感觉,是真正信仰的中心.

　　在另一场合,他公开地说:"宇宙的宗教性的经验,是最强盛,最高出的科学研究的泉源".许多科学家说到宇宙的神秘,它的巨力的起源,它的理致与协调时,倾向于避免用"神"这个字.但 Einstein 是被称无神论者的,他没有这种顾忌.他说:"我的宗教就是对于这个无限优越神灵的谦逊佩服,这个神灵即表现于我们的脆弱心灵所能发现的一些微底细内.对于这个优越理性的力量表现于神秘宇宙的,在情绪上深切地感到其存在,即我的神的观念".

　　就科学方面说,目前有两条道路可望引导接近于物质的真实.一条是加省帕洛玛山的新大望远镜,它可以把人类的眼光投射到三十年前天文学家所梦想不到的更遥远的时空深处.到现在为止,望远镜的最远视线仅能达到距离5万万光年的朦胧匆忙的星河.但帕洛玛山的二百英寸反射镜可以将视程增加一倍,使人们看见此外的东西.也许它仅仅发现新的一致的空间海,与新的亿万远星河,它们的古光在地球年代的亿万年以前即已投向地上.但它可发现别的东西 —— 物质密度的变易或宇宙曲度的可见征象,根据它,我们可以精确地计算所在的宇宙大小.

111

　　另外一条得到这个知识的道路，可能是由 Einstein 工作了二十多年的统一场论来开辟. 目前人类知识外界是为相对论所决定，其内界则决定于量子论. 相对论形成了我们关于空间、时间、重力以及太远太巨难于感觉的真实的一切观念. 量子论形成了我们关于原子，质与能的基本单位以及太渺茫太微小难于感觉的真实的一切观念. 而这两个伟大的科学体系是成立在完全不同而且无关的两个理论基础上的. Einstein 的统一场论的用意，是要在两者之间造一座桥梁. 他相信自然界是一致与协调的，因此希望发明一个自然律的大建筑可以同时笼罩原子的现象与外缘空间的现象. 正如相对论把重力综结到时空连续区的几何特殊性一样，统一场论也可以把电磁力 —— 另一个无所不在的巨力 —— 综结到同等的格式. 因为能有质，质即凝聚的能，故质可简单地认为是场的集中.

　　于是质与场的分别也将不见了；重力与电磁力的分别也将不见了；而质与重力、电磁力将通通成为时空连续区的拗曲，那就是宇宙.

　　统一场论的完成，将结束科学向统一观念进行的长征. 因为一切人类对于世界的感想，一切人类关于真实的抽象观念 —— 质、能、力、空、时 —— 均将合而为一. 但是人们仍可问，科学尽管坚定它的一切根据，尽管增加叙述的精确，它是把人们引到真实或离开真实？科学在努力透过人类感觉的限度时，它日复一日地倾向于用算计的名词来解释真实了.

第二篇
相对论浅说

经典物理学中的相对性

第四章

4.1 经典物理学的宇宙图景. 原子和以太

在19世纪末和20世纪初,我们对于周围世界物理性质的认知,曾形成了一个称之为经典物理学的严整的概念体系.这些概念的基础依赖于两个科学假设,由于它们能够预言和解释大量所观察到的事实,因而在19世纪末,被认为是无可置疑的.

第一个是原子论假设,根据这一假设,认为自然界的一切物质是由最小的粒子 —— 原子和分子所组成的.

第二个是以太存在的假设,也就是说,在原子之间的全部空隙中充满着一种特殊的弹性媒质,原子之间的相互作用就是通过这种媒质来实现的.

第一个假设起源于遥远的古代. 它是由希腊的自然哲学家德谟克利特(前 4 世纪)、伊壁鸠鲁(前 3 世纪)和罗马学者卢克莱茨·卡尔(前 1 世纪)所提出的,并且已经被最简单的物理观测如液体的蒸发、液体和气体的相互扩散,以及物体的受热膨胀等现象所证实.

在 18 世纪,罗蒙诺索夫(1711—1765)最先明确地提出了关于原子和分子概念之间的区别(罗蒙诺索夫称之为元素和微粒),并且进一步发展了热的概念,认为热是物质内部这些"没有感觉的"质点的杂乱运动.

19 世纪初,根据化学家所积累的实验资料,确定了原子和分子的相对重量,并且引入了克原子和克分子的基本概念(阿伏伽德罗,1776—1856).

由于热的力学性质原理的进一步发展,在 19 世纪中叶,建立了气体动理学理论以及其后的统计物理学(麦克斯韦、玻耳兹曼、吉布斯).

在 19 世纪后半叶,由于对实际气体和理想气体的偏差(对范德瓦耳斯方程的修正),以及对分子的碰撞和迁移现象的研究(导热性、扩散、黏滞摩擦),最先估计出分子和原子的大小约为几个埃的数量级(1 埃 = 10^{-8} 厘米).

接着,在 19 世纪末和 20 世纪初,由于对分子的各种起伏现象进行了一系列的实验和理论研究,十分令人信服地证实了关于原子论的假设.

之后,斯莫路霍夫斯基和 Einstein 创立了在分子碰撞作用下微小尘粒的所谓布朗运动的理论.

瑞利(1842—1919)在研究了大气中空气密度的起伏现象后,建立起一种解释天空呈浅蓝色的理论.比林则研究了悬浮于液体内的布朗粒子按高度的分布.由于这些研究,我们可以利用各种不同的方法求出所谓阿伏伽德罗常数(一摩尔内的分子数),而且所有这些方法都以很大的精确度得到了一个相同的数值 $\left(N \sim 6 \cdot 10^{23} \cdot \dfrac{1}{\text{摩尔}} \right)$.

再往前,应该指出的是,20 世纪的物理学令人信服地证实了物质内部存在着原子和分子的真实情况.现在借助于各种仪器,我们能够记录单个离子(如盖革计数器、盖革 – 谬勒计数器和闪烁计数器等)和直接观测到粒子的径迹(如威尔逊云室、厚层乳胶照相底片),而借助于电子显微镜,甚至能够用肉眼观察和摄下某些有机化合物的单个巨分子.此外,利用所谓电子显微映象机,还能够观察到较小的分子.

由此可见,至 20 世纪初,原子论的假设已经从纯粹的抽象概念,变成为科学上确立的事实.

作为经典物理学基础的第二个假设 —— 以太假说 —— 的起源也相当早.但是,这种学说只是在 19 世纪初,由于光的波动理论的成就(杨氏,1822 年,菲涅尔,1827 年),才在物理学中获得了巩固的地位.事实上,从光的波动理论观点看来,以太存在的假设是很自然的和必要的.

正像声音代表空气的波动一样,光往往被认为是一种特殊的弹性媒质 —— 以太的波动.

由于对干涉和衍射现象的研究,测定了光波的波长 —— 它们的数量级要比原子大几千倍(在可见光谱上从一边的紫光 4 600 埃到另一边的红光 7 600 埃).

在麦克斯韦指出了光波是电磁场的一种特殊情况以后,已变得十分明显的是,不但应该把以太看作是产生光的传播的媒质,而且还应该把它看作是电磁场的载波.惠更斯和菲涅尔的发光以太说,看来和法拉第的电磁以太说是完全等同的.

在 19 世纪末,电动力学和电磁光学所取得的巨大成就,似乎完全证实了这种假设.

按照麦克斯韦理论,对光的传播速度的测量表明,这种速度和所谓电动力学常数(C. G. S. M 和 C. G. S. E 静电单位之比) 很好地符合.而且这两个数量非常精确地等于 $c = 3 \cdot 10^{10}$ cm/s.

麦克斯韦关于光压存在的预言,由于列别捷夫的经典实验(1912 年) 而得到了进一步的证实.电磁波的存在是从麦克斯韦理论得出的,并且已经被赫兹在实验上所发现,之后波波夫曾利用它来进行无线电发报(1895 年).所有这一切,都使麦克斯韦理论,同时也使以太的观念,在很大的程度上被认为是可信的.

19 世纪末,由于原子论学说的发展,使原子物理学和以太物理学的概念得到了进一步的明确和接近.特别是在 19 世纪 90 年代,发现了稀薄气体放电时所产生的阴极射线和极隧射线,并且证明了阴极射线是一种快速的电子束,而极隧射线则是一种充满放电管内的气体的带正电离子束.

于是,变得十分明显的是,物质的原子并不是基本

的和不可分割的粒子,而是一种由正电荷和负电荷所组成的复杂体系.

在这一基础上,洛伦兹提出了一种把麦克斯韦理论和原子论的概念结合起来的所谓电子理论. 在这种理论中,作为电磁场源的是组成原子的电荷. 特别是原子辐射光的现象,在洛伦兹理论中往往被描述为电子振荡的结果 —— 原子内部的电子不断地发生振荡,振荡着的电子按照电动力学定律,在周围以太内激发出电磁波.

这种图景可以很好地和实验一起来解释一系列的事实,而这些事实,在麦克斯韦理论中,如果不考虑到电荷的原子论,是无法理解的,例如,由洛伦兹理论得出的所谓光的色散(折射率对入射光的频率或波长的依赖关系) 的解释.

在电子理论的范畴内,成功地解释了法拉第所发现的光偏振面在磁场内的转动现象,得出了顺磁性的定性理论. 最后,利用这种理论,还可以建立起一种所谓正常的或者简单的塞曼效应理论(谱线在磁场内的分裂现象).

于是,在 19 世纪的经典物理学中,关于我们周围世界的完整图景,看来已经从实验上得到了完全可靠的证明. 概括地讲,也就是:在我们周围的世界中,存在着向各处无限延伸的充满整个空间的弹性以太,其中带有由电荷所组成的复杂体系的原子. 这些电荷的振荡引起了一种以弹性波形式传播的所谓以太形变,并且产生了原子之间的电磁相互作用.

诚然,在这种完整的宇宙图景中,也还存在着一些缺陷.

例如在原子论学说的领域内,解释原子的稳定性曾经遇到了困难,我们也无法得到和实验相符合的原子光谱起源的理论,等等.

同时,在以太物理学中,也并非一切都是一帆风顺的.

例如把以太看作是通常的力学媒质这一概念,也曾经遇到过严重的困难. 实验十分肯定地指出,电磁波是横向的(这可以从偏振光的存在得出). 因为横波只能在对切变产生阻力的媒质内传播,也就是说只能在固体内传播,因而应该把以太想象成是一种固态的弹性媒质. 但是,这时如果要解释行星和其他天体在穿过以太时没有遇到任何显著的阻力这一事实,却是极其困难的. 于是,除了十分显著的弹性性质以外,不得不再给以太附加一个极其微小的密度.

此外,只有用人为的理由才能够成功地解释,为什么在以太中除了产生横波外不会产生任何纵波.

于是,建立起以太力学模型的企图也就面临着严峻的考验.

正如我们在以下各节中将要看到的那样,与物理学家的全部期望相反,希望发现物体相对于以太运动的实验,看来都导致互相矛盾的结果.

尽管如此,整个说来,经典物理学的概念体系仍然显得如此严紧和无可置疑,以至物理学家始终期望,所有这些困难只是暂时的,一切矛盾都将得到解释,而经典物理学的宇宙图景则依然是不可动摇的. 但是,这些期望最后终于落空,因为经典物理学中所存在的全部

困难,其根源要比当时所想象的深刻得多.

为了克服这些困难,不得不从根本上重新考虑一系列的基本概念,这在最后导致了两个现代最伟大的物理学理论 —— 量子力学和相对论的建立.

4.2　　经典相对性原理

尽管 Einstein 相对论原理的出发点和所得到的结论非常富有革命性,但毕竟是物理学发展中的一个必然结果.

相对论的思想根源之一,是 17 世纪伽利略所建立的经典力学相对性原理.

我们在谈到机械运动,也就是物体在空间内的位移时,常常指的是该物体相对于其他物体的运动. 在数学上描述这种运动是将一种所谓参照系,也就是坐标系和计算时间的钟与这些其他物体紧密地联系在一起来考虑的.

例如,当我们从一节车厢进入另一节车厢时,我们是相对于火车来计算自己的位移;当我们提到火车的运动时,我们又是相对于地球来计算火车的位移;而一旦提到地球的运动时,则是研究地球相对于太阳的位移. 但是,正如现代天文学所确立的那样,太阳本身又是相对于银河系而运动的. 尽管这些运动具有各种不同的形式,但在 18 世纪的经典力学中,却提出了下面的一个科学假说:存在着一种选定的绝对静止的参照系,一切物体相对于它为静止的都处于绝对静止状态,而相对于它为运动的则都处于绝对运动状态.

如果从这一假说的观点出发(一般称为牛顿的绝对空间假说),则在这种选定的静止参照系内,我们可以述及物体运动的绝对的或真正的轨道,而相对于多数运动参照系的一切轨道,则可以称为相对的或"表观的"轨道.

例如,当天文学家还没有发现太阳在银河系内的运动时,往往把行星相对于太阳所运行的椭圆轨道看作是"真正"的轨道,而把行星在与地球相联系的参照系内所描述的复杂的外摆线轨道看作是"表观的"轨道.

在 19 世纪末叶,由于以太观念所占的统治地位,绝对空间的假说在物理学中被大大地巩固. 因此把绝对参照系与充满整个空间的宇宙以太联系在一起,以及将物体相对于以太的运动看作是绝对的运动,看来是很自然的. 根据这一观点,认为在相对于以太运动的实验室内,物理现象的发生,应不同于处于绝对静止的实验室内的情况. 由于这一点,产生了一种期望通过研究运动实验室内所发生的现象,以便制订出一种发现绝对运动的方法.

但是,还在力学发展的初期,由于观测力学现象的结果,就已经证明,不但不可能发现实验室相对于绝对空间的匀速直线运动,而且也不可能发现它相对于其他实验室的匀速直线运动.

我们设想有两个配备有各种各样力学仪器的物理实验室,其中一个处于静止状态,另一个设在做匀速直线运动的火车内. 日常的经验告诉我们,如果不考虑到钢轨接缝处的冲击作用,则火车内的乘客不向窗外窥

122

看,就不可能根据自己的感觉判断出车厢究竟处于静止状态或者是在做匀速直线运动.只有当车厢在做加速运动或者受到阻力和沿转弯处运动时,乘客才会感觉到有一种力,使他在这些情况下倒向后、倒向前或者倒向车厢两侧.

同时,在这两个实验室内所能够提供的一切力学实验,也使我们得到这样的结论.

例如,在观察垂直向上抛出的物体的运动时,我们看到,在运动的实验室内,物体恰好落回到车厢内被抛出的那一点上,而不会偏向与车厢运动相反的方向.利用最精密的测时计所作的测量证明,在相同的起始推力下,无论在静止的或运动的实验室内,物体运动的时间相同,而且上升的高度也相同.又如朝车厢壁方向抛出的物体,不论是沿着火车运动的方向抛出,或者是沿着相反的方向抛出,总是在同一时间内到达对面的车厢壁上,而且这一时间和在静止的实验室内完全相同.

在两个实验室内,如果两个台球的初始速度和运动方向相同,则由于弹性碰撞的结果,它们飞出的角度和速度也相同.我们可以举出很多类似的例子:质量和长度相同的摆,在两个实验室内的振荡周期相同;球从斜面滚下的时间相等;弹簧在同一负荷作用下所得到的张力相同,等等.

所有这些事实都表明,下列的自然定律是正确的.

在两个相互做匀速直线运动的实验室内,一切力学现象的进行都是相同的(在相同的条件下).

这一原理是由伽利略所提出的,一般称为经典相对性原理或伽利略相对性原理.

伽利略原理的主要内容,即企图表明在两个实验室内必须遵从相同的条件这一点,具有非常重大的意义.

例如,我们设想物体自由落到静止实验室的地板上 —— 相对于这一实验室来说,物体的轨道将是一竖直线段,但是相对于运动的实验室来说,则这一物体的轨道将描绘出一抛物线线段(如果不考虑到空气的阻力).

我们看到,同一物体在不同的实验室(参照系)内所经过的轨道是不相同的.

这意味着,在这两个参照系内,运动物体的坐标和速度也不相同.

这种与参照系的选择有关的量,称为相对量.

因而,物体的坐标、速度和轨道都是相对的,同时在两个不同的实验室内,物体的运动也各不相同.

但是,这并不与相对性原理发生矛盾.因为在这些实验室内,初始条件均不相同.

然而在这两个实验室内观察物体的运动时,却不可能确定,其中哪一个实验室是运动的,哪一个实验室是静止的.

由于这一点,我们可以把伽利略相对性原理表述成为另一种(否定的)形式.

在实验室内借助于力学仪器(弹簧、细线、滑轮、杠杆等)进行的任何实验,都不可能确定一个实验室相对于另一个实验室究竟是处于静止状态或者是在做匀速直线运动.

特别是由此我们可以得出在本节开始时所提到的

结论.

在实验室内进行的任何力学实验,都不可能确定实验室相对于绝对空间(以太)是否在做匀速直线运动.

4.3　相对性、绝对性及其数学表述. 伽利略变换

在前一节中,我们已经证明,对于同一客观存在的质点的运动,在不同的参照系内,对应着运动物体的不同轨道、坐标和速度.

在许多科学问题和日常生活中,我们常常会遇到类似的情况.

例如,为了描述我们周围世界的事物和事件,我们往往采用某种不同语言的词汇(例如俄文的、英文的或中文的,等等). 在这种情况下,对于同一客观存在的事物,在不同的语言中对应着不同的字组,例如面包一词,在俄文中为"хлеб",在德文中为"das Brot",在英文中为"the bread",等等. 因此我们说,概念的文字表达 —— 词汇 —— 是相对的.

要把原文从一种语言翻译成另一种语言,我们必须备有辞典,以便根据词义,将一种语言与另一种语言进行对照.

另一个重要的例子是解析几何. 如果有两个原点重合在一起的直角坐标系 S 和 S',其坐标轴彼此相对转过一个 φ 角(图1),则从坐标原点引出的同一矢量 A,在这两个坐标系内具有不同的投影 —— 在 S 系内为 x, y,在 S' 系内为 x', y'.

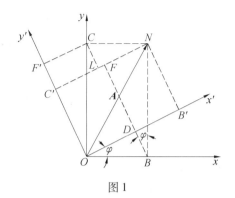

图 1

我们称坐标 x, y 为相对的,因为它只在选定的坐标系内才具有意义.

从坐标 x, y 变换为坐标 x', y',类似于从一个坐标系 S 的"语言"变换为另一个坐标系 S' 的"语言".

然而这种所谓变换的"辞典"究竟是什么呢?

不难想象,在目前的情况下,这种"辞典"就是解析几何中大家所熟知的坐标系转动时的坐标变换公式.下面我们就来考察它的结论.

从图 1 中我们可以直接看出

$$x' = OB' = OD + DB' = OD + FN$$

但是从 $\triangle NFB$ 和 $\triangle ODB$ 中很容易看出

$$FN = y\sin \varphi$$

和

$$OD = x\cos \varphi$$

由此可得

$$x' = x\cos \varphi + y\sin \varphi$$

同理可得

$$y' = OC' = OF' - F'C' = OF' - CL$$

但是从 $\triangle OF'C$ 和 $\triangle CLN$ 中得出

$$OF' = y\cos \varphi$$

$$CL = x\sin \varphi$$

由此得

$$y' = y\cos \varphi - x\sin \varphi$$

于是,从坐标 x, y 变换为坐标 x', y' 的变换公式为

$$\begin{cases} x' = x\cos \varphi + y\sin \varphi \\ y' = y\cos \varphi - x\sin \varphi \end{cases} \qquad (1)$$

但是,根据 S 系内的公式 $A^2 = x^2 + y^2$ 和 S' 系内的类似公式 $A^2 = x'^2 + y'^2$ 计算出的矢量 A 的长度的平方,在几何意义上是绝对的,也就是在任何坐标系内都是相同的.

因此,当任何坐标系转动时,必须满足等式

$$x'^2 + y'^2 = x^2 + y^2 \qquad (2)$$

这一式子表示矢量 A 的长度是绝对的.

不难看出,上述的变换是满足这一要求的. 实际上,把式(1)代入式(2)的左边,可以得到

$$x'^2 + y'^2 = x^2(\cos^2\varphi + \sin^2\varphi) + y^2(\cos^2\varphi + \sin^2\varphi) = x^2 + y^2$$

显而易见,由于这些变换使矢量 A 的长度的平方保持不变,因而是一种唯一的线性变换.

实际上,我们的主要目的是研究线性变换

$$x' = ax + by$$

$$y' = cx + dy$$

并且要求式(2)恒被满足.

将 x' 和 y' 的式子代入式(2),我们得到

$$x^2(a^2 + c^2) + 2xy(ab + cd) + y^2(b^2 + d^2) = x^2 + y^2$$

令等式左、右两边的变数 x,y 同次幂前面的系数相等,将有

$$a^2 + c^2 = 1$$
$$b^2 + d^2 = 1$$
$$ab + cd = 0$$

因为从头两个方程看出,a,b,c,d 的绝对值小于 1,因而我们可以引入符号 $a = \cos \varphi$,并以 φ 表示其余的系数 b,c,d.

由第一个方程得出 $c = \pm \sin \varphi$. 在根号前选择正号(这相当于选择顺时针方向转动),于是从第三个方程可得

$$b = - d\tan \varphi$$

由此,从第二个方程可分别得出

$$d = \cos \varphi , b = - \sin \varphi$$

我们看到,这种线性变换与式(1)的转动变换完全相同.

对于不是从坐标原点引出的矢量的投影,式(1)的变换也仍然适用.

此外还不难证明(建议读者作为练习进行),变换式(1)保持两个矢量的标积不变

$$\boldsymbol{A} \cdot \boldsymbol{B} = A_x \cdot B_x + A_y \cdot B_y + A_z \cdot B_z$$

(虽然它也可以由相对量构成).

这种当坐标系转动时保持不变的量,我们称之为转动不变量.

因此,$x^2 + y^2$,$\boldsymbol{A} \cdot \boldsymbol{B}$ 均为转动不变量.

这表明,例如 $x^2 + y^2 = L^2$,$\boldsymbol{A} \cdot \boldsymbol{B} = C$ 形式的方程是不变式,也就是它们所表示的各个量之间的数学关系,

在彼此相对转动不同角度的任何坐标系内,都是正确的.

现在我们转到力学上去,以便进一步从力学观点来研究伽利略相对性原理.

设 k 和 k' 为两个彼此相对做匀速直线运动的参照系,这些参照系合在一起通称为伽利略参照系.

为简单起见,我们假定,两个参照系的相对速度 v 指向共同的 OX 轴,而 OY 轴和 OZ 轴则彼此平行(图2).我们来找出从 k 系的"语言"变换为 k' 系的"语言"的"辞典",也就是说,找出联系同一质点 N 在 k 系和 k' 系内的坐标的公式.

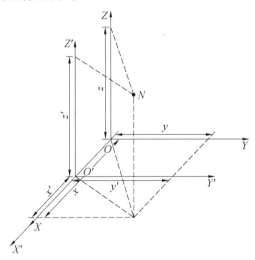

图 2

从图中我们可以直接看出,坐标 y 和 y',z 和 z' 两两相等: $y' = y, z' = z.$

在坐标 x 和 x' 之间存在着关系式 $x' = x - OO'$. 如

129

果在起始时刻,参照系 k 和 k' 重合,则 OO' 为运动参照系的原点在时间 t 内所经过的路程,因而 $OO'=vt$,也就是 $x'=x-vt$.

此外,在经典力学中,不言而喻,在所有的实验室内,时间的流动是相同的.

因而,对某一物体所发生的同一事件的时间,在 k 和 k' 系内都是相同的,也就是 $t'=t$.

所以,联系同一事件在 k 系和 k' 系内的空间坐标和时间坐标的完整方程组为

$$\begin{cases} x'=x-vt \\ y'=y \\ z'=z \\ t'=t \end{cases} \tag{3}$$

或者写成矢量形式

$$\boldsymbol{r}'=\boldsymbol{r}-\boldsymbol{v}t$$
$$t'=t$$

这些方程构成了所谓伽利略变换方程组.

改变相对速度的符号,我们可以得到逆变换式为

$$\begin{cases} x=x'+vt' \\ y=y' \\ z=z',t=t' \end{cases} \tag{4}$$

或者写成矢量形式

$$\boldsymbol{r}=\boldsymbol{r}'+\boldsymbol{v}t'$$
$$t=t'$$

伽利略变换的数学表述为我们在 4.2 节内所指出的一个事实:物体的坐标是相对的,而且在不同的参照系内是不相同的. 但是,很容易看出,两物体之间的距

离,在任何伽利略参照系内都是相同的,而且是伽利略变换的不变量.

实际上,我们研究两个事件 1 和 2 时,可将式(3)写为

$$\begin{cases} x'_1 = x_1 - vt_1, x'_2 = x_2 - vt_2 \\ y'_1 = y_1, y'_2 = y_2 \\ z'_1 = z_1, z'_2 = z_2 \\ t'_1 = t_1, t'_2 = t_2 \end{cases} \tag{4'}$$

从第二个参照系的头三个方程减去第一个参照系的相应的方程,我们得到

$$x'_2 - x'_1 = x_2 - x_1$$
$$y'_2 - y'_1 = y_2 - y_1$$
$$z'_2 - z'_1 = z_2 - z_1$$

由此,引入物体的相对距离

$$l'_{1,2} = \sqrt{(x'_2 - x'_1)^2 + (y'_2 - y'_1)^2 + (z'_2 - z'_1)^2}$$

和

$$l_{1,2} = \sqrt{(x_2 - x_1)^2 + (y_2 - y_1)^2 + (z_2 - z_1)^2}$$

我们得到

$$l'_{1,2} = l_{1,2} \tag{5}$$

这种在所有的伽利略参照系内都相同的量称为绝对量或不变量.

(4')的第四个方程表明,在所有的伽利略参照系内,两事件的时间间隔是完全相同的. 实际上,如果引进 $\tau_{1,2} = t_2 - t_1$ 和 $\tau'_{1,2} = t'_2 - t'_1$,则从这些式子可以得到

$$\tau'_{1,2} = \tau_{1,2} \tag{6}$$

将式(3)的头三个方程对时间求微分,我们得到

$$\frac{\mathrm{d}x'}{\mathrm{d}t} = \frac{\mathrm{d}x}{\mathrm{d}t} - v$$

$$\frac{\mathrm{d}y'}{\mathrm{d}t} = \frac{\mathrm{d}y}{\mathrm{d}t}$$

$$\frac{\mathrm{d}z'}{\mathrm{d}t} = \frac{\mathrm{d}z}{\mathrm{d}t}$$

引入物体相对于参照系 k 的速度 $\boldsymbol{u} = \dfrac{\mathrm{d}\boldsymbol{r}}{\mathrm{d}t}$ 和相对于

参照系 k' 的速度 $\boldsymbol{u}' = \dfrac{\mathrm{d}\boldsymbol{r}'}{\mathrm{d}t}$ 后,我们可以把这些关系式改

写为

$$\begin{cases} u'_x = u_x - v \\ u'_y = u_y \\ u'_z = u_z \end{cases} \tag{7}$$

或者改写成矢量形式

$$\boldsymbol{u}' = \boldsymbol{u} - \boldsymbol{v} \tag{7'}$$

式(7) 和(7′) 称为经典物理学中的速度相加定理.

我们看到,在不同的伽利略参照系内,质点的速度也是不同的.

但是,在所有的伽利略参照系内,两质点的相对速度是相等的,也就是说相对速度为伽利略变换的不变量.

由此,我们可以写出两个物体的速度变换公式

$$\boldsymbol{u}'_1 = \boldsymbol{u}_1 - \boldsymbol{v}$$

$$\boldsymbol{u}'_2 = \boldsymbol{u}_2 - \boldsymbol{v}$$

因为第二个物体相对于第一个物体的相对速度,按照定义,等于速度 $\boldsymbol{u}_2$ 和 $\boldsymbol{u}_1$ 的矢量差

$$\boldsymbol{u}_{1,2} = \boldsymbol{u}_2 - \boldsymbol{u}_1$$

$$\boldsymbol{u}'_{1,2} = \boldsymbol{u}'_2 - \boldsymbol{u}'_1$$

因而将上述两个等式逐项相减,我们得到

$$\boldsymbol{u}'_{1,2} = \boldsymbol{u}_{1,2} \tag{8}$$

最后,不难看到,质点的加速度也是伽利略变换的不变量.

实际上,将式(7)对时间求微分,并考虑到参照系的相对速度 $\boldsymbol{v}$ 是不变的,可得

$$\begin{cases} \dfrac{\mathrm{d}u'_x}{\mathrm{d}t} = \dfrac{\mathrm{d}u_x}{\mathrm{d}t} \\[2mm] \dfrac{\mathrm{d}u'_y}{\mathrm{d}t} = \dfrac{\mathrm{d}u_y}{\mathrm{d}t} \\[2mm] \dfrac{\mathrm{d}u'_z}{\mathrm{d}t} = \dfrac{\mathrm{d}u_z}{\mathrm{d}t} \end{cases} \tag{9}$$

或者写成矢量形式

$$\frac{\mathrm{d}\boldsymbol{u}'}{\mathrm{d}t} = \frac{\mathrm{d}\boldsymbol{u}}{\mathrm{d}t} \tag{9'}$$

现在我们来进一步弄清楚伽利略相对性原理的数学表达方式应当包含哪些内容.

伽利略原理断言,在所有的伽利略参照系内,一切力学现象的进行都是相同的. 这意味着支配物体运动的全部定律,在所有的伽利略参照系内都必须保持有效. 很容易证明,这一定律即是牛顿第二定律

$$m\,\frac{\mathrm{d}\boldsymbol{u}'}{\mathrm{d}t} = \boldsymbol{F} \tag{10}$$

式中,$\boldsymbol{F}$ 为质点所受的力的矢量,m 为质点的质量.

实际上,从力学中我们已经知道,如果已知质点所受的力和所谓初始条件(初始坐标和初始速度),则原

则上由对式(10)进行积分,就可以求得质点的运动定律 $r = r(t)$ 及其运动轨迹.

于是,伽利略相对性原理与下面的数学论断等效:牛顿第二定律的方程相对于伽利略变换来说为不变式.

我们看到,相对性原理的内容是非常符合于辩证方法的.除了肯定一系列的数量和概念(坐标、速度、轨道)的相对性外,还指出了一系列其他量(物体间的距离,事件间的时间间隔,物体的相对速度,加速度)的绝对性(不变性),并且包含了某种更为普遍的论断 —— 肯定了自然定律的绝对性(不变性).

从这种观点看来,"相对性原理"这一名称本身就不是最恰当的,因为它只着重地指出了事物的一面(而且还不是最重要的一面,即相对性),而忽略了事物的另一面 —— 力学定律的绝对性(不变性).

由于这一问题具有重大的原则性意义,因而在证明牛顿方程的不变性之前,我们举出一些其他例子,来说明相对和绝对之间的关系.

在语言问题中,我们看到,词汇作为客观事实的特殊"坐标"来说是相对的,因为对于同一客观事实,在不同的语言中可以用不同的词汇来表述.但是,在这里也可以用特殊的"相对性原理"来表述,这种原理指出,合乎逻辑的句子以及它们与客观实际的相符,在任何"参照系"内(在任何语言中)都是正确的.例如,"地球为恒星之一"这一断言,在任何语言中都是荒谬的,而"人皆会死"这一断言,则在任何语言中都是正确的.这些论断在换成任何一种语言时都是"不变

的",但是,像"Соль 这一字既可以解释为音符,又可以解释为盐",却只是在俄语中才是正确的. 也就是说,这种论断是没有一定规律的、偶然的和不是不变的.

在解析几何中,同样地可以表述出相似的原理. 例如线段长度和角度之间的一切关系,显然不依赖于平面内坐标系的选择.

因此,在解析几何中表示这些关系的全部方程对于坐标系的转动为不变式. 例如,三角形三角之和的定理、毕达哥拉斯定理等,可以表述为对转动的不变式.

例如,利用解析方式,毕达哥拉斯定理可以用下列等式来表示

$$(x_1 - x_2)^2 + (y_1 - y_2)^2 + (x_2 - x_3)^2 + (y_2 - y_3)^2 = (x_1 - x_3)^2 + (y_1 - y_3)^2$$

式中,$x_1, y_1, x_2, y_2, x_3, y_3$ 为三角形各顶点的坐标(图3).

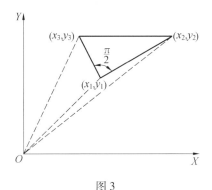

图3

不难看出,等式的左边和右边为对转动的不变式. 相反,由方程

135

$$2x + 3y = 6$$

$$\frac{x}{y} = 4$$

等等,所表示的论断,则是没有一定规律的、偶然的和不是不变的,而只是在一定的坐标系内才是正确的.

最后,我们来证明牛顿方程对伽利略变换的不变性.

在经典力学中,物体的质量往往被认为是一种物体在运动时不起变化的恒定特征,也就是说是一种不变量. 由于在前面我们已经证明了有关加速度的不变性,因而牛顿方程左边部分的不变性也就成为十分明显了.

现在我们来研究力矢量 $\boldsymbol{F}$. 我们注意到,在经典力学中存在着下列三种类型的大家所熟知的力:(1) 与质点的相互距离有关的力(如万有引力:$F = \gamma \dfrac{m_1 m_2}{r^2}$);(2)与物体和媒质的相对速度有关的力(如黏滞摩擦与干摩擦力);(3) 与时间有关的力(如往复式发动机活塞上的压力).

但是,正如我们所看到的那样,无论是物体的相互距离、相对速度或者时间间隔,都是伽利略变换的不变量.

因此,力也是这些变换的一种不变量. 由此就足以证明牛顿方程的不变性,于是我们就得到了伽利略相对性原理的数学表述.

4.4 麦克斯韦假想实验和迈克尔逊实验

从以上所述,我们可以看到,利用任何力学仪器都不可能发现实验室相对于以太的匀速直线运动.

但是,这里却产生了这样的一个问题,为了这一目的,是否可以利用光学仪器呢?

如果我们从这一观点出发,即假定实验室和其中所有的仪器(透镜、镜子、磨光玻璃片等)一起通过以太,但并不带走以太,正像带有孔眼的笼子通过空气一样,那么我们就可以对上面这个问题作出肯定的回答.

实际上,在这种情况下,以太相对于实验室运动,而运动着的实验室则被"以太流"所吹动,正像在露天下行驶的汽车被通常的风所吹动那样. 早在1878年,麦克斯韦就指出了一种原则上发现"以太流"的可能性.

我们设想有一长度为 $2l$ 的车厢在箭头所示的方向以速度 v 向前运动(图4). 在车厢中央悬有一盏小灯 S,其光线射在车厢壁上. 显然,光线到达车厢前壁的时间比到达后壁的时间为迟,这是因为车厢在运动时,前壁"逃避"了光线,而后壁则"追上"了光线. 如果以太中的光速为 c,则相对于前壁的光速为 $c-v$,而相对于后壁的光速为 $c+v$,因此,光线必须在不同时刻分别到达所指定的车厢壁上.

一条光线和另一条光线相比的滞后时间为

$$\Delta t = \frac{l}{c-v} - \frac{l}{c+v} = \frac{2lv}{c^2-v^2}$$

考虑到 $v \ll c$,略去 v^2 项,我们最后得到

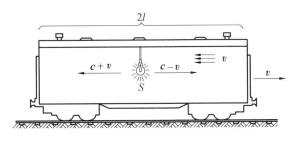

图 4

$$\Delta t \cong \frac{2lv}{c^2}$$

由此得

$$v = \frac{c^2 \Delta t}{2l}$$

于是,知道了车厢长度、光速和测得了时间差 Δt 以后,不但可以确立实验室相对于以太运动的事实,而且还可以求出这种运动的速度.

我们可以很自然地把这种速度称之为绝对速度,以区别相对于任意运动的伽利略参照系的各种相对速度.诚然,直接进行这种实验看来是不可能的,因为我们不可能用任何精密的测时计测出极为微小的时间差 Δt. 例如,当速度 $v = 30$ km/s(地球公转的平均速度)和实验室为数米长时,滞后时间 Δt 将为 10^{-11} s 的数量级.

但是,对于光线的传播时间来说,即使是这样微小的差别,也会导致光行差 $c\Delta t$ 的显著变化,这样一来,我们就可以利用干涉仪来发现地球相对于以太的运动.

1881 年,由于实验技术的发展已达到了这样的水平,以至使麦克斯韦的设想得以实现.

138

这一实验(在略微改变的形式下)是由迈克尔逊和莫雷所提出的,其装置如下(图 5).

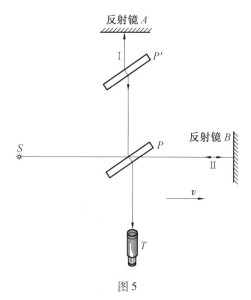

反射镜 A

I　P'

反射镜 B

S　P

II

v

T

图 5

由图可知,从光源 S 发出的光线,入射到半镀银的磨光玻璃薄片 P 上,于是一部分光线向反射镜 A 的方向反射(光线 I),另一部分光线则折射到反射镜 B 上(光线 II).

然后,光线 I 由反射镜 A 反射后,通过薄片 P 射到目镜 T 内,而光线 II 则由反射镜 B 反射后,被薄片 P 反射,也射到目镜内. 从目镜中可以观察到由这两条光线叠加而成的干涉图像.

因为光线 I 通过薄片 P 一次,而光线 II 通过 P 三次,因而我们在光线 I 所经过的路程上放上一块厚度和 P 相同的补偿薄片 P'.

设光线 II 的传播方向平行于地球运动的方向,光

线 Ⅰ 的传播方向垂直于地球运动的方向.

假定在静止的以太内,光线的传播速度等于 c. 于是,根据速度相加定理,光线相对于以速度 v 随地球运动的所有实验装置的速度,等于 c 和 $-v$ 的矢量和($-v$ 为吹动实验装置的"以太流"的速度).

对于光线 Ⅱ 来说,在从薄片 P 至反射镜 B 的路程上,速度 c 和 $-v$ 的方向相反,于是总速度等于 $c-v$. 当光线 Ⅱ 从反射镜 B 反射到薄片 P 时,其速度方向和以太流的速度方向相同,于是总速度等于 $c+v$. 因此,光线从薄片 P 到达反射镜 B 再返回到 P 这段路程所需的时间 t_2 等于

$$t_2 = \frac{l_2}{c-v} + \frac{l_2}{c+v} = \frac{2l_2}{c} \cdot \frac{1}{1 - \dfrac{v^2}{c^2}}$$

计算光线 Ⅰ 的时间 t_1 时,则要比较复杂一些.

光线 Ⅰ 垂直于地球运动的方向,相对于以太的速度为 c,与垂直于以太流的垂直线略有偏离(图6),正像一个想垂直地横渡到河对岸的游泳者,由于水流的速度,必须使自己的速度方向与水流方向偏斜一样. 因此,如图6所示,光线 Ⅰ 相对于实验装置的速度等于 $\sqrt{c^2 - v^2}$,而从薄片 P 到达反射镜 A 再返回到 P 这段路程中所需的时间 t_1 等于

$$t_1 = \frac{2l_1}{\sqrt{c^2 - v^2}} = \frac{2l_1}{c} \cdot \frac{1}{\sqrt{1 - \dfrac{v^2}{c^2}}}$$

于是光线 Ⅰ 和光线 Ⅱ 所经过的路程的时间差等于

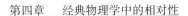

$$\Delta t = t_1 - t_2 = \frac{2l_1}{c} \cdot \frac{1}{\sqrt{1-\dfrac{v^2}{c^2}}} - \frac{2l_2}{c} \cdot \frac{1}{1-\dfrac{v^2}{c^2}}$$

迈克尔逊和莫雷的实验装置被用来安装在一块浮在水银内的巨大实心木板上,这样一来,不必使用推力就可以非常平稳地转动 $90°$.

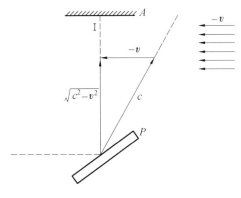

图 6

光线 I 和光线 II 交换位置后(光线 I 的方向平行于"以太流",光线 II 的方向垂直于"以太流"),光线路程的时间差 $\Delta t'$ 就变成为

$$\Delta t' = \frac{2l_1}{c} \cdot \frac{1}{1-\dfrac{v^2}{c^2}} - \frac{2l_2}{c} \cdot \frac{1}{\sqrt{1-\dfrac{v^2}{c^2}}}$$

因此,在这种转动中,路程的时间差的改变 δt 等于

$$\delta t = \Delta t - \Delta t' = \frac{2(l_1 + l_2)}{c}\left[\frac{1}{\sqrt{1-\dfrac{v^2}{c^2}}} - \frac{1}{1-\dfrac{v^2}{c^2}}\right]$$

这必然会导致干涉图像发生移动.

考虑到地球公转的平均速度近似地等于30 km/s,因而比值 $\dfrac{v^2}{c^2} \sim 10^{-8}$. 我们可以把括号内的量展开为 $\left(\dfrac{v}{c}\right)^2$ 的泰勒幂级数

$$(1 - \alpha)^{-\frac{1}{2}} = 1 + \frac{1}{2}\alpha + \cdots, \quad (1 - \alpha)^{-1} = 1 + \alpha + \cdots$$

并且只限于取展开式的头两项. 于是很容易得到

$$\delta t = \frac{l_1 + l_2}{c} \cdot \frac{v^2}{c^2}$$

在迈克尔逊和莫雷的实验中曾利用了多次反射,以使有效距离 l_1 和 l_2 达到好几米. 例如选择 $l_1 + l_2 \sim 10$ m,我们得到

$$\delta t \sim 3 \cdot 10^{-16} \text{ s}$$

由此得到,路程差 $c\delta t$ 与光波波长 λ 的比值等于

$$\frac{c\delta t}{\lambda} \sim \frac{9 \cdot 10^{-6}}{\lambda}$$

对于光谱的中间部分($\lambda \sim 5 \cdot 10^{-5}$ cm),得到

$$\frac{c\delta t}{\lambda} \sim 0.2$$

因此,可以预料,当迈克尔逊和莫雷的实验装置转动90°时,干涉图像就会移动一段距离,这一距离约为干涉带宽度的几十分之一.

但是,迈克尔逊和莫雷开始时的几次实验以及后来好几次越来越精确的实验,都指出了干涉图像没有产生任何移动,也就是不存在着所谓"以太流".

为了解释迈克尔逊实验的否定结果,曾经提出了以下一系列的假说.

1. 充满运动物体原子之间空隙内的以太,完全被

这一物体所带走,正像飞机密封舱内的空气被飞机所带走一样.

由此得出,以太被地球上的大气所带走的速度与迈克尔逊和莫雷实验装置的运动速度相同,因而事实上的确不存在着所谓"以太流".

2. 通过以太的运动物体,纵向线度发生收缩(平行运动方向),其收缩的比例恰好使以太流的影响被抵消. 不难说明,这种收缩将产生怎样的结果. 如果这一假说是正确的话,则在计算迈克尔逊实验中光线路程的时间差时,必须在转动实验装置以前(也就是在 Δt 的式子内),以收缩路程 l_2' 代替第二条光线的路程 l_2,而在转动实验装置以后(在 $\Delta t'$ 的式子内),以收缩路程 l_1' 代替第一条光线的路程 l_1

$$\Delta t = \frac{2l_1}{c} \cdot \frac{1}{\sqrt{1-\frac{v^2}{c^2}}} - \frac{2l_2'}{c} \cdot \frac{1}{1-\frac{v^2}{c^2}}$$

$$\Delta t' = \frac{2l_1'}{c} \cdot \frac{1}{1-\frac{v^2}{c^2}} - \frac{2l_2}{c} \cdot \frac{1}{\sqrt{1-\frac{v^2}{c^2}}}$$

于是,由干涉图像不发生移动这一事实("以太流"被抵消)表明

$$\Delta t = \Delta t'$$

或者

$$\frac{l_1}{\sqrt{1-\frac{v^2}{c^2}}} - \frac{l_2'}{1-\frac{v^2}{c^2}} = \frac{l_1'}{1-\frac{v^2}{c^2}} - \frac{l_2}{\sqrt{1-\frac{v^2}{c^2}}}$$

因为在这一等式中,相互联系的值只是 l_1 和 l_1' 与 l_2 和 l_2',由此得出

$$\frac{l_1}{\sqrt{1-\dfrac{v^2}{c^2}}}=\frac{l_1'}{1-\dfrac{v^2}{c^2}}, \frac{l_2}{\sqrt{1-\dfrac{v^2}{c^2}}}=\frac{l_2'}{1-\dfrac{v^2}{c^2}}$$

因此,收缩长度 l' 与原来长度 l 之间的关系必须具有下列形式

$$l'=l\sqrt{1-\frac{v^2}{c^2}}$$

这一假说称为缩短假说,或收缩假说,是由洛伦兹和斐兹杰惹所提出的(从表面看来,这种假说似乎是人为的和不很正确的).

但是,在洛伦兹的电子理论中,收缩假说却得到了非常深刻的论证 —— 可以证明,按照洛伦兹理论,相对于以太以速度 v 运动的小球表面上的电荷,可以处于平衡状态,只要这一小球在运动方向上以比例 $\sqrt{1-\dfrac{v^2}{c^2}}$ 转变为扁的回转椭球. 因此,在洛伦兹理论中,如果假定运动物体内电子的纵向线度收缩了 $\sqrt{1-\dfrac{v^2}{c^2}}$ 倍,就可以很自然的假定,物体的纵向线度也收缩了同样的比例.

3. 运动光源所发射出来的光线速度与光源的速度以矢量方式相加. 这一假说是由李兹所提出的,一般称为弹道假说[①].

———————

① "弹道假说"这一名称的来源是因为运动的大炮或火箭所发射的炮弹相对于地球的速度,就是炮弹相对于大炮(火箭)的速度与大炮相对于地球的速度的矢量之和.

不难证明,李兹的弹道假说可以用来解释迈克尔逊实验的否定结果. 实际上,在本节所提出的迈克尔逊和莫雷的实验中,光线 Ⅰ 和光线 Ⅱ 之间产生光行差的证明,是根据下列的假定,即:相对于实验装置的光速 c' 等于光相对于以太的速度 c 与实验装置相对于以太的速度 v 之间的矢量差(经典的速度相加定理)

$$c' = c - v$$

但是,按照李兹的假说,对于以太内的光速,必须与光源的速度以矢量方式相加,在迈克尔逊的实验中,这一光源与所有实验装置一起(与地球一起)以速度 v 运动.

因此,按照经典速度相加定理,光速

$$c' = (c + v) - v = c$$

也就是以太流的影响被以太内的光速和光源的速度所抵销.

所以按照弹道假说,在迈克尔逊实验中,光线到达反射镜 A 和 B 的时间相同,因而在实验装置转动时不会产生干涉图像的任何移动.

当然我们并不排斥这样的一种可能性,即对迈克尔逊实验的否定结果,也可以设想出一种其他的或多或少比较敏锐和正确的解释. 但是,考虑到本书的主要目的是叙述 Einstein 所提出的并为相对论奠定了基础的唯一正确的解释,因此在现阶段我们将不对头两个假说进行分析和驳斥(以太完全被带走和收缩假说). 另一方面,由于这两个假说至目前为止还缺乏可靠的根据,因而我们将在以后加以阐明.

应该特别着重指出的是,相对论的实质绝不在于它解释了迈克尔逊的实验结果(我们曾经以某种令人信服的程度对上述假说做过解释),而在于它预言了属于近代技术(核反应过程)领域的大量新的物理事实和现象.

至于弹道假说,正如我们在下一章中将要阐明的那样,因为它与相对论中的一种基本原理发生矛盾,因此必须引入一些新的论据来驳倒它.

首先我们注意到,如果把光看作是以太内的弹性波(正如 19 世纪的物理学所假定的那样),则弹道假说是完全不能接受的. 我们来研究一些可以用来进一步说明这种情况的简单例子.

设小石子不断地由沿水平方向运动的漏斗中落到同上(图 7). 显然,在水面上所产生的波的速度只决定于水的弹性性质和重力加速度,而与波源(漏斗)的位移速度无关.

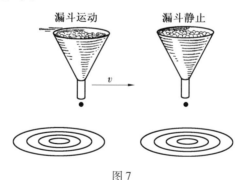

图 7

在声学中,我们也遇到类似的情况 —— 从运动的铃中所发出的声波速度,取决于空气的弹性性质,而与铃的运动无关. 同样,光波的速度也只取决于以太的弹性性质,而不应与光源的速度有关. 按照亥姆霍兹的形

146

象说法,"波被发射出来以后,就'忘记了'自己的来源".

　　现在我们来比较详细地研究一下弹道假说的毫无根据之处. 一个直接的证明是,光的速度与光源的速度无关. 在天文学上观测双星的运动时,我们就可以得到这种证明.

　　设 A 和 B(图8)为双星的分量. 为简单起见,设 B 星的质量远小于 A 星,于是,可以把 A 星看作是静止的,把 B 星看作是绕着它沿椭圆轨道运动.

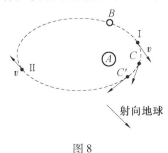

射向地球

图 8

　　如果弹道假说是正确的话,则从 B 星射到地球上的光速,将由点 Ⅰ 上的 $c+v$ 改变为点 Ⅱ 上的 $c-v$,并且通过全部中间值. 这时很容易看出,从点 C 射到地球上的光速大于从点 C' 发出的光速,但是从 C 至地球的距离却大于从 C' 至地球的距离. 因此,在 B 星的轨道上应当能够找出这样的点,从这些点所发出的光线可以同时到达地球.

　　因而,摄下 B 星的运动时,我们可以在照片上看到,代替亮点的是一条发光的弧.

　　但是,观测进一步指出,对于任何双星,都没有观察到这样的畸变,因此光的速度与光源的速度无关.

最后必须指出，如果在迈克尔逊实验中所利用的光线不是从地球上的光源发出的，而是从某一个星球（或太阳）所发出的，那么，由于这一光源不和实验室一起运动，因而吹向地球的"以太流"的影响不会被任何物质所抵销，于是应该能够观测到干涉图像的移动。但是，当捷克物理学家托马歇克进行类似的实验时，所得到的结果却和迈克尔逊的完全相同。这一点也就再一次证明了弹道假说是毫无根据的。

于是，全部实验都令人信服地证明了这样的一个事实：光速与光源的运动无关。

相对论运动学

第 五 章

5.1　Einstein 假说

与所有以前的研究者不同，Einstein 从迈克尔逊实验的否定结果中所看到的并不是某一种（同样是偶然的）需要得到解释的偶然困难，而是某一种自然界的普遍定律；即不但不可能用力学方法，而且也不可能用光学方法来发现实验室相对于以太（绝对空间）的匀速直线运动．

将这一结果加以概括后，Einstein 提出了一个进一步推广伽利略相对性原理的假说，这一假说即称为 Einstein 相对性原理．

Einstein 狭义相对论原理

在实验室内进行的任何物理实验(力学、光学、热学或电磁学的),都无法确定实验室是否处于绝对匀速直线运动状态.

和伽利略原理相同,Einstein 相对性原理也可以表述成下列肯定的叙述形式.

在两个彼此相对做匀速直线运动的实验室内,一切物理现象的进行是相同的(在相同的条件下).

现在,Einstein 相对性原理,正和物质的原子结构学说或能量守恒定律一样,已成为同样可靠的科学事实,并且已被确立无疑.

由于这一原因,任何企图利用物理仪器(光学的、力学的等)来发现实验室的绝对运动的思想,必然会和创造永动机的思想一样,遭到彻底的失败.

十分明显,相对性原理使绝对空间的假说成为完全是臆想的和空洞的 —— 如果在彼此相对做匀速直线运动的任何实验室内,一切物理现象的进行是相同的,那么其中任何一个实验室,都同样地可以被看作是绝对静止的.同时,由于绝对静止和绝对运动的概念与事物的本质不相符合,因而也就成为是多余的.由此可见,一切运动都是相对的,并且只有提到一些物体相对于另一些物体的运动时才有意义.

此外,以太作为连续弹性媒质的假说,也存在着内在的矛盾.实际上,如果 Einstein 的相对性原理是正确的,而且一切物理现象的进行在彼此相对做匀速直线运动的任何实验室内都是相同的,那么,在任何实验室内,都不应该有"以太流"出现,这意味着相对于任何一个实验室,以太都必须处于静止状态,这一点显然是

很荒谬的. 因此,Einstein 相对性原理从根本上摧毁了经典物理学所提出的最自然的假说之一 —— 以太存在的假说.

　　我们注意到,既然 Einstein 的相对性原理从物理学中消除了弹性媒质的假说,而按照波动理论,在这种媒质内产生了电磁波(特别是光波)的传播,因而在物理学家的面前又重新尖锐地提出了似乎已经得到彻底解决的光的性质问题. 这里我们要指出的是,以后 Einstein 本人曾经尽了很大的努力来回答这个问题,并且由此而在 1905 年建立了光的量子理论基础.

　　如果相对论的内容仅仅由一个假设 ——Einstein 相对性原理即可完全加以概括,那么它虽然具有重大的哲学和认识论的意义,但却绝不是一种能够预言大量新的事实和在现代原子物理学和核物理学中具有巨大作用的物理学理论.

　　但是,如果在相对性原理中加上 Einstein 的第二个假说,那么它就成为一种非常富有成效和完备的物理学理论了.

　　这一假说是:真空内的光速在任何方向是相同的,而与光源的运动无关.

　　正像我们在前一章中批判李兹的弹道假说时所提到的那样,从以太观念的观点看来,这种情况似乎是很自然的. 但是,以太的假说已经被 Einstein 的第一个假说所一笔勾销 —— 如果我们接受相对性原理,那么就不能把光看作是不存在的以太的波动. 因此,我们必须把 Einstein 的第二个假说看作是实验上已经确立的事实(对双星的观测,托马歇克实验).

但是,从经典物理学的观点看来,Einstein 的第一个和第二个假说是相互矛盾的,因而情况就变得极为复杂.

事实上,我们来研究一下形式上稍作改变的麦克斯韦假想实验,并且设想运动车厢的内壁是透明的(例如由玻璃制成的,参阅图 1). 于是,由小灯 S 发出的光将射到装在车厢前壁与后壁的两个光电管 A' 和 B' 上,以及射到装在轨道旁离开相同距离的两根柱子上的光电管 A 和 B 上.

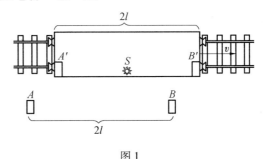

图 1

假设在小灯发亮时刻,光电管 A' 和 A,B' 和 B 两两符合. 这时,如果小灯 S 恰好位于车厢中央,则光波将在时间 τ(等于 $\dfrac{l}{c}$)内同时到达光电管 A 和 B.

根据 Einstein 的第一个假说,在与静止光电管相联系的参照系内,在同一条件下,光的传播应与在运动的参照系内相同. 但是按照 Einstein 的第二个假说,两个参照系内的条件实际上是相同的,因为小灯 S 的运动并不影响到光的传播速度. 因此,我们可以同样地作出结论,光电管 A' 和 B' 也将同时发亮.

从经典物理学的观点和我们日常生活中的"常识"观点看来,这似乎是十分荒谬的,因为光波既不可能同时到达点 A' 和 B',又不可能同时到达点 A 和 B.

实际上,按照静止以太的假说,在以太内传播的光波必须同时到达光电管 A 和 B,但不同时到达点 A' 和 B'.

我们注意到,如果问题所指的不是光的传播,而是两个从相反方向射出的子弹的运动,则也就不会引起任何矛盾. 在这种情况下,子弹同时到达运动的车厢壁上,但不同时到达光电管 A 和 B 上,因为在一颗子弹的速度上必须加上手枪发射时的速度,而在另一颗子弹的速度上必须减去手枪发射时的速度(对于子弹的运动来说,Einstein 的第二个假说并不存在). 这也就引起了李兹提出所谓弹道假说.

按照 Einstein 的假说,光应该同时到达点 A 和点 B 以及点 A' 和点 B'.

为了消除这一矛盾,Einstein 提出了一个对于建立相对论具有决定性意义的论断:存在的表观矛盾表明,在一个参照系内同时发生的事件,在另一个参照系内却不是同时发生的,也就是所谓同时性是相对的概念.

实际上,实验已经清楚地指出,光的速度在任何方向都是相同的,因而应该把光的信号到达球面所有各点(其球心位于信号发出点)看作是一种同时发生的事件. 但是由于光速在任何参照系内都是相同的,因而在两个彼此做相对运动的参照系内,波阵面将是不同的球面.

于是,从 Einstein 的假说中可以进一步得出,在不同的参照系内,时间的流逝亦不相同. 所以,经典物理学中所默认的那种假定绝对时间的存在,正和绝对空间的假说一样,是毫无根据的.

5.2 洛伦兹变换

在 4.3 节中,我们已经看到,在描述力学现象时,从参照系 k 的"语言"变换到参照系 k' 的"语言"所用的"辞典"为下列伽利略变换公式

$$x' = x - vt$$
$$y' = y$$
$$z' = z$$
$$t' = t$$

但是,不难看出,要描述光学现象,则这种"辞典"并不完全适合.

这一点从经典速度相加定理

$$u' = u - v$$

即可看出,光速在不同的参照系内应该不同

$$c' = c - v$$

这与 Einstein 的第二个假说发生矛盾.

因而为了描述光学现象,我们不得不另行寻找一种从参照系 k 的"语言"变换到参照系 k' 的"语言"的新的"辞典".

和推导伽利略变换时相同,我们来研究两个沿 OX 轴方向以速度 v 彼此相对做匀速直线运动的参照系.

设在起始时刻(当两个参照系在空间内相合时)从坐标原点发射出光信号. 我们来研究波阵面在参照

系 k 和 k' 内的传播情况.

在 k 系内,光同时所到达的点的几何位置,是半径为 ct 的球面,其方程为

$$x^2 + y^2 + z^2 - c^2 t^2 = 0 \qquad (1)$$

根据相对性原理,在 k' 系内,波阵面也应为球面,而且根据 Einstein 的第二个假说,它的半径应为 ct'.

因此,在 k' 系内,波阵面方程的形式应为

$$x'^2 + y'^2 + z'^2 - c^2 t'^2 = 0 \qquad (2)$$

式(1)和(2)特别明显地指出,k' 系内的时间 t' 不同于 k 系内的时间 t. 事实上,如果我们假定 $t' = t$,则我们得到

$$x'^2 + y'^2 + z'^2 = x^2 + y^2 + z^2$$

也就是说同一个球(在时刻 $t' = t$ 时的波阵面)必须有两个不同的球心(k 系的坐标原点和 k' 系的坐标原点),这看来似乎是很荒谬的.

我们注意到,在经典物理学中,所以不存在着这种矛盾的主要原因是由于虽然把时间认为是绝对的 ($t' = t$),但是在 k' 系内的光速却并不等于 c.

根据经典的速度相加定理:$\boldsymbol{c}' = \boldsymbol{c} - \boldsymbol{v}$ 或者 $c'^2 = c^2 + v^2 - 2vc\cos\alpha$(图2),而且对于波阵面上的各点

$$c\cos\alpha - v = \frac{x'}{t}$$

因此

$$c'^2 = c^2 + v^2 - 2v\left(v + \frac{x'}{t}\right) = c^2 - v^2 - \frac{2vx'}{t}$$

既然在 k' 系,波阵面方程的形式为

$$x'^2 + y'^2 + z'^2 - c'^2 t^2 = 0$$

因而可以写出

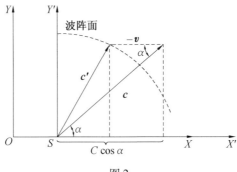

图 2

$$x'^2 + y'^2 + z'^2 - \left(c^2 - v^2 - \frac{2vx'}{t} \right) t^2 = 0$$

或者

$$(x' + vt)^2 + y'^2 + z'^2 - c^2 t^2 = 0$$

这是球心位于 $x' = -vt$ 点（k 系的坐标原点）上的球面方程,因而无论在 k 系或 k' 系内,我们都得到中心在点 O 上的一个波阵面,这与伽利略变换相符合

$$x' + vt = x, y' = y, z' = z, t' = t$$

由此可见,如果采用伽利略变换,则我们不能把光速看作是绝对的. 反之,如果假设光速在任何参照系内都相等（Einstein 的第二个假说）,则必须把时间看作是相对的,因而就必须抛弃伽利略变换.

我们看到,式（1）和式（2）左边的形式相同,也就是说表达式 $x^2 + y^2 + z^2 - c^2 t^2$ 应为不变式.

由于我们假定参照系的相对运动是沿 OX 轴进行的,而两个参照系的 OY 轴和 OZ 轴彼此保持平行,因而可以很自然地假定 $y' = y, z' = z$.

于是问题可归结为求出全部的变换,这些变换能使两平方项之差 $x^2 - c^2 t^2$ 保持为不变式.

156

但是,利用代换 $u = \mathrm{i}ct$,我们可以立即把这一问题化为前面已提到的坐标系在平面内的转动问题. 于是表达式 $x^2 - c^2t^2$ 的形式就变换为 $x^2 + u^2$,而保持平方项之和(参阅 4.3 节)为不变量的变换形式为

$$\begin{cases} x' = x\cos\varphi + u\sin\varphi \\ u' = u\cos\varphi - x\sin\varphi \end{cases} \tag{3}$$

为了求出参数 φ,我们注意到,新的参照系的原点 $(x' = 0)$ 相对于旧的参照系运动的速度应为 v,也就是说在 $x' = 0$ 时,我们应有 $x = vt = \dfrac{v}{\mathrm{i}c}u$. 将这一等式代入式(3)的第一个方程内,我们得到

$$\tan\varphi = \mathrm{i}\,\frac{v}{c}\,①$$

由此,按照熟知的三角学公式

$$\cos\varphi = \frac{1}{\sqrt{1 + \tan^2\varphi}}, \sin\varphi = \frac{\tan\varphi}{\sqrt{1 + \tan^2\varphi}}$$

我们得到

$$\cos\varphi = \frac{1}{\sqrt{1 - \dfrac{v^2}{c^2}}}$$

$$\sin\varphi = \mathrm{i}\,\frac{\dfrac{v}{c}}{\sqrt{1 - \dfrac{v^2}{c^2}}}$$

---

① 必须记住,在复平面内的三角函数是由泰勒级数 $\sin z = z - \dfrac{z^3}{3!} + \dfrac{z^5}{5!} - \cdots, \cos z = 1 - \dfrac{z^2}{2!} + \dfrac{z^4}{4!} - \cdots$ 所决定的. 由此可见,在 z 为虚数时,$\sin z$ 和 $\tan z$ 均为虚数,而 $\cos z$ 则为实数.

因而,式(3)的变换变为

$$x' = \frac{x + \mathrm{i}\dfrac{v}{c}u}{\sqrt{1 - \dfrac{v^2}{c^2}}}$$

$$u' = \frac{u - \mathrm{i}\dfrac{v}{c}x}{\sqrt{1 - \dfrac{v^2}{c^2}}}$$

我们现在从 u 化回到变数 t,最后有

$$x' = \frac{x - vt}{\sqrt{1 - \dfrac{v^2}{c^2}}}$$

$$t' = \frac{t - \dfrac{v}{c^2}x}{\sqrt{1 - \dfrac{v^2}{c^2}}}$$

由此可见,联系 k 系和 k' 系内一事件的坐标的完全方程组(从 k 系的"语言"变换到 k' 系的"语言"的"辞典")应为

$$\begin{cases} x' = \dfrac{x - vt}{\sqrt{1 - \beta^2}} \\ y' = y \\ z' = z \\ t' = \dfrac{t - \dfrac{v}{c^2}x}{\sqrt{1 - \beta^2}} \\ \beta = \dfrac{v}{c} \end{cases} \qquad (4)$$

十分明显,改变相对速度的符号,就可以得到从 k' 系变换到 k 系的逆变换公式

$$
\begin{cases}
x = \dfrac{x' + vt'}{\sqrt{1 - \beta^2}} \\[2mm]
y = y' \\[1mm]
z = z' \\[2mm]
t = \dfrac{t' + \dfrac{v}{c^2}x'}{\sqrt{1 - \beta^2}}
\end{cases}
\qquad (5)
$$

式(4)和式(5)的变换就称为洛伦兹变换[①](根据荷兰物理学家洛伦兹命名).

但是应该注意到,当 $v > c$ 时,洛伦兹变换公式便失去了意义(因为当 $v > c$ 时,式(4)和(5)的根号内将变成负值). 这一事实表胆,在相对论中,光速为一切参照系的极限速度. 不难看出,在其他极限情况下 —— 小速度 $(v \ll c)$ 的情况(或形式上当 $c \to \infty$)—— 洛伦兹变换公式就变为伽利略的变换公式

$$
\begin{aligned}
x' &= x - vt \\
y' &= y \\
z' &= z \\
t' &= t
\end{aligned}
$$

这样一来,如果我们用 k 系和 k' 系的"语言"描述同一光学现象,例如光的传播,则根据相对论原理,从一种语言翻译成另一种语言的"辞典"就是洛伦兹公

---

① 应该指出,虽然洛伦兹比 Einstein 先得到公式(4)和(5),但他曾认为 t' 不是 k' 系的真实物理时间,而把它看作是只具有纯粹形式意义的辅助量.

式,而描述力学现象时,按照经典力学定律,这样的"辞典"就是伽利略变换.

因为坐标和时间显然不依赖于我们与光源或质点坐标的关系,而是按两种不同的定律变换,因而在这两种"辞典"中只可能有一种是正确的.

在相对论中,往往认为洛伦兹变换的"辞典"是正确的,而伽利略变换的"辞典"只是在小速度($v \ll c$)时才近似地正确.

我们注意到,后来这种选择也迫使我们抛弃经典力学方程(牛顿第二定律),因为它们只是对伽利略变换为不变式,因而对洛伦兹变换则不是不变式.

我们现在转到研究由洛伦兹变换所得到的结果.

5.3　Einstein 速度相加定理

我们曾经看到,根据经典的速度相加定理,方程组

$$u'_x = u_x - v$$
$$u'_y = u_y$$
$$u'_z = u_z$$

或者矢量形式

$$\boldsymbol{u}' = \boldsymbol{u} - \boldsymbol{v}$$

是从伽利略变换直接得到的结论. 因此,可以预期,在相对论中,速度相加定理将成为另一种形式.

我们先从洛伦兹变换公式出发

$$x' = \frac{x - vt}{\sqrt{1 - \dfrac{v^2}{c^2}}}$$
$$y' = y$$

$$z' = z$$

$$t' = \frac{t - \dfrac{v}{c^2}x}{\sqrt{1 - \dfrac{v^2}{c^2}}}$$

对这些式子的左边和右边求微分,我们得到

$$dx' = \frac{dx - vdt}{\sqrt{1 - \dfrac{v^2}{c^2}}}$$

$$dy' = dy$$

$$dz' = dz$$

$$dt' = \frac{dt - \dfrac{v}{c^2}dx}{\sqrt{1 - \dfrac{v^2}{c^2}}}$$

用最后一个等式的两边分别去除前三个等式的两边,得到

$$\frac{dx'}{dt'} = \frac{dx - vdt}{dt - \dfrac{v}{c^2}dx}$$

$$\frac{dy'}{dt'} = \frac{dy\sqrt{1 - \dfrac{v^2}{c^2}}}{dt - \dfrac{v}{c^2}dx}$$

$$\frac{dz'}{dt'} = \frac{dz\sqrt{1 - \dfrac{v^2}{c^2}}}{dt - \dfrac{v}{c^2}dx}$$

现在引入物体在 k 系内的速度: $u_x = \dfrac{dx}{dt}, u_y = \dfrac{dy}{dt},$

$u_z = \dfrac{\mathrm{d}z}{\mathrm{d}t}$ 和在 k' 系内的速度: $u'_x = \dfrac{\mathrm{d}x'}{\mathrm{d}t'}, u'_y = \dfrac{\mathrm{d}y'}{\mathrm{d}t'}, u'_z = \dfrac{\mathrm{d}z'}{\mathrm{d}t'}$, 我们就得到 Einstein 的速度相加定理

$$\begin{cases} u'_x = \dfrac{u_x - v}{1 - \dfrac{u_x v}{c^2}} \\[4ex] u'_y = \dfrac{u_y \sqrt{1 - \dfrac{v^2}{c^2}}}{1 - \dfrac{u_x v}{c^2}} \\[4ex] u'_z = \dfrac{u_z \sqrt{1 - \dfrac{v^2}{c^2}}}{1 - \dfrac{u_x v}{c^2}} \end{cases} \quad (6)$$

再引入速度 $\boldsymbol{u}$ 和 OX 轴方向之间的夹角 α, 对于速度的绝对值 $u'^2 = u'^2_x + u'^2_y + u'^2_z$ 和 $u^2 = u^2_x + u^2_y + u^2_z$, 我们得到

$$u'^2 = \frac{u^2(1 - \beta^2 \sin^2 \alpha) - 2uv\cos \alpha + v^2}{\left(1 - \beta \dfrac{u}{c}\cos \alpha\right)^2} \quad (7)$$

在特殊情况下, 当速度 $\boldsymbol{u}$ 也指向 OX 轴时, 速度相加公式就采取下列简单的形式

$$u' = \frac{u - v}{1 - \dfrac{uv}{c^2}} \quad (8)$$

很容易看出, 对于小速度 $u \ll c$ 和 $v \ll c$ 来说, 这些式子近似地变为经典公式(7), 因而, 牛顿的经典力学是一种小速度(与 c 比较)运动的力学.

这里, 我们立即注意到, 相对论速度相加定理指出

了麦克斯韦论断的错误所在(因而也就是企图理解迈克尔逊实验的否定结果的错误所在).

现在我们来研究运动车厢内光的传播的实验. 我们假定车厢内的光速等于 $c + v$ 或者 $c - v$(视光的传播方向而定),也就是不合理地利用经典的速度相加定理.

我们来研究一下,如果在相加的速度中有一个(u 或 v)等于真空内的光速 c,则在这种情况下,Einstein 的公式会得出什么样的结果.

在式(7)或式(8)内,代入 $u = c$ 或 $v = c$,则不难证明

$$u' = c$$

于是,由 Einstein 的速度相加定理,使我们得出了光在真空内的传播速度是绝对的,并且在任何参照系内都相等的结论. 十分明显,除了这一结论以外,我们不可能得出任何其他的结论,因为我们是从 Einstein 的假说出发的,特别是 Einstein 的第二个假说肯定了真空内光速的绝对性.

我们注意到,如果两个相加的速度都小于 c,那么按照 Einstein 公式,总速度也小于 c.

实际上,设 $u = c(1 - \alpha), v = -c(1 - \beta)$(式中 $0 < \alpha < 1$ 和 $0 < \beta < 1$),于是由经典的速度相加定理,可以得出物体在 k' 系内的速度(假定物体的速度 u 指向 OX 轴)为

$u' = u - v = c(2 - \alpha - \beta) > c$,当 $\alpha + \beta < 1$ 时

但是,Einstein 定理却使我们得到了另一种完全不同的结果

$$u' = c\frac{2-\alpha-\beta}{2-\alpha-\beta+\alpha\beta} < c$$

这再一次指出了真空内光速的极限性.

应该指出,对洛伦兹变换为不变量的只是真空内光速 c 的绝对值,而不是它的方向.

首先我们来研究下面一个有趣的例子.

设在静止的参照系内,雨点垂直地落下. 不难求出,在这一参照系内(图3),雨点速度的投影等于

$$u_x = 0, u_y = -u, u_z = 0$$

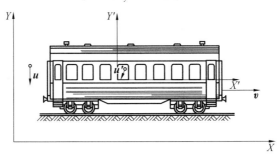

图 3

在和以速度 v 沿 OX 轴方向运动的车厢相联系的参照系 k' 内,雨点速度的投影等于

$$u'_x = -v, u'_y = -u\sqrt{1-\frac{v^2}{c^2}}, u'_z = 0$$

因此,车厢壁上雨点轨迹与铅垂线所组成的 α 角,可以由下列等式确定

$$\tan\alpha = \frac{u'_x}{u'_y} = \frac{v}{u\sqrt{1-\frac{v^2}{c^2}}}$$

我们注意到,从经典力学的观点看来,我们有

$$u'_x = -v, u'_y = -u, u'_z = 0$$

于是得到雨点轨迹与铅垂直线的偏离角为

$$\tan \alpha = \frac{v}{u}$$

也就是所得到的结果与相对论结果的不同之处,是参量 $\frac{v}{c}$ 为二级小项.

现在如果我们从雨点的运动问题转到光线在运动参照系内的方向问题,则在前面的公式中代入 $u = c$,就可以得到光线的偏离角的表达式为

$$\tan \alpha = \frac{\dfrac{v}{c}}{\sqrt{1 - \dfrac{v^2}{c^2}}} \tag{9}$$

或者在牛顿力学的近似下

$$\tan \alpha \approx \frac{v}{c} \tag{10}$$

由这些公式我们可以得出所谓恒星的光行差现象理论.

在 18 世纪,英国天文学家布拉德列发现,在一年内,所有"静止的"恒星在天空中所描述的轨迹为一长半轴相等(为 20.5″)的椭圆,这和在式(9)和(10)内代入地球公转平均速度 30 km/s 所得到的结果很好地符合.

在相对论创立之前,人们曾认为,光行差现象的发现恰恰是证实了静止以太的假说.

实际上,我们可以引入光行差角的经典公式(10),只要假定地球绕太阳转动时吹过地球的以太流将光波"带到"与地球转动相反的方向,因而使恒星在

望远镜内的形象恰巧移动一个由式(10)所得出的角度(图4(a)和图4(b)).

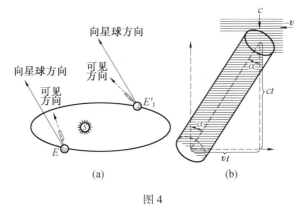

图 4

在相对论中,也曾经对光行差现象做了深刻的解释,即波阵面作为光振动同时到达的地点是一种相对的概念,因而变换到与地球一起运动的参照系时,将转过一个由式(9)所确定的角度.

于是,我们就证明了,真空内的光速 c 是一个绝对量.

但是,这并不是指媒质内的光速. 大家知道,媒质内的光速小于真空内的光速,并等于 $c' = \dfrac{c}{n}$(式中 n 为媒质的折射率).

我们来研究下面的一个实验(斐索实验,1851年).

从光源 S 发出的光线(图5)入射到半镀银的薄片 P 上,于是,一部分光线通过薄片,另一部分光线被反射. 这样一来,形成两条光束,其中一条光束通过薄片 P 至反射镜1,然后被反射镜1反射到反射镜2,又由反

射镜 2 反射到反射镜 3, 再由反射镜 3 重新反射到薄片
P 上, 最后通过薄片 P 射到光屏上. 另一条光束通过同
样的路程, 但方向相反: 即薄片 P、反射镜 3、反射镜 2、
反射镜 1 以及由镀银薄片 P 反射到同一光屏上. 于是
在光屏上可以观察到由这些相干的光波叠加而成的干
涉图像. 如果在这两条光束所通过的路程上安置一个
充满水的管网, 并且利用唧筒使管网内的水以速度 v
流动, 则当水流动时, 在光屏上就可以观察到干涉图像
的移动.

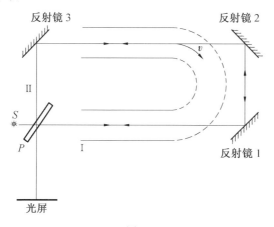

图 5

从 Einstein 速度相加定理的观点看来, 可以很容
易解释和计算出这种效应.

在与流动的水联系着的参照系内, 光速等于
$\pm\dfrac{c}{n}$ (根据传播方向决定取正号或负号). 而在与实验
仪器相联系的参照系内, 根据速度相加定理, 波阵面的
速度等于

$$c' = \frac{\pm \dfrac{c}{n} + v}{1 \pm \dfrac{v}{cn}}$$

因为分数 $\dfrac{v}{cn}$ 比 1 小得多,因而可以近似地利用公式 $\dfrac{1}{1+\alpha} \approx 1 - \alpha$($\alpha$ 为一小量),于是我们得到

$$c' = \left(v \pm \frac{c}{n} \right) \left(1 \mp \frac{v}{cn} \right) = \pm \frac{c}{n} + v \left(1 - \frac{1}{n^2} \right) \quad (11)$$

因此,在斐索实验中,两条光线的速度的绝对值等于

$$c_1 = \frac{c}{n} + v \left(1 - \frac{1}{n^2} \right)$$

$$c_2 = \frac{c}{n} - v \left(1 - \frac{1}{n^2} \right)$$

这使光线路程发生时间差为

$$\Delta t = \frac{l}{c_2} - \frac{l}{c_1}$$

由此不难计算出干涉图像的移动距离.

正如所预期的那样,斐索的测量结果和公式(11)很好地符合.

在相对论创立之前,这一结果曾被认为是菲涅尔所提出的以太被部分带走的假说的一个证明.

这一假说的内容如下:流动的水并不是带走其中全部以太,而只是带走一部分以太,因而以太的运动较水的流动为慢.同时,某些设想亦曾使菲涅尔得到下列结论:如果水的流动速度为 v,则以太的速度必须等于 kv,而且按照菲涅尔的理论,所谓带走系数 k 等于 $1 -$

$\frac{1}{n^2}$. 于是,由经典的速度定理得出,相对于实验仪器的光速为

$$c' = \pm \frac{c}{n} + v\left(1 - \frac{1}{n^2}\right)$$

这和式(11)相同,并且已经很好地被实验所证实.

但是,应该了解到,尽管我们最后所得到的结果在形式上完全相同,但是在实质上,我们在这里所得到的却是原则上完全不同的解答.

在菲涅尔的解答中,我们得到部分被带走的以太,并且利用了经典的速度相加定理.

在相对论中,则一般不存在着所谓以太,因而速度的相加按照 Einstein 公式进行.

5.4　长度的收缩和运动钟的变慢

在 4.3 节中我们已经证明,在伽利略变换中,两点之间的距离或杆的长度是不变的,也就是说,例如小尺为 1 米长这一断言,不用指出小尺放在何处:在运动的车厢内或者是在静止的车站上,都具有意义.

现在我们来重复一下借助于洛伦兹变换公式得到这一结论的计算方法.

设长度为 l_0 的杆静止在参照系 k 内,并位于 OX 轴上;$x_2 - x_1 = l_0$.

又设 k' 系以速度 v 相对于 k 系运动,为了量出杆在 k' 系内的长度,我们必须求出按 k' 系内的钟为同一时刻时杆右端和左端的坐标之差 $l = x'_2 - x'_1$.

我们写出杆两端坐标的洛伦兹变换公式

$$x_1 = \frac{x_1' + vt_1'}{\sqrt{1 - \dfrac{v^2}{c^2}}}$$

$$x_2 = \frac{x_2' + vt_2'}{\sqrt{1 - \dfrac{v^2}{c^2}}}$$

从第二式减去第一式,并考虑到 $t_1' = t_2'$,我们得到

$$x_2 - x_1 = \frac{x_2' - x_1'}{\sqrt{1 - \dfrac{v^2}{c^2}}}$$

或者

$$l = l_0 \sqrt{1 - \frac{v^2}{c^2}} \qquad (12)$$

这样一来,与经典物理学相反(其中把杆的长度看作是绝对的),在相对论中,同一根杆在不同的参照系内具有不同的长度. 在杆处于静止状态的参照系内,杆的最大长度为 l_0,而在相对于杆运动的参照系内,杆的长度为 $l_0 \sqrt{1 - \dfrac{v^2}{c^2}}$. 杆的运动速度越大,则杆的长度越短(十分明显,在这种情况下,只是与参照系运动方向平行的杆的线度发生了收缩,正如从洛伦兹变换公式中所得出的那样,杆的横向线度 $y' = y, z' = z$ 是不改变的).

我们设想有两根长度相同和相互平行的杆 A 和 B 静止在 k 系内. 设杆 A 保持静止,杆 B 开始沿它的长度方向以速度 v 运动. 如果我们将杆和另一个参照系 k' 联系在一起,于是由式(12)指出,从 k 系的观点看来,杆 B 的长度小于保持静止的杆 A 的长度.

应该着重指出,这里所指的并不是杆发生收缩时的任何实际物理过程,这是因为同一根杆在不同的参照系内具有不同的长度.

但是,如果我们从 k' 系的观点出发,那么这种情况就变得特别明显.在 k' 系内,杆 B 保持静止,而杆 A 以速度 v 在相反方向运动.因而和上述情况恰恰相反,在 k' 系内,杆 B 的长度大于杆 A 的长度.

必须进一步了解到,这两种提法(在 k 系内,杆 A 比杆 B 长;在 k' 系内,杆 B 比杆 A 长)绝不是相互矛盾的.

这里所指的是两种不同的测量杆长度的方法.如果利用 k 系的尺和钟测量杆 A 和杆 B 的长度(从 k 系的观点出发,同时测量杆两端的坐标),那么杆 A 看来要比杆 B 为长.反之,如果利用 k' 系的尺和钟进行测量(根据 k' 系内的钟,同时测量杆 A 和杆 B 两端的坐标),则杆 B 将比杆 A 为长.

为了阐明这一点,我们来研究一些类似的情况.

设想有两个步行者分别在街道两旁各沿相反的方向行走.于是每一个人都将认为,他在另一个人的右边通过.显然,这种说法并不相互矛盾,而只是表明,"左"和"右"的概念是相对的,它由运动的方向而定.

我们再来看看另一个例子.

设有两座高度相同的塔 L 和 L'(图 6).站在点 M 的观察者看到塔 L 的角度要比看到塔 L' 的角度为大,而站在点 M' 的观察者看到塔 L' 的角度则要比看到塔 L 的角度为大.显然,这种说法也并不相互矛盾,而只是表明这样的一个事实,即视角是相对的概念,它与观察者的位置有关.

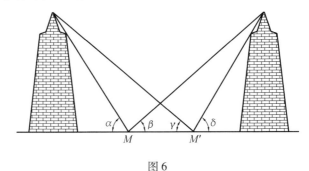

图 6

在相对论中,杆的长度也恰恰是这样. 它是一种相对量,而且在不同的参照系内,杆 A 和杆 B 长度之间的关系也不同.

于是,同一根杆在不同的参照系内(相对于杆以不同的速度运动)具有不同的长度

$$l_1 = l_0 \sqrt{1 - \frac{v_1^2}{c^2}}$$

$$l_2 = l_0 \sqrt{1 - \frac{v_2^2}{c^2}}$$

$$l_3 = l_0 \sqrt{1 - \frac{v_3^2}{c^2}}$$

$$\vdots$$

现在读者应该明白,上述这些结论,正像同一个概念在不同的语言中可以用不同的词汇来表示,同一线段可以从不同的角度来观察,或者旅客的速度相对于甲板等于 3 km/h,相对于河岸等于 20 km/h 以及相对于太阳等于 30 km/s 等那样,是用不着大惊小怪的.

　　因此如果要问在 $l_1, l_2, \cdots$ 中哪一个长度是"真正的",正像如同指着一块面包间:这是面包(中文),хлеб(俄文),das Brot(德文),还是 the bread(英文),或者如同问哪一个视角是"真正的"以及哪一个速度是"真正的"那样,是毫无意义的,因为在其本身的参照系内,每一个长度都是真正的长度.

　　从表面看来,杆的相对性收缩似乎是很奇怪的和不符合习惯的,这是因为我们在日常生活中,在技术领域中和天文现象中所遇到的一切运动,都要远远地比光的传播慢得多. 因此,对于这样的运动,洛伦兹变换公式近似地变为伽利略变换公式,而式(12) 在 $v \ll c$ 条件下的形式就变为

$$l \cong l_0$$

也就是,对于运动缓慢的参照系来说,长度近似地为绝对量.

　　由此也就可以解释,为什么长度收缩公式(12) 直至目前为止,还没有在实验上得到任何可靠的证明. 实际上,在我们所居住的地球上,宏观物体所能够达到的最大速度不过为每秒若干千米,也就是说按数量级只有光速的 10^{-5} 左右.

　　在这样的速度下,长度的相对论性改变与 $\left(\dfrac{v}{c}\right)^2$ 成正比,其数量级为 10^{-10},显然这已超出了现代实验测量的可能范围.

　　最后,我们注意到,从表面看来,虽然我们所研究的长度的相对性收缩似乎与洛伦兹 - 斐兹杰惹的收缩假说相符合,但是,事实上,在这两个概念之间却存在着显著的原则性区别.

按照洛伦兹 – 斐兹杰惹的假说(参阅 4.4 节),存在着一种所谓绝对的静止(相对于以太的静止),而处于这一绝对静止状态的杆,其长度为最大. 如果杆开始时相对于以太运动,则杆的纵向线度将发生实际的物理收缩.

因此,杆的长度与杆相对于以太运动的速度有关,但与参照系无关.

因而,洛伦兹 – 斐兹杰惹的假说和相对性原理发生矛盾,因为从这一假说得出,绝对运动的杆的长度比绝对静止的杆的长度为短,所以只要测量杆的长度,就可以求出杆相对于以太运动的速度.

与此相反,在相对论中,在不同的参照系内,杆的长度也不同,但和绝对运动的速度无关,因为在这种情况下,一般说来,以太和绝对运动已完全失去了意义.

因此,在两个参照系内测量杆的长度,只能确立在这两个参照系之间存在着相对运动这一事实.

我们现在转到相对论中的时间间隔这一问题. 设想有两个参照系: k 系和相对于它以速度 v 运动的 k' 系. 令在 k' 系内的钟处于静止状态.

我们来研究钟处的那个点上所发生的两个事件(例如,字盘上指针的起点和终点).

设在 k' 系内这两事件间所经过的时间间隔为

$$T_0 = t'_2 - t'_1$$

我们来求在 k 系内这两事件间的时间间隔

$$T = t_2 - t_1$$

由洛伦兹变换公式得出

$$t_1 = \frac{t'_1 + \frac{v}{c^2}x'_1}{\sqrt{1 - \frac{v^2}{c^2}}}$$

$$t_2 = \frac{t'_2 + \frac{v}{c^2}x'_2}{\sqrt{1 - \frac{v^2}{c^2}}}$$

从第二式减去第一式,并考虑到 $x'_1 = x'_2$(在 k' 系内,钟是静止的),我们求得

$$t_2 - t_1 = \frac{t'_2 - t'_1}{\sqrt{1 - \frac{v^2}{c^2}}}$$

或者

$$T = \frac{T_0}{\sqrt{1 - \frac{v^2}{c^2}}} \quad\quad (13)$$

式(13)表明,在经典物理学中,我们往往把两事件间的时间间隔看作是绝对量,而与此相反,在相对论中,同一对事件间的时间间隔在不同的参照系内是完全不相同的.

在两事件发生于空间同一点上的参照系内,这一时间间隔 T_0 为最短. 而在任何其他参照系内,这一时间间隔为 $\dfrac{T_0}{\sqrt{1 - \dfrac{v^2}{c^2}}}$,且速度 v 越大,间隔也越长.

我们设想在 k 系内有两个同步运动的钟 A 和 B 处于静止状态. 现在令钟 A 保持静止,而钟 B 开始以速度

v 运动,并把另一个参照系 k' 与钟 B 联系起来.

于是由式 (13) 得出,从 k' 系的观点看来,钟 A 要比钟 B 走得慢.

在这种情况下,还应该着重指出,这里所指的并不是钟的任何物理上实际的变慢. 这是因为同一对事件在不同的参照系内将被不同的时间间隔所分开. 例如,设与钟 B 一起运动的观察者点燃一根火柴,经过 5 s 后,火柴开始熄灭. 于是,钟 A 指出所经过的时间并不是 5 s,而是要小 $\sqrt{1 - \dfrac{v^2}{c^2}}$ 倍.

如果我们从 k' 系的观点出发,则时间间隔的相对性就变得特别明显. 相对于 k' 系,钟 B 处于静止状态,而钟 A 则以速度 v 沿相反方向运动. 因而相对于 k' 系来说,钟 A 将变慢.

事实上,这两种提法并不存在着任何实际的矛盾 —— 因为这里所指的只是比较时间的两种不同的方法而已.

相对于 k 系来说,运动的钟为钟 B,并且在第二个事件发生的时刻,应把它的读数和 k 系内钟 A' 的读数比较 (图7). 于是,钟 B 所指示的时间要比钟 A' 所指示的时间为少,也就是说它比钟 A' 走得慢.

另一方面,相对于 k' 系来说,运动的钟为钟 A,并且在第二个事件发生的时刻,应把它的读数和 k' 系内钟 B' 的读数比较. 于是,钟 A 所指示的时间要比钟 B' 所指示的时间为少,也就是说它比钟 B' 走得慢.

由此可见,事实上并不存在着任何实际的矛盾,因为这里所指的只是一对不同的钟的比较而已 —— 我

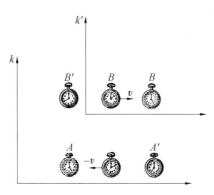

图 7

们说钟 A 比钟 B' 慢和钟 B 比钟 A' 慢,这一说法彼此并无矛盾.

这样一来,两事件间的时间间隔是一种相对的概念,它与参照系有关. 因此按照随发生事件的物体一起运动的钟所测得的时间为最小,这一时间一般称为该物体的本征时间.

如果我们用 τ 表示本征时间,用 t 表示按"静止"实验室的钟所测得的时间,则根据以上所述,我们可以写出

$$\tau = t\sqrt{1 - \frac{u^2}{c^2}}$$

$$\mathrm{d}\tau = \mathrm{d}t\sqrt{1 - \frac{u^2}{c^2}} \qquad (14)$$

式中, u 为物体的速度.

和长度的相对性收缩公式相同,式(14) 在速度小的时候($v \ll c$) 变成为经典公式

$$T \approx T_0$$

因此,对运动较慢的参照系来说,两事件间的时间间隔近似地为一绝对量. 所以,在宏观物体力学和在日

177

常生活中,运动钟的相对性变慢是不起任何作用的.

但是,与长度收缩公式不同,式(14)在研究 μ 介子的衰变时已在实验上得到了直接的证明.

从宇宙空间射到地球上的宇宙线是一种快速质子流和其他轻元素的原子核束,它们在大气中引起了许多复杂的次级现象,并且在这种过程中,产生大量各种各样的次级粒子.特别是在不太高的大气层中,大部分的宇宙线是由一种比电子重但比质子和中子轻的粒子——所谓 μ 介子组成(它们的质量近似地等于206电子质量).在自然界中存在着两种不同电荷的 μ 介子:μ^+ 和 μ^-.

正如实验所表明的那样,μ 介子是一种不稳定的粒子,它们往往衰变成为电子或正电子(按电荷的符号而不同)和两个轻的中性粒子——中微子

$$\mu^{\pm} \longrightarrow e^{\pm} + 2v \qquad (15)$$

这种衰变所服从的定律与放射性物质原子核的衰变所服从的定律相同

$$N = N_0 e^{-\lambda t} = N_0 e^{-\frac{t}{v}}$$

式中,N_0 为 $t=0$ 时刻时所存在的介子数,N 为在时间 t 时未衰变的介子数,λ 称为衰变常数,$\tau = \dfrac{1}{\lambda}$ 是介子的平均寿命.

μ 介子束穿过物质时由于下列两种原因而减弱:首先介子与原子碰撞时使原子电离,失去本身的能量,从而对记录仪器(盖革 – 谬勒计数器)不起作用;其次介子按(15)的式子而衰变.因此,介子束穿过空气层后,强度的减弱要比穿过含有同样多的电子,因而具有

相同韧致作用的密度大的物质层（例如铅）显著得多. 事实上,在这些物质层内虽然有同样多的介子受到阻挡,但是在厚度大的空气层内,得以衰变的介子数要比在较薄的铅层内多得多. 这样一来,测量介子束在空气层内比在等效的铅层内所多出的减弱,就可以求得介子的平均寿命 τ.

　　但是,不难看出,既然时间的计算是根据与地球联系的钟,而不是根据与介子一起运动的钟来进行的,因此,按照 Einstein 公式,介子的平均寿命 τ 应与介子的速度 v 有关

$$\tau = \frac{\tau_0}{\sqrt{1 - \dfrac{v^2}{c^2}}}$$

式中,τ_0 为根据随介子一起运动的钟所计算的时间,或者换句话说,为静止介子的寿命.

　　由于介子以接近于 c 的相对性速度运动,因而对于介子来说,这一效应必须是完全可觉察到的.

　　既然在介子束内存在着速度不同的粒子,因而要测量介子的寿命,必须选定具有一定速度的介子束. 我们可以利用各种不同的方法比较可靠地使介子束"单色化",因而可以对介子的不同速度测量出介子的寿命 τ. 于是,相对论公式的实验验证,就归结为验证下列关系式的正确性

$$\tau \sqrt{1 - \frac{v^2}{c^2}} = \tau_0 = 常数$$

实验指出,在实验误差的范围内,这一关系式相当精确地被满足.

5.5 间 距

在前一节中,我们看到,在某一个坐标系内,某一点上所发生的两事件间的时间间隔和在同一时刻所测得的两点间的距离,是一种相对的概念,也就是它们的数值与参照系的选择有关.

我们现在来研究在空间不同点和在不同时刻所发生的两个事件.

设在 k 系内发生这些事件的点的坐标为 x_1, y_1, z_1 和 x_2, y_2, z_2,时刻为 t_1 和 t_2. 为简单起见,我们假定两个事件发生在位于 OX 轴的点上,也就是 $y_1 = z_1 = 0$ 和 $y_2 = z_2 = 0$.

于是利用洛伦兹变换公式

$$
\begin{cases}
x_1' = \dfrac{x_1 - vt_1}{\sqrt{1 - \dfrac{v^2}{c^2}}} \\[4ex]
x_2' = \dfrac{x_2 - vt_2}{\sqrt{1 - \dfrac{v^2}{c^2}}}
\end{cases}
$$

$$
\begin{cases}
t_1' = \dfrac{t_1 - \dfrac{v}{c^2} x_1}{\sqrt{1 - \dfrac{v^2}{c^2}}} \\[4ex]
t_2' = \dfrac{t_2 - \dfrac{v}{c^2} x_2}{\sqrt{1 - \dfrac{v^2}{c^2}}}
\end{cases}
$$

不难发现,按照选择不同的参照系,发生事件的两点间的距离和两事件间的时间间隔如何变化.

将上述等式逐项相减,我们得到

$$x'_2 - x'_1 = \frac{x_2 - x_1 - v(t_2 - t_1)}{\sqrt{1 - \dfrac{v^2}{c^2}}} \tag{16}$$

$$t'_2 - t'_1 = \frac{t_2 - t_1 - \dfrac{v}{c^2}(x_2 - x_1)}{\sqrt{1 - \dfrac{v^2}{c^2}}} \tag{17}$$

我们看到,式(16)和(17)与杆的长度收缩公式和运动钟变慢的公式的不同之处,是在于公式右边出现了附加的相加项.

如果在式(16)内令 $t_2 = t_1$,在式(17)内令 $x_2 = x_1$,则不难看出,我们得到下列熟知的结果

$$l = l_0 \sqrt{1 - \frac{v^2}{c^2}} \text{①}$$

$$T = \frac{T_0}{\sqrt{1 - \dfrac{v^2}{c^2}}}$$

这样一来,在更为普遍的情况下,两点间的距离和两事件间的时间间隔是一种相对的量.

但是,不难看出,按照洛伦兹变换的基本性质

$$S^2 = (x_2 - x_1)^2 + (y_2 - y_1)^2 + (z_2 - z_1)^2 -$$

---

① 设 $t_2 = t_1$(按照 k 系内的钟同时测量坐标),则与 5.4 节相反,我们必须假定 $l = x_2 - x_1$,$l_0 = x'_2 - x'_1$.

$$c^2(t_2 - t_1)^2 \qquad\qquad (18)$$

对洛伦兹变换为不变式,也就是在任何伽利略参照系内,具有同样的数值.

实际上,从式(16)和(17)得出

$$(x_2' - x_1') - c^2(t_2' - t_1')^2 =$$

$$\frac{(x_2 - x_1)^2 - 2v(x_2 - x_1)(t_2 - t_1)}{1 - \dfrac{v^2}{c^2}} +$$

$$\frac{v^2(t_2 - t_1)^2 - c^2(t_2 - t_1)^2}{1 - \dfrac{v^2}{c^2}} +$$

$$\frac{2v(x_2 - x_1)(t_2 - t_1) - \dfrac{v^2}{c^2}(x_2 - x_1)^2}{1 - \dfrac{v^2}{c^2}} =$$

$$(x_2 - x_1)^2 - c^2(t_2 - t_1)^2$$

因为 $y_2' - y_1' = y_2 - y_1$ 和 $z_2' - z_1' = z_2 - z_1$,因而 S^2 的不变性就得到了证明.

在相对论中,S 称为两事件间的间距[①].

我们在这里再一次着重指出,在相对论中,除了出现相对量外(杆的长度 l,时间间隔 T),还出现绝对量——真空内的光速 c 和间距 S.

相对论的特点是相对量与绝对量之间的界线是可以移动的.

------

① 间距的不变性也可以用更简单的方法来证明.在推导洛伦兹变换时,我们是从 $x^2 + y^2 + z^2 - c^2t^2$,即分开坐标为 x, y, z, t 和坐标 $0, 0, 0, 0$ 的事件之间的间距的平方值出发的.因为坐标原点和计算时间的起点可以任意选择,因而任意两事件间的间距是一个不变量.

如果在经典物理学中,这一界线的位置是用下表来表示的:

相　对　量	绝　对　量
坐标(x, y, z)	长度(l)、时间间隔(T)、间距(S)

则在相对论中,上表变为:

相　对　量	绝　对　量
坐标(x, y, z)、长度(l)、时间间隔(T)	间距(S)

一对事件和分开它们的间距可以按类型分为下列几种:

1. 设所述及的两事件为枪的射击和子弹落到靶上. 于是,$x_2 - x_1 = l$ 为枪至目标的距离,$t_2 - t_1 = T$ 为子弹落到目标上所经过的时间(在参照系 k 内,枪和靶处于静止状态).

如果子弹的平均速度为 $\dfrac{x_2 - x_1}{t_2 - t_1}$,则因为 $|u| < c$,于是有不等式

$$|x_2 - x_1| = |u(t_2 - t_1)| < c|t_2 - t_1|$$

或者在一般的情况下(当运动不是发生在 OX 轴方向上)

$$(x_2 - x_1)^2 + (y_2 - y_1)^2 + (z_2 - z_1)^2 < c^2(t_2 - t_1)^2$$

$$(19)$$

不难理解,不等式(19)所代表的条件是,在被研究的两个事件中,其中一个是,或者至少可能是另一个的原因.

实际上,不等式(19)的物理内容是,在分开一个

事件与另一个事件的时间内,光信号所通过的路程要比发生这两事件的两点间的距离为大(图 8).

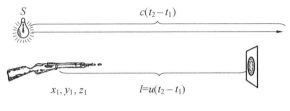

图 8

因此,容许存在这样的一种实际过程和相互作用,它们虽以小于光速的速度传播,但在分开两事件的时间内可以通过这一距离. 在我们所举的例子中,这样的过程就是子弹的运动.

我们注意到,如果不等式(19)被满足,则间距的平方

$$S^2 = (x_2 - x_1)^2 + (y_2 - y_1)^2 + (z_2 - z_1)^2 - c^2(t_2 - t_1)^2 < 0$$

为负值,而间距 S 本身则为纯虚数.

这样一来,虚间距分开由因果关系所联系(或者至少在原则上联系)的两事件.

在式(16)内,代入

$$t_2 - t_1 = \frac{x_2 - x_1}{u}$$

而在式(17)内,代入

$$x_2 - x_1 = u(t_2 - t_1)$$

我们得到

$$x'_2 - x'_1 = \frac{(x_2 - x_1)\left(1 - \dfrac{v}{u}\right)}{\sqrt{1 - \beta^2}} \qquad (20)$$

$$t_2' - t_1' = \frac{(t_2 - t_1)\left(1 - \dfrac{uv}{c^2}\right)}{\sqrt{1 - \beta^2}} \qquad (21)$$

现在我们提出这样的一个问题：能否找出这样的一种参照系 k'，其中子弹从枪膛内射出和落到靶上发生于同一点上.

从经典物理学的观点看来，对这一问题的回答是很自然的：我们必须把参照系 k' 与前进速度和子弹相同的车厢联系起来（图9）. 于是在这一参照系内，子弹处于静止状态，因此两事件 —— 子弹从枪膛射出和落到靶上 —— 发生在 k' 系的同一点上.

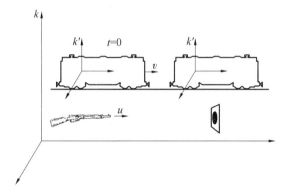

图 9

而且，如果使车厢前进的速度稍大于子弹的速度，则在空间内事件发生的次序将发生改变：如果在 k 系内，子弹的发射发生在子弹落到靶上的左边（$x_2 > x_1$），则在 k' 系内，子弹落到靶上的点将在左边（$x_2' < x_1'$）.

不难看出，相对论也对这一问题作出了同样的解答. 实际上，从式（20），我们看到

$$v = u, x_2' - x_1' = 0$$

也就是,发射点的坐标和子弹落到靶上的点的坐标是相合的. 如果取 $v > u$,则差值 $x_2' - x_1'$ 的符号将与差值 $x_2 - x_1$ 的符号相反.

我们注意到,在 $x_2' - x_1' = 0$ 的参照系内,分开两事件的间距 S 可化为这两事件间的时间间隔(乘上 ic)

$$S = ic(t_2' - t_1')$$

因此,这种间距一般称为类时间距.

我们注意到,把运动物体的到达分开为空间两不同点的间距和这一物体的本征时间元之间存在着简单的关系. 事实上,对于这样的两个事件,我们有

$$dS^2 = dx^2 + dy^2 + dz^2 - c^2 dt^2 =$$
$$c^2 dt^2 \left(\frac{dx^2 + dy^2 + dz^2}{c^2 dt^2} - 1 \right)$$

但是,因

$$\frac{dx^2 + dy^2 + dz^2}{dt^2} = u^2$$

为物体速度的平方,我们得到

$$dS = icdt \sqrt{1 - \frac{u^2}{c^2}} = icd\tau$$

式中,$d\tau$[参阅前一节的式(14)]为物体的本征时间间隔.

现在我们提出另一个问题,能否找到这样的一种参照系,其中子弹从枪膛射出和落到靶上在时间上是相同的.

从经典物理学的观点看来,这一问题的提出本身就是荒谬的,因为在经典物理学中,时间是绝对的.

在相对论中,两事件间的时间间隔是一种与所选

择的参照系有关的可变量,但是式(21)指出,在我们现在所研究的情况下,时间差 $t_2' - t_1'$ 变为零是不可能的(甚至包括这一差值符号的改变).

实际上,因为 $u \leqslant c$ 和 $v \leqslant c$,因而式(19)右边的因子既不会变为零,更不会变为负值.

其他结果则与因果律发生矛盾,这种情况完全是很自然的,因为这意味着,可以找出这样的一种参照系,其中因和果同时发生(或者甚至因后于果).例如,在目前的情况下,这表明,子弹从枪膛射出与落到靶上是同时发生的(或者发射甚至比落到靶上为迟).

由此,我们看到,类时(虚数)间距分开由因果关系相互联系(或可能联系的)的两事件.

对于这样的事件,我们可以选择这样的一种参照系,其中两事件变成是同位的,但不论在任何参照系内,这些事件不可能变成是同时的,或者说其时间的次序发生了改变.

换句话说,对于这样的事件,"早"与"迟"的概念是一种绝对的概念.

如果在一个参照系内,$t_2 > t_1$,则在任何其他参照系内,$t_2' > t_1'$.因此在这种情况下,第二个事件(例如子弹落到靶上)对第一个事件来说,可以称为"绝对将来的事件",而第一个事件(例如子弹从枪膛内射出)对第二个事件来说,可以称为"绝对过去的事件".

2. 我们现在来研究显然不和因果关系发生联系的两事件.例如,设想第一个事件是在银河系内,在离开地球 100 光年的点上有一"新"星发出闪光.在光波到达地球前的 20 年内,也就是发出闪光 80 年以后,在地球上出版了一本研究有关"新"星闪光的书. 十分明显, 第一个事件对第二个事件来说不可能有任何影响.

在数学上, 这表明新星和地球之间的距离大于光信号在 80 年内所通过的路程

$$| x_2 - x_1 | > c | t_2 - t_1 |$$

或者在一般情况下(如果 OX 轴不与"新"星和地球的连线相重合)

$$(x_2 - x_1)^2 + (y_2 - y_1)^2 + (z_2 - z_1)^2 > c^2(t_2 - t_1)^2$$
$$(22)$$

不难看出, 分开这两事件的间距平方为正值

$$S^2 = (x_2 - x_1)^2 + (y_2 - y_1)^2 +$$
$$(z_2 - z_1)^2 - c^2(t_2 - t_1)^2 > 0$$

而间距本身是实值.

不难理解, 这是分开不和因果关系发生联系的事件的一切间距的一个普遍性质.

在这种情况下, 我们还要提出一个问题, 即能否找到一个参照系 k', 其中被研究的两事件(星发出闪光和书的出版) 发生于同一点上, 从而变成同位的, 也就是下列等式正确

$$x_2' - x_1' = 0$$

从式(16) 得出, 为了使 k' 系内两事件的坐标差 $x_2' - x_1'$ 变成零, 必须满足下列等式

$$x_2 - x_1 = v(t_2 - t_1)$$

但是, 因为按照我们所研究的事件的条件

$$x_2 - x_1 > c(t_2 - t_1)$$

因而这一式子只在 $v > c$ 时才被满足. 这样一来, 星的闪光和书的出版只有在运动速度大于 c 的参照系内才

可能发生于同一点上.

但是,正如我们所知道的那样,在相对论中,真空内的光速是一切实际过程的极限速度.

因此,我们得出下列结论:

不论在任何参照系内,原则上不和因果关系发生联系的两事件,不可能变成为同位的. 因此,这样的事件称为绝对相互远离的事件.

同时,非常明显,事实上也不可能找到这样的一种参照系,其中差值 $x'_2 - x'_1$ 的符号发生改变. 这表明,对于上述类型的事件,"较左"和"较右"的概念是绝对的. 例如,如果 $x_2 > x_1$,则在任何其他参照系内 $x'_2 > x'_1$. 因此,在这种情况下,第二个事件对第一个事件来说可以称为绝对"右边的事件",而第一个事件对第二个事件来说可以称为绝对"左边的事件".

现在我们提出这样的一个问题,即能否找到这样的一种参照系,其中星的闪光和书的出版发生于同一时刻,也就是下列等式正确

$$t'_2 - t'_1 = 0$$

从式(17)中可以看出,如果

$$t_2 - t_1 - \frac{v}{c^2}(x_2 - x_1) = 0$$

也就是,如果参照系的速度

$$v = \frac{c^2(t_2 - t_1)}{x_2 - x_1}$$

则上式正确. 但是,因为按照我们所研究的事件的条件

$$x_2 - x_1 > c(t_2 - t_1)$$

因而上式右边的式子小于 c

$$v = \frac{c^2(t_2 - t_1)}{x_2 - x_1} < c \qquad (23)$$

因为按照相对论,任何参照系的速度小于 c 是容许的,因而由此得出,我们在原则上可以找到这样的 k' 系,其中所研究的两事件发生于同一时刻(当然,我们在这里并不是指借助于近代科学技术的发展来解决这一问题).

而且,当参照系的速度比(23)的值再略微增加后,我们就可以改变差值 $t'_2 - t'_1$ 的符号.

在物理上,这意味着,如果在参照系 k 内,第一个事件(星的闪光)的发生早于第二个事件(书的出版),即 $t_2 > t_1$,则我们可以找到这样的一个参照系 k',其中第二个事件的发生早于第一个事件:$t'_2 < t'_1$. 这样一来,对于上述类型的事件,"早"和"迟"的概念是相对的.

但是,必须清楚地理解到,尽管这种情况不符合习惯,而且看来是矛盾的,然而,毫无疑问,它既不与逻辑发生任何矛盾,也不与人们的实际经验发生任何矛盾.

实际上,既然问题所指的是不和(也不可能)因果关系发生联系的两事件,因而,这些事件在时间上输流出现的次序发生改变,并不与因果律发生矛盾,因为无论在任何参照系内,事件的结果都不可能早于其原因.

我们注意到,对于在 $t_2 - t_1 = 0$ 的参照系内的事件,间距平方可以归结为发生两事件的两点之间的空间距离的平方

$$S^2 = (x_2 - x_1)^2 + (y_2 - y_1)^2 + (z_2 - z_1)^2 = L^2$$
$$S = L$$

因此,这样的间距通常称为类空间距.

于是,原则上不和因果关系发生联系的两事件被类空的实际间距所分开.对于这样的一对事件,可以选择这样的一种参照系,其中两事件变成是同时的(甚至时间的次序也发生改变),但不论在任何参照系内,它们都不可能变成是同位的.

3.最后设所指的两事件为时刻 t_1 时从坐标点 x_1 上发出光信号和时刻 t_2 时光信号到达坐标点 x_2 上.因为在这种情况下

$$x_2 - x_1 = c(t_2 - t_1)$$

因而不难看出,分开这两事件的间距等于零

$$S^2 = (x_2 - x_1)^2 - c^2(t_2 - t_1)^2 = 0$$

很容易理解,零间距是类时(实值)间距或类空(虚值)间距的极限情况.

上述极限情况相应于由于 c 的极限性质,由光信号的传播联系的两事件,是由因果关系联系的两事件的极限情况.

从式(20)和(21)中可以看出,当 $u = c$ 时,一对事件只在以光速 c 运动的参照系内,可以成为是同位的和同时的.我们可以用一个简单的几何解释来表述上述两事件和分开它们的间距的分类方法.

我们研究沿 OX 轴所发生的两事件.令横轴表示两事件的坐标,纵轴表示两事件的时间乘上 c(图10).

在这一图上,将每一事件用点标明,而将一切匀速直线运动用直线标明,且该直线对 ct 轴的倾角的正切等于

$$\tan \alpha = \frac{\mathrm{d}x}{c\mathrm{d}t} = \frac{u}{c} = \beta$$

式中,u 为运动的速度.

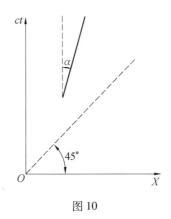

图 10

因为对于任何实际运动, $u \leqslant c$, 因而所有这些代表运动的直线与 ct 轴的交角不超过 45°.

显然, 坐标角的二等分线表示光信号的传播 $u=c$.

现在假定被间距所分开的事件之一为图 11 上坐标原点所描述的事件, 也就是在 $x=0$ 的点上和 $t=0$ 的时刻所发生的事件(为简单起见, 以后将把它表述为 O 事件).

坐标角的二等分线, 将整个平面 (x, ct) 划分为四个区域: Ⅰ, Ⅱ, Ⅲ, Ⅳ.

不难看出, 对于区域 Ⅰ 和 Ⅱ 内的所有各点, $|x|<|ct|$, 也就是这些点所描述的事件, 被类时间距与 O 事件所分开. 因为这时对于区域 Ⅰ, $t>0$, 因而这一区域内的点所描述的事件对 O 事件来说为"绝对将来"的事件. 而对于区域 Ⅱ, $t<0$, 因而这一区域内的点所描述的事件对 O 事件来说为"绝对过去"的事件.

与此相反, 对于区域 Ⅲ 和 Ⅳ 内的所有各点, $|x|>|ct|$, 也就是这些点所描述的事件, 被类空间

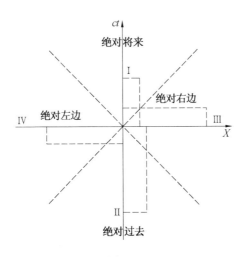

图 11

距与 O 事件所分开,因而是一种与 O 事件绝对远离的事件. 因为这时对于区域 Ⅲ, $x < 0$, 而对于区域 Ⅳ, $x > 0$, 因而在区域 Ⅲ 内的事件, 对 O 事件来说为"绝对左边"的事件, 而在区域 Ⅳ 内的事件, 对 O 事件来说为"绝对右边"的事件.

　　位于坐标角二等分线上的点, 描述光信号离点 O(或向点 O) 的传播, 并将"绝对远离"的事件与"绝对将来"和"绝对过去"的事件分开.

相对论动力学

6.1　质量对速度的依赖性

在前一章中,我们基本上结束了关于相对论运动学的叙述. 现在应该进而建立相对论动力学的理论,也就是阐明物体的运动、性质(质量)和改变运动状态的原因(力)之间的相互联系.

首先我们介绍一下牛顿经典动力学的产生和发展的历史.

必须指出,经典力学是作为研究用肉眼所能够观察到的宏观物体(炮弹、天体等)运动的科学而产生的. 因此,很自然地,在力学中将首先引入那些直接反映人的感觉的直观概念 —— 运动物体的轨道和物体所通过的路程.

194

引入物体速度的概念作为单位时间内物体所通过的路程是抽象化的第一个阶段.

这时,最先所指的仅仅是在某一间隔内的平均速度 $u_{平均} = \dfrac{\Delta S}{\Delta t}$,只是在以后(伽利略)才引入了瞬时速度 $u = \lim\limits_{\Delta t \to 0} \dfrac{\Delta S}{\Delta t}$ 的概念.

在下一个阶段引进了作为单位时间内瞬时速度改变的加速度概念.

在引入运动学概念的同时,也引进了最初的动力学量.

力 F 是一个物体作用在另一个物体上的量度,这种作用改变物体的运动状态,使之由匀速变成为加速,或者由直线运动变成为曲线运动,也就是产生了加速度.

力的概念最初是由于观察物体在直接接触时所发生的相互作用(碰撞、加压、线的张力等)的结果而产生的. 只是在以后,才出现了所谓"超距作用"概念. 最后,由于场物理学的成就,才将这种错误的概念彻底地从科学中清除出去.

最后,引进了物体质量的概念,作为量度物体惯性的恒定特征,也就是物体对加速度传递的一种抗拒程度.

但是,我们所引进的这些量,毕竟还是停留在我们感觉所产生的概念范畴内. 实际上,不但是轨道、路程、速度和加速度可以粗略地根据目测来估算,就是质量和力也可以粗略地按照体力估计出来.

力学发展的下一个重要步骤是引入下列更为抽象

的概念,即物体的动量(等于物体的质量和速度的乘积)和动能(在经典物理学中,等于物体的质量和速度平方乘积的一半).

动量 $p = mu$ 和动能 $T = \dfrac{mu^2}{2}$ 代表着运动的两种不同的量度. 动能如标量那样,只是从量的方面来表征物体的运动;而动量如矢量那样,除了量的大小以外,还指示出物体运动的方向.

经典力学的基本定律 —— 牛顿第二定律,可以写成把动量的变化速度与物体所受的力联系起来的形式

$$\frac{\mathrm{d}}{\mathrm{d}t}(mu) = F \qquad (1)$$

由于在经典力学中,不变物体的质量往往被看作是恒量,因而把它移到时间微分的符号之外,我们就得到牛顿第二定律的另一熟知的表述形式

$$m\frac{\mathrm{d}u}{\mathrm{d}t} = F \qquad (2)$$

但是必须注意到,甚至在经典物理学中,也应该把(1)的表述形式看作是比(2)的表述形式更为普遍,因为它对于运动过程中质量发生变化的物体(火箭、带有不同载重的火车等)也是正确的.

用质点速度矢量 u 标乘方程(2)的两边,我们得到下列适合质量不变物体的关系式

$$mu\frac{\mathrm{d}u}{\mathrm{d}t} = F \cdot u$$

或

$$\frac{\mathrm{d}}{\mathrm{d}t}\left(\frac{mu^2}{2}\right) = F \cdot u \qquad (3)$$

式(1)和由此而得出的适合质量不变物体的式

（3）,亦可以写成为下列形式

$$\frac{\mathrm{d}\boldsymbol{p}}{\mathrm{d}t} = \boldsymbol{F} \tag{4}$$

$$\frac{\mathrm{d}T}{\mathrm{d}t} = \boldsymbol{F} \cdot \boldsymbol{u} \tag{5}$$

于是,物体动量变化的速度等于物体所受的力,而物体动能变化的速度则等于这一力在单位时间内所做的功(功率).

动量和动能作为运动的两种量度,比起速度和加速度来具有极为重要的优越性,这是因为它们适合于所谓守恒定律.

例如,当质量为 m_1 和 m_2 的两个球相互碰撞时,我们有

$$\frac{\mathrm{d}}{\mathrm{d}t}(m_1\boldsymbol{u}_1) = \boldsymbol{F}_1$$

$$\frac{\mathrm{d}}{\mathrm{d}t}(m_2\boldsymbol{u}_2) = \boldsymbol{F}_2$$

因为按照牛顿力学第三定律

$$\boldsymbol{F}_1 = -\boldsymbol{F}_2$$

因而将这些等式的各项相加,我们得到

$$\frac{\mathrm{d}}{\mathrm{d}t}(m_1\boldsymbol{u}_1 + m_2\boldsymbol{u}_2) = 0$$

$$m_1\boldsymbol{u}_1 + m_2\boldsymbol{u}_2 = 常数$$

但速度 $\boldsymbol{u}_1$ 和 $\boldsymbol{u}_2$ 以及速度之和 $\boldsymbol{u}_1 + \boldsymbol{u}_2$ 为可变量.

同样地在两个球的弹性碰撞中,它们的动能之和也是守恒的,即

$$\frac{m_1 u_1^2}{2} + \frac{m_2 u_2^2}{2} = 常数$$

引入动量和能量概念的非凡功效,由于进一步推

197

广到其他物理学部门,显得更为突出.

由麦克斯韦所预言和列别捷夫所发现的光压,证明了光(一般说来是电磁波)和其他运动物质一样具有动量(因而也具有质量).

由于将能量的概念进一步推广到其他的运动形式中去(例如热、电磁等),因而发现了自然界的一个基本定律 —— 能量守恒和转换定律.

因此,研究物体在相对论性范围内的运动定律时(大速度的运动),将物体的动量和能量概念提到首要地位,这也是十分自然的.

在过渡到求大速度物体的运动定律问题时,我们首先注意到,式(2)的牛顿第二定律

$$m\frac{\mathrm{d}\boldsymbol{u}}{\mathrm{d}t} = \boldsymbol{F}$$

在相对论性范围内不可能是正确的.

事实上,按照相对性原理,任何精确的自然定律必须在任何伽利略参照系内被满足(即在任何语言中正确).这意味着精确的自然定律对洛伦兹变换必须为不变式(因为它们是从一种伽利略参照系的语言变换成另一种伽利略参照系的语言的正确"辞典").但是由于等式(2)对伽利略变换为不变式,因而也就不可能对洛伦兹变换为不变式.

因此,即使式(2)在某一参照系内(在 k 系"语言"中)正确,但在其他伽利略参照系(其他"语言")内将不被满足.然而这一点却又表明了式(2)的牛顿定律不符合相对性原理,因而不是精确的自然定律,而只是一个近似的定律,并且只有在物体速度小时才正确(即伽利略变换可作为"辞典").

这一原因的根源如下：

在经典力学中，物体的质量往往被看作是一种不变量（关于这一点看来已经在实验上得到了完全可靠的证明）. 实际上，大家知道，在恒力的作用下，物体一般做匀加速运动，也就是所得到的加速度不变.

例如，当发动机的工作条件不变时，火车的速度从 30 km/h 增加到 31 km/h 和从 60 km/h 增加到 61 km/h 的时间相同.

这样，物体在进行运动时，力与速度之比保持不变. 因此，物体的惯性和作为惯性量度的质量为恒量，而与运动物体的速度无关.

但是，在很大的程度上，整个经典力学所依据的这个规律性只是在运动速度小时才是正确的. 现代的微观世界带电粒子（电子、质子等）加速技术的实验，完全肯定地证明了这一点.

例如，我们来研究被加速的粒子沿直线运动的所谓直线加速器内利用恒定电场加速质子的过程.

按照经典力学的定律（假定质子的质量在运动时不变），加速所需的电场强度 E 由下式决定

$$m \frac{\mathrm{d}\boldsymbol{u}}{\mathrm{d}t} = e\boldsymbol{E}$$

式中，e 为质子的电荷.

为了使质子得到加速度 $\frac{\mathrm{d}\boldsymbol{u}}{\mathrm{d}t} \approx 10^{18}$ cm/s^2（直线加速器内重粒子加速度的数量级），必须使电场强度

$$E = \frac{m \dfrac{\mathrm{d}\boldsymbol{u}}{\mathrm{d}t}}{e} = \frac{1.67 \cdot 10^{-24} \cdot 10^{18}}{4.8 \cdot 10^{-10}} \cdot 300 \text{ V/cm} =$$

$$1.04 \cdot 10^6 \text{ V/cm}$$

这与质子的初速度无关.

但是,实际上,加速器物理学的实验却明显地指出情况并不是这样,而恰恰相反,所需的电场强度与质子所得到的初速度有关. 我们用下表来举例说明. 表内左行是质子的初速度,右行是使质子得到加速度为 10^{18} cm/s^2 时所需的电场强度(在下一节中解这个问题时,我们将看到如何利用相对论动力学公式来计算这些数字). 从表中我们可以看到,左行的数字只是当 $u \ll c$ 时才保持恒定,而且要使质子所达到的速度越大,则所加上的加速质子的电场必须越强. 但同时这又表明,随着物体速度的不断增加,物体的惯性以及质量也将相应地增加.

质子的初速度 (cm/s)	电场强度 (V/cm)	质子的初速度 (cm/s)	电场强度 (V/cm)
10^7	$1.04 \cdot 10^6$	$2 \cdot 10^{10}$	$5.4 \cdot 10^6$
10^8	$1.04 \cdot 10^6$	$2.5 \cdot 10^{10}$	$15.3 \cdot 10^6$
10^9	$1.04 \cdot 10^6$	$2.75 \cdot 10^{10}$	$43.2 \cdot 10^6$
10^{10}	$1.24 \cdot 10^6$	$2.9 \cdot 10^{10}$	$170.9 \cdot 10^6$

于是实验指出,在运动速度大的情况下,物体的质量应该与速度的绝对值有关

$$m = m(u), u = \sqrt{u_x^2 + u_y^2 + u_z^2}$$

如果利用动量守恒定律和相对论的速度相加定理,我们可以单值地建立起这种函数关系的形式.

为了这一目的,我们首先来研究由托耳曼所提出的下列简单的假想实验.

令两个质量相等的球 A 和 B 作弹性碰撞,而且在 k 系内,碰撞前两球的速度大小相等,方向相反(图 1). 如果我们分别用 a 和 b 表示球 A 速度在 OX 和 OY 轴上的投影,则球 B 速度的相应投影等于 $-a$ 和 $-b$. 假设由于碰撞结果,所求两球的速度的已知投影 X 保持不变,而未知的投影 Y 改变符号,也就是球向图 1 上虚线所示的方向飞出. 于是在 k 参照系内,我们得到下表所示的碰撞前后球 A 和球 B 的速度.

	碰撞前		碰撞后	
	u_x	u_y	u_x	u_y
球 A	a	b	a	$-b$
球 B	$-a$	$-b$	$-a$	b

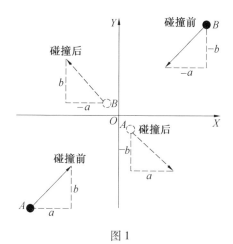

图 1

在这一参照系内,碰撞前后的总动量等于零. 事实上,在碰撞前和碰撞后,矢量 $m(u_A) \cdot \boldsymbol{u}_A + m(u_B) \cdot \boldsymbol{u}_B$ 在 OX 和 OY 轴上的投影等于

$$m(\sqrt{a^2 + b^2}) \cdot a + m(\sqrt{a^2 + b^2}) \cdot (-a) = 0$$

$$m(\sqrt{a^2 + b^2}) \cdot b + m(\sqrt{a^2 + b^2}) \cdot (-b) = 0$$

我们现在转到相对于 k 系以速度 a 运动的 k' 系, 并求出 k' 系内球 A 和球 B 在碰撞前后的速度. 利用相对论的速度相加定理

$$u'_x = \frac{u_x - a}{1 - \dfrac{u_x a}{c^2}}$$

$$u'_y = \frac{u_y \sqrt{1 - \dfrac{a^2}{c^2}}}{1 - \dfrac{u_x a}{c^2}}$$

把碰撞前后的 u_x 和 u_y 值代入上式内, 则对于参照系 k', 我们得到下表:

	碰撞前		碰撞后	
	u'_x	u'_y	u'_x	u'_y
球 A	0	$\dfrac{b}{\sqrt{1 - \dfrac{a^2}{c^2}}}$	0	$-\dfrac{b}{\sqrt{1 - \dfrac{a^2}{c^2}}}$
球 B	$-\dfrac{2a}{1 + \dfrac{a^2}{c^2}}$	$\dfrac{-b\sqrt{1 - \dfrac{a^2}{c^2}}}{1 + \dfrac{a^2}{c^2}}$	$-\dfrac{2a}{1 + \dfrac{a^2}{c^2}}$	$\dfrac{b\sqrt{1 - \dfrac{a^2}{c^2}}}{1 + \dfrac{a^2}{c^2}}$

这样一来, 在 k' 系内, 碰撞前后球 A 沿 OY' 轴运动, 并且碰撞的情况与图 2 相适应.

我们写出 k' 系内的动量守恒定律. 因为速度的绝对值对于球 A 来说, 等于

$$\frac{b}{\sqrt{1 - \dfrac{a^2}{c^2}}}$$

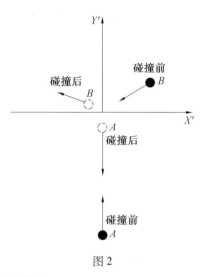

图 2

对于球 B 来说,等于

$$\frac{\sqrt{4a^2 + b^2\left(1 - \dfrac{a^2}{c^2}\right)}}{1 + \dfrac{a^2}{c^2}}$$

于是,在 OX' 轴上,动量投影守恒定律恒被满足,而在 OY' 轴上,由动量投影守恒定律可以得到方程

$$m\left(\frac{b}{\sqrt{1 - \dfrac{a^2}{c^2}}}\right)\frac{b}{\sqrt{1 - \dfrac{a^2}{c^2}}} +$$

$$m\left(\frac{\sqrt{4a^2 + \dfrac{b^2}{1 - \dfrac{a^2}{c^2}}}}{1 + \dfrac{a^2}{c^2}}\right)\left(-\frac{b\sqrt{1 - \dfrac{a^2}{c^2}}}{1 + \dfrac{a^2}{c^2}}\right) = 0$$

用公因子 b 除后,得到函数 $m(u)$ 的函数方程为

$$m\left(\frac{\sqrt{4a^2 + \dfrac{b^2}{1 - \dfrac{a^2}{c^2}}}}{1 + \dfrac{a^2}{c^2}}\right) = m\left(\frac{b}{\sqrt{1 - \dfrac{a^2}{c^2}}}\right) \cdot \frac{1 + \dfrac{a^2}{c^2}}{1 - \dfrac{a^2}{c^2}}$$

这一等式当 b 和 a 为任意值时必须恒成立. 特别是令 $b = 0$ 时, 我们得到

$$m\left(\frac{2a}{1 + \dfrac{a^2}{c^2}}\right) = m_0 \frac{1 + \dfrac{a^2}{c^2}}{1 - \dfrac{a^2}{c^2}} \tag{6}$$

式中, $m_0 = m(0)$ 为恒量, 一般通称为静质量.

为了得到最后的函数关系 $m(u)$, 令

$$\frac{2a}{1 + \dfrac{a^2}{c^2}} = u$$

两边再用 c 除后, 我们得到

$$\frac{\dfrac{2a}{c}}{1 + \dfrac{a^2}{c^2}} = \frac{u}{c}$$

将上式两边加上 1 和从 1 减去后, 我们得到下列两个等式

$$\frac{\left(1 + \dfrac{a}{c}\right)^2}{1 + \dfrac{a^2}{c^2}} = 1 + \frac{u}{c}, \quad \frac{\left(1 - \dfrac{a}{c}\right)^2}{1 + \dfrac{a^2}{c^2}} = 1 - \frac{u}{c}$$

由此, 将这些等式的左边和右边分别相乘, 然后取平方根, 我们得到

$$\frac{1 - \dfrac{a^2}{c^2}}{1 + \dfrac{a^2}{c^2}} = \sqrt{1 - \frac{u^2}{c^2}}$$

将上式代入式(6)中,我们最后得到质量与速度的函数关系式为

$$m(u) = \frac{m_0}{\sqrt{1 - \dfrac{u^2}{c^2}}} \qquad (7)$$

因而随着物体速度的增加,它的质量也按式(7)的规律而增加,而且在接近真空中的光速时无限制地增大. 但是,我们也可以用另一种方式来解释关系式(7). 按照这个公式,物体的质量为相对量:这是由于在不同的参照系内,物体的速度不相同,因而,根据式(7),在不同的参照系内,物体的质量也不相同.

不变量只是物体的静质量 m_0.

考虑到公式(7),我们可以把相对论动量表达式写成

$$\boldsymbol{p} = m(u) \cdot \boldsymbol{u} = \frac{m_0 \boldsymbol{u}}{\sqrt{1 - \dfrac{u^2}{c^2}}} \qquad (8)$$

于是,在相对论性范围内,物体的动量和速度之间不存在着类似在经典物理学中那样的直接的比例关系,而存在着如公式(8)所表示的更为复杂的关系.

6.2　相对论运动定律

现在,我们将相对论性范围内的牛顿方程写成相

对论动量随时间而变化的规律

$$\frac{\mathrm{d}}{\mathrm{d}t}\left(\frac{m_0 \boldsymbol{u}}{\sqrt{1 - \dfrac{u^2}{c^2}}}\right) = \boldsymbol{F} \tag{9}$$

在下一节内,我们将证明这一方程对洛伦兹变换为不变式,因而满足相对性原理的要求. 此外,不难看出,运动方程只是在这种形式下才导致相对论动量守恒定律,而在速度小的情况下却转变为经典的牛顿第二定律.

方程(9)的最重要的特征是质量对速度的依赖关系,这一特征使它不同于非相对论的牛顿方程

$$m\,\frac{\mathrm{d}\boldsymbol{u}}{\mathrm{d}t} = \boldsymbol{F}$$

我们在前一章中已经看到,光速 c 是各种实际运动中的极限速度,其物理原因可由方程(9)阐明. 因为随着物体的速度 u 接近于真空内的光速 c 时,物体的质量 $\dfrac{m_0}{\sqrt{1 - \dfrac{u^2}{c^2}}}$ 将无限制地增加,因而使物体加速到速度 c 的力也必须无限大.

由方程(9)很容易求出物体动能的表达式. 按照定义,动能的增加等于力所做的功

$$\mathrm{d}T = \boldsymbol{F} \cdot \boldsymbol{u} \cdot \mathrm{d}t = \boldsymbol{u} \cdot \mathrm{d}\left(\frac{m_0 \boldsymbol{u}}{\sqrt{1 - \dfrac{u^2}{c^2}}}\right)$$

对上式进行微分,我们得到

$$\boldsymbol{u} \cdot \mathrm{d}\left(\frac{m_0\boldsymbol{u}}{\sqrt{1 - \dfrac{u^2}{c^2}}}\right) = m_0\left[\frac{u\mathrm{d}u}{\sqrt{1 - \dfrac{u^2}{c^2}}} + \frac{u^3\mathrm{d}u}{\left(1 - \dfrac{u^2}{c^2}\right)^{\frac{3}{2}}c^2}\right] =$$

$$\frac{m_0\mathrm{d}u}{\left(1 - \dfrac{u^2}{c^2}\right)^{\frac{3}{2}}}$$

［我们在此处利用了

$$\boldsymbol{u}\mathrm{d}\boldsymbol{u} = u\mathrm{d}u = \mathrm{d}\left(\frac{1}{2}u^2\right)\ ］$$

由此得到

$$\mathrm{d}T = \frac{m_0\mathrm{d}u}{\left(1 - \dfrac{u^2}{c^2}\right)^{\frac{3}{2}}}$$

因而

$$T = m_0\int \frac{\mathrm{d}u}{\left(1 - \dfrac{u^2}{c^2}\right)^{\frac{3}{2}}} = \frac{m_0c^2}{\sqrt{1 - \dfrac{u^2}{c^2}}} + B$$

式中, B 为积分常数.

　　因为我们所感兴趣的是物体的动能, 也就是运动物体比静止物体所具有的多余能量, 所以在 $u = 0$ 时, 我们必须假定 $T = 0$. 由此得出

$$B = - m_0c^2$$

因而最后得到

$$T = m_0c^2\left(\frac{1}{\sqrt{1 - \dfrac{u^2}{c^2}}} - 1\right) \qquad （10）$$

　　我们来研究速度比光速 c 小的情况, 并将

$\left(1 - \dfrac{u^2}{c^2}\right)^{-\frac{1}{2}}$ 展开为 $\dfrac{u^2}{c^2}$ 的幂级数

$$\left(1 - \frac{u^2}{c^2}\right)^{-\frac{1}{2}} = 1 + \frac{1}{2}\frac{u^2}{c^2} + \frac{3}{8}\frac{u^4}{c^4} + \cdots \text{①}$$

于是,动能的式子变为

$$T = \frac{1}{2}m_0 u^2 + \frac{3}{8}\frac{m_0 u^4}{c^2} + \cdots$$

我们看到,经典的动能表达式 $\dfrac{m_0 u^2}{2}$ 为 T 的真实值的一级近似,只适合于速度小的情况.

在粒子的速度 u 达到 $\dfrac{1}{10}$ 的光速时,第二项占到第一项的 0.75% ,而在 $u = \dfrac{1}{2}c$ 时,由公式(10)计算得出的相对论动能,超过经典值 $\dfrac{m_0 u^2}{2}$ 的 35% .

不难看出,当 $u \to c$ 时,物体的动能无限制地增加.

现在我们举出一些例子来研究相对论动力学的特征.

作为第一个例子,我们来研究静质量为 m_0 和电荷为 q 的带电粒子在电场强度为 $\boldsymbol{E}$ 的均匀恒电场内的加速过程.

在电场内粒子所受到的力等于 $q\boldsymbol{E}$. 我们假定粒子的初速度等于零($u_0 = 0$). 于是,在任何时刻,速度的

---

① 函数 $(1 + x)^n$ 的泰勒级数的形式为

$$(1 + x)^n = 1 + \frac{n}{1!}x + \frac{n(n-1)}{2!}x^2 + \cdots$$

方向将与场的方向相符合,而式(9)可以写成为下列标量形式

$$\frac{\mathrm{d}}{\mathrm{d}t}\left(\frac{m_0 u}{\sqrt{1-\dfrac{u^2}{c^2}}}\right) = qE$$

将上式在 0 到 t 范围内进行积分(并考虑到 $u_0 = 0$),我们得到

$$\frac{m_0 u}{\sqrt{1-\dfrac{u^2}{c^2}}} = qEt$$

最后,解上式中的速度 u ,得到

$$u = \frac{\dfrac{qEt}{m_0}}{\sqrt{1+\left(\dfrac{qEt}{m_0 c}\right)^2}} \qquad (11)$$

注意分子内的量 $\dfrac{qEt}{m_0}$ 为经典"加速度" $\dfrac{qE}{m_0}$ (按经典力学公式算出)与时间 t 的乘积,也就是按照经典力学定律,粒子在时间 t 内所得到的速度

$$u_{经典} = \frac{qEt}{m_0}$$

于是,公式(11)可以写成如下形式

$$u = \frac{u_{经典}}{\sqrt{1+\left(\dfrac{u_{经典}}{c}\right)^2}}$$

我们看到,由于惯性随速度而增加,因而粒子的速度 u 小于 $u_{经典}$.

对于弱场和其作用时间短时(当 $u_{经典} \ll c$),经典

209

的结果

$$u \approx u_{经典} = \frac{qEt}{m_0}$$

近似地保持正确.

在另一种极限情况下 —— 强场和其作用时间长时(例如 $u_{经典} \approx c$),我们得到自然的结果

$$u \approx c$$

但是,正如根据广义相对论所预期的那样,这一速度只是在极限情况下才能够达到(无限强的场或无限长的时间). 在实际情况下,粒子的速度总是小于光速 c 的.

作为第二个例子,我们来研究两个质量相同的球的弹性碰撞.

设碰撞前球 B 处于静止状态,而球 A 以速度 u 向球 B 方向运动.

如果碰撞不是沿中心线进行的,则碰撞后两球将以成角 α 的速度 u_1 和 u_2 而分别向外飞出(图 3).

图 3

不难证明,按照经典力学定律,这一角度必须等于 $\frac{\pi}{2}$.

其实,在这种情况下,根据动量和动能守恒定律,可以得到等式

$$m\boldsymbol{u} = m\boldsymbol{u}_1 + m\boldsymbol{u}_2$$

$$\frac{mu^2}{2} = \frac{mu_1^2}{2} + \frac{mu_2^2}{2}$$

或

$$\boldsymbol{u} = \boldsymbol{u}_1 + \boldsymbol{u}_2 \qquad (12)$$

$$u^2 = u_1^2 + u_2^2 \qquad (13)$$

由式(12),按照余弦定理得出

$$u^2 = u_1^2 + u_2^2 + 2u_1 u_2 \cos \alpha \qquad (14)$$

于是,依次将式(14)和(13)的左边和右边分别相减,我们得到

$$2u_1 u_2 \cos \alpha = 0$$

$$\cos \alpha = 0$$

$$\alpha = \frac{\pi}{2}$$

现在我们来看一看,由相对论动力学公式将得到什么样的结果.

当两个球的质量相同时,由动量和动能守恒定律,我们得到等式

$$\frac{m_0 \boldsymbol{u}}{\sqrt{1 - \dfrac{u^2}{c^2}}} = \frac{m_0 \boldsymbol{u}_1}{\sqrt{1 - \dfrac{u_1^2}{c^2}}} + \frac{m_0 \boldsymbol{u}_2}{\sqrt{1 - \dfrac{u_2^2}{c^2}}} \qquad (15)$$

和

$$m_0 c^2 \left(\frac{1}{\sqrt{1 - \dfrac{u^2}{c^2}}} - 1 \right) = m_0 c^2 \left(\frac{1}{\sqrt{1 - \dfrac{u_1^2}{c^2}}} - 1 \right) +$$

$$m_0 c^2 \left(\frac{1}{\sqrt{1 - \dfrac{u_2^2}{c^2}}} - 1 \right) \qquad (16)$$

我们来研究下列两种极限情况:(1)速度比 c 小的情况;(2)速度非常接近于 c 的情况.

在速度小于 c 的情况下,我们把 $\left(1 - \dfrac{u^2}{c^2}\right)^{-\frac{1}{2}}$ 展开成幂为 $\dfrac{u^2}{c^2}$ 的泰勒级数

$$\frac{1}{\sqrt{1 - \dfrac{u^2}{c^2}}} = 1 + \frac{1}{2}\frac{u^2}{c^2} + \frac{3}{8}\frac{u^4}{c^4} + \cdots$$

并在动量展开式内保存头两项,而在动能展开式内保存头三项. 于是得到

$$\boldsymbol{p} = m_0\left(1 + \frac{1}{2}\frac{u^2}{c^2}\right)\boldsymbol{u}$$

$$T = \frac{m_0 u^2}{2}\left(1 + \frac{3}{4}\frac{u^2}{c^2}\right)$$

这样,等式(15)和(16)的形式就变为(消去 m_0 之后)

$$\boldsymbol{u}\left(1 + \frac{1}{2}\frac{u^2}{c^2}\right) = \boldsymbol{u}_1\left(1 + \frac{1}{2}\frac{u_1^2}{c^2}\right) + \boldsymbol{u}_2\left(1 + \frac{1}{2}\frac{u_2^2}{c^2}\right)$$

$$(17)$$

$$u^2\left(1 + \frac{3}{4}\frac{u^2}{c^2}\right) = u_1^2\left(1 + \frac{3}{4}\frac{u_1^2}{c^2}\right) + u_2^2\left(1 + \frac{3}{4}\frac{u_2^2}{c^2}\right)$$

$$(18)$$

将式(17)两边取平方,并略去 $\dfrac{u^2}{c^2}$ 的二级小量,我们得到

$$u^2\left(1 + \frac{u^2}{c^2}\right) = u_1^2\left(1 + \frac{u_1^2}{c^2}\right) + u_2^2\left(1 + \frac{u_2^2}{c^2}\right) +$$

$$2u_1 u_2\left[1 + \frac{1}{2}\frac{u_1^2 + u_2^2}{c^2}\right]\cos\alpha$$

现在从上式的左边和右边分别减去式（18）的左边和右边，我们得到

$$\frac{1}{4}\frac{u^4}{c^2} = \frac{1}{4}\frac{u_1^4}{c^2} + \frac{1}{4}\frac{u_2^4}{c^2} + 2u_1 u_2 \left[1 + \frac{1}{2}\frac{u_1^2 + u_2^2}{c^2}\right] \cos \alpha$$

由此得到（如果与 1 比较，略去 $\frac{1}{2}\dfrac{u_1^2 + u_2^2}{c^2}$ 项）

$$\cos \alpha = \frac{u^4 - u_1^4 - u_2^4}{8u_1 u_2 c^2}$$

在同样近似下，我们可以在上式内代以 $u^2 \approx u_1^2 + u_2^2$，然后将上式变为下列形式

$$\cos \alpha = \frac{u_1 u_2}{4c^2} \qquad (19)$$

我们看到，在弱相对论性范围内，$\cos \alpha$ 可以取小的正值，因而两球飞出的角 α 与 90° 很相近.

在另一种极限情况下，当速度 u, u_1, u_2 非常接近于 c 时，量

$$\gamma = \left(1 - \frac{u^2}{c^2}\right)^{1/2}, \gamma_1 = \left(1 - \frac{u_1^2}{c^2}\right)^{1/2}, \gamma_2 = \left(1 - \frac{u_2^2}{c^2}\right)^{1/2}$$

比 1 小得多.

例如，如果速度 u 比真空内的光速小 0.01%（$u = 0.999\,9c$），则

$$\gamma = \sqrt{1 - 0.999\,9^2} \cong \sqrt{1 - 0.999\,8} \cong 0.014$$

在这种情况下，我们的计算可以精确到 $\gamma, \gamma_1, \gamma_2$ 的一级小量.

对于这种情况，动能守恒定律可以写为

$$\frac{m_0 c^2 (1 - \gamma)}{\gamma} = \frac{m_0 c^2 (1 - \gamma_1)}{\gamma_1} + \frac{m_0 c^2 (1 - \gamma_2)}{\gamma_2}$$

或者消去 $m_0 c^2$ 后,得

$$\frac{1 - \gamma}{\gamma} = \frac{1 - \gamma_1}{\gamma_1} + \frac{1 - \gamma_2}{\gamma_2} \qquad (20)$$

为了近似地写出动量守恒定律,我们用 γ 表示速度 u. 从公式 $\gamma = \sqrt{1 - \dfrac{u^2}{c^2}}$,我们得到

$$u = c\sqrt{1 - \gamma^2}$$

由此,略去二级小量,我们得到

$$u \approx c$$

同理可得

$$u_1 \approx c$$

$$u_2 \approx c$$

于是动量守恒定律可以写为

$$\boldsymbol{l}\,\frac{m_0 c}{\gamma} = \boldsymbol{l}_1\,\frac{m_0 c}{\gamma_1} + \boldsymbol{l}_2\,\frac{m_0 c}{\gamma_2}$$

式中,$\boldsymbol{l}, \boldsymbol{l}_1, \boldsymbol{l}_2$ 为方向分别与矢量 $\boldsymbol{u}, \boldsymbol{u}_1, \boldsymbol{u}_2$ 相符合的单位矢量(图 3).

上式消去 $m_0 c$ 后,得到

$$\frac{\boldsymbol{l}}{\gamma} = \frac{\boldsymbol{l}_1}{\gamma_1} + \frac{\boldsymbol{l}_2}{\gamma_2} \qquad (21)$$

取式(20)和(21)的平方,精确到一级小量,并考虑到

$$\boldsymbol{l}_1 \boldsymbol{l}_2 = \cos \alpha$$

而

$$\boldsymbol{l}_1^2 = \boldsymbol{l}_2^2 = \boldsymbol{l}^2 = 1$$

我们得到

$$\frac{1 - 2\gamma}{\gamma^2} = \frac{1 - 2\gamma_1}{\gamma_1^2} + \frac{1 - 2\gamma_2}{\gamma_2^2} + 2\,\frac{1 - \gamma_1 - \gamma_2}{\gamma_1 \gamma_2}$$

$$(22)$$

$$\frac{1}{\gamma^2} = \frac{1}{\gamma_1^2} + \frac{1}{\gamma_2^2} + 2\frac{\cos\alpha}{\gamma_1\gamma_2} \tag{23}$$

从式(23)减去式(22)(消去因子2后),得到

$$\frac{1}{\gamma} = \frac{1}{\gamma_1} + \frac{1}{\gamma_2} + \frac{\cos\alpha - 1 + \gamma_1 + \gamma_2}{\gamma_1\gamma_2}$$

由此得到

$$1 - \cos\alpha = 2\sin^2\frac{\alpha}{2} = \gamma_1 + \gamma_2 + \gamma_1\gamma_2\left(\frac{1}{\gamma_1} + \frac{1}{\gamma_2} - \frac{1}{\gamma}\right)$$

但是,从式(20),有

$$\frac{1}{\gamma_1} + \frac{1}{\gamma_2} - \frac{1}{\gamma} = 1$$

因而

$$\sin^2\frac{\alpha}{2} = \frac{\gamma_1 + \gamma_2}{2} + \frac{\gamma_1\gamma_2}{2}$$

精确到一级小量,得到

$$\sin^2\frac{\alpha}{2} \approx \frac{\alpha^2}{4} \approx \frac{\gamma_1 + \gamma_2}{2}$$

由此,得

$$\alpha \approx \sqrt{2(\gamma_1 + \gamma_2)}$$

于是,在强相对论情况下,两个球的飞出角接近于零,而两个球在碰撞后必须近似地沿原来的方向运动.

相对论碰撞的这一特征,可以用下列简单的实验来验证.令快电子束通过威耳逊云室后,可以观察到被束内电子从云室内的气体原子中击出的所谓 δ 电子的大量径迹.这些径迹具有类似"叉"的形状(图4),其中从点出发的一条直线代表束内被散射电子的径迹,另一条直线代表从原子中击出的电子的径迹.当入射电子的速度相当大时,可以略去电子在原子内的结合能,而把碰撞看作是弹性的,并且把碰撞前的电子看作是静止的. 于是 δ 电子形成的过程,完全可以通过图解来研究.

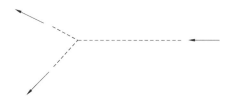

图 4

进一步研究 δ 电子的径迹照片,不难证明相对论电子的飞出角度实际上小于 $90°$,因而初始电子的速度越大,角 α 越接近于零.

在第三个例子中,我们来研究带电粒子在回旋加速器内的加速情况(图 5).

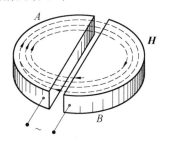

图 5

正如大家所知道的,回旋加速器是由两个置于磁场内的中空的金属半圆柱(回旋加速器 D 形盒)所组成,磁场与 D 形盒平面相互垂直. 在 D 形盒内引入频率为 ω_0 的交变电压.

在 D 形盒之间的间隙内,充以带电粒子(离子)源. 在间隙内的电场作用下,粒子受到加速后,以某一

216

个速度 u_0 进入其中一个 D 形盒内. 在 D 形盒内不存在着电场,粒子在强度为 $\boldsymbol{H}$ 的均匀磁场作用下运动.

我们来更详细地研究一下 D 形盒内粒子的运动特征.

大家知道,电荷为 q 的粒子在磁场内所受的力称为洛伦兹力,这一力与速度和磁场强度的矢积成正比

$$\boldsymbol{F} = \frac{q}{c}\left[\,\boldsymbol{u}\,,\boldsymbol{H}\,\right]$$

因为这一力垂直于粒子的速度,因而它对粒子不做功,所以运动时粒子的能量和速度的绝对值保持不变,这样,粒子的质量

$$m = \frac{m_0}{\sqrt{1 - \dfrac{u^2}{c^2}}}$$

将为恒量.

这种情况的相对论牛顿方程的形式为

$$\frac{\mathrm{d}}{\mathrm{d}t}(m\boldsymbol{u}) = \frac{q}{c}\left[\,\boldsymbol{u}\,,\boldsymbol{H}\,\right] \qquad (24)$$

投影到坐标轴上后,这一方程即变成如下形式(我们选择磁场方向为 OZ 轴,于是 $H_x = H_y = 0, H_z = H$)

$$\frac{\mathrm{d}u_x}{\mathrm{d}t} = \omega u_y, \frac{\mathrm{d}u_y}{\mathrm{d}t} = -\omega u_x, \frac{\mathrm{d}u_z}{\mathrm{d}t} = 0 \qquad (25)$$

式中

$$\omega = \frac{qH}{mc}$$

由式(25)的最后一个方程,可以立即得出 $u_z = $ 常数,而且只考虑到平行于 D 形盒平面运动的粒子(与 D 形盒平面成一角度运动的粒子,很快地落入到 D 形盒

的顶盖上,因而不受到加速作用),我们可以假定
$u_z = 0$.

为了对式(25)的头两个方程进行积分,我们将第
二个方程乘上 i,并与第一个方程相加,于是得到

$$\frac{\mathrm{d}}{\mathrm{d}t}(u_x + \mathrm{i}u_y) = -\mathrm{i}\omega(u_x + \mathrm{i}u_y)$$

由此,得

$$u_x + \mathrm{i}u_y = A\mathrm{e}^{-\mathrm{i}\omega t}$$

式中的常数 A 一般说来为复数,并且可以写成

$$A = u_0 \cdot \mathrm{e}^{-\mathrm{i}\alpha}$$

式中,u_0 和 α 为实常数.

于是得到

$$u_x + \mathrm{i}u_y = u_0\mathrm{e}^{-\mathrm{i}(\omega t + \alpha)} =$$
$$u_0[\cos(\omega t + \alpha) - \mathrm{i}\sin(\omega t + \alpha)]$$

由此,将实数部分和虚数部分区别开来,我们得到

$$\begin{cases} u_x = \dfrac{\mathrm{d}x}{\mathrm{d}t} = u_0\cos(\omega t + \alpha) \\ u_y = \dfrac{\mathrm{d}y}{\mathrm{d}t} = -u_0\sin(\omega t + \alpha) \end{cases} \tag{26}$$

我们看到,u_0 代表速度的绝对值

$$u_0 = \sqrt{u_x^2 + u_y^2}$$

它在运动时保持不变,而 α 则确定了初速的方向

$$\tan\alpha = -\left(\frac{u_y}{u_x}\right)_{t=0}$$

对式(26)再进行一次积分,我们得到

$$x = \frac{u_0}{\omega}\sin(\omega t + \alpha) + x_0$$

$$y = \frac{u_0}{\omega}\cos(\omega t + \alpha) + y_0$$

式中，x_0 和 y_0 为积分常数.

由此，消去时间后得到

$$(x - x_0)^2 + (y - y_0)^2 = \frac{u_0^2}{\omega^2} = \left(\frac{mcu_0}{qH}\right)^2$$

于是，在 D 形盒内，被加速粒子沿半径为 $R = \dfrac{mcu_0}{qH}$ 的圆

弧运动，并且沿这一圆周运行半周的时间为

$$\tau = \frac{\pi R}{u_0} = \frac{\pi mc}{qH}$$

为了使粒子在回旋加速器内得到加速，因此当空隙内的电场也改变方向时，必须使粒子重新进入空隙. 因而，在 D 形盒内，粒子的转动频率 $\omega = \dfrac{\pi}{\tau}$ 必须与交变电场的频率 ω_0 相符合.

这样就提供了下列的同步条件

$$\frac{qH}{mc} = \omega_0 \tag{27}$$

在非相对论速度范围内，我们可以把粒子的质量 m 看作是恒量，因而适当地选择 H 和 ω_0，可以满足这一条件.

但是，一旦述及接近于光速 c 的速度时，我们却遇到了严重的困难：粒子每穿过空隙一次，其速度随即增加，因此粒子的质量 $\dfrac{m_0}{\sqrt{1 - \dfrac{u^2}{c^2}}}$ 也相应地增加，这样同步

条件（27）就不再被满足.

当空隙内的场不具有最大的值时，粒子开始缓慢地穿过空隙. 这种滞后作用逐步累积起来，最后使粒子

开始受到阻挡.

这就是回旋加速器内粒子加速时所可能受到的极限. 不难了解,对于轻粒子 —— 电子来说,这种极限显得特别重要. 事实上, 如果把电子加速到光速的90%（这在回旋加速器内显然是不可能的,因为远在比这一速度小得多时,就出现了质量对速度的依赖关系）,则它的能量将小于一个兆电子伏[①]

$$T = m_0 c^2 \left(\frac{1}{\sqrt{1 - \dfrac{u^2}{c^2}}} - 1 \right) =$$

$$\frac{9 \cdot 10^{-23} \cdot 9 \cdot 10^{20}}{1.6 \cdot 10^{-6}} \left(\frac{1}{\sqrt{1 - 0.81}} - 1 \right)$$

$$T \approx 0.6 \text{ 兆电子伏}$$

同样地把质子（其质量较电子大 1 840 倍）仅仅加速到光速的 25% , 根据同一公式,它的能量约等于 30 兆电子伏.

这样一来,我们看到,不考虑到相对论动力学的特征,就不可能正确地设计出在现代核物理学中起着极为重要作用的带电粒子加速器.

6.3　质量与能量相互关系定律

在前一节中,我们研究了两个球的理想弹性碰撞.

---

① 1 电子伏(1 eV) —— 是电荷和电子相等的粒子在通过 1 伏特电势差的电场后所获得的能量

$$1 \text{ 电子伏} = 4.8 \cdot 10^{-10} \cdot \frac{1}{300} \text{ 尔格} = 1.6 \cdot 10^{-12} \text{ 尔格}$$

$$1 \text{ 兆电子伏} = 10^6 \text{ 电子伏} = 1.6 \cdot 10^{-6} \text{ 尔格}$$

在这种碰撞中,既存在着球的完全动量守恒,又存在着球的总动能守恒.

我们现在来研究绝对的非弹性碰撞. 这种碰撞的特点是,在碰撞后,两碰撞物体犹如一个整体,以同一个速度一起运动. 为了简单起见,我们限于研究质量相同的两个球的碰撞. 首先,我们从牛顿经典力学的观点出发来研究碰撞情况.

令质量为 m 的球 A 和球 B 以大小相等方向相反的速度相向运动($u_A = v$, $u_B = -v$). 于是,碰撞后它们组成一个质量为 m',速度等于零($u_C = 0$)的复合体 C(图6).

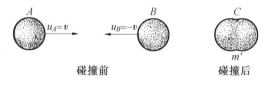

碰撞前   碰撞后

图6

不难看出,在这种参照系内,动量守恒定律自动地得到满足:碰撞前$[m \cdot v + m \cdot (-v)]$和碰撞后($m' \cdot 0$)的总动量等于零.

我们现在转到以速度 v 从左向右运动的参照系 k'.

根据经典速度相加定理

$$u' = u - v$$

在这一参照系内,碰撞前球 A 的速度为 $u_A' = v - v = 0$,球 B 的速度为 $u_B' = -v - v = -2v$,而复合体 C 的速度则为 $u_C' = 0 - v = -v$(图7).

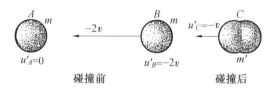

图 7

由 k' 系内的动量守恒定律得出（必须记住在经典力学中，质量为不变量）$-m \cdot 2v = -m' \cdot v$，由此得出 $m' = 2m$.

这一等式似乎明显地表示出经典物理学中的质量守恒定律——碰撞前球 A 和球 B 的质量之和等于碰撞后复合体 C 的质量.

因此，在经典力学中，当两个球发生非弹性碰撞时，存在着两个守恒定律——动量守恒定律和质量守恒定律. 但是，不难看出，与弹性碰撞不同，在这种情况下，动能守恒定律并不存在.

事实上，在参照系 k 内，碰撞前两个球的动能为 $2\dfrac{mv^2}{2} = mv^2$，而碰撞后物体 C 不具有动能——动能减少了一个 mv^2 的数量（在参照系 k' 内，情况相同——碰撞前的动能等于

$$\frac{m(2v)^2}{2} = 2mv^2$$

碰撞后的动能等于

$$\frac{2mv^2}{2} = mv^2$$

动能减少了 $2mv^2 - mv^2 = mv^2$，和在 k 系内相同）.

从更普遍的观点看来，这表明，在所观察到的非弹性碰撞中，产生了两个球的宏观运动能转变为热运动

能 $mv^2 = Q$ 的情况. 由球 A 和球 B 所组成的孤立系统,在非弹性碰撞中其总能量也是守恒的.

但是,在经典物理学的范围内,这个能量守恒的普遍定律,不能用一般的力学术语(质量、速度等)来表示,因为除了机械能外,其他形式的能量(内能、电磁能、核能等)都要用本身的专门参量来表示(温度、热容量、电容量、场强等).

现在我们从相对论力学的观点来研究非弹性碰撞的情况.

我们用 m_0 表示球 A 和球 B 的静质量,m_0' 表示由两个球"融合"而成的复合体 C 的静质量. 和非相对论的情况等同,在 k 系内,球 A 和球 B 以相同的速度($u_A = v$,$u_B = -v$)相向运动,而物体 C 在碰撞后则处于静止状态($u_C = 0$),于是,在这种情况下,动能守恒定律自动地得到满足. 我们重新转到以速度 v 向右运动的参照系 k'. 根据相对论速度相加定理

$$u' = \frac{u - v}{1 - \dfrac{uv}{c^2}}$$

在 k' 系内,物体的速度为

$$u_A' = \frac{v - v}{1 - \dfrac{v^2}{c^2}} = 0$$

$$u_B' = \frac{-v - v}{1 + \dfrac{v^2}{c^2}} = -\frac{2v}{1 + \dfrac{v^2}{c^2}}$$

$$u_C' = \frac{0 - v}{1 - \dfrac{0 \cdot v}{c^2}} = -v$$

由 k' 系内相对论动量 $p = \dfrac{m_0 u}{\sqrt{1 - \dfrac{u^2}{c^2}}}$ 的守恒定律得出

$$-\frac{m_0 \cdot \dfrac{2v}{1 + \dfrac{v^2}{c^2}}}{\sqrt{1 - \dfrac{4v^2}{c^2\left(1 + \dfrac{v^2}{c^2}\right)^2}}} = -\frac{m_0 v}{\sqrt{1 - \dfrac{v^2}{c^2}}}$$

由此经过简单的代数变换后,我们得到

$$m_0' = \frac{2m_0}{\sqrt{1 - \dfrac{v^2}{c^2}}} \qquad (28)$$

于是,我们看到,在非弹性碰撞中,静质量的守恒定律并不存在(其实,这是早应预期到的),但是,式(28)指出,与速度有关的相对论质量守恒定律仍然正确. 事实上,$\dfrac{2m_0}{\sqrt{1 - \dfrac{v^2}{c^2}}}$ 为以速度 v 运动(在 k 系内)的球 A 和球 B 的质量之和,而 m' 为静止在同一参照系内物体 C 的质量,因而等式(28)可以写成

$$m_C = m_A + m_B$$

不难看到,在相对论情况下以及在非弹性碰撞中,动能守恒定律也是不满足的.

事实上,在 k 系内,碰撞前球 A 和球 B 的总动能等于

$$2T(v) = 2m_0 c^2 \left[\frac{1}{\sqrt{1 - \dfrac{v^2}{c^2}}} - 1\right]$$

而碰撞后物体 C 的动能等于零.

因此,在碰撞过程中,两个球的动能转变为内能(不难证明,在 k' 系内,我们也得到相同的结果).

由式(28)我们可以得到下列重要的结论. 从该式两边减去 $2m_0$,于是得到

$$m_0' - 2m_0 = 2m_0 \left[\frac{1}{\sqrt{1 - \dfrac{v^2}{c^2}}} - 1 \right]$$

或

$$m_0' - 2m_0 = \frac{2T(v)}{c^2} \qquad (29)$$

这样,我们看到,在非弹性碰撞中,内能含量(从总能量中除去整个物体的宏观运动能)增加 $2T$,同时静质量增加 $\dfrac{2T}{c^2}$. 这使我们得到这样的一个结论:静质量是物体内能的量度,也就是物体中的内能含量与这一物体的静质量成正比,比例系数为 c^2,即

$$E_{内} = m_0 c^2 \qquad (30)$$

我们可以将上述结果做进一步的推广. 显然,物体的总能量包括整个物体的内能和动能

$$E = E_{内} + T(v) = m_0 c^2 + T(v)$$

式(30)可以改写为

$$m_0' c^2 = 2[m_0 c^2 + T(v)]$$

或者

$$m_0' c^2 + T(0) = 2[m_0 c^2 + T(v)], [T(0) = 0]$$

于是式(30)代表总能量守恒定律

$$E = m_0 c^2 + T(v)$$

总能量 E 的表达式可以进一步变换成下列形式

225

$$E = m_0 c^2 + T(v) = m_0 c^2 + m_0 c^2 \left[\frac{1}{\sqrt{1 - \dfrac{v^2}{c^2}}} - 1 \right] =$$

$$\frac{m_0 c^2}{\sqrt{1 - \dfrac{v^2}{c^2}}}$$

因为由

$$\frac{m_0}{\sqrt{1 - \dfrac{v^2}{c^2}}} = m$$

可以求出运动物体的相对论质量,因而最后得到

$$E = mc^2 \qquad\qquad (31)$$

因此,从以上所述,我们得出一个最重要的结论:物体的质量为物体总能量含量的量度. 物体能量的任何改变 ΔE 将引起物体质量的改变 Δm,而且

$$\Delta m = \frac{\Delta E}{c^2} \qquad\qquad (32)$$

式(31) 和(32) 表示了现代物理学中最为重要的定律之一 —— 质量与能量相互关系定律.

由于这一定律极为重要,因此在分析它的物理内容之前,我们先举一个例子来说明它的普遍性. 我们来证明光能具有质量,而且按照公式(31),辐射质量等于其能量用 c^2 去除.

按照光的电磁理论,垂直入射到任何一个表面面积上的辐射将在这一面积上产生一个压力,其数值等于通过单位体积的辐射能

$$p' = \frac{E}{V}$$

由此直接得出,辐射具有动量(运动的量),并且不难求出. 我们令辐射垂直入射到一个表面面积上(图8). 作用在这一面积上的力等于 $p'S$,而且,按照牛顿第三定律,这一面积亦以同样的力作用在辐射上.

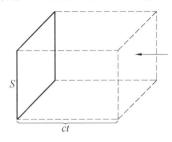

图 8

按照牛顿第二定律,力和其作用时间的乘积,等于单位时间内辐射动量的改变

$$p'St = \Delta p$$

为了简单起见,我们假定面积为绝对黑体. 于是吸收辐射后,它的动量等于零,而上式可以改写为

$$p'St = p$$

式中,p 为在时间 t 内入射到面积上的辐射的动量.

现在将 $p' = \dfrac{E}{V}$ 代入,并考虑到在时间 t 内被面积所吸收的辐射的体积等于 Sct(图8),于是我们得到

$$p = p'St = \frac{E}{V}St = \frac{ESt}{cSt}$$

或者最后为

$$p = \frac{E}{c}$$

现在我们来研究 Einstein 所提出的另一个例子.

设质量为 M、长度为 l 的车厢原先处于静止状态

(图 9),并设在某一时刻内,位于车厢左壁上的电磁波源 S 向右壁发射出一部分光能 E(正如我们所见到的那样,它具有动量 $p = \dfrac{E}{c}$). 按照动量守恒定律,这时车厢获得方向相反的速度 v,并由下式得出

$$Mv = p$$

或者

$$Mv = \frac{E}{c} \qquad (33)$$

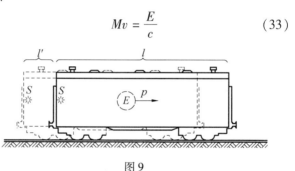

图 9

车厢以这一速度运动,直到辐射部分还没有达到对面壁上时为止,也就是在时间 $t = \dfrac{l}{c}$ 内运动. 经过这一时间后,辐射被右壁所吸收,于是车厢在相反的方向得到一个推力,并且开始停止运动. 这样一来,在运动终了之后,质量为 M 的车厢就移动一个距离 l',并等于

$$l' = vt = \frac{vl}{c}$$

但是,考虑到在内力的作用下,车厢 - 辐射系统的重心必须保持在原来的位置上,因此,我们必须在辐射上附加一个质量 m. 由于这一质量从车厢左壁向右壁移动一个距离,因而为了使系统的重心保持在原来的位置上,必须满足下式

228

$$Ml' = ml$$

或者

$$M \frac{vl}{c} = ml$$

从等式两边消去 l,并代入动量守恒定律(33)中 Mv 乘积的值,最后得到

$$m = \frac{E}{c^2}$$

于是,质量与能量相互关系定律实际上是一个普遍定律 —— 具有能量 E 的一切物质(指通常意义的物质或辐射),同时具有质量 m,并等于 $\frac{E}{c^2}$.

我们现在来更深入地分析一下这个定律的物理内容.

类似于将总能量分为内能 $E_内$ 与动能 T,从方法论上考虑,把总质量分为静质量 m_0 和动质量 $m_动$ 也是有效的,后者等于

$$m_动 = m - m_0 = m_0 \left(\frac{1}{\sqrt{1 - \frac{u^2}{c^2}}} - 1 \right)$$

于是,在 m_0 和 $m_动$ 上乘上 c^2 后,我们得到

$$m_0 c^2 = E_内$$
$$m_动 c^2 = T(u)$$

根据以上所述,现在我们可以指出经典物理学和相对论物理学对碰撞现象的解释有如下的显著区别:

在经典物理学中,必须把弹性碰撞和非弹性碰撞区别开来. 在弹性碰撞中,既满足了动量守恒定律,也满足了动能守恒定律;在非弹性碰撞中,只满足了第一

个动量守恒定律,而动能则非但不守恒,且部分地或全部地转变为其他形式的能量.

与此相反,在相对论动力学中,弹性碰撞和非弹性碰撞过程之间的这种区别,在很大的程度上是有一定条件的. 事实上,在任何过程中(无论是弹性碰撞或非弹性碰撞),总能量都是守恒的,而且在相对论物理学中,总能量系纯粹由力学参量 —— 物体的总质量来决定的.

同时,在相对论力学中,弹性碰撞和非弹性碰撞的区别导致在弹性碰撞中静能(内能)和动能分别守恒,静质量和动质量也分别守恒;而在非弹性碰撞中,则一部分动能转变为内能(热),并且与此相应,静质量增加,动质量减少.

我们已经看到,相对论的出现使人们对于物体质量的概念发生了重大的变化:物体的质量作为物体惯性的特性,不是一个恒量(如在经典物理学中所假定的那样),而是一个与速度有关的量.

我们可以把这种情况表述如下:

物体的动能越大,其质量也越大.

现在我们发现了某种更为重要的结果:质量与能量相互关系定律指出,质量不但与物体的运动能有关,而且与物体所含的内能有关,例如受压缩或被拉长的弹簧质量大于未受应力的弹簧,热的物体重于冷的物体,磁化的铁块重于未磁化的铁块,等等. 这样一来,我们看到,与经典物理学不同,在相对论中存在着一个表示物体所含的能量的普遍表达式,而与这一含量包括那一类能量无关(机械能、电磁能、核能等)—— 物体

或物体系的总能量与总质量成正比.

我们转到质量与能量相互关系定律的实验验证问题. 在相对论初创时期,这种实验验证的可能性似乎是不存在的,或者无论如何是属于遥远的将来的事情.

事实上,质量变化与能量变化的关系为

$$\Delta m = \frac{\Delta E}{c^2}$$

由于分母的数值十分巨大(9×10^{20} 平方厘米 / 秒^2),因而在我们日常生活和技术中通常所遇到的宏观过程中,质量的变化是极其微小的.

我们举出以下一些例子来说明这一点.

1. 设火箭的静质量为10吨,速度为8千米 / 秒. 我们来计算一下火箭在运动过程中所产生的质量的增加(动质量).

我们有 $u = 8 \times 10^5$ 厘米 / 秒;$m_0 \approx 10^7$ 克. 因为 $u \ll c$,因而在计算动能时,我们可以利用经典公式

$$T = \frac{m_0 u^2}{2}$$

按照公式(32) 计算 Δm,最后得到

$$\Delta m = \frac{T}{c^2} = \frac{m_0 u^2}{2c^2} = 0.5 \times 10^7 \left(\frac{8 \times 10^5}{3 \times 10^{10}}\right)^2 \text{克} \cong$$

$$3.5 \times 10^{-3} \text{克}$$

2. 试求一公升水从 0 ℃ 加热到 100 ℃ 时,质量增加多少. 因为加热需要 100 千卡,因而用 CGS 制表示,内能的增加为

$\Delta E = 10^5 \times 4.19 \times 10^7$ 尔格 $= 4.19 \times 10^{12}$ 尔格

由此得

$$\Delta m = \frac{4.19 \times 10^{12}}{9 \times 10^{20}} 克 = 0.47 \times 10^{-8} 克$$

3. 设刚性系数为 $k = 100$ 千克／厘米的弹簧受到压缩时其长度减少 $\Delta x = 1$ 厘米. 因为压缩弹簧的势能等于 $\frac{k \Delta x^2}{2}$，因而弹簧质量的增加为

$$\Delta m = \frac{k \Delta x^2}{2c^2} = \frac{100 \times 9.8 \times 10^5 \times 1^2}{2 \times 9 \times 10^{20}} 克 =$$

$$0.54 \times 10^{-13} 克$$

4. 试求相当于列宁古比雪夫水电站 1 小时内所发出的电能的质量变化. 当功率为 2.5×10^6 千瓦 $= 2.5 \times 10^{16}$ 尔格／秒时, 1 小时内供给用户的电能等于

$$\Delta E = 2.5 \times 10^{16} \times 3\,600 尔格 = 9 \times 10^{19} 尔格$$

与此电能相应的质量为

$$\Delta m = \frac{\Delta E}{c^2} = \frac{9 \times 10^{19}}{9 \times 10^{20}} 克 = 0.1 克$$

于是, 在 1 小时工作内, 消耗水电站电能的全部机械的质量增加 0.1 克(这里我们略去了电能在输送过程中的能量损失).

从以上的例子中, 不难看到, 质量变化远远超出了实验精确度的极限.

现在我们从地球上的现象转到天文现象, 来研究一下由行星辐射所引起的质量变化的数量级究竟如何.

我们先以太阳的辐射作为研究的例子. 从天文观测中已经很清楚地知道了所谓太阳常数, 也就是在 1 个单位时间内, 太阳光垂直地照射到每平方厘米地球大气层边缘上所产生的能量. 这一能量大约等于

$$2\,\frac{卡}{平方厘米 \cdot 分} \cong 1.4 \times 10^6\,\frac{尔格}{平方厘米 \cdot 秒}.$$

由此,在这个能量上乘上半径为地球至太阳的平均距离($R = 150 \times 10^6$ 千米 $= 1.5 \times 10^{13}$ 厘米)的球面面积,就得到太阳在每秒钟内辐射的总能量

$$\Delta E = 1.4 \times 10^6 \cdot 4\pi \cdot (1.5 \times 10^{13})^2\,尔格 \approx$$
$$4 \times 10^{33}\,尔格$$

因此,每秒钟内太阳由于辐射而失去的质量等于

$$\Delta m = \frac{\Delta E}{c^2} = \frac{4 \times 10^{33}}{9 \times 10^{20}} \cong 4.4 \times 10^{12}\,克 =$$
$$4.4 \times 10^6\,吨$$

但是,尽管从地球尺度的观点看来,这个数字显得十分巨大,然而与太阳的总质量相比(2×10^{27} 吨),那么这一损失仍然是极其微小的. 不难看到,甚至在 5 000 年内(至第一批天文观测的大约时间),太阳由于辐射所减少的质量为 $\sim 7 \times 10^{15}$ 吨,也就是少于三万亿分之一$\left(\frac{7 \times 10^{15}}{2 \times 10^{27}} = 0.35 \times 10^{-12}\right)$,自然,这对行星的运动规律不会产生什么影响.

不但如此,现代物理学已经掌握了验证质量与能量相互关系定律的完全可靠的实验方法. Einstein 在阐述相对论的第一篇论文中就已经提出了这样的观念:由于对原子核的天然放射性转变进行深入的研究,甚至质量很小的物质也可以释放出巨大的能量,因而这样的实验验证将成为可能. 在现时,当核反应已稳固地进入了现代科学和技术的领域,并且已经成为一种最重要的能源的时候(核反应堆、原子弹和氢弹),不但实验验证质量与能量相互关系定律已经变得可能,

而且相反地,这一定律亦已成为计算核裂变时所放出的能量的可靠工具.

为了进一步明确这一点起见,我们指出,在经典物理学和相对论物理学中,对质量与能量守恒定律的解释存在着原则性的区别.

在经典物理学中存在着两个基本的自然定律——由罗蒙诺索夫所发现的质量守恒定律(不久以后拉瓦锡也发现了这一定律,通常称为物质守恒定律)和在 19 世纪由迈耶尔、亥姆霍兹等所发现的能量守恒定律.

按照第一个定律,在物体的闭合系统内,在任何物理和化学过程中,系统的质量保持不变

$$m = 常数 \tag{34}$$

按照第二个定律,处于保守场(与时间无关)内的物体的系统内,在任何物理和化学反应过程中,系统的总能量保持不变

$$E = 常数 \tag{35}$$

在经典物理学中,这两个定律彼此之间是完全独立的,因为质量的数值不决定能量的数值,反之亦然. 不但如此,往往很容易出现这样的一种情况,即从经典物理学的观点看来,质量守恒定律是存在的,但能量却是一个可变量(例如,在交变电场内的电荷系).

此外,在经典物理学中,对质量守恒定律(34)和能量守恒定律(35)的表述亦存在着重大的区别.

从经典力学的观点看来,质量被看作是一种可加量,也就是系统的质量等于组成该系统的各物体的质量之和.

因此,在经典物理学中,质量守恒定律可以表述为质量之和的守恒定律:即在闭合系统内,参加反应的各物体的质量之和,等于由于反应的结果而产生的各物体的质量之和

$$\sum_i m_i = \sum_i m_i' \qquad (36)$$

与此相反,能量却不是一种可加量:系统的总能量并不等于组成该系统的各物体的能量之和,因为在一般情况下,还存在着物体的相互作用能.

物体系统的能量可以用下列公式来表述

$$E = \sum_i E_i + W$$

式中,E_i 代表系统组成部分的能量,而 W 为它们的相互作用能.

例如由两个电荷 q_1 和 q_2 组成的系统的能量,包括第一个电荷的能量 E_1 和第二个电荷的能量 E_2 以及它们的相互作用能 W

$$W = \frac{q_1 q_2}{r_{1,2}}, E = E_1 + E_2 + \frac{q_1 q_2}{r_{1,2}}$$

由此不难看到,系统的能量既可以大于也可以小于它的组成部分的能量之和,因为相互作用能可以是正的,也可以是负的.

例如,如果电荷 q_1 和 q_2 是同号的,则相互作用能 $\frac{q_1 q_2}{r_{1,2}}$ 为正值,于是 $E > E_1 + E_2$.

从物理意义上来讲,这表明在粒子之间存在着斥力的系统内,当系统分裂成几部分时(粒子飞出),借助于能量的减少来做功.

相反,如果电荷 q_1 和 q_2 是异号的,则相互作用能 $\dfrac{q_1 q_2}{r_{1,2}}$ 为负值,因而 $E < E_1 + E_2$. 在粒子之间存在着引力的系统内,当系统分裂成几部分时,外力必须做功,以便使内能含量增加.

因此,在一般情况下,能量守恒定律不可能表述为组成物体系统的各能量之和的守恒定律(除粒子之间无相互作用的系统 —— 理想气体这一特殊情况以外).

我们现在从相对论力学的观点来研究质量与能量守恒定律. 首先我们看到,在相对论中存在着统一的能量－质量守恒定律. 实际上,既然在物体(或物体系)的质量与能量之间存在着关系式 $E = mc^2$,那么从闭合系统的质量守恒定律 $m = $ 常数中,也可以得出能量守恒定律 $E = $ 常数,反之亦然.

但是,相对论中的质量守恒定律所包括的内容要比经典物理学中深刻得多.

首先我们注意到,按照相对论定义,系统的质量绝不等于组成该系统的各物体的质量之和. 事实上,由等式

$$E = \sum_i E_i + W$$

用 c^2 除两边,我们得到

$$m = \sum_i m_i + \frac{W}{c^2}$$

式中,m 为系统的质量,而 m_i 为组成系统的单个物体的质量. 这里我们注意到,系统的质量可以大于或小于组成该系统的各物体的质量之和. 特别是同号电荷系

统的质量,大于各电荷的质量之和;而异号电荷系统的质量,小于各电荷的质量之和.

现在我们来更深入地研究下面一个实际上很重要的情况. 设粒子系统是稳定的,并具有已知的一定的坚固性(例如晶体、原子、原子核等).

为了将这种系统分裂成其组成部分(例如破坏晶格,即熔解或蒸发晶体;从原子上分出电子;将原子核分裂为质子和中子等),必须做一定的功,通常称为系统的结合能. 显然,这种功使组成系统的各粒子所含的能量增加. 因此,在这种情况下,被分开的粒子的能量之和比系统的能量大一个结合能

$$\sum_i E_i = E + E_{结合}$$

用 c^2 除上式两边,得到

$$\sum_i m_i = m + \frac{E_{结合}}{c^2}$$

同样地,被分开的粒子的质量之和比系统的质量大一个结合能(用 c^2 去除). 各粒子的质量之和比系统的质量所多出的一个余量,通常称为质量亏损,用 Δm 表示,于是我们得到

$$\Delta m = \sum_i m_i - m = \frac{E_{结合}}{c^2}$$

我们看到,系统越坚固,结合能越大,则质量亏损越大. 对于坚固性不太大的化合物,结合能亦比较小,因而质量亏损远远地超出了实验所发现的可能性极限. 例如,为了将 1 克的水(利用电解方法)分解为氢和氧,需要消耗的能量约等于 7.6 千卡 = 0.32×10^{12} 尔格. 用 1 克水内的分子数,即用 $\dfrac{6.023 \times 10^{23}}{18}$ 去除上

述的数目,我们就得到一个水分子的结合能等于

$$E_{结合} = \frac{0.32 \times 10^{12}}{6.023 \times 10^{23}} \times 18 \approx 10^{-11} \text{ 尔格 } \sim 6 \text{ 电子伏}$$

由此,求得质量亏损为

$$\Delta m = \frac{10^{-11}}{9 \times 10^{20}} \approx 10^{-32} \text{ 克}$$

但是在原子核物理学中,我们却遇到了一种完全不同的情况.

例如,求由两个质子和两个中子组成的氦核的结合能. 从质谱仪的观察中,可以非常精确地得出氢和氦原子的质量以及中子的质量. 它们分别等于(原子质量单位)

$$m_{He} = 4.003\ 90 \quad \text{原子质量单位}$$
$$m_{H} = 1.008\ 123 \quad \text{原子质量单位}$$
$$m_{n} = 1.008\ 93 \quad \text{原子质量单位}$$

由此,质量亏损等于

$$\Delta m = -4.003\ 90 + 2 \times 1.008\ 123 + 2 \times 1.008\ 93 =$$
$$0.03 \text{ 原子质量单位}$$

因为一个原子质量单位等于 1.66×10^{-24} 克,于是

$$\Delta m = 4.98 \times 10^{-26} \text{ 克}$$

上式乘上 c^2 后,我们得到结合能为

$$E_{结合} = 4.98 \times 10^{-26} \times 9 \times 10^{20} \text{ 尔格 } =$$
$$4.5 \times 10^{-5} \text{ 尔格 } \approx 28 \text{ 兆电子伏}$$

将这一结果与水分子的结合能进行比较,我们看到,原子核比起化合物的分子来要坚固几百万倍.

为了想象原子核能的大小,我们注意到,将 1 克的氦分裂为质子和中子所必须消耗的能量等于

$$E = 4.5 \times 10^{-5} \frac{6.023 \times 10^{22}}{4} \text{ 尔格} =$$

$$6.8 \times 10^{18} \text{ 尔格} =$$

$$6.8 \times 10^{11} \text{ 焦耳} =$$

$$190\ 000 \text{ 千瓦时}$$

因此,原子核的质量与组成原子核的中子和质子的质量之和不相符合这一事实,一方面证明了质量与能量相互关系定律,另一方面证明了原子核的巨大坚固性.

核反应的研究,给予我们对质量与能量相互关系定律作出了精确的实验证明. 在核反应的过程中可以放出能量,也可以吸收能量.

显然,如果参与反应的原子核的质量之和超过了反应后所产生的原子核的质量之和,则在反应过程中,原子核的静质量将部分地转变为动质量,相应地静能亦将转变为所产生的原子核的动能. 这种反应伴随着放出能量.

根据质量与能量相互关系定律,将原子核的静质量亏损乘上 c^2 后,我们可以很容易地计算出所放出的能量.

我们来研究由物理学家柯克罗夫特和瓦耳顿在1931 年利用他们所设计的基本带电粒子加速器(柯克罗夫特和瓦耳顿管)所进行的核反应实验. 在瓦耳顿管内加速得快质子束射到置于威耳逊云室内的锂靶上. 锂原子核俘获了一个质子后转变为不稳定的铍原子核,然后又分解为两个氦原子核(2 个 α 粒子),并在接近于 180° 的角度下,以很大的速度飞出(图 10).

239

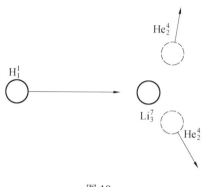

图 10

这一反应可以写成如下形式①

$$H_1^1 + Li_3^7 \longrightarrow Be_4^8 \longrightarrow 2He_2^4$$

测量所产生的 α 粒子的路程长度后,可以得出它们的总动能等于 17.2 兆电子伏. 因此,在上述反应中,动能是借助于原子核内能的减少而产生的.

根据质量与能量相互关系定律,我们应该预计到,在这种反应中,原子核的静质量必须减少一个 Δm,即

$$\Delta m = \frac{17.2 \times 1.6 \times 10^{-6}}{9 \times 10^{20}} \text{ 克} = 3.06 \times 10^{-26} \text{ 克}$$

用相对的原子质量单位表示,这一质量为

$$\Delta m = 0.018\ 43 \text{ 原子质量单位}$$

另一方面,从质谱仪测量知道

———————

① 我们在此采用了原子核通用的符号 X_z^A. 右上角的指数 A 是已化为整数的以原子单位表示的原子核质量(或所谓质量数),下标 z 为元素在门捷列夫周期表内表示原子核内电荷的原子序数(如果取电子的电荷为 1). 例如,符号 Li_3^7 表示,锂在门捷列夫周期表内的原子序数为 3,而质量数为 7.

$$m_{\text{H}} = 1.008\ 123$$

$$m_{\text{Li}} = 7.018\ 22$$

$$m_{\text{He}} = 4.003\ 9$$

由此得到,由于反应结果,原子核静质量的变化等于

$$\Delta m = 1.008\ 123 + 7.018\ 22 - 2 \times 4.003\ 9 =$$

0.018 54 原子质量单位

这和实验数据很好地符合. 柯克罗夫特和瓦耳顿的实验,是质量与能量相互关系定律的第一实验验证. 同时在进一步研究了一系列其他的核反应后,更有力地证明了这一定律的可靠性.

最后,我们从质量与能量相互关系定律的观点来研究下列两种利用原子核能并且是现代技术基础的核反应:

1. 铀核的分裂

在中子的作用下,铀元素核(U_{92}^{235})分裂为两块代表着周期表上中央部分元素的原子核的碎片. 这时平均放出 2 ~ 3 个新的中子. 由于这一原因,裂变反应(保持在一定的条件下)可以是自持反应或链式反应. 在所谓核反应堆和原子弹中,就是利用这种反应来获得能量的.

我们可以采用下列方式来粗略地估算出一次裂变反应过程中所放出的能量.

实验上已经确定,在周期表中央部分的原子核内,每个核粒子的结合能大约为 8.5 兆电子伏,而对于铀元素,则结合能减为 7.5 兆电子伏. 因此,在每一次裂变反应过程中,核的静能减少,而核碎片的动能却增加

了

$$(8.5 - 7.5) \times 235 \text{ 兆电子伏} =$$
$$235 \times 1.6 \times 10^{-6} \text{ 尔格} \cong$$
$$3.8 \times 10^{-4} \text{ 尔格}$$

对于每 1 克铀,我们得到放出的能量(基本上为热的形式)等于

$$\Delta Q = \frac{3.8 \times 10^{-4} \times 6 \times 10^{23}}{235 \times 4.19 \times 10^{10}} \text{ 千卡} = 2.3 \times 10^7 \text{ 千卡}$$

如果假定煤的含热量等于 7 000 $\dfrac{\text{千卡}}{\text{千克}}$,则 1 克铀约

等于 3 吨煤.

2. 在一定的条件下(特别是在 10^7 °K 级的高温下),可以发生轻原子核聚变成重原子核的反应.

我们以重氢(氘)和超重氢(氚)的聚变反应作为研究的例子. 在这一反应过程中,形成氦核,并放出中子(是一种被利用在所谓氢弹中的基本反应之一)

$$H_1^2 + H_1^3 = He_2^4 + n_0^1$$

氘和氚原子的质量分别等于 $m_{H_1^2} = 2.014\,708$ 原子质量单位;$m_{H_1^3} = 3.017\,00$ 原子质量单位. 由此得到反应中静质量的亏损为

$$\Delta m = 2.014\,708 + 3.017\,00 - 4.003\,90 - 1.008\,93 =$$
$$0.018\,9 \text{ 原子质量单位} = 3.0 \times 10^{-26} \text{ 克}$$

因此,在一次裂变过程中所放出的能量为

$$\Delta E = 3.0 \times 10^{-26} \times 9 \times 10^{20} \text{ 尔格} \approx 2.7 \times 10^{-5} \text{ 尔格}$$

当 1 克氘和氚聚变成氦时,用这种方式所放出的能量为

$$2.7 \times 10^{-5} \cdot \frac{6.023 \times 10^{23}}{5} = 3.3 \times 10^{18} \text{ 尔格} =$$

$$0.78 \times 10^8 \text{ 千卡}$$

我们看到,虽然在一次裂变过程中所放出的能量几乎只有铀分裂时所放出的能量的十分之一,但是,在计算 1 克的反应混合物时,在聚变的情况下我们几乎得到三倍多的能量释放.

现在我们回到质量与能量相互关系定律的解释上去. 应该指出,关于质量可以转变为能量(或者相反地能量可以转变为质量)的不正确观念,已经相当广泛地流传着,甚至已深入到一般的科学普及书籍中去. 例如,经常可以听到这样的一种肯定的说法,即铀核分裂时它的一部分质量转变为能量. 显然,产生这种不正确观念的主要原因,是由于没有充分清楚地理解到静质量(只是在经典物理学中存在)和总质量(出现在相对论中)之间的显著区别. 此外,应该着重指出,当铀核开始迅速分裂后,它的碎片的总质量精确地等于原来的核的总质量,正如碎片的总能量等于原来的核的总能量那样. 在裂变的过程中,原来的核只有一部分静质量转变为碎片的动质量,而与此相反,原来的核的一部分内能转变为碎片的动能.

6.4　光的量子理论

我们已经看到,在相对论中,静质量为 m_0 和运动速度为 u 的粒子的总能量和动量,可由下列公式表示

$$E = \frac{m_0 c^2}{\sqrt{1 - \dfrac{u^2}{c^2}}} \tag{37}$$

$$p = \frac{m_0 \boldsymbol{u}}{\sqrt{1 - \dfrac{u^2}{c^2}}} \qquad (38)$$

从这两个公式中消去速度 u 后,我们可以求出能量与动量之间的关系.

从方程(37)和(38)中,我们有

$$\left(\frac{E}{c}\right)^2 = \frac{m_0^2 c^2}{1 - \dfrac{u^2}{c^2}}$$

$$p^2 = \frac{m_0^2 u^2}{1 - \dfrac{u^2}{c^2}}$$

将上述两式的两边相减,我们得到

$$\left(\frac{E}{c}\right)^2 - p^2 = m_0^2 c^2 \qquad (39)$$

由此得

$$E = c\sqrt{p^2 + m_0^2 c^2} \qquad (40)$$

我们现在提出下列问题,按照相对论原理,是否有可能存在着静质量为零的粒子,也就是 $m_0 = 0$ 的粒子. 显然,从经典力学的观点看来,实际上不可能存在这种粒子.

事实上,在经典力学中,质量往往被看作是表征粒子惯性的不变量. 质量等于零在物理意义上表明粒子不具有惯性,而且经典公式 $\boldsymbol{p} = m\boldsymbol{u}$,$T = \dfrac{mu^2}{2}$ 指出,这种粒子甚至既不具有动量,又不具有动能,也就是不具有一切物质通常所具有的属性. 但是在相对论中,则完全是另一回事. 我们看到,从相对论力学的观点看来,这

种粒子的存在,既不与我们的实验发生矛盾,也不与任何物质的普遍性质的概念发生矛盾. 现在我们来看一看,这样的粒子究竟必须具有什么样的性质. 公式 (37) 和(38) 指出,如果除了 $m_0 = 0$ 以外,同时令 $u = c$ 的话,那么静质量等于零的粒子可以有不为零的能量和动量.

于是,能量与动量的表达式就可以取不定的值: $E = \dfrac{0}{0}$ 和 $p = \dfrac{0}{0}$. 从数学中知道,这表明能量与动量可以取从 0 至 ∞ 之间的任何值. 这时,公式(40) 指出,静质量为零的粒子的能量与动量相互成正比

$$E = cp$$

$$p = \frac{E}{c} \tag{41}$$

因此,我们可以得出这样一个结论,按照相对论原理,静质量为零的粒子是可能存在的,而且这种粒子必须具有两种最重要的性质:(1) 它们的运动速度必须等于真空内的光速 c;(2) 它们的能量和动量必须符合 (41) 的关系式.

我们看到,这些性质使粒子(暂时假定的粒子) 和光的辐射相接近,而辐射在真空内也是以光速 c 传播的,并且具有用公式 $p = \dfrac{E}{c}$ 所表示的和能量发生直接关系的动量(在前一节中叙述 Einstein 的车厢实验时已提到过这一点). 这样,我们就可以在新的基础上重新建立起在 19 世纪初叶被抛弃过的光的微粒学说,并把光看作是静质量为零的粒子流. 这种粒子即称为光量子或光子.

这样一来,相对论本身就填满了当它出现以后,在我们对于光的概念上所形成的一个"真空". 这一"真空"是由于以太观念遭到彻底破产的结果而产生的,而以太却曾经被看作是一种弹性的无所不入的媒质和电磁波的载波.

现在我们可以把光子的基本性质归纳如下:

1. 光子的静质量等于零,$m_0 = 0$.

2. 光子以真空内的光速运动着,$u = c$.

3. 因为光子的静能等于零,因而它们的总能量等于动能,而且与光子动量的关系为

$$\varepsilon = cf$$

(在这一节内,为了与具有静质量的粒子区别开来,我们用 ε 表示光子的能量,f 表示光子的动量).

4. 光子不具有静质量,只具有动质量,显然动质量与总质量相等,并等于

$$m = \frac{\varepsilon}{c^2} = \frac{f}{c} \qquad (42)$$

因此,光子具有惯性,而且光子的能量与动量越大,惯性也就越大.

5. 最后必须注意到,光子不具有静质量这一点,从物理意义上来讲,意味着在自然界中不存在着静止的光子. 光子运动的终止或者光子的停止,表明它已经被原子所吸收.

不言而喻,这时光子的质量、能量和动量都不是消失了,而是传递给吸收它的原子. 但是,也曾经有人天真地认为,光子可以继续存在于原子内. 被吸收的光子作为单个粒子而消失时,遵从能量和动量守恒定律.

以上我们已经详尽地阐述了从相对论导出的有关

光子的全部知识.至于对光子性质的进一步了解,只能在今后由实验来提供.

现在我们来研究光子理论中最为重要的现象——光电效应.

大家知道,光电效应(由斯托列托夫最先进行了详细的研究)的原理是:照射到金属表面的光从金属内击出电子.在实验中发现了光电效应具有下列基本性质:

1. 光电效应是无惯性的——电子开始飞出和停止,实际上与光照的开始和停止同时发生.

2. 被击出的电子的数量与入射光的强度成正比.

3. 被击出的电子的动能与光的强度无关,而且是入射光频率的线性函数.

我们现在可以证明,光电效应的上述三种性质,在经典的光的波动理论范畴内是无法理解的,而利用光的量子论,则可以很容易和很自然地得到解释.

从波动理论的观点看来,电子从金属内被击出的机制如下.入射到金属上的电磁波的交变电场,迫使金属内的电子发生振动.随着这种振动振幅的增加,振动着的电子的能量也相应地增加.当这一能量足以克服保持电子在金属内的力时(做所谓脱出功),它就脱离金属.由于入射在金属上的波的能量分布在金属的所有表面,因而每一电子所得到的能量只是全部能量流的很小一部分而已.所以,从波动理论看来,在光照开始和电子飞出之间,应该通过某一时间(绝不是如计算所指出的那样无穷小),以便使电子发生振动.

相反,从量子论的观点看来,光流的能量并不是分布在金属的所有表面上,而是由量子传递的,并且是集中在个别的点上(量子射入点). 因而每一量子含有很大一部分的能量,以至可以使电子立即飞出. 利用量子理论来解释上述光电效应的第二个性质,同样地也是很自然的. 因为每一电子之所以能够从金属内飞出,主要是由于吸收了一个光子的结果,因而在被击出的电子数和入射到金属上的量子数(它也决定光的强度)之间,应该存在着一个直接的正比关系.

最后,我们转到光电效应的第三个性质. 首先必须指出,这一性质与光的波动理论是不相容的. 事实上,从波动观点看来,入射光的强度越强,则每一电子所获得的能量越大,因而电子的动能必须取决于光的强度. 但是从量子论的观点看来,每一电子由于系从一个光子获得能量,因而这一能量与光子数无关.

按照第三个性质,光电子的动能与入射光的频率呈线性关系. 这一关系可以用图来表示. 设横坐标轴表示入射光的频率,纵坐标轴表示电子的动能,则由实验所得到的点恰恰位于一条直线上,它与横坐标轴的倾角为 α(图11). 如果我们假设 $\tan \alpha = h$,由这一直线的延长线在纵坐标上所截的线段为 A',则在数学上,这一关系可以用下列公式来表示

$$T(u) = h\omega - A' \qquad (43)$$

实验指出,如果改变组成薄片的材料,则直线 KL 的斜率保持不变,而线段 A' 的数值则有所改变. 这表明,h 是一个万有常数. 测出直线 KL 的斜率,即可求得这一常数的数值. 从式(43)可以看出,h 的量纲等于能量的量纲乘上时间

$$[h] = \frac{[E]}{[\omega]_1} = [E \cdot t]$$

其中 h 的数值等于

$$h = 1.05 \times 10^{-27} \text{ 尔格·秒}$$

我们称 h 为普朗克常数(虽然严格说来,普朗克常数为 h',它比 h 大 2π 倍,即 $h' = 2\pi h = 6.62 \times 10^{-27}$ 尔格·秒).

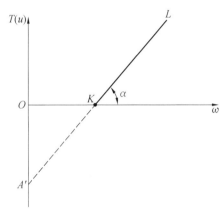

图 11

现在我们来研究式(43)的物理意义. 按照能量守恒定律,在光电效应的每一过程中,光子的能量 E 必须消耗于使电子从金属脱出所做的功 A 和传递给电子以动能

$$E = T(u) + A \qquad (44)$$

将这一等式写成如下形式

$$T(u) = E - A$$

因为对于不同的金属,脱出功 A 的数值亦不同,而量子的能量 E 只与光的性质有关,因而将这一等式与(43)相比较,我们看到,在物理内容上它们是完全等同的,

即两者都表示能量守恒定律. 这时, 式(43) 内的量 A' 等于 A—— 脱出功, 而乘积 $h\omega$ 则表示光子的能量.

考虑到公式(41) 和(42), 我们看到, 光子的能量、质量与动量, 取决于光的频率 ω, 并且可以用下列公式来表示

$$\varepsilon = h\omega \tag{45}$$

$$m = \frac{h\omega}{c^2} \tag{46}$$

$$f = \frac{h\omega}{c} \tag{47}$$

如果引入方向和波方向相同的波矢量 $k = \dfrac{2\pi}{\lambda} = \dfrac{\omega}{c}$, 则上述最后一个公式可以改写为

$$f = h\mathbf{k}$$

显然, 这些量也可以用光的波长来表示. 考虑到

$$\omega = \frac{2\pi}{T} = \frac{2\pi c}{\lambda}$$

(式中 T 为光的振动时间, 而 λ 为光的波长), 于是, 我们得到

$$\varepsilon = \frac{2\pi hc}{\lambda} \tag{45'}$$

$$m = \frac{2\pi h}{c\lambda} \tag{46'}$$

$$f = \frac{2\pi h}{\lambda} \tag{47'}$$

利用光的量子观念, 我们可以很容易地解释光与物质相互作用时所发生的一系列效应.

我们来研究下列一些较为特殊的例子.

1. 康普顿效应. 如果伦琴射线束入射到物质上, 则很快地发生散射, 也就是光线从散射体射向各个方向. 图 12 即为描述观察这种现象的示意图.

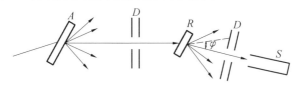

图 12

图中 A 为伦琴射线管的对阴极, R 为散射物质, D 为选择散射角为 φ 的射线束的光栏系统, S 为伦琴射线光谱仪, 用以测出被散射光的波长.

从波动理论的观点看来, 这种现象可以描述如下:

入射电磁波的交变电场使物质内的电子发生振动. 振动着的电子本身又成为向各个方向传播的二次电磁波的波源. 这种二次波组成被散射的伦琴射线束. 从受迫振动理论得出, 电子的振动频率必须等于电磁场的振动频率.

因此, 按照经典理论, 被散射光线的频率与波长必须和入射光线的频率与波长相等.

但是, 实验指出, 在散射光线的光谱内, 除了未位移的谱线外, 还存在着一种比起入射光来相应于较小频率 ($\omega' < \omega$) 和较大波长 ($\lambda' > \lambda$) 的位移谱线. 这种现象在 1923 年由康普顿在实验上所发现, 因此称为康普顿效应.

很容易看到, 利用量子论可以很简单地来解释这种现象. 因为伦琴射线的量子与电子碰撞时, 把本身的一部分能量传递给电子, 因而这时它们的能量减小了

$E' < E$. 于是由公式 $E = h\omega$ 可以直接得出 $\omega' < \omega$ 和相应地可得 $\lambda' > \lambda$. 显然, 散射角越大, 碰撞时所传递的能量也越大. 因此, 频率的改变必须随散射角 φ 的增加而增加, 而且当 $\varphi = 180°$ 时达到最大值, 这一点已经在实验上得到了证实. 此外, 由于伦琴射线量子的散射体是单个的电子, 因而康普顿效应与散射物质的性质无关, 这也与实验数据很好地符合.

现在我们转到这种现象的定量理论. 我们来研究光子与自由电子(电子在原子内的结合能可以略去不计) 的弹性碰撞. 用 f 和 f' 分别表示光子在碰撞前和碰撞后的动量, p 表示电子在碰撞后的动量, φ 为光子的散射角(图 13).

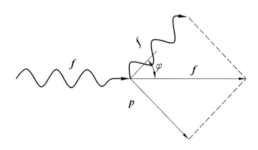

图 13

这种过程的动量守恒定律可以写为

$$f = f' + p$$

因为光子在碰撞前和碰撞后的能量分别等于 $\varepsilon = cf$ 和 $\varepsilon' = cf'$, 因而能量守恒定律可以写成如下形式

$$cf + m_0 c^2 = cf' + E$$

式中, E 为电子在碰撞后的能量. 把这些式子改写为

$$p = f - f'$$

$$\frac{E}{c} = m_0 c + f - f'$$

并将上述等式的两边取平方,我们得到

$$p^2 = f^2 + f'^2 - 2ff' \cos \varphi$$

$$\frac{E^2}{c^2} = m_0^2 c^2 + f^2 + f'^2 + 2m_0 c(f - f') - 2ff'$$

现在从第二式减去第一式,并考虑到

$$\frac{E^2}{c^2} - p^2 = m_0^2 c^2 [\text{等式}(39)]$$

我们得到

$$2m_0 c(f - f') - 2ff'(1 - \cos \varphi) = 0$$

由此得

$$\frac{1}{f'} - \frac{1}{f} = \frac{2}{m_0 c} \sin^2 \frac{\varphi}{2}$$

为了求得康普顿效应中波长的改变,我们按公式(47′)用散射前和散射后的波长 λ 和 λ' 表示光子的动量 f 和 f'. 于是,最后得到

$$\lambda' - \lambda = \frac{4\pi h}{m_0 c} \cdot \sin^2 \frac{\varphi}{2}$$

常数 $\lambda_0 = \dfrac{2\pi h}{m_0 c} = 0.024\,27A$ 称为康普顿波长. 把它代入

上式内,得到康普顿效应的基本公式为

$$\Delta \lambda = 2\lambda_0 \cdot \sin^2 \frac{\varphi}{2} \qquad (48)$$

式(48)实际上表示我们在上面已经提到的康普顿效应的性质:对于一切物质,波长的改变 $\Delta \lambda$ 都相同,而且散射角 φ 越大,改变也越大. 在 $\varphi = 0$ 时,我们得到 $\Delta \lambda = 0$;$\varphi = 90°$ 时,$\Delta \lambda = \lambda_0$;$\varphi = 180°$ 时,$\Delta \lambda = 2\lambda_0$.

2. 自由电子不能发射(或吸收)光子. 实际上,如果这种过程是可能的话,则可以用图 14 所示的图形来表示.

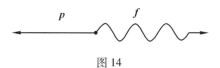

图 14.

(为简单起见,我们从辐射前电子为静止的参照系来研究这一现象).

由能量和动量守恒定律得出

$$p = f$$

$$m_0 c^2 = c\sqrt{p^2 + m_0^2 c^2} + cf$$

式中,$c\sqrt{p^2 + m_0^2 c^2}$ 为电子在辐后的能量.

将 $p = f$ 代入后一式内,得到确定 f 的方程为

$$m_0 c^2 = c\sqrt{f^2 + m_0^2 c^2} + cf \qquad (49)$$

不难看到,它只有一个根 $f = 0$.

3. 电子与光子的相互转化. 研究核反应时,我们曾经看到,在这些反应过程中,核的静质量,因而也是核的静能可以部分地转化为动质量和动能. 于是产生了这样的一个问题,在自然界中是否存在着这样的一种反应,即静质量和静能全部转变为动质量和动能. 显然,这种反应的实质可以归结为具有静质量的起始粒子转化为光子.

在 1932 年以前,物理学家还没有发现这种反应. 1932 年,安德逊在宇宙射线内首先发现了一种所谓"正电子"或者"正子",也就是静质量和电子相同而电荷符号和电子相反的粒子.

进一步的研究指出,在与电子发生碰撞时,这两个

粒子(电子与正电子)开始消失,而转化为两个 γ 量子.

从电子与正电子以大小相等的速度 u 和 $-u$ 相向运动的参照系来研究电子 – 正电子偶转化为两个 γ 量子的过程是最为方便的.

于是从动量守恒定律得出,在这种参照系内,两个 γ 量子同样地将以相反的方向飞出,而且具有相同的动量 $\dfrac{h\omega}{c}$,因而也具有相同的频率(图15).

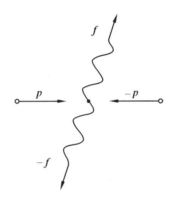

图 15

根据能量守恒定律,我们有

$$\frac{m_0 c^2}{\sqrt{1 - \dfrac{u^2}{c^2}}} = h\omega \tag{50}$$

由此得到 γ 量子的频率为

$$\omega = \frac{m_0 c^2}{h\sqrt{1 - \dfrac{u^2}{c^2}}}$$

我们看到,最小的频率值(这时很慢的粒子偶可

以发生转化）等于

$$\omega_0 = \frac{m_0 c^2}{h}$$

也就是最大的波长

$$\lambda_0 = \frac{2\pi c}{\omega_0} = \frac{2\pi h}{m_0 c}$$

为康普顿波长.

必须注意到,在特定的参照系内来研究粒子偶转化为两个 γ 量子的过程,并不限制其普遍性,因为利用洛伦兹变换,我们往往可以将这一参照系变换到任何其他参照系,例如,变换到某一粒子处于静止状态的参照系.

我们已经研究了一种特殊的化学反应,其中包括粒子偶 —— 正电子和电子 —— 转化为两个 γ 量子的过程.

从动力学观点出发,这种反应可以发生在正方向上,也可以发生在反方向上. 因此,两个 γ 量子转化为正电子 – 电子偶的逆过程也是可能的. 但是,粒子偶转化为一个 γ 量子却是不可能的,因为这种过程与动量守恒定律发生矛盾(电子和正电子的总动量等于零,而光子的动量不等于零).

但是,如果这种过程发生在物质内(而不发生在真空内),则某一个旁粒子,例如原子核,将获得这一多余的动量. 这时,能量守恒定律可以写为

$$\frac{2m_0 c^2}{\sqrt{1 - \dfrac{u^2}{c^2}}} = h\omega \tag{51}$$

这里必须注意到我们没有把原子核的动能考虑在内,

256

因为由于原子核的质量很大,当它带走多余的动量时不会获得很大的速度(换句话说,我们可以把原子核看作是固定的墙).

在物质内,一个 γ 量子转化为电子 – 正电子偶的逆反应也是可能的.

将式(51)从右向左读出,我们看到,γ 量子能够转化为电子 – 正电子偶的最小能量必须大于 $2m_0c^2 =$ 1.02 兆电子伏.

最后,我们注意到,通常把实验室内所发现的电子 – 正电子偶转化为 γ 量子的过程称之为电子偶的"湮灭"过程(即转化为乌有)是很不恰当的.事实上,在这些过程中,根本不存在着任何转化为乌有的现象,而只是从一种形式的物质(具有静质量)转化为另一种形式的物质(不具有静质量),并且严格遵守总质量(电子和正电子的静质量转化为光子的动质量)、能量、动量和电荷的守恒定律.

因此,我们宁可将这一过程称之为粒子与 γ 量子的相互转化过程.

4. 静止原子的光的辐射. 如果辐射体不是基本粒子 —— 电子,而是原子,那么情况就大不相同. 在辐射过程中原子的一部分内能转化为光子和原子的动能.这表明,原子的静能以及它的静质量由于辐射而减少.我们用 M_0 表示辐射前原子的静质量. M'_0 表示辐射后原子的静质量,因而得到 $M'_0 < M_0$(对于电子和对于基本粒子一样,m_0 = 常数).

于是,为了求出光子的动量 f,我们得到方程

$$M_0c^2 = c\sqrt{f^2 + M'^2_0c^2} + cf \qquad (52)$$

它与式(49)的不同之处只是在右边用 M_0' 代替了 m_0 而已.

解出这一方程,我们得到

$$(M_0 c - f)^2 = f^2 + M_0'^2 c^2$$

或者

$$f = \frac{(M_0^2 - M_0'^2) c}{2 M_0} \tag{53}$$

5. 运动原子的光的辐射. 多普勒效应. 在经典物理学中,大家知道,如果波源(不论属于哪一种性质 —— 声波、光波等都一样)和波的接收器彼此做相对运动,则被接收到的波的频率与波源和接收器都处于静止状态下的情况相比发生了显著的改变. 如果波源和接收器相互靠近,则被接收到的波的频率变大,反之如果彼此分开,则频率变小. 这时在经典物理学中必须区别开下列两种情况:

(1)波源运动,接收器处于静止状态. 于是

$$\omega' = \frac{\omega}{1 - \frac{v}{c} \cos \varphi} \tag{54}$$

式中,ω' 为被接收器所接收到的波的频率,ω 为在波源系内所发射出的波的频率,v 为波源的速度,c 为波的传播速度,φ 为速度 v 的方向与联结波源和接收器的直线之间的夹角(图16).

(2)波源处于静止状态,波的接收器运动. 于是

$$\omega' = \omega \left(1 + \frac{v}{c} \cos \theta \right) \tag{55}$$

式中,v 为接收器运动的速度,θ 为 v 方向与波源和接收器直线之间的夹角(图17).

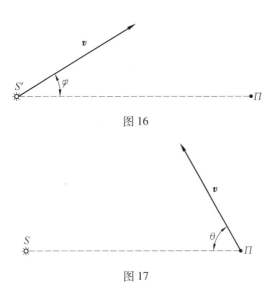

图 16

图 17

如果所指的是声波,则这两种情况之间的差别是完全可以得到解释的,这是因为在第一种情况下,波源相对于空气运动,也就是相对于波在其中传播的弹性媒质运动,而在第二种情况下,波源却并不是相对于媒质运动. 从经典的光的波动观点看来,在光学中的情况也完全相同,唯一的区别只是由以太起着作为传递媒质的空气的作用. 因此,由公式(52) 和(53) 的差别,可以在原则上求出光源或光的接收器的绝对运动速度. 但是,从相对论的观点看来,以太作为具有弹性的传递光波的力学媒质的观念是不存在的,因而在这两种情况之间不应有任何差别.

现在我们确信,从量子概念出发,可以建立起多普勒效应的相对论理论. 我们假定,光子是由运动原子所辐射出来的. 我们用 p 和 p', E 和 E' 分别表示辐射前和辐射后原子的动量和能量, f' 表示由运动原子所辐射出来的光子的动量, φ 表示原子的速度(动量)方向与辐射方向之间的夹角(图18).

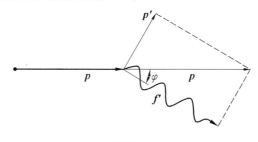

图 18

于是能量和动能守恒定律可以用下列方程式来表示

$$\boldsymbol{p} = \boldsymbol{p}' + \boldsymbol{f}'$$
$$E = E' + cf'$$

式中, cf' 为辐射出来的光子的能量. 从这两个等式中求出 p' 和 E', 并对它们取平方, 我们得到

$$p'^2 = p^2 + f'^2 - 2pf'\cos\varphi$$
$$\frac{E'^2}{c^2} = \frac{E^2}{c^2} + f'^2 - \frac{2Ef'}{c}$$

从第二式中减去第一式, 并考虑到

$$\frac{E'^2}{c^2} - p'^2 = M_0'^2 c^2 \ \text{和} \frac{E^2}{c^2} - p^2 = M_0^2 c^2$$

我们有

$$M_0'^2 c^2 = M_0^2 c^2 - 2f'\left(\frac{E}{c} - p\cos\varphi\right)$$

现在考虑到, 根据公式(53)

$$M_0'^2 c^2 = M_0^2 c^2 - 2M_0 cf$$

式中, f 为由静止原子所辐射出来的光子的动量. 由此得到

260

$$f' = f \frac{M_0 c}{\dfrac{E}{c} - p\cos\varphi}$$

最后,在这一式子中代入原子的动量与能量值

$$E = \frac{M_0 c^2}{\sqrt{1 - \dfrac{u^2}{c^2}}}, p = \frac{M_0 u}{\sqrt{1 - \dfrac{u^2}{c^2}}}$$

并代入 $f = \dfrac{h\omega}{c}$ 和 $f' = \dfrac{h\omega'}{c}$,我们得到多普勒效应的相对

论公式为

$$\omega' = \omega \frac{\sqrt{1 - \dfrac{u^2}{c^2}}}{1 - \dfrac{u}{c}\cos\varphi} \qquad (56)$$

我们注意到,按照相对论原理,频率的改变只与原子和
接收器的相对运动有关,因而公式(56)对于辐射原子
处于静止状态,而接收光的仪器处于运动状态的情况
也是正确的. 关于这一点我们将在下一章中作充分的

证明. 我们看到,精确到 $\dfrac{u}{c}$ 的二级小量,公式(56)与两

个经典公式(54) 和(55) 相合(因为 $\dfrac{1}{1 - \dfrac{u}{c}\cos\varphi} \approx$

$1 + \dfrac{u}{c}\cos\varphi$).

　　相对论公式(56)与经典公式(54)和(55)的重要
差别在于:在相对论范围内,存在着所谓横多普勒效
应,也就是当相对速度的方向与观测方向垂直时($\varphi =$
90°),频率发生了改变;而在经典物理学中,在这种情

况下是不存在这种效应的. 事实上, 当 $\varphi = 90°$ 时, 由公式 (54) 和 (55) 可以得出 $\omega' = \omega$.

当 $\varphi = 90°$ 时, 由相对论公式 (56) 得出

$$\omega' = \omega \sqrt{1 - \frac{u^2}{c^2}} \qquad (57)$$

也就是频率的改变为 $\frac{u}{c}$ 的二级小量 (注意到纵多普勒效应为 $\frac{u}{c}$ 的一级小量). 由于这一点, 在实验上发现横多普勒效应是相当复杂的, 因为对运动方向与观察方向之间垂直度的极微小偏差, 就会掩没这种效应.

但是, 在 1938 年, 阿福斯利用所谓氢的极隧射线 (在放电管内产生的经过隧道发射到阴极上的快正离子束) 作为运动源, 发现了横多普勒效应. 由阿福斯的测量求得的频率变化值与公式 (57) 很好地符合.

因此, 典型的波动现象 —— 多普勒效应 —— 也可以用光的光子理论来很好地解释.

但是, 往往产生这样的一种不正确的概念, 即认为光的量子理论意味着完全返回到 19 世纪所抛弃了的光的微粒理论. 然而事实却完全不是这样: 光的量子理论的基本公式: $E = h\omega$, $f = h\boldsymbol{k}$ 相当明显地指出, 在光子的能量和动量的定义中, 包含了波动概念的基本要素 —— 波动过程的频率 ω 和波矢量 $\boldsymbol{k}$.

此外, 我们在推导这一节的公式时所利用的能量与动量守恒定律, 丝毫没有述及到光强度的分布 (例如在康普顿效应中没有谈到被散射的伦琴射线强度按方向的分布), 而这只有从波动概念的观点出发才是可能的.

262

这样,我们就得出了下列结论:

光的量子理论绝不是排斥而只是补充了光的波动理论. 事实上,现代物理学已经建立起一种完整的光的理论(量子电动力学),在这些理论中,微粒概念和波动概念不但有机地结合在一起,并且是相互补充的.

但是,深入地叙述量子电动力学,已远远地超出了本书的范围.

6.5　闵可夫斯基四维几何学.四维矢量

在本章的最后部分,我们来研究相对论力学中较为深奥和很有成效的一种几何解释,这种解释是由闵可夫斯基在相对论创立三年之后所提出的. 有趣的是,在当初,闵可夫斯基的这种奇异和非凡的思想曾使物理学家大为惊讶,并且被认为是一种纯粹形式的数学方式,丝毫也没有深远的物理意义.

只是在理论得到了进一步的发展,特别是建立了引力理论和基本粒子的现代理论以后,才能够清楚地阐明这种解释的有效性.

我们必须指出,在研究大速度的运动时所发现的空间与时间之间的深刻的相互联系,在经典力学的范围内是不明显的. 实际上这种联系是存在的,这可以从下面一点得出. 与伽利略变换不同,洛伦兹变换

$$x' = \frac{x - vt}{\sqrt{1 - \dfrac{v^2}{c^2}}}$$
$$y' = y$$
$$z' = z$$

$$t' = \frac{t - \dfrac{v}{c^2}x}{\sqrt{1 - \dfrac{v^2}{c^2}}}$$

不但改变了空间坐标 x，而且也改变了时间 t.

闵可夫斯基的思想是以二维坐标系的转动变换和洛伦兹变换之间的相似性作为基础的.

例如我们在 5.2 节中所看到的，如果代替时间引进乘积 $\mathrm{i}ct$ 作为新的变数，则洛伦兹变换公式在形式上可以看作是坐标轴在 $x, \mathrm{i}ct$ 平面内转动一个虚角度 φ 的转动公式，这一角度可以由下列等式决定

$$\tan \varphi = \frac{\mathrm{i}\,\dfrac{v}{c}}{\sqrt{1 - \dfrac{v^2}{c^2}}}$$

按照闵可夫斯基的想法，我们引入下面的符号

$$x_1 = x, x_2 = y, x_3 = z, x_4 = \mathrm{i}ct$$

在这些符号中，任何事件都由 x_1, x_2, x_3, x_4 四个数决定（自然，这四个数在不同的参照系内不同）.

闵可夫斯基的意图在于把通常的三维空间和时间结合为一个四维空间（为简单起见，有时称为四维"世界"）. 这种空间内的点代表着由四个数 x_1, x_2, x_3, x_4 所给定的事件，其中前三个为实数，代表三维半径矢量在 OX, OY, OZ 轴上的投影，而第四个则为虚数，代表事件的时间乘上 $\mathrm{i}c$. 物质点的运动与参量 x_1, x_2, x_3, x_4 的连续改变联系着，这在闵可夫斯基的图像中，用一系列连续的"世界点"来描述，因此我们说，世界点描述世界线.

洛伦兹变换公式$\left(\text{采用符号}\dfrac{v}{c}=\beta\right)$可以采取下面一种非常对称的形式,并且可以看作是四维坐标系转动时的坐标变换公式

$$
\begin{cases}
x_1' = \dfrac{x_1 + \mathrm{i}\beta x_4}{\sqrt{1 - \beta^2}} \\[2mm]
x_2' = x_2 \\[1mm]
x_3' = x_3 \\[2mm]
x_4' = \dfrac{x_4 - \mathrm{i}\beta x_1}{\sqrt{1 - \beta^2}}
\end{cases}
\tag{58}
$$

按照与三维空间解析几何的相似性,我们可以把四个数 x_1, x_2, x_3, x_4 看作是四维半径矢量在坐标轴 x_1, x_2, x_3, x_4 上的投影. 于是,由公式(58)可以得出四维坐标系"转动"时四维半径矢量 $\boldsymbol{R}$ 投影的变换定律.

最后,利用新的符号,则两事件之间的间距可以用下式来表示

$$
S^2 = \Delta x^2 + \Delta y^2 + \Delta z^2 - c^2 \Delta t^2 = \\
\Delta x_1^2 + \Delta x_2^2 + \Delta x_3^2 + \Delta x_4^2
$$

并且可以看作是两世界点之间四维距离的平方. 从这一观点看来,间距的不变性就变成很自然的 —— 两点间的距离在转动变换时并不改变.

我们注意到,四维世界几何的性质是非常特殊的. 由于第四个坐标是纯虚数,因而两事件之间的间距(四维距离)可以等于零(虽然这些事件并不重合). 无们已经知道(5.5 节),在这种情况下,事件可以用光信号的传播来加以联系.

此外,这种特殊性还表现在(如我们在5.5 节内所

看到的那样)一切间距可以分为两类——实的或类空间距和虚的或类时间距. 这时,不能用任何的洛伦兹变换(四维转动)把一类间距变换成另一类间距.

与此相反,在三维几何中,非但不存在着将距离分为上述两类的类似分法,而且还常常存在这样的一种坐标系转动,这种转动把一个指定方向转变为另一个指定方向.

最后,我们指出,在四维几何公式中所出现的虚数单位($i = \sqrt{-1}$),是应用了纯粹数学方式的结果,这种数学方式给四维几何公式提供了在全部坐标 x_1, x_2, x_3, x_4 上的对称形式. 在由任何计算所得到的最后公式中,虚数单位 i 消去,因为其中所出现的往往是三个实坐标 $x = x_1$, $y = x_2$, $z = x_3$ 和实时间

$$t = -\frac{i}{c}x_4$$

按照与四维半径矢量 $\boldsymbol{R}(x_1, x_2, x_3, x_4)$ 的相似性,可以构成一系列其他的四维矢量.

作为第一个例子,我们来研究四维速度矢量. 这一四维速度矢量的投影,我们定义为粒子的四维半径矢量投影对不变时间(本征时间)τ 的导数

$$\begin{cases} u_1 = \dfrac{\mathrm{d}x_1}{\mathrm{d}\tau} \\[2mm] u_2 = \dfrac{\mathrm{d}x_2}{\mathrm{d}\tau} \\[2mm] u_3 = \dfrac{\mathrm{d}x_3}{\mathrm{d}\tau} \\[2mm] u_4 = \dfrac{\mathrm{d}x_4}{\mathrm{d}\tau} \end{cases} \quad (59)$$

这里必须记住,本征时间 τ 与实验室时间 t 的关系式为

$$\tau = t\sqrt{1 - \frac{u^2}{c^2}}, t = \frac{\tau}{\sqrt{1 - \frac{u^2}{c^2}}}$$

式中,u 为粒子的速度,于是求得

$$\begin{cases} u_1 = \dfrac{dx_1}{dt} \cdot \dfrac{dt}{d\tau} = \dfrac{u_x}{\sqrt{1 - \dfrac{u^2}{c^2}}} \\[3em] u_2 = \dfrac{dx_2}{dt} \cdot \dfrac{dt}{d\tau} = \dfrac{u_y}{\sqrt{1 - \dfrac{u^2}{c^2}}} \\[3em] u_3 = \dfrac{dx_3}{dt} \cdot \dfrac{dt}{d\tau} = \dfrac{u_z}{\sqrt{1 - \dfrac{u^2}{c^2}}} \\[3em] u_4 = \dfrac{dx_4}{dt} \cdot \dfrac{dt}{d\tau} = \dfrac{ic}{\sqrt{1 - \dfrac{u^2}{c^2}}} \end{cases} \quad (60)$$

很容易看出,四维速度分量不是彼此独立的,因为它们的平方之和等于 $-c^2$

$$u_1^2 + u_2^2 + u_3^2 + u_4^2 = \frac{u^2 - c^2}{1 - \dfrac{u^2}{c^2}} = -c^2 \quad (61)$$

可以很容易证明,由四维速度矢量的洛伦兹变换,使我们重新得到相对论的速度相加定理. 实际上,与(58)类似,我们有

$$\begin{cases} u'_1 = \dfrac{u_1 + i\beta u_4}{\sqrt{1 - \beta^2}} \\[2mm] u'_2 = u_2 \\[2mm] u'_3 = u_3 \\[2mm] u'_4 = \dfrac{u_4 - i\beta u_1}{\sqrt{1 - \beta^2}} \end{cases} \tag{62}$$

从式(60)内代入 u_1, u_2, u_3, u_4 的值,我们得到

$$u'_x = \sqrt{\frac{1 - \dfrac{u'^2}{c^2}}{1 - \dfrac{u^2}{c^2}}} \cdot \frac{u_x - v}{\sqrt{1 - \beta^2}}$$

$$u'_y = \sqrt{\frac{1 - \dfrac{u'^2}{c^2}}{1 - \dfrac{u^2}{c^2}}} \cdot u_y$$

$$u'_z = \sqrt{\frac{1 - \dfrac{u'^2}{c^2}}{1 - \dfrac{u^2}{c^2}}} \cdot u_z$$

$$\frac{1}{\sqrt{1 - \dfrac{u'^2}{c^2}}} = \frac{1}{\sqrt{1 - \dfrac{u^2}{c^2}}} \cdot \frac{1 - \dfrac{vu_x}{c^2}}{\sqrt{1 - \beta^2}}$$

由上述最后一个式子得出

$$\sqrt{\frac{1 - \dfrac{u'^2}{c^2}}{1 - \dfrac{u^2}{c^2}}} = \frac{\sqrt{1 - \beta^2}}{1 - \dfrac{vu_x}{c^2}}$$

将这一值代入前面三个式子中,由此得到

$$\begin{cases} u'_x = \dfrac{u_x - v}{1 - \dfrac{u_x v}{c^2}} \\[4mm] u'_y = \dfrac{u_y \sqrt{1 - \beta^2}}{1 - \dfrac{u_x v}{c^2}} \\[4mm] u'_z = \dfrac{u_z \sqrt{1 - \beta^2}}{1 - \dfrac{u_x v}{c^2}} \end{cases} \tag{63}$$

这也就是 Einstein 的速度相加定理.

　　将四维速度矢量的投影乘上粒子的不变的静质量 m_0 后,显然,我们得到一个新的四维矢量 $\boldsymbol{P}$,这一矢量可以很自然地称之为四维动量矢量. 用 $P_k(k = 1, 2, 3, 4)$ 表示它的投影,我们得到

$$\begin{cases} P_1 = m_0 u_1 = \dfrac{m_0 u_x}{\sqrt{1 - \dfrac{u^2}{c^2}}} = p_x \\[4mm] P_2 = m_0 u_2 = \dfrac{m_0 u_y}{\sqrt{1 - \dfrac{u^2}{c^2}}} = p_y \\[4mm] P_3 = m_0 u_3 = \dfrac{m_0 u_z}{\sqrt{1 - \dfrac{u^2}{c^2}}} = p_z \\[4mm] P_4 = m_0 u_4 = \dfrac{i m_0 c}{\sqrt{1 - \dfrac{u^2}{c^2}}} \end{cases} \tag{64}$$

　　于是,前面三个四维动量投影构成一个三维的相

对论动量矢量 P,至于投影 P_4,则可以很容易地变换成

$$P_4 = \frac{\mathrm{i}}{c} \frac{m_0 c^2}{\sqrt{1 - \dfrac{u^2}{c^2}}} = \frac{\mathrm{i}}{c} E \qquad (64')$$

因此,四维动量的第四个投影代表粒子的总能量乘上系数 $\dfrac{\mathrm{i}}{c}$. 由于这一情况,我们可以把四维矢量 P 称之为能量 – 动量矢量.

根据能量 – 动量矢量的定义和式(61),我们可以写出矢量 P 的投影的平方之和为

$$P_1^2 + P_2^2 + P_3^2 + P_4^2 = - m_0^2 c^2 \qquad (65)$$

现在从式(64)和(64')内代入投影 P_1, P_2, P_3, P_4 的值,我们得到

$$p^2 - \frac{E^2}{c^2} = - m_0^2 c^2$$

$$E = c\sqrt{p^2 + m_0^2 c^2}$$

也就是我们早已熟知的总能量和动量的关系式. 按照与(58)和(62)的相似性,我们现在写出矢量 P' 的投影的洛伦兹变换公式

$$\begin{cases} P_1' = \dfrac{P_1 + \mathrm{i}\beta P_4}{\sqrt{1 - \beta^2}} \\[2mm] P_2' = P_2 \\[2mm] P_3' = P_3 \\[2mm] P_4' = \dfrac{P_4 - \mathrm{i}\beta P_1}{\sqrt{1 - \beta^2}} \end{cases} \qquad (66)$$

将 P_1, P_2, P_3, P_4 的值代入上述各式中,我们得到

$$\begin{cases} p'_x = \dfrac{p_x - \dfrac{v}{c^2} \cdot E}{\sqrt{1 - \dfrac{v^2}{c^2}}} \\[2em] p'_y = p_y \\[0.5em] p'_z = p_z \\[0.5em] E' = \dfrac{E - vp_x}{\sqrt{1 - \dfrac{v^2}{c^2}}} \end{cases} \qquad (67)$$

公式(67) 指出了从 k 系"语言"变换到 k' 系"语言"时,粒子的动量与能量将发生怎样的变化. 我们首先来看一看,在非相对论近似 $v \ll c$ 的情况下,这些公式采取哪一种形式. 在这种情况下,我们可以令

$$E = m_0 c^2 + \frac{m_0 u^2}{2} + \cdots$$

于是,精确到 $\dfrac{v}{c}$ 的二级小量,我们得到

$$p'_x = p_x - m_0 v$$
$$p'_y = p_y$$
$$p'_z = p_z$$
$$\frac{m_0 u'^2}{2} = \frac{m_0 u^2}{2} + \frac{m_0 v^2}{2} - vp_x$$

(在最后一个等式中,我们利用了展开式

$$\frac{1}{\sqrt{1 - \dfrac{v^2}{c^2}}} = 1 + \frac{1}{2} \frac{v^2}{c^2} + \cdots)$$

在上述等式内代入经典的动量表达式:$p_x = m_0 u_x$ 和 $p'_x = m_0 u'_x$,我们得到等式

$$m_0 u'_x = m_0 (u_x - v)$$
$$m_0 u'_y = m_0 u_y$$
$$m_0 u'_z = m_0 u_z$$

$$\frac{m_0}{2} \left[u'^2_x + u'^2_y + u'^2_z \right] = \frac{m_0}{2} \left[(u_x - v)^2 + u^2_y + u^2_z \right]$$

显然,它们是经典速度相加定理的必然结果

$$u'_x = u_x - v , u'_y = u_y , u'_z = u_z$$

我们现在应用四维的能量 – 动量矢量 $\boldsymbol{P}$ 的变换来研究下面一个有趣的例子. 设有 n 个物质粒子的系统,这些粒子只在碰撞时发生相互作用(大家知道,在气体的分子运动理论中,这代表理想气体).

这种气体的相对论三维动量显然等于各个分子的动量之和. 我们用 m_{0i} 表示分子的静质量(如果是气体的混合物,它们可能是不一样的),u_i 表示分子的速度,于是得到

$$P_1 = p_x = \sum_{i=1}^{n} \frac{m_{0i} u_{xi}}{\sqrt{1 - \dfrac{u_i^2}{c^2}}}$$

$$P_2 = p_y = \sum_{i=1}^{n} \frac{m_{0i} u_{yi}}{\sqrt{1 - \dfrac{u_i^2}{c^2}}}$$

$$P_3 = p_z = \sum_{i=1}^{n} \frac{m_{0i} u_{zi}}{\sqrt{1 - \dfrac{u_i^2}{c^2}}}$$

和上述各式完全相似,第四个投影的表达式可以写为

$$P_4 = \frac{\mathrm{i}}{c} E = \frac{\mathrm{i}}{c} \sum_{i=1}^{n} \frac{m_{0i} c^2}{\sqrt{1 - \dfrac{u_i^2}{c^2}}}$$

272

首先,我们从气体全部处于静止状态的参照系 k 来研究气体的性质;我们用 E_0 表示气体在这一参照系内的能量,于是得到

$$P_1 = p_x = 0$$

$$P_2 = p_y = 0$$

$$P_3 = p_z = 0$$

$$P_4 = \frac{i}{c}E_0$$

现在我们转到以速度 v 相对于 k 运动的参照系 k'. 利用洛伦兹变换(66),在新的参照系内,我们得到(令 $\beta = \dfrac{v}{c}$)

$$P_1' = p_x' = \frac{i\beta P_4}{\sqrt{1-\beta^2}} = -\frac{\dfrac{E_0}{c^2}v}{\sqrt{1-\beta^2}}$$

$$P_2' = p_y' = p_y = 0$$

$$P_3' = p_z' = p_z = 0$$

$$P_4' = \frac{i}{c}E = \frac{\dfrac{i}{c}E_0}{\sqrt{1-\beta^2}}$$

将 $E_0 = \sum_{i=1}^{n} \dfrac{m_{0i}c^2}{\sqrt{1-\dfrac{u_i^2}{c^2}}}$ 代入,我们可以把第一式和第四式写成

$$\begin{cases} p'_x = -\dfrac{\displaystyle\sum_{i=1}^{n}\dfrac{m_{0i}}{\sqrt{1-\dfrac{u_i^2}{c^2}}}\cdot v}{\sqrt{1-\dfrac{v^2}{c^2}}} \\[3em] E = \dfrac{\displaystyle\sum_{i=1}^{n}\dfrac{m_{0i}}{\sqrt{1-\dfrac{u_i^2}{c^2}}}\cdot c^2}{\sqrt{1-\dfrac{v^2}{c^2}}} \end{cases} \qquad (68)$$

将这些公式与能量和动量的定义做一比较[公式(68)内的"−"号是由于在 k' 系内,气体的速度等于 $-v$]

$$p = -\frac{M_0 v}{\sqrt{1-\dfrac{v^2}{c^2}}}, E = \frac{M_0 c^2}{\sqrt{1-\dfrac{v^2}{c^2}}}$$

(式中 M_0 为气体的静质量). 我们看到

$$M_0 = \sum_{i=1}^{n}\frac{m_{0i}}{\sqrt{1-\dfrac{u_i^2}{c^2}}} \qquad (69)$$

气体的静质量不等于其分子的静质量之和. 考虑到(10),我们把后一式改写为

$$M_0 = \sum_{i=1}^{n} m_{0i} + \frac{1}{c^2}\sum_{i=1}^{n} m_{0i}\left\{\frac{1}{\sqrt{1-\dfrac{u_i^2}{c^2}}}-1\right\}c^2 =$$

$$\sum_{i=1}^{n} m_{0i} + \frac{\displaystyle\sum_{i=1}^{n} T(u_i)}{c^2}$$

因为从微观的观点看来,分子的动能之和为理想气体

的内能 $\sum\limits_{i=1}^{n} T(u_i) = Q$，因而后一等式变为

$$M_0 = \sum_{i=1}^{n} m_{0i} + \frac{Q}{c^2} \qquad (70)$$

这再一次说明了质量与能量相互关系定律：我们看到，对气体加热 —— 传给气体以热量 Q —— 使气体的质量增加 $\frac{Q}{c^2}$.

　　我们现在把四维的能量 – 动量矢量定义应用到光子上.

　　考虑到光子的能量和动量的公式为 $\varepsilon = h\omega$, $f = h\boldsymbol{k}$，我们得到

$$P_1 = hk_x$$
$$P_2 = hk_y$$
$$P_3 = hk_z$$
$$P_4 = \frac{\mathrm{i}}{c} h\omega$$

用不变量 h 除四维动量的投影后，显然，我们得到另一四维矢量 $\boldsymbol{k}$ 的投影为

$$\begin{cases} k_1 = k_x \\ k_2 = k_y \\ k_3 = k_z \\ k_4 = \dfrac{\mathrm{i}}{c}\omega \end{cases} \qquad (71)$$

这通常称为四维波矢量. 不难看出，这一矢量的平方等于零. 事实上

$$k_1^2 + k_2^2 + k_3^2 + k_4^3 = k_x^2 + k_y^2 + k_z^2 - \frac{\omega^2}{c^2} = k^2 - \frac{\omega^2}{c^2}$$

现在记住

$$k = \frac{2\pi}{\lambda} = \frac{\omega}{c}$$

我们可以证明

$$\sum_{i=1}^{4} k_i^2 = 0$$

这完全和四维动量的平方式(65)

$$\sum_{i=1}^{4} P_i^2 = -m_0^2 c^2$$

一致,因为对于光子来说,$m_0 = 0$,因而 $\sum\limits_{i=1}^{n} P_i^2$,也就是 $\sum\limits_{i=1}^{n} k_i^2$,也必须等于零.

为了再一次说明相对论的四维解释的有效性,我们来研究利用四维波矢量的概念,从一个参照系变换到另一个参照系时光线的方向和光振动频率如何发生变化. 这样一来,我们得到了已熟知的由于多普勒效应而产生的光行差角和频率变化的公式.

设辐射体静止在 k 系内,光线方向位于 XOY 平面上,并与 OX 轴构成角 α. 于是,波矢量投影等于

$$k_1 = k\cos\alpha = \frac{\omega}{c}\cos\alpha$$

$$k_2 = k\sin\alpha = \frac{\omega}{c}\sin\alpha$$

$$k_3 = k_z = 0$$

$$k_4 = \mathrm{i}\frac{\omega}{c}$$

现在转到以速度 $-v$ 相对于 k 运动的参照系 k'(在这一参照系内,辐射体以速度 v 运动). 在这一参照系内,四

维波矢量的投影等于

$$k_1' = k'\cos\alpha' = \frac{\omega'}{c}\cos\alpha'$$

$$k_2' = k'\sin\alpha' = \frac{\omega'}{c}\sin\alpha'$$

$$k_3' = 0$$

$$k_4' = i\frac{\omega'}{c}$$

我们写出四维波矢量分量的洛伦兹变换公式(我们在其中改变了 β 的符号,因为参照系 k' 相对于 k 的速度等于 $-v$)

$$k_1' = \frac{k_1 - i\beta k_4}{\sqrt{1 - \beta^2}}$$

$$k_2' = k_2$$

$$k_3' = k_3$$

$$k_4' = \frac{k_4 + i\beta k_1}{\sqrt{1 - \beta^2}}$$

将矢量分量 k_i 和 k_i' 的值代入,我们得到

$$\omega'\cos\alpha' = \frac{\omega(\cos\alpha + \beta)}{\sqrt{1 - \beta^2}} \tag{72}$$

$$\omega'\sin\alpha' = \omega\sin\alpha \tag{73}$$

$$\omega' = \frac{\omega(1 + \beta\cos\alpha)}{\sqrt{1 - \beta^2}} \tag{74}$$

我们看到,在变换到另一参照系时,无论光线方向或光振动频率都发生了变化.

用式(72)除式(73),消去频率后,得到

$$\tan\alpha' = \frac{\sin\alpha\sqrt{1 - \beta^4}}{\cos\alpha + \beta}$$

作为例子,我们来研究一种和5.3节中相同的最简单的位于天顶中的恒星现象($\alpha = 90°$). 于是我们得到

$$\tan \alpha' = \frac{\sqrt{1 - \beta^2}}{\beta}$$

代替角 α',引进与它互补的光行差角 φ,我们得到

$$\tan \varphi = \cot \alpha' = \frac{\beta}{\sqrt{1 - \beta^2}}$$

这就是我们已熟知的5.3节中的公式. 公式(74) 指出从 k 系变换到 k' 系时光振动的频率如何发生变化,因而这一公式也就是多普勒效应的公式.

至于这一公式和前一节中的式(56) 不相符合,是不足为奇的——因为在公式(56) 内,角 φ 是在辐射原子以速度 v 运动的参照系,也就是在本节中所提到的 k' 系内测得的,因而利用了本节的符号 $\varphi = \alpha'$.

用式(74) 除式(72),我们得到

$$\cos \alpha' = \frac{\cos \alpha + \beta}{1 + \beta \cos \alpha}$$

由此得

$$\cos \alpha = \frac{\cos \alpha' - \beta}{1 - \beta \cos \alpha'}$$

将 $\cos \alpha$ 的值代入(74) 内,我们得到公式

$$\omega' = \omega \frac{\sqrt{1 - \beta^2}}{1 - \beta \cos \alpha}$$

这一式子和式(56) 完全符合.

现在转到本节的中心问题 —— 证明相对论运动方程的相对论不变性

$$\frac{\mathrm{d}}{\mathrm{d}t}\left(\frac{m_0\boldsymbol{u}}{\sqrt{1-\dfrac{u^2}{c^2}}}\right) = \boldsymbol{F} \qquad (75)$$

在上式左边,我们从对粒子的实验室时间 t 的微分变换到对不变的本征时间 τ 的微分. 利用关系式 $t = \dfrac{\tau}{\sqrt{1-\dfrac{v^2}{c^2}}}$,我们得到

$$\frac{\mathrm{d}}{\mathrm{d}t} = \frac{\mathrm{d}\tau}{\mathrm{d}t}\cdot\frac{\mathrm{d}}{\mathrm{d}\tau} = \sqrt{1-\frac{v^2}{c^2}}\cdot\frac{\mathrm{d}}{\mathrm{d}\tau}$$

于是,投影到坐标轴上,方程(75)的形式变为

$$\begin{cases} \dfrac{\mathrm{d}}{\mathrm{d}\tau}\left(\dfrac{m_0 u_x}{\sqrt{1-\dfrac{u^2}{c^2}}}\right) = \dfrac{F_x}{\sqrt{1-\dfrac{u^2}{c^2}}} \\[4ex] \dfrac{\mathrm{d}}{\mathrm{d}\tau}\left(\dfrac{m_0 u_y}{\sqrt{1-\dfrac{u^2}{c^2}}}\right) = \dfrac{F_y}{\sqrt{1-\dfrac{u^2}{c^2}}} \\[4ex] \dfrac{\mathrm{d}}{\mathrm{d}\tau}\left(\dfrac{m_0 u_z}{\sqrt{1-\dfrac{u^2}{c^2}}}\right) = \dfrac{F_z}{\sqrt{1-\dfrac{u^2}{c^2}}} \end{cases} \qquad (76)$$

我们看到,在左边微分号下的是四维能量 – 动量矢量的头三个投影. 因为是对不变时间求微分,因而方程(76)的左边整个地也代表四维矢量的头三个投影,这样,下列的量

$$\frac{F_x}{\sqrt{1-\dfrac{u^2}{c^2}}}, \frac{F_y}{\sqrt{1-\dfrac{u^2}{c^2}}}, \frac{F_z}{\sqrt{1-\dfrac{u^2}{c^2}}}$$

就变为四维矢量的投影 f_1, f_2, f_3，这一投影我们称之为四维力矢量（或闵可夫斯基矢量）. 因此，式（76）可以改写为

$$\begin{cases} \dfrac{\mathrm{d}}{\mathrm{d}\tau}(m_0 u_1) = f_1 \\ \dfrac{\mathrm{d}}{\mathrm{d}\tau}(m_0 u_2) = f_2 \\ \dfrac{\mathrm{d}}{\mathrm{d}\tau}(m_0 u_3) = f_3 \end{cases} \qquad (77)$$

式中闵可夫斯基力的头三个投影和通常的三维力的投影的关系式为

$$\begin{cases} f_1 = \dfrac{F_x}{\sqrt{1 - \dfrac{u^2}{c^2}}} \\ f_2 = \dfrac{F_y}{\sqrt{1 - \dfrac{u^2}{c^2}}} \\ f_3 = \dfrac{F_z}{\sqrt{1 - \dfrac{u^2}{c^2}}} \end{cases} \qquad (78)$$

现在我们来看一看第四个分量 $\dfrac{\mathrm{d}}{\mathrm{d}\tau}(m_0 u_4)$ 和 f_4 的等式的物理意义. （77）的第四个方程的形式为

$$\frac{\mathrm{d}}{\mathrm{d}\tau}(m_0 u_4) = f_4 \qquad (77')$$

分别用 u_1, u_2, u_3, u_4 乘式（77）和（77′），然后相加，我们得到

$$f_1 u_1 + f_2 u_2 + f_3 u_3 + f_4 u_4 = \frac{m_0}{2}\frac{\mathrm{d}}{\mathrm{d}\tau}(u_1^2 + u_2^2 + u_3^2 + u_4^2)$$

由于四维速度投影的平方之和为一常数,并且等于 $-c^2$[式(61)],于是我们可以证明

$$f_1 u_1 + f_2 u_2 + f_3 u_3 + f_4 u_4 = 0$$

由此得

$$f_4 = -\frac{f_1 u_1 + f_2 u_2 + f_3 u_3}{u_4}$$

从式(78)代入闵可夫斯基力的投影值和从式(60)代入四维速度的投影值,我们得到

$$f_4 = \frac{\mathrm{i}}{c} \cdot \frac{F_x u_x + F_y u_y + F_z u_z}{\sqrt{1 - \dfrac{u^2}{c^2}}} = \frac{\mathrm{i}}{c} \frac{\boldsymbol{F} \cdot \boldsymbol{u}}{\sqrt{1 - \dfrac{u^2}{c^2}}} \qquad (78')$$

式中的标积 $\boldsymbol{F} \cdot \boldsymbol{u} = F \cdot \mathrm{d}r \cdot \cos \alpha$ 为 F 力在单位时间内所做的功,或功率.

将投影值 f_4 和 u_4 代入式($78'$)内,我们得到

$$\frac{\mathrm{i}}{c} \frac{\mathrm{d}}{\mathrm{d}\tau} \left(\frac{m_0 c^2}{\sqrt{1 - \dfrac{u^2}{c^2}}} \right) = \frac{\mathrm{i}}{c} \frac{\boldsymbol{F} \cdot \boldsymbol{u}}{\sqrt{1 - \dfrac{u^2}{c^2}}}$$

现在变换到实验室时间 t,$\mathrm{d}\tau = \mathrm{d}t \sqrt{1 - \dfrac{u^2}{c^2}}$,最后得到方程

$$\frac{\mathrm{d}}{\mathrm{d}t} \left(\frac{m_0 c^2}{\sqrt{1 - \dfrac{u^2}{c^2}}} \right) = \boldsymbol{F} \cdot \boldsymbol{u} \qquad (79)$$

这一方程表示能量的基本性质:单位时间内的能量变化等于功率.

　　我们来研究闵可夫斯基力的洛伦兹变换,并且只限于粒子在 k 系内为静止时的情况($u = 0$).在这一参照系内,我们得到

281

$$f_1 = F_x$$
$$f_2 = F_y$$
$$f_3 = F_z$$
$$f_4 = 0$$

在以速度 v 运动的 k' 系内,于是得到

$$f'_1 = \frac{f'_x}{\sqrt{1 - \dfrac{u'^2}{c^2}}} = \frac{F_x}{\sqrt{1 - \dfrac{v^2}{c^2}}}$$

$$f'_2 = \frac{f'_y}{\sqrt{1 - \dfrac{u'^2}{c^2}}} = F_y$$

$$f'_3 = \frac{f'_z}{\sqrt{1 - \dfrac{u'^2}{c^2}}} = F_z$$

$$f'_4 = \frac{\mathrm{i}}{c} \frac{\boldsymbol{F}' \cdot \boldsymbol{u}'}{\sqrt{1 - \dfrac{u'^2}{c^2}}} = - \frac{\mathrm{i} \dfrac{v}{c} F_x}{\sqrt{1 + \dfrac{v^2}{c^2}}}$$

考虑到按照速度相加定理:$u'_x = - v, u'_y = u'_z = 0$,从头三个等式,我们得到三维力的变换定律为

$$\begin{cases} f'_x = F_x \\[2mm] f'_y = F_y \sqrt{1 - \dfrac{v^2}{c^2}} \\[2mm] f'_z = F_z \sqrt{1 - \dfrac{v^2}{c^2}} \end{cases} \tag{80}$$

不难看出,第四个等式恒被满足.

我们看到,三维力的投影不是洛伦兹变换的不变式.与将力看作是绝对量的经典力学不同,在相对论

中,力的投影与参照系的相对速度方向垂直,而且在不同的参照系内亦不同. 在粒子处于静止状态的参照系内,这些投影具有最大值. 不难看出, 在小速度 $v \ll c$ 时,我们得到力的近似不变式 $F'_y \approx F_y, F'_z \approx F_z$. 相反, 在速度接近光速时,垂直于运动方向的力的投影趋向于零,而力本身则趋向于与速度方向平行.

因此,采用四维符号,相对论的牛顿方程可以写成如下形式

$$\frac{\mathrm{d}}{\mathrm{d}\tau}(m_0 u_i) = f_i \qquad (81)$$

在这种形式下,这个方程的相对论不变性就成为十分明显. 实际上,既然方程(81)的左边和右边是四维矢量的投影,因而在洛伦兹变换中,左边和右边按相同的规律变化,而式(81)在任何参照系内均适合. 于是我们看到,四维矢量(速度、能量 – 动量、闵可夫斯基力)的引入是极有成效的. 在下一章内,我们将广泛地采用这种方式.

因此,在本节结束时,我们来简单地叙述一下关于四维矢量和四维标量(不变式)的普遍概念.

我们认为,如果从一个伽利略参照系变换到另一个伽利略参照系时,则四个数 A_1, A_2, A_3, A_4 和 x_1, x_2, x_3, x_4 同样地变化,也就是按照定律

$$\begin{cases} A'_1 = \dfrac{A_1 + \mathrm{i}\beta A_4}{\sqrt{1-\beta^2}} \\[2mm] A'_2 = A_2 \\[2mm] A'_3 = A_3 \\[2mm] A'_4 = \dfrac{A_4 - \mathrm{i}\beta A_1}{\sqrt{1-\beta^2}} \end{cases} \qquad (82)$$

变化,因而它们构成一个四维矢量 A. 我们称在任何伽利略参照系内取相同值的量为四维标量(在洛伦兹变换中不改变).

利用任意四维矢量的变换式(82),不难证明(建议读者作为习题来进行),两个矢量 A 和 B 的四维标积等于

$$(A \cdot B) = A_1 B_1 + A_2 B_2 + A_3 B_3 + A_4 B_4$$

和矢量 A 的四维散度等于

$$\mathrm{div}\, A = \frac{\partial A_1}{\partial x_1} + \frac{\partial A_2}{\partial x_2} + \frac{\partial A_3}{\partial x_3} + \frac{\partial A_4}{\partial x_4}$$

$(A \cdot B)$ 和 $\mathrm{div}\, A$ 都是洛伦兹变换的不变式

$$(A \cdot B) = 不变式$$

$$\mathrm{div}\, A = 不变式$$

场论

第七章

7.1 麦克斯韦 – 洛伦兹方程及其积分

相对论产生的历史根源,是由于需要表述出匀速直线运动的实验室内的电磁场所遵从的定律. 有趣的是,Einstein 的第一篇关于相对论的论文,也称之为"关于运动媒质的电动力学". 从实验上大家知道,如果在这样的一个实验室内,例如只有电场,则在相对于它运动的另一个实验室内,就会有磁场产生. 事实上,虽然静止在 k 系内的电荷产生了静电场,但是在 k' 系内,这一电荷却具有速度,也就是代表电流,因而会产生磁场.

　　而且,按照相对论的第一个假说,在两个实验室内,一切物理现象的发生必须相同,尽管其中一个实验室内只有电场,而另一个实验室内则除了电场外还有磁场.这表明,电动力学的基本方程组 —— 麦克斯韦 – 洛伦兹方程组 —— 必须是不变式.

　　现在必须记住,由于我们已经在前一章中把在三维形式下所得到的相对论动力学方程(相对论的牛顿方程)写成四维形式(闵可夫斯基方程),因而,它们的不变性也就成为十分明显.现在我们先来证明电动力学方程组也可以写成四维形式,然后进一步求解这一方程组的不变性问题.

　　首先,我们必须指出,真空内电荷系的麦克斯韦 – 洛伦兹方程组为

$$\begin{cases} \operatorname{div} \boldsymbol{E} = 4\pi\rho \\ \operatorname{\mathbf{rot}} \boldsymbol{H} = \dfrac{4\pi}{c}\boldsymbol{j} + \dfrac{1}{c}\dfrac{\partial \boldsymbol{E}}{\partial t} \\ \operatorname{div} \boldsymbol{H} = 0 \\ \operatorname{\mathbf{rot}} \boldsymbol{E} = -\dfrac{1}{c}\dfrac{\partial \boldsymbol{H}}{\partial t} \end{cases} \tag{1}$$

　　在这一方程组内,矢量 $\boldsymbol{E}$ 和 $\boldsymbol{H}$ 分别代表电场和磁场强度,ρ 为电荷密度(单位体积内的电荷)$\boldsymbol{j}$ 为电流密度矢量,它与电荷密度的关系式为 $\boldsymbol{j} = \rho\boldsymbol{u}$(式中 $\boldsymbol{u}$ 为电荷的速度),其中 ρ 和 $\boldsymbol{j}$ 只是在被电荷所充满的空间区域内才不为零.

　　我们把 $\operatorname{div} \boldsymbol{B}$(矢量 $\boldsymbol{B}$ 的散度)和 $\operatorname{\mathbf{rot}} \boldsymbol{B}$(矢量 $\boldsymbol{B}$ 的旋度)定义为

$$\operatorname{div} \boldsymbol{B} = \frac{\partial B_x}{\partial x} + \frac{\partial B_y}{\partial y} + \frac{\partial B_z}{\partial z}$$

$$\mathbf{rot}_x B = \frac{\partial B_z}{\partial y} - \frac{\partial B_y}{\partial z}$$

$$\mathbf{rot}_y B = \frac{\partial B_x}{\partial z} - \frac{\partial B_z}{\partial x}$$

$$\mathbf{rot}_z B = \frac{\partial B_y}{\partial x} - \frac{\partial B_x}{\partial y}$$

（其中 B 为任意矢量）.

现在把方程(1)写成投影于坐标轴上的形式

$$\begin{cases} \dfrac{\partial E_x}{\partial x} + \dfrac{\partial E_y}{\partial y} + \dfrac{\partial E_z}{\partial z} = 4\pi\rho \\[2mm] \dfrac{\partial H_z}{\partial y} - \dfrac{\partial H_y}{\partial z} = \dfrac{4\pi}{c}j_x + \dfrac{1}{c}\dfrac{\partial E_x}{\partial t} \\[2mm] \dfrac{\partial H_x}{\partial z} - \dfrac{\partial H_z}{\partial x} = \dfrac{4\pi}{c}j_y + \dfrac{1}{c}\dfrac{\partial E_y}{\partial t} \\[2mm] \dfrac{\partial H_y}{\partial x} - \dfrac{\partial H_x}{\partial y} = \dfrac{4\pi}{c}j_z + \dfrac{1}{c}\dfrac{\partial E_z}{\partial t} \\[2mm] \dfrac{\partial H_x}{\partial x} + \dfrac{\partial H_y}{\partial y} + \dfrac{\partial H_z}{\partial z} = 0 \\[2mm] \dfrac{\partial E_z}{\partial y} - \dfrac{\partial E_y}{\partial z} = -\dfrac{1}{c}\dfrac{\partial H_x}{\partial t} \\[2mm] \dfrac{\partial E_x}{\partial z} - \dfrac{\partial E_z}{\partial x} = -\dfrac{1}{c}\dfrac{\partial H_y}{\partial t} \\[2mm] \dfrac{\partial E_y}{\partial x} - \dfrac{\partial E_x}{\partial y} = -\dfrac{1}{c}\dfrac{\partial H_z}{\partial t} \end{cases} \tag{1'}$$

由方程组(1)或(1′)的结果得到表示电荷守恒定律的所谓连续性方程.

实际上,将方程组(1)的第一个方程对时间求微分,我们得到

$$\frac{\partial}{\partial t}(\operatorname{div} \boldsymbol{E}) = 4\pi \frac{\partial \rho}{\partial t}$$

把 div 作用到这一方程组的第二个方程上,并考虑到 div **rot** $\boldsymbol{B}$ = 0,我们得到(在第二项内交换运算 $\frac{\partial}{\partial t}$ 和 div 的位置)

$$\frac{4\pi}{c}\operatorname{div} \boldsymbol{j} + \frac{1}{c}\frac{\partial}{\partial t}(\operatorname{div} \boldsymbol{E}) = 0$$

从后两个方程中消去 $\frac{\partial}{\partial t}(\operatorname{div} \boldsymbol{E})$,我们最后得到

$$\operatorname{div} \boldsymbol{j} + \frac{\partial \rho}{\partial t} = 0 \qquad (2)$$

这个等式的物理意义为:在空间一定点上,电荷密度的改变 $\left(\frac{\partial \rho}{\partial t}\right)$ 只是由于在这一点中电流的流入或流出而引起的.

现在我们可以采用一种非常方便的求方程组(1)的积分的方法,这种方法是根据引入两个辅助量 —— 所谓标势 φ 和矢势 $\boldsymbol{A}$ 而得到的.

为了满足方程组(1)的第三个方程,我们令

$$\boldsymbol{H} = \mathbf{rot}\ \boldsymbol{A} \qquad (3)$$

于是,第三个方程恒被满足.将式(3)内的 $\boldsymbol{H}$ 值代入方程组(1)的第四个方程中,我们得到

$$\mathbf{rot}\left(\boldsymbol{E} + \frac{1}{c}\frac{\partial \boldsymbol{A}}{\partial t}\right) = 0$$

如果我们令

$$\boldsymbol{E} + \frac{1}{c}\frac{\partial \boldsymbol{A}}{\partial t} = -\ \mathbf{grad}\ \varphi$$

则这一方程将得到满足,式中的 φ 为标量(我们在这

里利用了矢量分析中所熟知的恒等式 **rot grad** $\varphi \equiv 0$）. 由此得到

$$E = -\,\mathbf{grad}\ \varphi\ -\ \frac{1}{c}\frac{\partial A}{\partial t} \qquad (4)$$

如果已知标势和矢势, 则方程（3）和（4）表示电场强度 **E** 和磁场强度 **H**.

将式（3）和（4）代入方程组（1）的头两个方程内, 我们得到

$$-\,\mathrm{div\ grad}\ \varphi\ -\ \frac{1}{c}\frac{\partial}{\partial t}(\,\mathrm{div}\ A\,) = 4\pi\rho$$

$$\mathbf{rot\ rot}\ A = \frac{4\pi}{c}j\ -\ \frac{1}{c}\frac{\partial}{\partial t}(\,\mathbf{grad}\ \varphi\,)\ -\ \frac{1}{c^2}\frac{\partial^2 A}{\partial t^2}$$

利用矢量分析中所熟知的公式

$$\mathrm{div\ \mathbf{grad}}\ \varphi = \Delta\varphi$$

$$\mathbf{rot\ rot}\ A = \mathbf{grad\ \mathrm{div}}\ A\ -\ \Delta A$$

（式中 Δ 为拉普拉斯算符：$\Delta = \dfrac{\partial^2}{\partial x^2} + \dfrac{\partial^2}{\partial y^2} + \dfrac{\partial^2}{\partial z^2}$）.

把这些方程变换为下列形式

$$\Delta\varphi\ +\ \frac{1}{c}\frac{\partial}{\partial t}(\,\mathrm{div}\ A\,) = -\,4\pi\rho$$

$$\Delta A = \frac{1}{c^2}\frac{\partial^2 A}{\partial t^2}\ -\ \mathbf{grad}\Big(\,\mathrm{div}\ A\ +\ \frac{1}{c}\frac{\partial\varphi}{\partial t}\,\Big) = -\,\frac{4\pi}{c}j$$

在上面第一式的左边加上和减去一个项 $\dfrac{1}{c^2}\dfrac{\partial^2\varphi}{\partial t^2}$. 于是得到

$$\Delta\varphi\ -\ \frac{1}{c^2}\frac{\partial^2\varphi}{\partial t^2}\ +\ \frac{1}{c}\frac{\partial}{\partial t}\Big(\,\mathrm{div}\ A\ +\ \frac{1}{c}\frac{\partial\varphi}{\partial t}\,\Big) = -\,4\pi\rho$$

$$\Delta A\ -\ \frac{1}{c^2}\frac{\partial^2 A}{\partial t^2}\ -\ \mathbf{grad}\Big(\,\mathrm{div}\ A\ +\ \frac{1}{c}\frac{\partial\varphi}{\partial t}\,\Big) = -\,\frac{4\pi}{c}j\ (5)$$

我们看到,如果将方程组(5)左边的第三项消去,则该方程组可以大大地简化(特别是求 φ 和 A 的方程时成为彼此独立的).

现在我们注意到,式(3)不能单值地决定矢势 A. 我们引进另一个矢量 A',它和 A 的区别是多了一个任意函数 $f(x,y,z,t)$ 的梯度

$$A' = A + \mathbf{grad}\, f \tag{6}$$

而方程 $H = \mathbf{rot}\, A'$ 则仍然有效($\mathbf{rot}\, A' = \mathbf{rot}\, A$,因为 $\mathbf{rot}\,\mathbf{grad}\, f \equiv 0$).

于是,为了使 E 的值不变,必须同时改变标势,并从其中减去一个项 $\dfrac{1}{c}\dfrac{\partial f}{\partial t}$

$$\varphi' = \varphi - \frac{1}{c}\frac{\partial f}{\partial t} \tag{7}$$

这样,我们得到

$$-\mathbf{grad}\, \varphi' - \frac{1}{c}\frac{\partial A'}{\partial t} = -\mathbf{grad}\, \varphi + \frac{1}{c}\mathbf{grad}\!\left(\frac{\partial f}{\partial t}\right) - \frac{1}{c}\frac{\partial A}{\partial t} - \frac{1}{c}\frac{\partial}{\partial t}(\mathbf{grad}\, f)$$

由于运算 $\dfrac{\partial}{\partial t}$ 和 $\mathbf{grad}$ 是可以互换的,因而将右边第二项和第四项相互消去后,我们得到

$$-\mathbf{grad}\, \varphi' - \frac{1}{c}\frac{\partial A'}{\partial t} = -\mathbf{grad}\, \varphi - \frac{1}{c}\frac{\partial A'}{\partial t} = E$$

因此,不会改变从物理意义上所测得的 E 和 H 值. 我们可以对标势和矢势进行(6)和(7)的变换,这些变换称为梯度变换.

利用求 A 和 φ 的这种任意性,我们现在对它们加上附加条件

$$\mathrm{div}\ \boldsymbol{A} + \frac{1}{c}\frac{\partial \varphi}{\partial t} = 0 \qquad (8)$$

这一条件即称之为洛伦兹条件.

于是,确定势的方程可以采取下列完全对称的形式

$$\Delta \varphi - \frac{1}{c^2}\frac{\partial^2 \varphi}{\partial t^2} = -4\pi\rho$$

$$\Delta \boldsymbol{A} - \frac{1}{c^2}\frac{\partial^2 \boldsymbol{A}}{\partial t^2} = -\frac{4\pi}{c}\boldsymbol{j} \qquad (9)$$

在数学上,这种形式的方程称为达朗伯方程.

因而,标势 φ 和矢势 $\boldsymbol{A}$ 的方程组(9)和附加条件(8)以及将这些势与电场和磁场强度联系起来的方程(3)和(4),完全等效于麦克斯韦 – 洛伦兹方程.

但是,方程组(9)和附加条件(8)的优越性在于证明它对洛伦兹变换的不变性要比麦克斯韦 – 洛伦兹的不变性容易得多.

为了这一目的,在下一节中,我们将把方程组(9)和附加条件(8)写成四维形式.

7.2　四维电流密度矢量和电势矢量

我们现在来研究在前一节中所引入的展开形式的连续性方程

$$\frac{\partial j_x}{\partial x} + \frac{\partial j_y}{\partial y} + \frac{\partial j_z}{\partial z} + \frac{\partial \rho}{\partial t} = 0$$

并引进闵可夫斯基坐标

$$x_1 = x, x_2 = y, x_3 = z, x_4 = \mathrm{i}ct$$

然后对上式进行变换. 因为

$$\frac{\partial}{\partial t} = \frac{\partial x_4}{\partial t} \cdot \frac{\partial}{\partial x_4} = \mathrm{i}c\,\frac{\partial}{\partial x_4}$$

我们得到

$$\frac{\partial j_x}{\partial x_1} + \frac{\partial j_y}{\partial x_2} + \frac{\partial j_z}{\partial x_3} + \frac{\partial(\mathrm{i}c\rho)}{\partial x_4} = 0 \qquad (10)$$

这一等式必须是不变式,也就是必须在任何参照系内均正确(因为它表示在任何参照系内均为正确的电荷守恒定律). 由此我们得出结论:$j_x, j_y, j_z, \mathrm{i}c\rho$ 代表四维矢量的分量. 我们用 j 来表示这一矢量,并称之为四维电流密度矢量

$$j_1 = j_x, j_2 = j_y, j_3 = j_z, j_4 = \mathrm{i}c\rho \qquad (11)$$

于是,等式(10)为这个矢量的四维散度 $\mathrm{div}\, j = 0$ 的条件. 由此得出,四维电流密度矢量分量和电荷密度并不是绝对量,而是与参照系有关.

设在 k 系内电荷处于静止状态,于是在这一参照系内,我们有

$$j_1 = j_2 = j_3 = 0, j_4 = \mathrm{i}c\rho_0$$

变换到以速度 $-v$ 相对于 k 运动的参照系 k'(在这一参照系内,电荷运动的速度为 v),再将参照系内的四维电流密度矢量的投影表示为

$$j'_1 = j_x, j'_2 = j_y, j'_3 = j_z, j'_4 = \mathrm{i}c\rho$$

把这些值代入洛伦兹变换公式(改变 ρ 前面的符号),我们得到

$$\begin{cases} j_x = \dfrac{\rho_0 v}{\sqrt{1 - \dfrac{v^2}{c^2}}} \\ j_y = j_z = 0 \\ \rho = \dfrac{\rho_0}{\sqrt{1 - \dfrac{v^2}{c^2}}} \end{cases} \qquad (12)$$

从公式（12）可以看出，在这里我们得到了两种效应．第一种效应是，在新的参照系内产生了电流，这是很自然的，因为在 k' 系内，电荷是运动的．此外，在非相对论近似下 $\left(\dfrac{v}{c} \ll 1\right)$，也存在着这种效应；事实上，略去（12）第一式内的 $\dfrac{v^2}{c^2}$ 后，我们得到

$$j_x = \rho_0 v$$

第二种更为有趣的效应是，在 k' 系内，电流密度的数值与 ρ_0 比较增大了 $\dfrac{1}{\sqrt{1 - \dfrac{v^2}{c^2}}}$ 倍．这种效应只存在于相对论性范围内．正如从（12）最后一式中所看到的那样，当 $v \ll c$ 时，我们有

$$\rho \approx \rho_0$$

也就是在经典物理学中，电流密度为绝对量．

我们注意到下面一个重要的情况：

包含着电荷的体积在运动时在纵方向发生相对性的收缩．由于这一点，处于运动状态的体积 $\mathrm{d}V$ 要比静止时的体积 $\mathrm{d}V_0$ 小 $\sqrt{1 - \dfrac{v^2}{c^2}}$ 倍

$$\mathrm{d}V = \mathrm{d}V_0 \sqrt{1 - \dfrac{v^2}{c^2}}$$

在体积 $\mathrm{d}V$ 内的总电荷量等于电荷密度与体积的乘积

$$\mathrm{d}q = \rho \mathrm{d}V = \dfrac{\rho_0}{\sqrt{1 - \dfrac{v^2}{c^2}}} \cdot \mathrm{d}V_0 \sqrt{1 - \dfrac{v^2}{c^2}} = \rho_0 \mathrm{d}V_0 = \mathrm{d}q_0$$

由此可见，任何物体的电荷（特别是基本粒子的电荷，例如电子）是一个不变量．

为了更深入一步,我们必须研究这样一个问题,就是从一个参照系变换到另一个参照系时(四维转动或洛伦兹变换),某些算符的形式将发生怎样的变化.

首先,我们来研究对闵可夫斯基坐标的微分运算

$$\frac{\partial}{\partial x_1}, \frac{\partial}{\partial x_2}, \frac{\partial}{\partial x_3}, \frac{\partial}{\partial x_4}$$

按照微分学的普遍规则,变换到参照系 k' 时,我们得到

$$\frac{\partial}{\partial x_1'} = \frac{\partial x_1}{\partial x_1'}\frac{\partial}{\partial x_1} + \frac{\partial x_2}{\partial x_1'}\frac{\partial}{\partial x_2} + \frac{\partial x_3}{\partial x_1'}\frac{\partial}{\partial x_3} + \frac{\partial x_4}{\partial x_1'}\frac{\partial}{\partial x_4}$$

$$\frac{\partial}{\partial x_2'} = \frac{\partial x_1}{\partial x_2'}\frac{\partial}{\partial x_1} + \frac{\partial x_2}{\partial x_2'}\frac{\partial}{\partial x_2} + \frac{\partial x_3}{\partial x_2'}\frac{\partial}{\partial x_3} + \frac{\partial x_4}{\partial x_2'}\frac{\partial}{\partial x_4}$$

$$\frac{\partial}{\partial x_3'} = \frac{\partial x_1}{\partial x_3'}\frac{\partial}{\partial x_1} + \frac{\partial x_2}{\partial x_3'}\frac{\partial}{\partial x_2} + \frac{\partial x_3}{\partial x_3'}\frac{\partial}{\partial x_3} + \frac{\partial x_4}{\partial x_3'}\frac{\partial}{\partial x_4}$$

$$\frac{\partial}{\partial x_4'} = \frac{\partial x_1}{\partial x_4'}\frac{\partial}{\partial x_1} + \frac{\partial x_2}{\partial x_4'}\frac{\partial}{\partial x_2} + \frac{\partial x_3}{\partial x_4'}\frac{\partial}{\partial x_3} + \frac{\partial x_4}{\partial x_4'}\frac{\partial}{\partial x_4}$$

利用闵可夫斯基坐标的洛伦兹变换

$$x_1 = \frac{x_1' - \mathrm{i}\beta x_4'}{\sqrt{1-\beta^2}}, x_2 = x_2', x_3 = x_3', x_4 = \frac{x_4' + \mathrm{i}\beta x_1'}{\sqrt{1-\beta^2}}$$

我们得到

$$\begin{cases} \dfrac{\partial}{\partial x_1'} = \dfrac{\dfrac{\partial}{\partial x_1} + \mathrm{i}\beta\dfrac{\partial}{\partial x_4}}{\sqrt{1-\beta^2}} \\[2ex] \dfrac{\partial}{\partial x_2'} = \dfrac{\partial}{\partial x_2} \\[2ex] \dfrac{\partial}{\partial x_3'} = \dfrac{\partial}{\partial x_3} \\[2ex] \dfrac{\partial}{\partial x_4'} = \dfrac{\dfrac{\partial}{\partial x_4} - \mathrm{i}\beta\dfrac{\partial}{\partial x_1}}{\sqrt{1-\beta^2}} \end{cases} \qquad (13)$$

我们看到,在洛伦兹变换中,算符 $\dfrac{\partial}{\partial x_1}, \dfrac{\partial}{\partial x_2}, \dfrac{\partial}{\partial x_3}, \dfrac{\partial}{\partial x_4}$ 和

量 x_1, x_2, x_3, x_4 同样地变化. 因此我们可以说,算符 $\dfrac{\partial}{\partial x_1}$,

$\dfrac{\partial}{\partial x_2}, \dfrac{\partial}{\partial x_3}, \dfrac{\partial}{\partial x_4}$ 构成一个象征性(算符式)的四维矢量,

这一矢量我们称之(按照与三维算符 $\dfrac{\partial}{\partial x}, \dfrac{\partial}{\partial y}, \dfrac{\partial}{\partial z}$ 的相似

性)为四维梯度算符. 这表明,量(不是算符!) $\dfrac{\partial f}{\partial x_1}$,

$\dfrac{\partial f}{\partial x_2}, \dfrac{\partial f}{\partial x_3}, \dfrac{\partial f}{\partial x_4}$ 构成一个通常的四维矢量(已经不是象征

性的),其中 $f(x_1, x_2, x_3, x_4)$ 为坐标 x_1, x_2, x_3, x_4 的任意
函数.

如果组成一个四维梯度矢量的自乘标积,也就是

$$\frac{\partial}{\partial x_1} \cdot \frac{\partial}{\partial x_1} + \frac{\partial}{\partial x_2} \cdot \frac{\partial}{\partial x_2} +$$

$$\frac{\partial}{\partial x_3} \cdot \frac{\partial}{\partial x_3} + \frac{\partial}{\partial x_4} \cdot \frac{\partial}{\partial x_4} =$$

$$\frac{\partial^2}{\partial x_1^2} + \frac{\partial^2}{\partial x_2^2} + \frac{\partial^2}{\partial x_3^2} + \frac{\partial^2}{\partial x_4^2}$$

则很明显地,它们为一个不变量(标量)算符(我们在
上节末曾指出,两个四维矢量的标积是一个不变量).
这一算符与拉普拉斯算符

$$\Delta = \frac{\partial^2}{\partial x^2} + \frac{\partial^2}{\partial y^2} + \frac{\partial^2}{\partial z^2}$$

相类似,称之为四维拉普拉斯算符,并用符号 □ 来表
示

$$\square = \frac{\partial^2}{\partial x_1^2} + \frac{\partial^2}{\partial x_2^2} + \frac{\partial^2}{\partial x_3^2} + \frac{\partial^2}{\partial x_4^2}$$

如果从闵可夫斯基坐标变回到实坐标 x,y,z,t,则这一算符可以采取如下的形式

$$\Box = \frac{\partial^2}{\partial x^2} + \frac{\partial^2}{\partial y^2} + \frac{\partial^2}{\partial z^2} - \frac{1}{c^2}\frac{\partial^2}{\partial t^2} =$$

$$\Delta - \frac{1}{c^2}\frac{\partial^2}{\partial t^2} \tag{14}$$

现在回到方程(9)

$$\Delta \boldsymbol{A} - \frac{1}{c^2}\frac{\partial^2 \boldsymbol{A}}{\partial t^2} = -\frac{4\pi}{c}\boldsymbol{j}$$

$$\Delta \varphi - \frac{1}{c^2}\frac{\partial^2 \varphi}{\partial t^2} = -4\pi\rho$$

引进不变量的四维拉普拉斯算符 $\Box$,并用 i 乘上这一方程组的第二个方程后,我们可以更详细地把这一方程组写成

$$\begin{cases} \Box A_x = -\dfrac{4\pi}{c}j_x \\[2mm] \Box A_y = -\dfrac{4\pi}{c}j_y \\[2mm] \Box A_z = -\dfrac{4\pi}{c}j_z \\[2mm] \Box(\mathrm{i}\varphi) = -\dfrac{4\pi}{c}(\mathrm{i}c\rho) \end{cases} \tag{15}$$

我们已经证明,量 $j_x,j_y,j_z,\mathrm{i}c\rho$ 构成一个四维电流密度矢量. 方程组(15)指出,量 $A_x,A_y,A_z,\mathrm{i}\varphi$ 也构成一个四维矢量 $\boldsymbol{A}$,其投影等于

$$A_1 = A_x, A_2 = A_y, A_3 = A_z, A_4 = \mathrm{i}\varphi$$

这一矢量通常称为四维矢势. 引进这一矢量后,可以把方程组(15)或(9)写为

$$\Box \boldsymbol{A} = -\frac{4\pi}{c}\boldsymbol{j} \tag{16}$$

在这种形式下,相对论的不变性已成为非常明显.

因为式(16)的左边和右边均为四维矢量,因而在洛伦兹变换中,可以按同一规律变换,而且在任何伽利略参照系内,这一方程仍然正确. 显然,对于附加条件(8)来说,情况也完全相同. 实际上,这一条件

$$\mathrm{div}\ \boldsymbol{A} + \frac{1}{c}\ \frac{\partial \varphi}{\partial t} = 0$$

或

$$\frac{\partial A_x}{\partial x} + \frac{\partial A_y}{\partial y} + \frac{\partial A_z}{\partial z} + \frac{1}{c}\ \frac{\partial \varphi}{\partial t} = 0$$

可以写成($A_4 = \mathrm{i}\varphi$, $x_4 = \mathrm{i}ct$) 如下形式

$$\frac{\partial A_1}{\partial x_1} + \frac{\partial A_2}{\partial x_2} + \frac{\partial A_3}{\partial x_3} + \frac{\partial A_4}{\partial x_4} = \mathrm{div}\ \boldsymbol{A} = 0$$

但是,正如我们在 6.5 节中所提到的那样,任何矢量的四维散度为一不变式. 因此,如果在一个伽利略参照系内满足洛伦兹条件,则它在任何伽利略参照系内也自动地得到满足.

现在我们回到联系矢量 $\boldsymbol{A}$、标势 φ 与电场和磁场强度 $\boldsymbol{E}$ 和 $\boldsymbol{H}$ 的方程(3) 和(4)

$$\boldsymbol{H} = \mathrm{rot}\ \boldsymbol{A}$$

$$\boldsymbol{E} = -\ \mathrm{grad}\ \varphi - \frac{1}{c}\ \frac{\partial \boldsymbol{A}}{\partial t}$$

引进闵可夫斯基坐标和四维矢势分量后,我们可以把第一个方程写成如下的投影形式

$$\begin{cases} H_x = \dfrac{\partial A_3}{\partial x_2} - \dfrac{\partial A_2}{\partial x_3} \\[2ex] H_y = \dfrac{\partial A_1}{\partial x_3} - \dfrac{\partial A_3}{\partial x_1} \\[2ex] H_z = \dfrac{\partial A_2}{\partial x_1} - \dfrac{\partial A_1}{\partial x_2} \end{cases} \quad (17)$$

用虚数单位 i 乘第二个方程,并把它改写成投影形式,我们得到

$$\begin{cases} iE_x = \dfrac{\partial A_1}{\partial x_4} - \dfrac{\partial A_4}{\partial x_1} \\[2ex] iE_y = \dfrac{\partial A_2}{\partial x_4} - \dfrac{\partial A_4}{\partial x_2} \\[2ex] iE_z = \dfrac{\partial A_3}{\partial x_4} - \dfrac{\partial A_4}{\partial x_3} \end{cases} \quad (18)$$

这样一来,由式(17)和(18),可以采取统一的方式将电场强度(乘上 i)和磁场强度矢量(三维的)的投影表示为四维矢势投影的导数.

如果引进另一种新的数学概念——四维张量概念,那么,可以极其方便地阐明上述情况. 但是,在本书内,为了避免牵涉数学上的复杂性,我们宁可越过这一问题,即不引进张量这一数学工具. 至于对这一方面特别感兴趣的读者,则可参阅其他有关的书籍.

由公式(17)和(18)可以求出,从一个参照系变换到另一个参照系时,电场和磁场强度如何变换.

我们已经知道了由式(13)所表示的导数 $\dfrac{\partial}{\partial x_1}$,

$\dfrac{\partial}{\partial x_2}, \dfrac{\partial}{\partial x_3}, \dfrac{\partial}{\partial x_4}$ 的变换定律和四维矢势 A 的投影的变换

定律

$$A_1' = \frac{A_1 + i\beta A_4}{\sqrt{1 - \beta^2}}$$

$$A_2' = A_2$$

$$A_3' = A_3$$

$$A_4' = \frac{A_4 - i\beta A_1}{\sqrt{1 - \beta^2}}$$

考虑到以上这些式子,投影 H_x, H_y, H_z 的变换定律可以用下列方式来表示

$$H_x' = \frac{\partial A_3'}{\partial x_2'} - \frac{\partial A_2'}{\partial x_3'} = \frac{\partial A_3}{\partial x_2} - \frac{\partial A_2}{\partial x_3} = H_x$$

$$H_y' = \frac{\partial A_1'}{\partial x_3'} - \frac{\partial A_3'}{\partial x_1'} = \frac{\partial}{\partial x_3}\left(\frac{A_1 + i\beta A_4}{\sqrt{1-\beta^2}}\right) - \frac{\frac{\partial A_3}{\partial x_1} + i\beta\frac{\partial A_3}{\partial x_4}}{\sqrt{1-\beta^2}} =$$

$$\frac{\frac{\partial A_1}{\partial x_3} - \frac{\partial A_3}{\partial x_1} - i\beta\left(\frac{\partial A_3}{\partial x_4} - \frac{\partial A_4}{\partial x_3}\right)}{\sqrt{1-\beta^2}}$$

根据式(17)和(18),最后可以写为

$$H_y' = \frac{H_y + \beta E_z}{\sqrt{1 - \beta^2}}$$

同样,可以完全类似地写出

$$H_z' = \frac{\partial A_2'}{\partial x_1'} - \frac{\partial A_1'}{\partial x_2'} = \frac{\frac{\partial A_2}{\partial x_1} + i\beta\frac{\partial A_2}{\partial x_4} - \frac{\partial A_1}{\partial x_2} - i\beta\frac{\partial A_4}{\partial x_2}}{\sqrt{1-\beta^2}} =$$

$$\frac{H_z - \beta E_y}{\sqrt{1 - \beta^2}}$$

于是,从一个参照系变换到另一个参照系时,磁场投影

的变换定律可以用下列公式来表示

$$\begin{cases} H'_x = H_x \\[2mm] H'_y = \dfrac{H_y + \beta E_z}{\sqrt{1 - \beta^2}} \\[3mm] H'_z = \dfrac{H_z - \beta E_y}{\sqrt{1 - \beta^2}} \end{cases} \quad (19)$$

利用完全相同的方法,可以求得电场强度分量的变换公式(这里我们提供读者自己去证明)

$$\begin{cases} E'_x = E_x \\[2mm] E'_y = \dfrac{E_y - \beta H_z}{\sqrt{1 - \beta^2}} \\[3mm] E'_z = \dfrac{E_z + \beta H_y}{\sqrt{1 - \beta^2}} \end{cases} \quad (20)$$

式(19)和式(20)指出,电场和磁场概念本身是一种相对的概念. 如果在一个参照系内,我们只有电场或者只有磁场,则在另一个相对于它运动的参照系内,既存在着电场,也存在着磁场.

由此可见,存在着一个绝对的概念——统一的电磁场. 而将这一电磁场分为电场和磁场分量则又是相对的,并和我们所选择用来描述电磁过程的那种"语言"(参照系)有关.

例如,我们来研究在参照系 k 内处于静止状态的电荷. 电荷四周被电场所包围,其电力线路沿半径所有的方向均匀分布. 正如我们在上面所提到的那样,在以速度 v 相对于 k 系从右向左运动的参照系 k' 内,这一电荷将以速度 $-v$ 从左向右运动,因而在 k' 系内将存在着流向 OX 轴方向的电流. 这一电流的四周被磁力线

所包围. 磁力线位于平行于 YOZ 平面的平面内, 并且代表许多圆心在 OX 轴上的同心圆.

我们利用直接的计算方法来证明这一点.

我们现在转到式(19). 在参照系 k 内, 电荷 q 是静止的, 并且只是产生场强等于 $\dfrac{q}{r^2}$、方向指向电荷半径的电场(如果是正电荷, 则指向电荷中心).

因此, 在这一参照系内, 我们有

$$H_x = H_y = H_z = 0$$

$$E_x = \frac{q}{x^2 + y^2 + z^2} \cos \alpha = \frac{qx}{\left(x^2 + y^2 + z^2\right)^{\frac{3}{2}}}$$

$$E_y = \frac{q}{x^2 + y^2 + z^2} \cos \beta = \frac{qy}{\left(x^2 + y^2 + z^2\right)^{\frac{3}{2}}}$$

$$E_z = \frac{q}{x^2 + y^2 + z^2} \cos \gamma = \frac{qz}{\left(x^2 + y^2 + z^2\right)^{\frac{3}{2}}}$$

根据式(19), 在 k' 系内, 我们有

$$H'_x = 0$$

$$H'_y = \frac{\beta E_z}{\sqrt{1 - \beta^2}} = \frac{\beta q z}{\sqrt{1 - \beta^2}\left(x^2 + y^2 + z^2\right)^{\frac{3}{2}}}$$

$$H'_z = -\frac{\beta E_y}{\sqrt{1 - \beta^2}} = -\frac{\beta q y}{\sqrt{1 - \beta^2}\left(x^2 + y^2 + z^2\right)^{\frac{3}{2}}}$$

因此, 在 k' 系内产生了磁场, 其磁力线位于垂直于运动方向的平面内. 我们可以证明, 这些磁力线的轨迹为圆. 将上述最后两式彼此相除, 我们得到

$$\frac{H'_y}{H'_z} = -\frac{z}{y}$$

因为根据洛伦兹变换公式

$$z' = z, y' = y$$

则在参照系 k' 内,这一等式变为

$$\frac{H'_y}{H'_z} = -\frac{z'}{y'}$$

磁力线的微分方程可以写成如下形式

$$\frac{\mathrm{d}y'}{\mathrm{d}z'} = \frac{H'_y}{H'_z}$$

[这是矢量 $\boldsymbol{H}'(H'_x, H'_y)$ 和 $\mathrm{d}\boldsymbol{r}'(\mathrm{d}y', \mathrm{d}z')$ 平行的条件].

由此,我们得到

$$\frac{\mathrm{d}y'}{\mathrm{d}z'} = -\frac{z'}{y'}$$

或

$$y'\mathrm{d}y' + z'\mathrm{d}z' = 0$$

经过积分后,我们得到

$$y'^2 + z'^2 = R^2$$

也就是圆心在 OX 轴上的圆方程. 变换到 k' 系时,电场也发生了改变. 从式(20)可以求出 k' 系内的电场分量

$$E'_x = E_x, E'_y = \frac{E_y}{\sqrt{1 - \beta^2}}, E'_z = \frac{E_z}{\sqrt{1 - \beta^2}}$$

我们看到,纵向电场(平行于速度方向的投影)保持不变,而场的横向分量 E'_y, E'_z 增大了 $\dfrac{1}{\sqrt{1 - \beta^2}}$ 倍. 这表明,在 k' 系内,电场已经不具有球对称性. 随着运动速度的增加,电场越来越集中在垂直于运动方向的平面内. 同时式(20)指出,也存在着相反的现象:如果在 k 系内只存在磁场(由永久磁体或通电导体所产生),而不存在电场($E_x = E_y = E_z = 0$),则在磁场源运动的参照系 k' 内将存在着电场,其分量为

$$E'_x = 0$$

$$E'_y = - \frac{\beta H_z}{\sqrt{1 - \beta^2}}$$

$$E'_z = - \frac{\beta H_y}{\sqrt{1 - \beta^2}}$$

这些式子可以写成如下的矢量形式

$$E' = \frac{1}{c} \frac{[v, H]}{\sqrt{1 - \beta^2}}$$

$$v_y = v_z = 0, v_x = v$$

在相对论建立不久以后，人们就已明了这种效应在物理学中是早已熟知的，并且已经将它应用在所谓单极发电机内来获得电流. 所尚未查明的是，我们在这里所得到的仅仅是一种相对论性的效应而已.

现在我们来研究下列单极发电机的简化图像.

垂直于上底和下底方向并受到磁化的铁块 A，以速度 v 从左向右运动（图 1）（在实际的单极发电机内，一般系列用转动而不是利用进动，这一点虽然从工程观点上看来是更为方便的，但没有什么原则性的意义）.

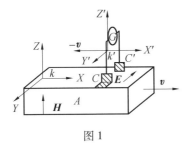

图 1

在铁块处于静止状态的参照系 k 内只存在着磁

303

场,这一磁场在铁块内和其表面附近指向 OZ 轴

$$H_x = H_y = 0, H_z = H$$

在铁块以速度 v 运动的参照系 k' 内(k' 系本身相对于 k 运动的速度为 $-v$),我们得到电场的投影为

$$E'_x = 0, E'_y = \frac{\beta H}{\sqrt{1 - \beta^2}}, E'_z = 0$$

其方向指向 OY 轴.

这一电场使电子发生运动,而且如果在上部边缘装上两个滑动接点 C 和 C',则在电路 C'— 电流计 G—C 内,将产生电流.

由此可见,我们在这里所提到的并不是那种小而难于测量的效应,而是一种可以获得很大电流(往往达到几个安培)的工程方法.

我们从许多例子中已经知道,在相对论中,除了一系列的相对量外,还存在着绝对量(不变量). 例如,事件的坐标和时间 x, y, z, t 是相对的,而分开事件的间距

$$\Delta S^2 = \Delta x^2 + \Delta y^2 + \Delta z^2 - c^2 \Delta t^2$$

则是绝对的.

由类似方式,对于电磁场,也可以从相对量 E_x, E_y, E_z, H_x, H_y, H_z 中构成不变量. 我们可以证明(在这里将不加以讨论),电磁场只存在着下列两种不变量,即

$$I_1 = H^2 - E^2 = H_x^2 + H_y^2 + H_z^2 - E_x^2 - E_y^2 - E_z^2$$

$$I_2 = (\boldsymbol{H} \cdot \boldsymbol{E}) = H_x E_x + H_y E_y + H_z E_z$$

利用式(19)和(20),我们可以非常简单地证明这些式子的不变性,也就是证明等式(建议读者自己进行)

$$H_x'^2 + H_y'^2 + H_z'^2 - E_x'^2 - E_y'^2 - E_z'^2 =$$

$$H_x^2 + H_y^2 + H_z^2 - E_x^2 - E_y^2 - E_z^2$$

$$H_x'E_x' + H_y'E_y' + H_z'E_z' = H_xE_x + H_yE_y + H_zE_z$$

根据以上所述,我们可以将全部电磁场分成下列三类:

1. $I_1 = H^2 - E^2 > 0$ 的场. 这种场我们称之为类磁场. 在这种情况下,可以选择其中不存在着电场的参照系,但无论在哪一种参照系内,都不能使磁场消去(因为在这种参照系内,我们有 $I_1 = - E^2 > 0$).

2. $I_1 = H^2 - E^2 < 0$ 的场. 这种场我们称之为类电场. 在这种情况下,可以选择其中不存在着磁场的参照系,但无论在哪一种参照系内,都不可能没有电场(因为在这种参照系内,我们有 $I_1 = H^2 < 0$).

3. $I_1 = 0, E = H$ 的场.

当场的第二个不变量也等于零,即 $I_2 = (E, H) = 0$ 的时候,这种特殊情况特别有意义. 在物理上这表明,矢量 E 和 H 互相垂直.

上述的两种性质 —— 电场强度和磁场强度相等以及它们的正交性,是电磁波的特征(特别对于光波来说). 于是由量 $H^2 - E^2$ 和 (E, H) 的不变性得出,在任何参照系内都存在着上述两种性质. 由此我们得出这样的一个结论(自然,它与相对论的全部内容符合一致):电磁波(特别是光波)的概念是不变的概念.

7.3 引力场. 等效原理

除了我们在前几节中研究过的电磁场外,在自然界中还存在着一种引起宇宙中一切物体之间相互吸引的引力场. 按照牛顿所提出的万有引力定律,两质点之间的引力与它们的质量的乘积成正比,而与它们之间的距离的平方成反比.

我们注意到,万有引力定律的形式完全和确定电荷的相互作用的库仑定律相似.按照这个定律,两点状带电物体之间的相互作用力,与这些物体的电荷的乘积成正比,而与它们之间的距离的平方成反比

$$F = \frac{q_1 q_2}{r^2} \tag{21}$$

必须清楚地理解到,在万有引力定律中,物体的质量起着一种完全新的作用:即确定物体吸引周围物体和被吸向周围物体的能力.

如果在牛顿的运动方程内,质量是作为物体惯性的量度而出现的,则在引力场理论的方程内,质量表征着物体的另一种完全新的性质 —— 即作为引力荷而出现(如果利用与静电相互作用的相似性).

十分明显,既然这里所提到的是物体的两种不同的性质(它们可能是彼此完全无关的),那么,一般说来,必须引入两个不同的物理量 —— 惯性质量 m(表示物体的惯性大小)和引力质量 μ(表示物体的引力荷).

这样一来,牛顿的第二个定律就是惯性质量 m 的定义,按照这个律定

$$F = ma \tag{22}$$

而万有引力定律则是引力质量 μ 的定义.如果把它写成和库仑定律相似的形式

$$F = \frac{\mu_1 \mu_2}{r^2} \tag{23}$$

则引力质量的量纲和电荷的量纲相同（$M^{1/2}L^{\frac{3}{2}}T^{-1}$ 或用 CGS 制单位，克$^{1/2}$ 厘米$^{\frac{3}{2}}$ 秒$^{-1}$）.

但是，还存在着下面一个已由实验完全可靠地证实了的自然的基本定律：对于自然界的任何物体，引力质量 μ 和惯性质量 m 彼此严格地成正比，也就是，对于任何物体来说，引力质量和惯性质量之比 $\dfrac{\mu}{m}$ 是相同的，因而它是一个万有常数.

由于这一点，我们可以在万有引力定律方程（23）内用惯性质量来表示引力质量.

用$\sqrt{\gamma}$ 表示引力质量与惯性质量之比，即

$$\frac{\mu}{m} = \sqrt{\gamma}$$

（这里必须注意到，这样引进的万有常数 γ 的量纲为 $\left(\dfrac{\mu}{m}\right)^2$，也就是 $M^{-1}L^3T^{-2}$ 或在 CGS 制内 $\dfrac{\text{厘米}^3}{\text{克} \cdot \text{秒}^2}$），我们得到万有引力定律的一般形式为

$$F = \gamma \frac{m_1 m_2}{r^2} \qquad (24)$$

这一方程表明，适当地选择量度单位，则引力质量与惯性质量可以很容易地变成完全恒等.

从人类生活的初期开始，人们就遇到了这样一个基本事实：物体越重（也就是它的引力质量越大），则改变它的运动越困难（也就是它的惯性质量越大）. 因此，惯性质量与引力质量恒等的概念已经如此牢固地深入到人们的意识之中，以至我们往往忘记，我们所遇到的是物体的两种完全不同的性质.

因而,必须清楚地理解到,引力质量与惯性质量成为比例这一点,并不是一个明显和不言而喻的定律(由于许多世纪以来人们已习惯于这种情况,所以对我们来说,它确已成为如此),而是一个用实验方法所建立起来的事实.

现在我们来研究建立起这个定律的实验.

我们先来研究静止于地球表面的物体. 我们可以用下列两种方法来表示这个物体的重量(也就是物体被吸向地心的力):

根据牛顿第二个定律,用它的惯性质量表示;根据万有引力定律,用它的引力质量表示.

我们用 P 表示物体的质量,m 表示惯性质量,g 表示由重力所引起的物体的加速度. 于是,按照牛顿第二定律,我们有

$$P = mg$$

根据万有引力定律,我们得到

$$P = \frac{\mu\mu_0}{R^2}$$

式中,μ 为物体的引力质量,μ_0 为地球的引力质量,R 为地球的半径.

令两等式的右边相等,我们得到

$$mg = \frac{\mu\mu_0}{R^2}$$

由此得到物体的引力质量和惯性质量之等于

$$\frac{\mu}{m} = g \cdot \frac{R^2}{\mu_0} \qquad (25)$$

由于式(25)右边的因子 $\frac{R^2}{\mu_0}$ 对于任何物体来说都

是相同的,因此,物体的引力质量与惯性质量之比只与物体在重力作用下所得到的加速度 g 有关.

但是,以非常高的精确度查明,在地球表面的一定点上,所有物体在重力作用下所得到的加速度都相同,而与物体的质量、形状和它们的化学成分等无关. 牛顿曾经根据测量长度相同的数学摆的振动周期对这种情况进行了实验验证.

大家知道,数学摆的小振动周期只与摆的长度 l 和重力加速度 g 有关,并由下列公式确定

$$T = 2\pi\sqrt{\frac{l}{g}}$$

因此当摆的长度相同时,不同的振动周期表明不同物体自由落下的加速度亦不同.

牛顿和其他科学家以很高的精确度用实验证明了这一点,即对任何物体来说,g 都是相等的.

接着,爱维斯提出了一个证明引力质量与惯性质量成比例的更为精确的方法.

以上我们虽然研究了静止于地球表面的物体,但到目前为止,还没有把地球的自转考虑在内.

地球自转的存在,导致在与地球联系的参照系内,物体除了受到趋向于地心并等于 $\frac{\mu\mu_0}{R^2} = P$ 的引力作用外,还受到垂直于地球的自转轴并等于 $F_{离心} = m\omega^2 r$ 的惯性离心力的作用. 如果物体不是位于赤道上,则这两个力也就不作用在一条直线上(图2).

极为重要的是,引力与引力质量 μ 成正比,而惯性离心力与惯性质量 m 成正比. 因此,如果引力质量与惯性质量之比对不同的物体不同,则引力和惯性力的合

力,对不同的物体亦将有不同的方向.

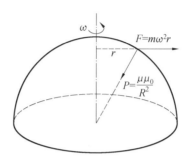

图 2

　　爱维斯把引力质量相同的两个砝码悬挂在一根扭曲的秤杆上(图 3). 如果惯性质量不同,则作用在物体 1 和 2 上的合力亦不相等,于是就产生转矩,引起秤杆的回转. 爱维斯的实验结果(精确度为 10^{-8}) 指出,任何物体的引力质量和惯性质量是相等的.

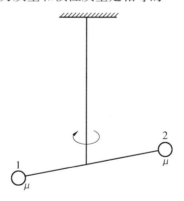

图 3

　　引力质量和惯性质量恒等这一事实产生了一种非常深远的结果,后来 Einstein 曾以此作为广义相对论

的基础.

下面我们来谈一谈所谓"等效原理".

在本书内,到目前为止,我们的讨论仅仅是根据 Einstein 的狭义相对论作为基础的,我们把它表述如下:

任何物理实验(力学、热学、电磁学的等)都不能判明,实验室是否处于绝对的匀速直线运动状态.

现在我们提出如下的一个很自然的问题:

借助于实验室内进行的物理实验,能否发现实验室本身的加速运动.

我们设想实验室离开所有天体(包括地球在内)非常远,这样一来,在这一实验室内就不存在着引力场,因而物体亦没有重量.同时,在这一实验室内,"上"和"下"的概念也没有什么意义:物体将自由地悬挂在空间,而不会落到实验室的墙上(如果它们不具有初速度),或者做着匀速直线运动.如果在物体上系上一根弹簧,则弹簧也不会受到应力等.

现在设实验室所得到的恒加速度为 a,其方向譬如说系指向上方(图4).

于是,在实验室内的物体所得到的加速度为 $-a$,其方向系指向下方(Ⅱ).如果物体是自由的,将以这个加速度运动;反之,如果物体是系住的,则将引起弹簧和线的伸长.

事实上,我们可以很简单地推导出物体在与加速运动的实验室相联系的参照系 k' 内的坐标和同一物体在与处于静止状态的实验室相联系的参照系 k 内的坐标之间的关系(注意,我们在这里仅仅是对伽利略

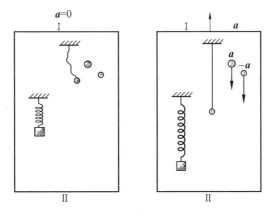

图 4

变换,而不是对洛伦兹变换进行了明显的推广,因为加速运动在非相对论近似下,也就是 $v \ll c$ 时,会引起一种新的效应).

从图 5 可以看出

$$y' = y$$
$$z' = z$$
$$x' = x - OO'$$

但 OO' 为 k' 系的原点在时间 t 内相对于 k 系以恒加速度 a 运动时所通过的路程(不具有初速度).

因此

$$OO' = \frac{at^2}{2}$$

而从 k 系的"语言"变换到 k' 系的"语言"的"辞典"的形式为

312

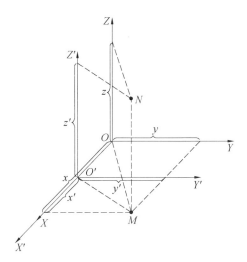

图 5

$$
\begin{cases}
x' = x - \dfrac{at^2}{2} \\[2mm]
y' = y \\[2mm]
z' = z \\[2mm]
t' = t
\end{cases}
\tag{26}
$$

由此,将式(26)对时间求微分,我们得到

$$
\frac{\mathrm{d}x'}{\mathrm{d}t} = \frac{\mathrm{d}x}{\mathrm{d}t} - at, \frac{\mathrm{d}y'}{\mathrm{d}t} = \frac{\mathrm{d}y}{\mathrm{d}t}, \frac{\mathrm{d}z'}{\mathrm{d}t} = \frac{\mathrm{d}z}{\mathrm{d}t}
$$

或者

$$
u'_x = u_x - at, u'_y = u_y, u'_z = u_z
\tag{27}
$$

再对时间微分一次,我们得到

$$
\frac{\mathrm{d}^2 x'}{\mathrm{d}t^2} = \frac{\mathrm{d}^2 x}{\mathrm{d}t^2} - a
$$

$$
\frac{\mathrm{d}^2 y'}{\mathrm{d}t^2} = \frac{\mathrm{d}^2 y}{\mathrm{d}t^2}
$$

$$\frac{\mathrm{d}^2 z'}{\mathrm{d}t^2} = \frac{\mathrm{d}^2 z}{\mathrm{d}t^2}$$

这些式子的左边和右边分别是物体在 k 系和 k' 系内的加速度的投影: $W_x, W_y, W_z, W'_x, W'_y, W'_z$, 于是我们有

$$\begin{cases} W'_x = W_x - a \\ W'_y = W_y \\ W'_z = W_z \end{cases} \tag{28}$$

这一等式可以写成下列矢量的形式

$$\boldsymbol{W}' = \boldsymbol{W} - \boldsymbol{a} \tag{28'}$$

我们看到,物体的加速度对式(26)的变换并不是不变量. 如果在 k 系内,我们有 $\boldsymbol{W} = \boldsymbol{0}$,则从式(28)可以看出,在 k' 系内的加速度等于 $\boldsymbol{W}' = -\boldsymbol{a}$.

在经典物理学内,这一结果可以解释如下:

在加速的参照系,牛顿第二定律并不正确. 事实上,如果在参照系 k 内,我们有

$$\boldsymbol{F} = m\boldsymbol{W}$$

则在参照系 k' 内,$\boldsymbol{F} = m\boldsymbol{W}'$ 已不能适用,因为根据式(28),我们有

$$\boldsymbol{F} = m\boldsymbol{W}' + m\boldsymbol{a} \tag{29}$$

特别是,如果在原来的参照系 k 内,物体不受任何力的作用:$\boldsymbol{F} = \boldsymbol{0}$,则这一物体的加速度也等于零:$\boldsymbol{W} = \boldsymbol{0}$(惯性定律,或牛顿第一定律).

但是,在加速的 k' 系内,当 $\boldsymbol{F} = \boldsymbol{0}$ 时,则 $\boldsymbol{W}' = -\boldsymbol{a}$,也就是在加速的参照系内,牛顿第一定律并不适用. 这就是说,加速的参照系不是惯性系.

但是,如果除了"真正的"力 $\boldsymbol{F}$ 外,再引进一种等

于 $-ma$ 的所谓"惯性力"

$$F_{惯性} = -ma$$

则式（29）变为

$$F + F_{惯性} = mW' \qquad\qquad (30)$$

也就是,如果在加速的参照系内,引进"真正的"力 F 和"惯性力" $-ma$ 的矢量之和作为总的力,则我们可以在形式上保持牛顿第二定律仍然有效.

特别是,如果"真正的"力 F 等于零,我们得到

$$F_{惯性} = mW' = -ma$$

在加速的参照系内,一切自由物体所得到的加速度均由"惯性力"决定.

但是必须注意到,在经典力学范围内,惯性力往往被看作是一种虚构的力,因为它与物体之间的任何实际的相互作用没有联系,而且它的引入在形式上只是为了使牛顿第一和第二定律保持有效而已.

于是,在以恒加速度 a 做直线运动的参照系内,一切物体所受到的"惯性力"与物体的惯性质量成正比,并等于 $-ma$,特别是,一切自由物体在这一力的作用下获得相同的加速度 $-a$.

因此,对于以前所提出的问题(即是否可以发现参照系的加速运动)的回答看来似乎是肯定的. 与惯性系不同,在加速的参照系内,起着主要作用的是"惯性力". 这一惯性力再加上"真正的"力,可以引起一系列可观察到的效应(自由物体的加速运动、铅垂线的偏斜以及弹簧和线的伸长等).

看来,观察这些效应的存在与否,我们就可以确定实验室是否处于加速运动状态. 但是,这样的结论是过

于仓促的. Einstein 对于这一点曾经进行了如下的精辟的分析：

实验室的匀加速直线运动所引起的力学效应，和均匀的恒定引力场所引起的效应完全相同.

实际上，在这种场内，粒子所受的力与物体的引力质量成正比（按照万有引力定律，$F = \dfrac{\mu_1 \mu_2}{r^2}$）. 但是，因为引力质量和惯性质量是恒等的，因而在这一方面，"惯性力"和引力是完全相同的. 特别是，引力和惯性力都使物体得到相同的加速度.

因此，在实验室内进行的任何物理实验，都不能区别出静止的（或匀速直线运动的）实验室处于均匀的恒定引力场内的情况以及实验室做匀加速度运动而不存在着引力场的情况.

在这种实验室内，观察者将进一步发现下列现象：

一切自由物体开始以相同的加速度 $-a$ 向墙 II 的方向运动（"落下"）；系有物体的弹簧被拉长；铅锤保持"垂直的"方向. 但是，他不能确切地得出，产生这些现象的主要原因究竟是由于实验室开始做匀加速运动所引起的，还是由于实验室落到均匀的引力场内所引起的.

我们在上面所指出的规律性，可以表述成一种所谓"等效原理"的形式. 这种等效原理（类似于相对性原理）既可用肯定的形式，也可用否定的形式来表述.

肯定的形式为：

在处于均匀的恒定引力场中的惯性参照系内和在不存在着引力场时以恒定加速度进动的参照系内，一切物理现象的发生完全相同（在相同的条件下）.

否定的形式为:

在实验室内进行的任何物理实验,都不可能区别出不存在着引力场时实验室以恒定加速度进动的情况和实验室静止在恒定的均匀引力场内(或做匀速直线运动)的情况.

特别是由此得出,如果在实验室内不存在着引力场,则令实验室做加速运动时,可以在实验室内"建立"起一种人工的引力场. 反之,如果实验室处于均匀的引力场内,则令它以由引力场所引起的加速度运动时(设想它"落到"这一场内),我们又可以人工地"消除"这一引力场.

到目前为止,我们只谈到了参照系的匀加速运动,并且已经看到,这种运动"等效"于均匀的恒定引力场.

但是,我们可以把等效原理进一步推广到任意的曲线加速运动的情况.

作为一个最简单的例子,我们来研究变换到以角速度 ω 绕 OZ 轴均匀转动的参照系的情况.

显然,变换到新的参照系的公式("辞典")为

$$x' = x\cos\varphi + y\sin\varphi$$
$$y' = y\cos\varphi - x\sin\varphi$$
$$z' = z$$

(在每一个与 XOY 平行的平面内,我们得到4.3节中所研究过的转动变换). 这时转动角

$$\varphi = \omega t$$

(我们假定,当 $t = 0$ 时,两个参照系重合). 因此最后得到

$$\begin{cases} x' = x'\cos \omega t - y'\sin \omega t \\ y' = y'\cos \omega t + x'\sin \omega t \\ z' = z \end{cases} \quad (31)$$

将式(31)对时间微分两次,我们求得变换到匀速转动的参照系时加速度的变换公式为

$$\frac{\mathrm{d}^2 x}{\mathrm{d}t^2} = \frac{\mathrm{d}^2 x'}{\mathrm{d}t^2}\cos \omega t - \frac{\mathrm{d}^2 y'}{\mathrm{d}t^2}\sin \omega t -$$

$$2\omega\left[\frac{\mathrm{d}x'}{\mathrm{d}t}\sin \omega t + \frac{\mathrm{d}y'}{\mathrm{d}t}\cos \omega t\right] -$$

$$\omega^2\left[x'\cos \omega t - y'\sin \omega t\right]$$

$$\frac{\mathrm{d}^2 y}{\mathrm{d}t^2} = \frac{\mathrm{d}^2 y'}{\mathrm{d}t^2}\cos \omega t + \frac{\mathrm{d}^2 x'}{\mathrm{d}t^2}\sin \omega t -$$

$$2\omega\left[\frac{\mathrm{d}y'}{\mathrm{d}t}\sin \omega t - \frac{\mathrm{d}x'}{\mathrm{d}t}\cos \omega t\right] -$$

$$\omega^2\left[y'\cos \omega t + x'\sin \omega t\right]$$

$$\frac{\mathrm{d}^2 z'}{\mathrm{d}t^2} = \frac{\mathrm{d}^2 z}{\mathrm{d}t^2}$$

引进速度和加速度的分量,我们得到

$$W_x = W'_x\cos \omega t - W'_y\sin \omega t -$$

$$2\omega\left[v'_x\sin \omega t + v'_y\cos \omega t\right] -$$

$$\omega^2(x'\cos \omega t - y'\sin \omega t)$$

$$W_y = W'_y\cos \omega t + W'_x\sin \omega t -$$

$$2\omega\left[v'_y\sin \omega t - v'_x\cos \omega t\right] -$$

$$\omega^2(y'\cos \omega t + x'\sin \omega t)$$

$$W_z = W'_z$$

"真正的"力分量 F_x, F_y, F_z(和任何三维矢量分量一样)的变化规律和坐标 x, y, z 等的相同,即我们有

$$F_x = F'_x\cos \omega t - F'_y\sin \omega t$$

$$F_y = F'_y \cos \omega t + F'_x \sin \omega t$$

$$F_z = F'_z$$

在原来的(惯性)参照系内,牛顿第二定律正确

$$F_x = mW_x$$

$$F_y = mW_y$$

$$F_z = mW_z$$

变换到转动参照系 k',我们得到

$$F'_x \cos \omega t - F'_y \sin \omega t =$$
$$m\big[\, W'_x \cos \omega t - W'_y \sin \omega t -$$
$$2\omega(v'_x \sin \omega t + v'_y \cos \omega t) -$$
$$\omega^2(x' \cos \omega t - y' \sin \omega t)\,\big]$$

$$F'_y \cos \omega t + F'_x \sin \omega t =$$
$$m\big[\, W'_y \cos \omega t + W'_x \sin \omega t -$$
$$2\omega(v'_y \sin \omega t - v'_x \cos \omega t) -$$
$$\omega^2(y' \cos \omega t + x' \sin \omega t)\,\big]$$

$$F'_z = mW'_z$$

将上式的第一式乘上 $\cos \omega t$,第二式乘上 $\sin \omega t$,
并相加和消去 F'_y 后,我们得到

$$F'_x = mW'_x - 2m\omega v'_y - m\omega^2 x'$$

将上式的第一式乘上 $\sin \omega t$,第二式乘上 $\cos \omega t$,
并从第二式减去第一式,我们得到

$$F'_y = mW'_y + 2m\omega v'_x - m\omega^2 y'$$

因此,在 k' 系内,我们得到运动方程为

$$F'_x = mW'_x - m\omega^2 x' - 2m\omega v'_y$$

$$F'_y = mW'_y - m\omega^2 y' + 2m\omega v'_x$$

$$F'_z = mW'_z$$

引进参照系的角速度矢量 $\boldsymbol{\omega}$ 后(沿 OZ 轴的方向

和转动方向的关系遵从右旋螺旋规则），我们可以将
这些式子写成下列矢量形式

$$F' = mW' - m\omega^2 r - 2m[v \times \omega] \qquad (32)$$

设粒子不受到任何力的作用（特别是不存在着"真正
的"的引力场时），于是 $F' = 0$. 由式（32）得出

$$W' = \omega^2 r + 2[v \times \omega] \qquad (33)$$

右边的第一项 $\omega^2 r$，无论对静止的或运动的物体来说
都不为零，并称之为离心加速度. 第二项只当物体相对
于转动坐标系运动时（而且不与转动轴平行）才产生，
并称之为科里奥利加速度.

如果引进"虚构"力（从经典物理的观点看来），
离心力 $m\omega^2 r$ 和科里奥利力 $2m[v \times \omega]$

$$F_{离心力} = m\omega^2 r \qquad (34)$$

$$F_{科里奥利力} = 2m[v \times \omega] \qquad (35)$$

则式（32）变为

$$F + F_{离心力} + F_{科里奥利力} = mW'$$

在转动参照系内的加速度，是由"真正的"力、离心力
和科里奥利力的共同作用所产生的.

由于离心力和科里奥利力与物体的质量成正比，
因而任何物体（不论其质量如何）都得到一个相同的
加速度，所以这些力也和引力类似.

这样一来，在转动的实验室内产生了两种类型的
"引力场"—— 离心"场"和科里奥利"场".

正如从式（34）中所看到的那样，离心"引力"场
在任何一点上都是由转动轴指向半径方向，并且随着
远离转动轴而逐渐增大，也就是这种场（与进动加速
运动所产生的"场"不同）不是均匀的（这里我们已经

注意到,在很大的距离上,离心"引力"场的行为和真正引力场完全不同. 真正引力场随着远离产生场的质量而减小,并趋向于零;离心引力场则随着离开转动轴距离的增加而增大,而且当 $r \to \infty$ 时趋向于无穷大).

正如式(35)所指出的,科里奥利"场"只作用在运动的物体上,并且只与运动物体的速度有关,而与它的坐标无关.

在经典的引力场理论中虽然没有发现类似的力,但是它们的存在却和相对论的精神相符合 —— 运动粒子所受的力必须不同于静止粒子所受的力. 在电动力学中,我们曾经遇到过类似的情况;电磁场内的静止电荷只受到电场力 $q\boldsymbol{E}$ 的作用,而运动电荷则除了这一力外,还受到磁力 $\frac{q}{c}[\boldsymbol{v} \times \boldsymbol{H}]$ 的作用.

从这一观点看来,离心力属于"电力型"的力,而科里奥利力则属于"磁力型"的力. 在这一方面,参照系的转动角速度 $\boldsymbol{\omega}$ 所起的作用和磁场强度 $\boldsymbol{H}$ 相同.

作为例子,我们已经研究过参照系的匀加速进动和匀速转动,也就是加速度在任何时间内不变的运动. 正如我们已证明的那样,这种运动与存在着某种恒定的"引力"场等效. 因而不难理解,参照系在任何时间内的任意的变加速运动,等效于相应的变"引力"场.

因此,我们可以把上述等效原理概括为如下的表述形式:

参照系的任意运动(由任意的变加速度、坐标轴形变等所引起的)等效于某种(在一般情况下为变化的和不均匀的)引力场.

7.4 万有引力与几何学

在本书中我们已经看到,参照系以及可以从一种参照系变换到另一种参照系的概念在相对论中占有多么重要的地位.

同一客观存在的事件(或过程)可以用不同的参照系和不同的"语言"来描述,而对这种参照系和"语言"的选择,则是主观的和相对的.

例如,平面上点的位置,可以用笛卡儿坐标 x, y,极坐标 ρ, φ(图6)和抛物线坐标 ξ, η[①]等定出,而且在所有这些情况下,我们还可以任意选定坐标原点的位置和坐标轴的方向.

对于每一种情况,我们都可以指出从一种坐标系的"语言"翻译成另一种坐标系的"语言"的"辞典".

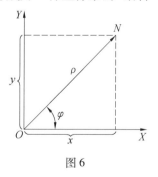

图6

---

① 抛物线坐标的名称是由于在 xOy 平面上的线 ξ = 常数 = C_1 和 η = 常数 = C_2 代表抛物线 $y^2 = C_1^2 - 2C_1 x$ 和 $y^2 = C_2^2 + 2C_2 x$ 而得来的.

例如,从图6中可以直接看出,联系极坐标ρ,φ与笛卡儿坐标x,y的公式为

$$\rho = \sqrt{x^2 + y^2}, x = \rho\cos\varphi$$
$$\varphi = \arctan\frac{y}{x}, y = \rho\sin\varphi$$
$$(36)$$

抛物线坐标ξ,η与笛卡儿坐标x,y的关系为

$$\xi = \sqrt{x^2 + y^2} + x, x = \frac{\xi - \eta}{2}$$
$$\eta = \sqrt{x^2 + y^2} - x, y = \sqrt{\xi\eta}$$
$$(37)$$

在三维情况下,空间中点的位置,可以用笛卡儿坐标x,y,z,球面坐标r,θ,φ(图7)和柱面坐标ρ,φ,z(图8)等定出,这时坐标原点的位置和坐标轴的方向,都可以任意选定.

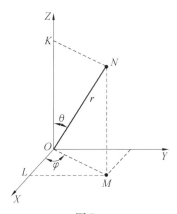

图7

我们可以很简单地找到从球面坐标系的"语言"变换到笛卡儿坐标系的"语言"(或者相反)的"辞典". 从 $\triangle ONK$(图7),我们有

$$z = r\cos\theta$$

323

矢量半径在 XOY 平面上的投影等于

$$OM = r\sin\theta$$

于是从 $\triangle OML$，我们得到

$$x = r\sin\theta\cos\varphi$$
$$y = r\sin\theta\sin\varphi$$

这样一来，联系笛卡儿坐标和球面坐标的公式为

$$\begin{cases} x = r\sin\theta\cos\varphi \\ y = r\sin\theta\sin\varphi \\ z = r\cos\theta \end{cases} \tag{38}$$

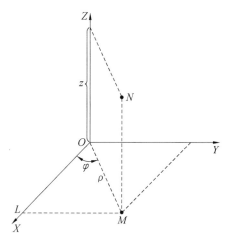

图 8

对 r, θ, φ 求这些方程的解，我们得到

$$\begin{cases} r = \sqrt{x^2 + y^2 + z^2} \\ \theta = \arccos\dfrac{z}{\sqrt{x^2 + y^2 + z^2}} \\ \varphi = \arctan\dfrac{y}{x} \end{cases} \tag{39}$$

同样,不难精确地求得从柱面坐标的"语言"变换到笛卡儿坐标的"语言"的"辞典".

从 $\triangle OML$,我们有

$$\begin{cases} x = \rho \cos \varphi \\ y = \rho \sin \varphi \end{cases} \tag{40}$$

此外,按照定义,我们得到

$$z = z \tag{40'}$$

于是从这些公式求得

$$\begin{cases} \rho = \sqrt{x^2 + y^2} \\ \varphi = \arctan \dfrac{y}{x} \\ z = z \end{cases} \tag{41}$$

现在我们转到运动参照系的情况. 我们已经知道,在参照系做匀速进动的情况下,作为翻译用的"辞典"为洛伦兹变换公式

$$\begin{cases} x' = \dfrac{x - vt}{\sqrt{1 - \beta^2}} \\ y' = y \\ z' = z \\ t' = \dfrac{t - \dfrac{v}{c^2}x}{\sqrt{1 - \beta^2}} \end{cases} \tag{42}$$

在速度小的情况下($v \ll c$),这些公式即变成为伽利略变换公式

$$\begin{cases} x' = x - vt \\ y' = y \\ z' = z \\ t' = t \end{cases} \tag{43}$$

从狭义相对论的观点看来,不必改变力学的基本方程就可以描述力学过程的变换,其中包括变换到任意曲线空间坐标 x, y, z 和伽利略参照系.

事实上,为了使牛顿第二定律(相对论的或经典的)保持有效,我们可以进行任何的空间坐标变换和变换到任何只做匀速直线运动的参照系. 但是在加速运动的参照系内,我们却不得不抛弃力学第二定律,或者引进一种虚构的惯性力(从经典物理学和狭义相对论的观点看来).

但是,在前一节中我们所研究过的等效原理,根本上改变了这一情况. 这里,我们看到,变换到加速运动的参照系等效于"引力"场的出现.

因此,从更普遍的观点看来,为了描述自然现象,我们可以利用任何以任意方式运动和运动时发生形变的参照系,这时可以引进相应的"引力"场. 这意味着,代替笛卡儿坐标 x, y, z,我们可以利用其他任何坐标 x_1, x_2, x_3,它们是笛卡儿坐标和时间的任意函数. 此外,由狭义相对论知道,在变换到运动参照系时,时间也同时发生变换. 因此,除了坐标 x_1, x_2, x_3 外,在一般的情况下,还必须引进第四个新的坐标 x_4,这个坐标既与时间 t 有关,也与空间坐标 x, y, z 有关.

换句话说,自然定律必须对所有四个坐标的任何变换保持不变

$$\begin{cases} x_1 = f_1(x, y, z, t) \\ x_2 = f_2(x, y, z, t) \\ x_3 = f_3(x, y, z, t) \\ x_4 = f_4(x, y, z, t) \end{cases} \tag{44}$$

　　这就是以 Einstein 广义相对论作为基础的广义协变原理.

　　由于可以变换到任何以任意方式运动的曲线参照系,因此,研究任意坐标系中几何学的某些特征,对我们来说是很重要的.

　　我们首先来研究平面几何学.

　　在笛卡儿坐标内,大家知道,两相近点间的距离的平方可以用下列公式来表示

$$dl^2 = dx^2 + dy^2 \tag{45}$$

也就是,距离的平方可以用系数为常数(等于 1)的坐标微分 dx, dy 的平方之和来表示.

　　很容易看出,其他的坐标不具有这种性质. 例如,在极坐标内,对式(40)求微分,我们得到

$$dx = d\rho\cos\varphi - \rho\sin\varphi d\varphi$$
$$dy = d\rho\sin\varphi + \rho\cos\varphi d\varphi$$

由此,将上式代入式(45)内,我们得到

$$dl^2 = d\rho^2 + \rho^2 d\varphi^2 \tag{46}$$

　　我们看到,在坐标 φ 的微分平方之前出现了可变系数 ρ^2. 完全相似,在抛物线坐标 ξ, η 内,我们得到

$$dx = \frac{1}{2}(d\xi - d\eta)$$

$$dy = \frac{1}{2}\left[d\xi\sqrt{\frac{\eta}{\xi}} + d\eta\sqrt{\frac{\xi}{\eta}}\right]$$

由此,得

$$dl^2 = \frac{1}{4}d\xi^2\left(1 + \frac{\eta}{\xi}\right) + \frac{1}{4}d\eta^2\left(1 + \frac{\xi}{\eta}\right) \tag{46'}$$

其中 $d\xi^2$ 和 $d\eta^2$ 前的系数为变数.

　　但是,在平面几何的情况下,我们往往可以把极坐

标、抛物线坐标和其他曲线坐标变换成笛卡儿坐标系, 并且把 $\mathrm{d}l^2$ 表示为系数为常数的坐标平方之和.

产生这种情况的主要原因是, 在平面几何的情况下, 我们有各种不同形式的平面, 它们都适用欧几里得几何学定律. 特别是在这种平面内, 任何三角形的内角之和等于 π, 而对于任何直角三角形, 都适用毕达哥拉斯定理. 因此, 如果选择坐标轴与直角三角形的直角边平行的笛卡儿坐标系, 则距离 $\mathrm{d}l^2$ (斜边) 的平方将等于坐标 (直角边) 微分的平方之和.

我们现在转到研究三维空间. 在笛卡儿坐标内, 两相近点之间的距离的平方, 也可以用系数为常数 (等于 1) 的坐标 x, y, z 的微分平方之和来表示

$$\mathrm{d}l^2 = \mathrm{d}x^2 + \mathrm{d}y^2 + \mathrm{d}z^2 \qquad (47)$$

曲线坐标, 例如球面坐标和柱面坐标, 不具有这种性质. 实际上, 在球面坐标内, 对式 (38) 进行微分, 我们得到

$$\mathrm{d}x = \mathrm{d}r\sin\theta\cos\varphi + r\cos\theta\cos\varphi\,\mathrm{d}\theta - r\sin\theta\sin\varphi\,\mathrm{d}\varphi$$
$$\mathrm{d}y = \mathrm{d}r\sin\theta\sin\varphi + r\cos\theta\sin\varphi\,\mathrm{d}\theta + r\sin\theta\cos\varphi\,\mathrm{d}\varphi$$
$$\mathrm{d}z = \mathrm{d}r\cos\theta - r\sin\theta\,\mathrm{d}\theta$$

将 $\mathrm{d}x, \mathrm{d}y$ 和 $\mathrm{d}z$ 的值代入式 (47) 中, 我们有

$$\mathrm{d}l^2 = \mathrm{d}r^2 + r^2\sin^2\theta\,\mathrm{d}\varphi^2 + r^2\,\mathrm{d}\theta^2 \qquad (48)$$

我们看到, 在坐标 φ 和 θ 的微分平方之前是可变系数 $r^2\sin^2\theta$ 和 r^2. 在柱面坐标内, 对式 (40) 和 (40′) 进行微分, 我们得到

$$\mathrm{d}x = \mathrm{d}\rho\cos\varphi - \rho\sin\varphi\,\mathrm{d}\varphi$$
$$\mathrm{d}y = \mathrm{d}\rho\sin\varphi + \rho\cos\varphi\,\mathrm{d}\varphi$$
$$\mathrm{d}z = \mathrm{d}z$$

由此得

$$dl^2 = d\rho^2 + \rho^2 d\varphi^2 + dz^2 \qquad (49)$$

这里,在 $d\varphi^2$ 前是可变系数 ρ^2.

但是和在平面几何下的情况相同,我们往往可以把曲线坐标(球面坐标、柱面坐标等)变回到笛卡儿坐标中去,同时把 dl^2 表示为坐标微分的平方之和.

显然,这样做之所以可能,是由于在我们所研究的三维情况下,欧几里得几何学定律适用,特别是毕达哥拉斯定理正确(正平行六面体对角线的平方等于其棱的平方之和).

仿照与平面几何的类似性,我们可以把这种不同形式的面称之为"平面".

在曲面的情况下,由于欧几里得几何学定律已不适用,因而我们遇到了一种完全不同的情况.

作为例子,我们来研究半径 $r = 1$ 的球面几何.

在这种二维曲面的情况下,两点间的最短距离可以用大圆弧作为直线的线段来测定. 不难看出,在边为大圆弧线段的球面三角形内,三角形的内角之和不等于 π. 例如,由赤道弧和彼此成直角会聚于一极点的两子午线所组成的三角形内(图9),内角之和等于 $\dfrac{3\pi}{2}$.

由于这一点,对于球面三角形来说,毕达哥拉斯定理和其他欧几里得几何学定律都不适用. 在这种球面上,如果设 $r = 1$,$dr = 0$,则两相近点之间的距离的平方可以由式(48)求出. 于是我们得到

$$dl^2 = \sin^2\theta d\varphi^2 + d\theta^2 \qquad (50)$$

这时与"平面的"情况有所不同,在球面上不能引进这样的坐标,以使任何相近两点之间的距离用系数

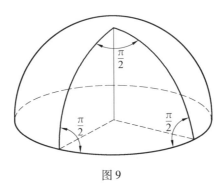

图 9

为常数的坐标微分的平方之和来表示. 这是因为球面是二维的"曲面",因而不能应用欧几里得几何学,特别是这时毕达哥拉斯定理已不适用.

到目前为止,在我们的全部讨论中,无形之中总是从这样的一个观点出发的,即在实际的三维空间内,欧几里得几何学定律完全适用. 但是,必须清楚地理解到,几何学是一种研究实际空间性质的科学,而且只是物理学中的一部分,因此基本上是一种经验科学. 几何学的公理和假设既不是先验的真理,也不是天赋的人类智慧的概念,而是许多世纪以来人类的经验总结. 罗巴切夫斯基曾经十分清楚地最先指出了这种情况. 他首先用纯公理式的方法建立起一种新的非欧几里得几何学,并企图利用联系地面上很远两点与星球的光线来作实验,以便进一步用实验方法来验证三角形内角之和是否等于 π. 但是这一实验最后终于遭到了失败(也不可能得到另外的结果,因为在这种情况下,与欧几里得几何学定律的偏差很小).

因此,在广义相对论创立之前,人们对欧几里得几何学定律的普遍正确性,丝毫也没有产生过任何重大

的怀疑. 测量学、拓扑学、天文学和建筑学等所积累起来的经验,已经有几千年的历史,而且看来似乎完全明确地证实了欧几里得几何学的正确性. 但是,广义相对论的创立,却从根本上改变了这一情况.

我们已经看到,在狭义相对论内,空间和时间结合为统一的四维空间,其中间距

$$dS^2 = dx^2 + dy^2 + dz^2 - c^2 dt^2 \qquad (51)$$

代表两"世界点"之间的距离.

四维"距离"的平方可以用系数为常数$(1,1,1,-c^2)$的坐标微分的平方之和来表示. 在任何伽利略参照系内,都具有这种性质,因为间距对洛伦兹变换群为不变式.

如果我们引进空间内的曲线坐标(柱面坐标、球面坐标等)来代替x,y,z,则间距的空间部分表达式$dx^2 + dy^2 + dz^2$发生了改变,但dt^2却仍然包括在系数$-c^2$之内. 然而,如果变换到任何加速运动的参照系,则这时间距的表达式将发生重大的改变. 例如,变换到沿OX轴做匀加速运动的参照系时,我们得到(在非相对论情况下)

$$x = x' + \frac{at^2}{2}$$
$$y = y'$$
$$z = z'$$
$$t = t'$$

由此得到

$$dx = dx' + atdt$$
$$dy = dy'$$
$$dz = dz'$$

$$\mathrm{d}t = \mathrm{d}t'$$

而间距的形式为

$$\mathrm{d}S^2 = \mathrm{d}x'^2 + \mathrm{d}y'^2 + \mathrm{d}z'^2 + 2at \cdot \mathrm{d}x' \cdot \mathrm{d}t - (c^2 - a^2t^2)\mathrm{d}t^2$$

变换到匀速转动的参照系时,我们有(也是在非相对论的情况下)

$$x = x'\cos\omega t - y'\sin\omega t$$
$$y = y'\cos\omega t + x'\sin\omega t$$
$$z' = z$$
$$t' = t$$

由此得到

$$\mathrm{d}x = \mathrm{d}x'\cos\omega t - \mathrm{d}y'\sin\omega t - \omega(x'\sin\omega t + y'\cos\omega t)\mathrm{d}t$$
$$\mathrm{d}y = \mathrm{d}y'\cos\omega t + \mathrm{d}x'\sin\omega t + \omega(x'\cos\omega t - y'\sin\omega t)\mathrm{d}t$$
$$\mathrm{d}z = \mathrm{d}z'$$
$$\mathrm{d}t = \mathrm{d}t'$$

因此,间距的平方的表达式为

$$\mathrm{d}S^2 = \mathrm{d}x'^2 + \mathrm{d}y'^2 + \mathrm{d}z'^2 + [\omega^2(x'^2 + y'^2) - c^2]\mathrm{d}t'^2 - 2\omega y'\mathrm{d}x'\mathrm{d}t + 2\omega x'\mathrm{d}y'\mathrm{d}t$$

我们看到,在加速运动的参照系内,间距平方的表达式不但含有坐标微分的平方,而且还含有不同坐标的微分的乘积,同时这个二次式的系数在一般情况下是变数.

不难看到,如果代替 x,y,z,t,我们引进四维空间内为 x,y,z,t 的任意(微分)函数的新坐标 x_1,x_2,x_3,x_4

$$\begin{cases} x_1 = f_1(x,y,z,t) \\ x_2 = f_2(x,y,z,t) \\ x_3 = f_3(x,y,z,t) \\ x_4 = f_4(x,y,z,t) \end{cases} \tag{52}$$

（在物理上,这表明变换到以任意方式运动和形变的参照系）,则间距的平方可以采用系数为变数的新坐标的齐次二次式来表示

$$dS^2 = g_{11}(x_1,\cdots,x_4)dx_1^2 + g_{22}(x_1,\cdots,x_4)dx_2^2 +$$
$$g_{33}(x_1,\cdots,x_4)dx_3^2 + g_{44}(x_1,\cdots,x_4)dx_4^2 +$$
$$2g_{12}(x_1,\cdots,x_4)dx_1dx_2 +$$
$$2g_{13}(x_1,\cdots,x_4)dx_1dx_3 +$$
$$2g_{14}(x_1,\cdots,x_4)dx_1dx_4 +$$
$$2g_{23}(x_1,\cdots,x_4)dx_2dx_3 +$$
$$2g_{24}(x_1,\cdots,x_4)dx_2dx_4 +$$
$$2g_{34}(x_1,\cdots,x_4)dx_3dx_4$$

或者写成如下更简单的形式

$$dS^2 = \sum_{i=k=1}^{4} g_{ik}(x_1,x_2,x_3,x_4)dx_idx_k \qquad (53)$$

g_{ik} 量的集合构成所谓度规张量. 我们注意到,它们是对称的

$$g_{ik}(x_1,\cdots,x_4) = g_{ki}(x_1,\cdots,x_4)$$

因此,存在着 g_{ik} 的 10 个不同分量: $g_{11},g_{22},g_{33},g_{44},g_{12}$, $g_{13},g_{14},g_{23},g_{24},g_{34}$.

从一个参照系变换到另一个参照系时,度规张量的分量发生变化,但是,在本书内,我们不可能研究有关度规张量的变化规律和由此而得出的结果.

现在我们指出下面一个十分重要的情况. 在不存在着"真正的"引力场时,我们往往可以把非惯性的曲线坐标 x_1,x_2,x_3,x_4（例如从转动的或匀加速的参照系）变回到惯性的笛卡儿参照系. 于是,"虚构"的引力（例如转动参照系内的离心力和科里奥利力,或匀加速运动参照系内的惯性力 $-ma$）就消去了.另一方

面,在全部空间内,间距表达式仍然取(51)的形式,而度规张量分量则取"伽利略"值为

$$g_{ik} = 0, i \neq k$$
$$g_{11} = g_{22} = g_{33} = 1 \qquad (54)$$
$$g_{44} = -c^2$$

这表明,当不存在着"真正的"引力场时,空间 = 时间的几何学仍然是闵可夫斯基的赝欧几里得几何学(而三维空间的几何学则仍为欧几里得几何学),也就是四维连续区是"平面的".

相反,当存在着"真正的"引力场时,我们就遇到了一种完全不同的情况. 在这种情况下,坐标 $x_1, x_2,$ x_3, x_4 的任何变换,都不能使整个空间内的间距表示为伽利略形式(51),度规张量分量表示为"伽利略"值(54)(记住球面上两点之间的距离!)

在数学上,这是因为在一般的情况下,由四个参量 x_1, x_2, x_3, x_4 的变换,不可能满足六个方程

$$g_{12}(x_1, \cdots, x_4) = 0$$
$$g_{13}(x_1, \cdots, x_4) = 0$$
$$g_{14}(x_1, \cdots, x_4) = 0$$
$$g_{23}(x_1, \cdots, x_4) = 0$$
$$g_{24}(x_1, \cdots, x_4) = 0$$
$$g_{34}(x_1, \cdots, x_4) = 0$$

在物理学上,这是因为在"真正的"和"虚构的"引力场之间存在着显著的差别的缘故(我们已在上面指出过这种差别).

"真正的"引力场在离开产生场的质量很远处开始消失,而"虚构的"引力场一般说来,则不具有这种

性质(例如,在匀加速运动的参照系内,"场"$-ma$是均匀的,也就是在空间的所有点上是相同的;而离心"场"$-ma^2r$则随远离转动轴的距离而增大等).因此,不可能通过选择参照系来"消除"整个空间内的引力场;而且在"消除"了有限距离的真正引力场后,我们将不可避免地引进远距离的"虚构"引力场(或者相反).适当地选择参照系只能"消除"小空间区域内的引力场,在这里我们可以把扬看作是均匀的(为此,必须变换到"落入"场内的参照系,也就是以场所产生的加速度a运动的参照系).所以在空间的小区域内,"真正的"引力场和"虚构的"引力场在物理意义上是并无区别的(因此我们宁可采用打有引号的"真正的"和"虚构的").于是,当存在着"真正的"引力场时,空间 – 时间代表了不适用于闵可夫斯基的赝欧几里得几何学的四维"曲线"空间.这表明,在引力场内,三维空间几何学已成为非欧几里得的,这时,时间的流逝亦发生了改变.

因此,在广义相对论中,物质、空间和时间之间,存在着比经典物理学中更为复杂和深刻的联系.

在牛顿的物理学中,空间和时间往往被认为是物体和事件的"容器",而不依赖于物质的密度.

与这种形而上学的概念相反,在广义相对论中已经查明,空间的几何性质和时间的流逝完全取决于在一定空间区域内的物质密度.因而在宇宙空间内物质积聚的地方,也存在着较强的引力场.在这种情况下,空间和时间是"弯曲的"—— 几何学变成为非欧几里得的,而且钟开始走得变慢(如可以证明的).

我们可以引进下列有趣的与二维曲面的"弯曲"相类似的情况.

设想有一块向水平方向拉开的橡皮膜,其上选以笛卡儿坐标网(图 10(a)). 在这一平面上欧几里得几何定律适用,即三角形的内角之和等于两直角,并且满足毕达哥拉斯定理等. 另一方面,以初速 v 沿这一平面上滚动的轻质小球,由于惯性作用而(略去摩擦力)做匀速直线运动. 现在设在膜上(图 10(b))放上一块重物(如较重的球),则由于该物体的重力作用,橡皮膜被压弯而凹下去,因而成为一个二维"曲面". 在这一曲面上,欧几里得定律已不适用(记住球面几何的情况),这样位于弯曲的橡皮膜上的小球将朝着重物滚动(或者被"吸向"重物).

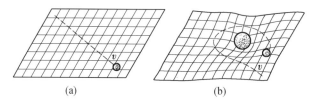

(a)   (b)

图 10

从这个例子中,我们可以清楚地看到,当存在着质量很大的物体时,将同时产生"万有引力"和"弯曲"现象(几何学定律改变)(当然,这个例子与实际的空间和时间内存在的情况相比,只是纯粹的外表类似而已,特别是我们不能直观地想象三维尤其是四维空间"弯曲"—— 这一名词仅仅是表明几何学定律的改变).

由以上所述可以得出,既然引力场和几何学定律

的改变是同时产生的,因而度规张量 g_{ik} 的分量具有两种物理意义:(1) 它们表示四维空间几何学(度规)定律(因而称为度规张量);(2) 它们表示引力场的强度 —— 即引力势.

因此,在引力场理论中, g_{ik} 所起的作用与电磁场理论中矢势 $\boldsymbol{A}$ 和标势 φ 所起的作用相同. 至于更详细的理论(限于篇幅我们在本书内不准备进行讨论),则可以进一步导致建立起势 g_{ik} 所满足的方程. 从这一点看来,这一方程的类型似乎和电动力学中 $\boldsymbol{A}$ 和 φ 的方程相同. 特别是在真空内,我们得到波动方程,并从其中得出这样的一个结论,即引力作用在空间内的传播不是瞬时的(如在经典物理学中所假定的那样),而是以真空内的光速 c 进行的.

我们可以更详细地来研究一下弱引力场的情况. 在这种情况下,可以求得度规张量分量的近似表达式.

为了这一目的,我们首先在不存在着引力场的情况下,用间距元来表示质点的能量(在狭义相对论的范围内). 这样就可以使我们在知道了广义相对论范围内的间距表达式后,把所得到的结果进一步推广到存在着引力场的情况. 在狭义相对论中,我们得到自由运动的质点的能量表达式为

$$E = \frac{m_0 c^2}{\sqrt{1 - \dfrac{u^2}{c^2}}} = \frac{m_0 c^2}{\sqrt{1 - \dfrac{\mathrm{d}x^2 + \mathrm{d}y^2 + \mathrm{d}z^2}{c^2 \mathrm{d}t^2}}}$$

把这一式子的分子和分母乘上 $i c \mathrm{d}t$,我们得到

$$E = i m_0 c^3 \frac{\mathrm{d}t}{\sqrt{\mathrm{d}x^2 + \mathrm{d}y^2 + \mathrm{d}z^2 - c^2 \mathrm{d}t^2}}$$

把 $\mathrm{d}x, \mathrm{d}y, \mathrm{d}z, \mathrm{d}t$ 看作是自变数(这是容许的,因为

它们代表自变数 x, y, z, t 的增量），不难证明

$$\frac{-c^2 \mathrm{d}t}{\sqrt{\mathrm{d}x^2 + \mathrm{d}y^2 + \mathrm{d}z^2 - c^2 \mathrm{d}t^2}} =$$

$$\frac{\partial}{\partial(\mathrm{d}t)}(\sqrt{\mathrm{d}x^2 + \mathrm{d}y^2 + \mathrm{d}z^2 - c^2 \mathrm{d}t^2}) =$$

$$\frac{\partial(\mathrm{d}S)}{\partial(\mathrm{d}t)}$$

由此，我们得到较感兴趣的用间距元所表示的能量表达式为

$$E = - \mathrm{i}m_0 c \frac{\partial(\mathrm{d}S)}{\partial(\mathrm{d}t)} \tag{55}$$

当存在着引力场时，正如我们已知道的那样，间距元的表达式为

$$\mathrm{d}S = \sqrt{\sum_{i,k=1}^{4} g_{ik} \mathrm{d}x_i \mathrm{d}x_k}$$

（在以下的讨论中，我们将利用符号 $x_1 = x, x_2 = y, x_3 = z, x_4 = t$），于是，计算能量时，我们得到

$$E = - \mathrm{i}m_0 c \frac{\partial}{\partial(\partial x_4)} \sqrt{\sum_{i,k=1}^{4} g_{ik}(x_1, \cdots, x_4) \mathrm{d}x_i \mathrm{d}x_k} \tag{56}$$

或者更详细地

$$E = - \mathrm{i}m_0 c \frac{\partial}{\partial(\partial x_4)} \sqrt{g_{11}\mathrm{d}x_1^2 + g_{22}\mathrm{d}x_2^2 + g_{33}\mathrm{d}x_3^2 + g_{44}\mathrm{d}x_4^2 +}$$

$$\overline{2g_{12}\mathrm{d}x_1\mathrm{d}x_2 + 2g_{13}\mathrm{d}x_1\mathrm{d}x_3 + 2g_{14}\mathrm{d}x_1\mathrm{d}x_4 +}$$

$$\overline{2g_{23}\mathrm{d}x_2\mathrm{d}x_3 + 2g_{24}\mathrm{d}x_2\mathrm{d}x_4 + 2g_{34}\mathrm{d}x_3\mathrm{d}x_4}$$

对上式进行微分后，我们得到

$$E = - \mathrm{i} m_0 c \frac{g_{44} \mathrm{d} x_4 + g_{34} \mathrm{d} x_3 + g_{24} \mathrm{d} x_2 + g_{14} \mathrm{d} x_1}{\sqrt{\sum\limits_{i,k=1}^{4} g_{ik} \mathrm{d} x_i \mathrm{d} x_k}} \quad (57)$$

在牛顿引力理论适用的情况下(相当弱的引力场),度规张量分量必须与其伽利略数值差别很小,也就是我们有

$$g_{11} = g_{22} = g_{33} = 1 + p$$
$$g_{44} = - c^2 (1 + q)$$
$$g_{\alpha\beta} = r_{\alpha\beta}, \alpha \neq \beta$$

式中,$p,q,r_{\alpha\beta}$ 小于 1,于是式(57)的形式变为

$$E = m_0 c^2 \frac{1 + q - r_{34} \dfrac{u_z}{c^2} - r_{24} \dfrac{u_y}{c^2} - r_{14} \dfrac{u_z}{c^2}}{\sqrt{\begin{array}{c} 1 + q - \dfrac{u^2}{c^2}(1 + p) - 2r_{12} \dfrac{u_x u_y}{c^2} - 2r_{13} \dfrac{u_x u_y}{c^2} - \\ - 2r_{23} \dfrac{u_y u_z}{c^2} - 2r_{14} \dfrac{u_x}{c^2} - 2r_{24} \dfrac{u_y}{c^2} - 2r_{34} \dfrac{u_z}{c^2} \end{array}}}$$

(如果从根号下取出因子 i,用 $c\mathrm{d} x_4 = c\mathrm{d} t$ 除分子和分母,并引进符号

$$\frac{\mathrm{d} x_1}{\mathrm{d} t} = u_x, \frac{\mathrm{d} x_2}{\mathrm{d} t} = u_y, \frac{\mathrm{d} x_3}{\mathrm{d} t} = u_z)$$

因为在弱引力场的情况下,物体所得到的速度很小($u \ll c$),因而在后一式中必须把含有 p 和 $r_{\alpha\beta}$ 的项作为较高级的小量而略去(与 q 和 $\dfrac{u^2}{c^2}$ 比较),于是精确到一级小量(对 q 和 $\dfrac{u^2}{c^2}$ 来说),我们得到

$$E = m_0 c^2 \frac{1 + q}{\sqrt{1 + q - \dfrac{u^2}{c^2}}} \cong$$

$$m_0 c^2 (1 + q) \left(1 - \frac{1}{2} q + \frac{1}{2} \frac{u^2}{c^2} \right) =$$

$$m_0 c^2 + \frac{m_0 u^2}{2} + \frac{1}{2} q m_0 c^2$$

将后一式与牛顿引力场内非相对论粒子的能量公式做一比较

$$E = m_0 c^2 + \frac{m_0 u^2}{2} + m_0 \varphi$$

〔式中 φ 为牛顿引力势(单位质量的势能)〕,我们到得

$$m_0 c^2 + \frac{m_0 u^2}{2} + \frac{1}{2} q m_0 c^2 = m_0 c^2 + \frac{m_0 u^2}{2} + m_0 \varphi$$

由此,得

$$q = \frac{2\varphi}{c^2}$$

$$g_{44} = - c^2 \left(1 + \frac{2\varphi}{c^2} \right) = - c^2 - 2\varphi \qquad (58)$$

我们注意到,用上述方法不能获得 g_{ik} 其余分量的修正值,因为它们被包含在含有小因子 $\frac{u_i}{c}$ 和 $\frac{u_i u_k}{c^2}$ 的能量式子内,因而必须略去.

于是,在弱引力场内,我们得到间距的式为

$$dS^2 = (1 + p)(dx^2 + dy^2 + dz^2) - (c^2 + 2\varphi)dt^2 +$$

$$2 \sum_{n=1}^{3} r_{n4} dx_n dt + 2 \sum_{\substack{m,n=1 \\ (m \neq n)}}^{3} r_{mn} dx_n dx_m$$

设被间距 dS 所分开的事件发生于空间的一点上,于是

$$dx = dy = dz = 0$$

或

340

$$dS^2 = -(c^2 + 2\varphi)dt^2$$

另一方面(参阅5.5节),间距和本征时间 $d\tau$ 的关系为

$$dS^2 = -c^2 d\tau^2$$

令上述两式的右边相等,我们得到

$$d\tau = dt\sqrt{1 + \frac{2\varphi}{c^2}} \qquad (59)$$

我们看到,引力势的绝对值($\varphi < 0$)越大,也就是在一定点上的引力场越强,则本征时间流逝得越慢.

最后,我们来研究一下广义相对论的实验验证问题.

到最近为止,人们还只能借助于天文观测来进行这种验证,这是因为地球上的引力场太弱,以至不足以引起所预计到的效应.

利用现代的天文观测技术,我们可以发现下列三种效应:

1. 谱线的红向移动.

以上我们已经看到,在引力场内的钟变慢,于是处于引力场内的钟所指示的时间 τ 和处于引力场外的钟所指示的时间 t 的关系为

$$\tau = t\sqrt{1 + \frac{2\varphi}{c^2}} \cong t\left(1 + \frac{\varphi}{c^2}\right)$$

由于光矢量的振动频率与完成振动数 N 的时间 τ 成反比,因而,在引力场内的振动频率 ω 将为

$$\omega = \frac{\omega_0}{1 + \frac{\varphi}{c^2}} \cong \omega_0\left(1 - \frac{\varphi}{c^2}\right)$$

式中,ω_0 为不存在着引力场时的光振动频率. 随着引力势绝对值的增加,光的频率也相应地增大. 特别是在

非相对论近似下,是星球的球对称引力场内,我们得到引力势能为

$$\Pi = - \gamma \frac{mM}{R}$$

由此,得

$$\varphi = \frac{\Pi}{m} = - \gamma \frac{M}{R}$$

因而

$$\omega = \omega_0 \left(1 + \frac{\gamma M}{Rc^2} \right)$$

也就是由星球上所发射出来的光频率 ω_1 大于地球上观察者所接收到的光频率 ω_2

$$\omega_1 = \omega_0 \left(1 + \frac{\gamma M}{Rc^2} \right)$$

$$\omega_2 \approx \omega_0$$

(在这里我们自然地略去了地球的弱引力场).

由此可知,从星球上所发射出来的某一元素(例如氢)的谱线频率和地球上的观察者所接收到的频率相差

$$\Delta \omega = \omega_0 \frac{\gamma M}{Rc^2} \qquad (60)$$

对于太阳来说,由于引力作用,谱线向光谱红端的移动似乎是很微小的,而且超出了可以测量的范围. 但是,对质量(M)较大和半径(R)较小以及密度很高的星球(所谓白矮星)来说,这种移动是完全可以测量得到的,因此"红向移动"的观测,完全证实了理论的预言.

2. 光线在太阳引力场内的偏转.

由广义相对论我们知道,经过质量较大的物体附近的光线,在它的引力场范围内,应向该物体的方向偏转(图11). 在狭义相对论的范围内,已经定性地了解到这种情况:光线具有能量, 因而也具有质量 $m\left(m = \dfrac{E}{c^2}\right)$,所以,引力应使光线弯曲,并把它吸向产生引力场的物体一边. 但是广义相对论却定量地提供了和狭义相对论稍有不同的结果(这是因为引力场内的度规发生了变化),即在离物体中心 R 处通过的光线所偏转的角度等于

$$\varphi = \frac{4\gamma M}{Rc^2} \qquad (61)$$

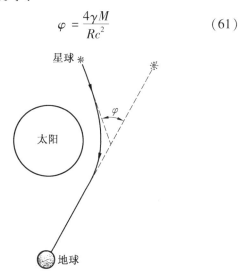

图 11

在太阳的情况下,这种偏转为 $1''75$. 从星球发射出来的光线,经过太阳附近然后再照射到地球上所发生的偏转,只能在日食时才可以观测到,这时直线位于太

343

阳邻近天体上的星球就成为可见的. 看来, 这些观察和式 (61) 很好地符合, 但是, 由于这些观察的误差稍小于所预期的结果 (1″75), 因此, 在这种情况下, 实验和理论的符合不具有决定性的意义.

3. 行星近日点的运动.

我们已经看到, 从广义相对论可以得出牛顿引力定律的不精确性. 由于这一点, 行星的运动规律在 Einstein 的理论中, 要比在经典的万有引力理论中复杂得多. 在约略的近似下, 行星的轨道为一椭圆, 但是在以下的近似下, 已经查明, 这些椭圆的长半轴并不是静止不动的, 而是在椭圆平面内慢慢地转动着 (图 12).

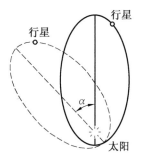

图 12

行星绕椭圆转动一周, 行星近日点的转动角

$$\alpha = \frac{24\pi^2 a^2}{c^2 T^2 (1 - e^2)} \tag{62}$$

式中, a 为椭圆的长半轴, T 为转动周期, 而 e 为椭圆的偏心率.

在所有的行星中, 以水星的角 α 值为最大, 在一百年内, 它达到 43″, 这与天文观测所得到的 42″6 很好地

符合.

人造地球卫星和太阳行星的出现,将为实验验证广义相对论的结果,打开一条新的极为宽广的道路. 我们首先来谈一谈人造卫星轨道近日点的转动和光谱线的位移.

我们可以设法使人造卫星轨道的近日点在一个周期内的转动角远大于水星的转动角. 事实上,按照公式 (62),这个角与椭圆的长半轴的平方成正比,而与周期的平方成反比,并随着椭圆偏心率的增大而增加. 虽然,地球卫星椭圆轨道的长半轴远小于水星,但由于转动周期比较小和可能将卫星发射到偏心率较大的轨道上,因此可以使近日点在一百年内的转动角 α 的值达到 1 500″,这已超过了水星的 α 值 30 多倍. 但这时必须注意到,由于近日点的转动不但是由于广义相对论效应所引起的,而且也是由于一系列其他原因所引起的 (大气的阻力,月球的影响,地球上质量的非球面分布),因而使理论与实验的比较极为困难. 但是,看来随着观测资料的大量积累,将完全有可能研究所有这些效应,而且随着时间的流逝,公式(62)的验证也将成为完全现实的.

利用人造卫星来实验验证广义相对论的第二个可能性,是测量装置在人造卫星上的无线电发射机所发射出来的无线电波的频率. 在这种情况下,与上面所研究的效应相反,我们得到的移动不是朝向光谱的"红端",而是朝向光谱的"紫端".

我们可以用下面的方法来发现频率的改变. 对于人造卫星所发射出来的和地面上所接收到的无线电波

的频率,我们分别得到

$$\omega_1 = \omega_0\left(1 - \frac{\varphi}{c^2}\right) = \omega_0\left(1 + \frac{\gamma M}{c^2(R + h)}\right)$$

$$\omega_2 = \omega_0\left(1 - \frac{\varphi}{c^2}\right) = \omega_0\left(1 + \frac{\gamma M}{c^2 R}\right)$$

式中,R 为地球的半径,h 为人造卫星离地面的高度.

由此,们有

$$\Delta\omega = \omega_2 - \omega_1 = \omega_0\left(\frac{\gamma M}{c^2 R} - \frac{\gamma M}{c^2(R + h)}\right) \approx$$

$$\omega_0 \frac{\gamma M h}{c^2 R^2}\left(1 - \frac{h}{R}\right)$$

因为 $\dfrac{\gamma M}{R^2} = g$ 为地面上的重力加速度,因而最后得到

$$\frac{\Delta\omega}{\omega_0} \approx \frac{gh}{c^2}\left(1 - \frac{h}{R}\right)$$

取 $h = 1\,500$ km,我们得到

$$\frac{\Delta\omega}{\omega_0} = 10^{-10}$$

现在,频率的这种变化已经可以测量得到,因为所谓分子发生器和原子钟,其频率的稳定度已达到了 $10^{-9} \sim 10^{-10}$ 级.

但是,在这种情况下,我们也应该指出理论与实验比较时所产生的困难,这是因为,由于多普勒效应,在人造卫星运行时也发生了频率的改变. 因此,理论的实验验证,只能在离开地球很远和运行得很慢的人造卫星上进行.

最后我们指出,利用人造卫星,在原则上还可以观测到另一种 — 第四种 — 广义相对论的效应. 这一效应是,人造卫星绕自转的大质量中心物体的运动,和中

心物体处于静止状态的情况有所不同.这是因为中心物体在转动时产生了一种所谓"磁型"的力(类似于科里奥利力).详细的理论进一步指出,这种力的存在应该导致人造卫星椭圆轨道近日点在一百年内转动一个附加的角度:50″(对于太阳系的行星来说,这一效应是很小的,例如水星在一百年内总共只有 0.01″).

可以预期,今后随着理论计算和观察人造卫星轨道方法的日益改善,我们也将可以发现这种效应,并将观察结果与理论的预言进行比较.

任何一本介绍相对论的书籍,如果不分析一下相对论力学的全部哲学内容,是不算完备的.列宁在《唯物主义和经验批判主义》一书中曾经写道(引恩格斯的话):"甚至随着自然科学(姑且不谈人类历史)领域内出现每一个划时代的发现,唯物主义不可避免地一定要改变自己的形式"①.这些话也完全适用于相对论.

但是相对论在人类历史舞台上的出现,究竟对唯物主义哲学做出了哪些贡献呢?

辩证唯物主义教导我们,空间和时间是运动物质存在的形式,它们是客观存在的,正如物质本身一样.但是如果确是这样,则空间和时间之间以及与运动物质之间,必须不可分割地相互联系着.离开了空间和时间,就不可能设想有物质存在,正如脱离了物质,就不可能设想有时间和空间存在一样.因此,在牛顿力学中

---

① 《列宁全集》中文版第十四卷,265 页,1957 年,人民出版社出版.

占统治地位的绝对空间是物体的"容器"和绝对时间是事件的"容器"的那种形而上学的概念,在科学的发展过程中,必然将不可避免地遭到彻底的破产.

相对论作为空间、时间和引力的现代物理理论,在整个物理学史中之所以具有深远的革命意义恰恰就在于:它一方面揭露了空间和时间之间的相互联系,另一方面揭露了和运动物质性质之间的相互联系.

从物理意义上来讲,运动总是相对的,因为它代表一些物体相对于另一些物体的移动,而不是代表一些物体相对于不存在的牛顿绝对空间的移动. 于是,空间和时间作为运动物质存在的形式,也必须是相对的.

在关于空间距离 l 和时间间隔 τ 的相对性学说中,狭义相对论也正是揭露了这种情况.

这些量的相对性的深远意义在于,空间和时间的性质与物质的运动(实验室的或参照系的运动)发生密切的联系,并且为物质的运动所制约.

这种情况完全和马克思主义关于形式与内容的辩证关系的学说一致. 但是,正如我们所看到的那样,从两个相对量 l 和 τ 可以构成一个非相对的绝对量 —— 间距 $S = \sqrt{l^2 - c^2\tau^2}$. 间距 S 的绝对性揭露了空间和时间相互之间以及与自然界的基本定律 —— 因果关系定律的深刻联系. 事实上,我们已经看到,因果关系只存在于被类时间距所分开的事件之间;相反,被类空间距所分开的事件,则不可能存在着这种关系.

由此可知,相对论所根据的是,空间内任何相互作用的传播都不是瞬时的,而是具有一定的不超过真空内光速的速度,因而揭露了经典物理学中所尚未发现

的因果关系定律的新的特征.

正如我们已看到的那样,空间距离和时间间隔之间的相互联系,导致建立起统一的四维世界 —— 时空世界(四维的闵可夫斯基"世界").

这样一来,狭义相对论把牛顿力学中互不相关的时间和空间紧密地联系成为一种统一的物质存在的形式 —— 时间和空间. 然而这并不意味着,在相对论力学中,空间和时间之间的差别已经完全消除了(Einstein本人对这种类似的错误也曾经提出过郑重的警告). 此外,在这些物质存在的形式之间还具有显著的差别. 空间表示物体的相互位置(远近、左右、上下),它是三维的,并且是各向同性的(也就是在所有的方向上是相同的,同时在坐标系 x, y, z 轴的正方向和反方向上,都可能发生运动). 时间表示事件的先后次序(早晚),它是一维的,并且具有不可逆的性质(时间上不可能有回复到过去的倒退运动).

正如我们在本书中所看到的那样,相对论在目前不但已经被大量的实验事实所证实,而且已经成为一系列工程物理计算中不可缺少的基础(在铀和钚反应堆以及未来的热核反应装置中的能量释放,带电粒子加速器、原子弹和氢弹的计算等).

既然相对论的结果已为科学的认识论的最高准则 —— 人类的实践所验证,因而在它的应用范围内,Einstein的力学无疑的是正确的.

综上所述,我们还想着重指出下面的情况:

相对论是现代有关空间、时间和引力的物理理论.它揭露了空间和时间之间,以及和运动物质之间的深刻联系. 这种相互联系把空间和时间结合成一种统一的运动物质存在的形式 —— 时空概念, 而没有涉及这些形式的个别特征. 由空间和时间结合而成的统一的四维世界与最重要的物质运动定律 —— 因果关系定律, 有着极为密切的联系. 此外, 相对论还揭露了经典物理学中尚未发现的因果关系定律的新的特征.

空间和时间与运动物质的相互联系, 决定了空间的几何学定律, 时间流逝定律, 并且进一步揭露了万有引力的真实性质.

由此可知, 空间和时间与运动物质密切地联系着, 它们和物质本身一样, 是不以人们意志为转移的客观存在. 因此, 狭义相对论为马克思列宁主义关于空间和时间客观性质的学说, 提供了光辉的证明, 这就是狭义相对论真正的认识论意义.

再谈相对论性动力学

第 八 章

在本章中我们将要讨论两个主要论题. 第一个论题是对动量和能量的进一步讨论, 重点放在这些物理量在两个惯性系之间的变换上. 第二个论题是相对论性动力学中力的概念, 其中包括如何来定义力, 力的变换, 以及力在应用上受到的若干限制等问题. 我们首先要介绍一个重要的不变量, 它可以根据动量和能量在一个已知参照系中的测量值构造出来.

8.1 能量–动量不变量及其应用

迄今我们所做一切的秘诀是去辩护: 对于任何自持体系(self contained system), 能量和线动量是两个分离的常量. 然而在应用这一断言时,我们把选择一特定惯性系并在其中进行整个计算认为是当然的. 我们现在要做的是问:某一粒子体系的能量 E 和动量 p 在两个不同的参照系中的测量结果是如何联系起来的? 这一问题的答案基本上包含在下面这个有关一单一粒子的相对论性动量和能量的基本陈述之中

$$\boldsymbol{p} = \gamma m_0 \boldsymbol{v}$$
$$E = \gamma m_0 c^2$$

我们已给看到过这两个量是如何通过方程

$$E^2 = (cp)^2 + E_0^2$$

联系起来的,式中的 $E_0 (= m_0 c^2)$ 是该粒子的静能量.

现在把这一结果以一种简单的方式重新陈述如下:

如果某一粒子具有静能量 E_0(亦即,该粒子在其动量为零的参照系中测得的总能量 E_0),那么它在任何其他的参照系中测得的能量和动量可以并合成一个如下式给出的不变量

$$E^2 - (cp)^2 = E_0^2$$

由于这个关系式对于在任何参照系中测得的 E 和 p 均成立,所以一粒子在任何两个参照系中测得的能量和动量可由方程

$$E^2 - (cp)^2 = (E')^2 - (cp')^2 = E_0^2 \qquad (1)$$

联系起来,可见,式中的 E_0 体现了该粒子的一个不变的动力学性质.

可证明,方程(1)不仅适用于单一的粒子,而且以如下的方式对于任一粒子群集(collection of particles)也是适用的. 如果,像我们在任何已知参照

系中所测定的,诸粒子的能量之和为 E,而动量之矢量和的量值为 p,那么,组合 $E^2 - (cp)^2$ 的数值同在任何其他参照系中测得的相应组合 $(E')^2 - (cp')^2$ 的数值是一样的. 这个不变数值等于在动量的矢量和为零的参照系中测得的所有粒子的总能量的平方.

尤其要注意,在方程(1)的推广形式中,能量 E_0 一般说来并不仅仅是静能量之和. 我们所考虑的粒子群集可能包含一粒子相对于另一粒子的各种各样的运动;从而并不需要任何一个其内所有粒子都处于静止状态的参照系存在.

至于方程(1)对任意一群粒子适用性的正式证明,将在下一节中予以阐明. 然而,我们可以通过指出我们经常,且有理由把一个粒子群集看作一个单一的粒子,而立即对这种应用的合理性作一些说明. 试以一个氩原子为例,该原子含有多个处于快速运动状态的电子和位于其中心的一个原子核;而这个原子核本身又是由携有大量动能的若干中子和质子所组成. 从气体动理学理论(Kinetic theory of gases)的观点来看,我们会毫不犹豫地把这个原子描述为一个具有一定速度的单一粒子. 而且能量的惯性定理更能使我们容易想到可把这一复杂结构描述为具有一定动量的单一质量,而不管我们是否知道它的内部结构.

关于推广形式的方程(1)的有用性的一个很好的例子,是由我们已在前文中用另一种方法处理过的反质子产生问题所提供的. 图1(a)示出在实验室参照系中观察到的初始质子 – 质子体系;图1(b)示出在其零动量参照系中的同一体系. 在后一参照系中,两个彼此

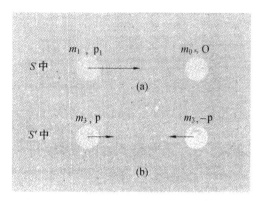

图1　质子－质子碰

碰撞的质子的总能量 $2mc^2$ 必须至少等于四个质子的静质量之和. 在这个能量最低的条件下, 在系 S' 中所观测到的终态将包括三个质子和一个反质子, 所有这些质子的动能均为零. 因此, 我们有如下的关系式:

在系 S' 中

$$E' = 2mc^2 = 4m_0c^2 , p' = 0$$

在系 S 中

$$E = (m_1 + m_0)c^2 , p = p_1$$

于是, 由方程(1) 得

$$(m_1c^2 + m_0c^2)^2 - (cp_1)^2 = (4m_0c^2)^2$$

所以

$$(m_1c^2)^2 + 2(m_1c^2)(m_0c^2) + (m_0c^2)^2 - (cp_1)^2 = 16(m_0c^2)^2$$

但是

$$(m_1c^2)^2 - (cp_1)^2 = (m_0c^2)^2$$

(此式系方程(1) 应用于一个单一质子所得的结果).

因此有

354

$$2(m_1c^2)(m_0c^2) + 2(m_0c^2)^2 = 16(m_0c^2)^2$$

或

$$m_1c^2 = 7m_0c^2$$

这样,我们无须考虑这一反应所涉及的任何速度即能够算得进行这一反应所必需的能量.

8.2　能量和动量的洛伦兹变换

我们将考虑在两个由通常的洛伦兹变换方程联系起来的参照系中分别测得的某一粒子的能量和动量. 令该粒子在系 S 中测得的速度为 $\boldsymbol{u}$,在系 S' 中测得的速度为 $\boldsymbol{u}'$(图 2). 于是根据速度变换公式,我们有

$$\begin{cases} u'_x = \dfrac{u_x - v}{1 - vu_x/c^2} \\[3mm] u'_y = \dfrac{u_y/\gamma(v)}{1 - vu_x/c^2} \end{cases} \tag{2}$$

式中

$$\gamma(v) = (1 - v^2/c^2)^{-1/2}$$

该粒子在这两个参照系中的能量和动量分别为

在系 S 中

$$\begin{cases} E = \gamma(u)m_0c^2 \\ p_x = \gamma(u)m_0u_x \\ p_y = \gamma(u)m_0u_y \end{cases} \tag{3}$$

式中

$$\gamma(u) = (1 - u^2/c^2)^{-1/2}$$

在系 S' 中

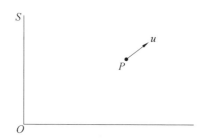

图 2　相对于参照系 S 有任意速度 $\boldsymbol{u}$ 的粒子. 借助速度加
　　　法定律,分别在系 S 中和系 S' 中测得的该粒子的能
　　　量和动量分量的数值具有线性关系

$$\begin{cases} E' = \gamma(u') m_0 c^2 \\ P'_x = \gamma(u') m_0 u'_x \\ P'_y = \gamma(u') m_0 u'_y \end{cases} \tag{4}$$

式中

$$\gamma(u') = (1 - u'^2/c^2)^{-1/2}$$

在把上面这两组动力学量联系起来的过程中的一个重
大步骤是把 $\gamma(u)$ 借助在系 S' 中测得的诸量来表示,
或者把 $\gamma(u')$ 借助在系 S 中测得的诸量来表示. 让我
们采用后一种办法. 我们有

$$\gamma(u') = [1 - (u')^2/c^2]^{-1/2} =$$
$$[1 - (u'_x)^2/c^2 - (u'_y)^2/c^2]^{-1/2} \tag{5}$$

我们将通过两步简单的计算来处理上述方程. 首先,让
我们来考虑

$$1 - (u'_x)^2/c^2 = 1 - \frac{(u_x - v)^2}{c^2(1 - vu_x/c^2)^2} =$$
$$\frac{(1 - vu_x/c^2)^2 - (u_x - v)^2/c^2}{(1 - vu_x/c^2)^2} =$$

$$\frac{1 - u_x^2/c^2 - v^2/c^2 + (vu_x/c^2)^2}{(1 - vu_x/c^2)^2}$$

所以

$$1 - (u_x')^2/c^2 = \frac{(1 - u_x^2/c^2)(1 - v^2/c^2)}{(1 - vu_x/c^2)^2} \quad (6a)$$

其次，要注意，由方程(2)可得

$$(u_y')^2/c^2 = \frac{(u_y^2/c^2)(1 - v^2/c^2)}{(1 - vu_x/c^2)^2} \quad (6b)$$

从方程(6a)减去方程(6b)，我们得

$$1 - (u')^2/c^2 = \frac{(1 - u^2/c^2)(1 - v^2/c^2)}{(1 - vu_x/c^2)^2}$$

在上式中，我们能辨认出 $\gamma(u')$，$\gamma(u)$ 及 $\gamma(v)$ 这三个量的倒数的平方.

事实上，我们有

$$\gamma(u') = \gamma(v)\gamma(u)(1 - vu_x/c^2) \quad (7)$$

现在把这一结果同方程组(4)中的第一个方程相结合，我们有

$$E' = \gamma(v)[\gamma(u)m_0 c^2 - v\gamma(u)m_0 u_x]$$

根据方程(3)，上式可表示如下

$$E' = \gamma(v)(E - vp_x) \quad (8)$$

再次把方程(7)同方程组(4)中的第二个方程相结合，我们有

$$p_x' = \gamma(v)\gamma(u)m_0(u_x - v)$$

亦即

$$p_x' = \gamma(v)(p_x - vE/c^2) \quad (9)$$

最后，把方程(7)同方程组(4)中的第三个方程相结合，我们得

$$p_y' = \gamma(u)m_0 u_y$$

所以

$$p'_y = p_y \qquad (10)$$

现在让我们把方程(8)(9)及(10)所表示的从系 S 到系 S' 的诸变换,以及与它们对应的从系 S' 到系 S 的诸变换方程列出如下:

动量和能量的洛伦兹变换

$$p'_x = \gamma(p_x - vE/c^2), p_x = \gamma(p'_x + vE'/c^2)$$
$$p'_y = p_y, p_y = p'_y$$
$$p'_z = p_z, p_z = p'_z \qquad (11)$$
$$E' = \gamma(E - vp_x), E = \gamma(E' + vp'_x)$$

其中

$$\gamma = (1 - v^2/c^2)^{-1/2}$$

式中,v 是在系 S 中测的系 S' 的速度.

式(11)中的一个引人注目的特征是,动量分量和能量仅仅出现在线性组合之中;而在牛顿力学中则不存在这样的简单关系. 这种线性不仅令人感兴趣,而且具有一些极重要的后果. 这是因为,虽则这些方程是我们借助单一粒子获得的,我们仍可以毫无阻碍地把 E 和 $\boldsymbol{p}$ 看作是一由具有任意速度、不相互作用的诸粒子组成的整个群集的总能量和总动量. 为此,仅需对每一粒子分别写出形如方程(8)(9)及(10)的诸方程,尔后再把这些方程相加. 因此,方程组(11)也适用于任何粒子体系,从而方程(1)所表示的不变性对于任何粒子体系亦适用(我们在上一节中曾对此作过非正式的论证).

例 全同粒子的弹性散射

让我们来看看,能量 – 动量变换如何能应用于两

个全同粒子 —— 例如,两个质子 —— 的对称弹性碰撞(symmetrial elastic collision)问题. 图 3 分别示出一个这样的碰撞首先在零 - 动量参照系 S'、尔后在实验室参照系 S(在系 S 中,其中的一个粒子被假定在初始时是静止的)所观测到的情况. 如在系 S' 中所观测到的,每一个粒子在碰撞前和碰撞后的动量的量值均为 p',但这一碰撞使每一个粒子的动量矢量的方向旋转了 $90°$

$$v = \frac{c^2 p'}{E'} \qquad (12)$$

此方程表示了任何粒子的速度,动量及能量之间的普遍关系. 在这里我们之所以仍然可以使用这个方程,乃是因为速度 v 不仅是系 S 和系 S' 的相对速度,而且是初始静止于系 S 中的那个粒子在系 S' 中所测得的速率.(根据这一具体问题的对称性可推知,v 也是另一个粒子在系 S' 中的速率.)

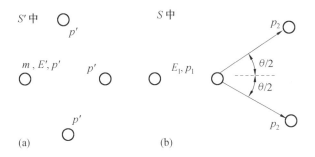

图 3　分别在(a)零 - 动量参照系和(b)其内有一个粒子在初始时是静止的参照系观测到的同一个对称型的弹性碰撞的两种图景

　　下面让我们来考虑每一个粒子在碰撞后的状态.

在系 S' 中

$$\begin{cases} p'_x = 0 \\ p'_y = p' \\ E' = mc^2 = \gamma(v)m_0c^2 \end{cases} \qquad (13)$$

利用动量分量在两个不同的参照系之间的变换方程，我们有：

在系 S 中

$$p_x = \gamma(v)(p'_x + vE'/c^2)$$

在这一表达式中，我们令 $p'_x = 0$，而且（利用方程（12））我们有 $vE'/c^2 = p'$. 于是

$$p_x = \gamma(v)p'$$
$$p_y = p'_y = p'$$

所以

$$\tan\frac{\theta}{2} = \frac{p_y}{p_x} = \frac{1}{\gamma(v)} \qquad (14)$$

式中，θ 是在实验室参照系中所观测到的散射后两质子运动方向间的夹角（图3（b））.

显然，$\tan(\theta/2) < 1$，因此 $\theta/2 < 45°$，$\theta < 90°$. 为了用入射质子的初始总能量 E_1（在实验室参照系中测得的）来表示 $\gamma(v)$，我们可以再次利用方程（1）中的能量－动量不变量

$$(2mc^2)^2 = (E_1 + m_0c^2)^2 - (cp_1)^2 =$$
$$[E_1^2 - (cp_1)^2] + 2E_1m_0c^2 + (m_0c^2)^2 =$$
$$(m_0c^2)^2 + 2E_1m_0c^2 + (m_0c^2)^2$$

所以

$$\left(\frac{m}{m_0}\right)^2 = \frac{E_1 + m_0c^2}{2m_0c^2}$$

$$\gamma(v) = \left(\frac{E_1 + m_0 c^2}{2 m_0 c^2}\right)^{1/2} \qquad (15)$$

8.3　四维矢量

你即将看到,方程组(11)同空间和时间的洛伦兹变换方程组有着惊人的相似性. 如果取动量的诸分量担当类似于位置坐标(position coordinates)的角色,那么对方程组(11)同原始的洛伦兹变换方程所做得比较表明,E/c^2 是一个类似于 t 的量. 事实上,我们可以说,线动量矢量的三个分量的变换方式犹如位置矢量的三个分量,而总能量(这是一个标量)像时间那样变换. 组合 $E^2 - (cp)^2$ 的不变性,如方程(1)所表示的,是上述断言的一个直接推论. 静能量 E_0 是能量 – 动量变换的不变量,正如空 – 时间隔 s 是洛伦兹变换方程本身的不变量一样.

在牛顿力学中,我们习惯于认为,不必去考虑时间就可定义空间的量度,不必去考虑空间就可定义时间的量度. 同样地,我们习惯于认为,动量和能量是代表某一物体基本上不相同(尽管有着某种程度的联系)的两种属性. 现在我们已经看到,运动学和动力学上的这些差别在狭义相对论中是如何变得模糊的. 对某一系统中的时间的说明既要涉及另一系统中的时间也要涉及后一系统中的位置;对某一系统中的能量的说明既要涉及另一系统中的能量也要涉及后一系统中的动量. 仅仅由于这个缘故,而不是出于任何形而上学的考虑,把我们对事物作形式描述(formal description)的框架按照下述设想予以扩大,是完全适宜的;即设想有

一个单一的四维空 - 时结构,而放弃那种在不同时间呈现出不同样(appearance)的三维空间结构.

现在我们要更形式地把它表述如下:

一粒子的运动学状态(kinematic state)可用一单一的四维矢量来表示,这一四维矢量的四个分量是(x, y, z, ict),它在任何参照系中测得的长度 $s\sqrt{-1}$ 为

$$-s^2 = x^2 + y^2 + z^2 + (ict)^2$$

同样地,一粒子的动力学状态(dynamical state)可用一个分量为$(p_x, p_y, p_z, iE/c)$、单一的四维矢量来表示,而其"长度"(采用动量的单位)在任何参照系中测得是 iE_0/c

$$-E_0^2/c^2 = p_x^2 + p_y^2 + p_z^2 + (iE/c)^2$$

因此,洛伦兹变换可以看作是把一个四维矢量的各个分量从一个坐标系变换到另一个坐标系的规定(prescription),而这种变换往往被描述为将该矢量投到四维世界中各个坐标系上的"映射"("mapping"). 这种表示事物的相对论性体制(scheme)的方式,就形式意义而言,是很诱人的,而且,一旦学会使用它 —— 这主要是指能相当流利地进行矩阵代数的演算,也会是很有用的. 然而,在此我们不拟做进一步的讨论,因为它并不是至为重要的,何况对于相对论物理学的基本原理,它也不会增添什么新的东西.

8.4　相对论性力学中的力

到目前为止,在我们对相对论性动力学所做的一切讨论中,我们几乎总是把重点放在能量和动量守恒

定律对孤立的粒子体系的应用上. 我们还曾试图给出关于各种能够用这两个定律加以讨论的各种问题的某些看法. 虽然我们是这样说的并且也这样做了,但是这种处理问题的方法(approach)并不总是最方便或最有用的. 在动力学中有许许多多的问题可以借在已知的一组力的作用下诸粒子的运动而得到完善的处理(也许,只有这样做才会得到有效的处理). 为了说明这一点,我们将以 α 粒子的卢瑟福散射(Rutherford scattering)为例. 假定当两个粒子之间的距离很大时,它们的相互作用力减弱到近乎零,那么我们就能够对相互碰撞的原子核的末方向(final directions)和末速度(final velocities)之间的关系作出完全正确的陈述. 但是,这并不能告诉我们一 α 粒子实际偏转某角度的概率. 只是当我们使用的是明显的力的定律时(explicit law of force),我们才能找到这类问题的答案. 对力的定律的发现(discovery)和规定(speification)是物理学的一个至为关心的问题(central concern). 所以,知道如何来变换力和运动方程,以便根据各种不同的惯性系的观点对它们加以描述,无疑是很重要的. 由于在狭义相对论中加速度并非一不变量,我们知道,我们不再能够享有牛顿力学所具备的那种简洁性,不过,我们肯定能获得一些有用且有意义的陈述.

我们在探讨相对论的最初阶段确曾把形式如

$$F = \frac{\mathrm{d}p}{\mathrm{d}t} = \frac{\mathrm{d}}{\mathrm{d}t}(mv) \qquad (16)$$

其中

$$m = m_0(1 - v^2/c^2)^{-1/2}$$

的牛顿定律作为讨论的出发点,现在我们仍然以它作为出发点. 我们把方程(16)看作是 F 的定义. 这是非相对论性结果的一个自然推广(而且是最简单的推广). 这不是一个能独立地被证明的陈述. 另一方面,如果借坐标、速度等给出 F 的解析形式,我们必定要求方程(16)的左、右两端在洛伦兹变换下按相同的方式变换. 假定这个必要条件已经具备,那么 $\mathrm{d}p/\mathrm{d}t$ 的诸分量就能告诉我们力的各个分量在狭义相对论中是怎样变换的.

现将我们探讨这一问题的方法叙述如下:

设如在实验室参照系中所测得在任意时刻一粒子具有一很确定的速度 v. 我们可以设想该粒子瞬时地在一个相对于实验室以速度 v 运动的参照系中处于静止状态. 容易想见,在粒子的静止参照系中测量,它受到平行于 v 的一力 F_{0x} 的作用,从而获得一加速度 a_{0x}. 在这个静止系中测得的该粒子的质量正是它的静质量 m_0. 于是我们有

$$F_{0x} = m_0 a_{0x} \tag{17}$$

由于该粒子在实验室参照系中测得的动量为

$$p_x = \gamma m_0 v = \frac{m_0 v}{(1 - v^2/c^2)^{1/2}}$$

据此我们可以断定这个力即 F_x

$$F_x = \frac{\mathrm{d}p_x}{\mathrm{d}t} = \frac{m_0}{(1 - v^2/c^2)^{1/2}} \frac{\mathrm{d}v}{\mathrm{d}t} +$$

$$m_0 v \frac{\mathrm{d}}{\mathrm{d}t} \left[(1 - v^2/c^2)^{-1/2} \right]$$

如果我们令 $\mathrm{d}v/\mathrm{d}t = a_x$(在实验室观测到的加速度),则有

$$F_x = \frac{m_0 a_x}{(1 - v^2/c^2)^{1/2}} + \frac{m_0 (v^2/c^2) a_x}{(1 - v^2/c^2)^{\frac{3}{2}}}$$

并项后，若用 γ 表示，上式即简化为

$$F_x = \gamma^3 m_0 a_x \qquad (18)$$

然而，a_x 和 a_{0x} 之间有如下很简单的关系

$$a_x = \frac{1}{\gamma^3} a_{0x} \qquad (19)$$

上式是沿 x 轴方向的加速度在 $u_{0x} = 0$ 时的变换的特殊情形. 于是可将方程（18）改写为

$$F_x = \gamma^3 m_0 \frac{a_{0x}}{\gamma^3} = m_0 a_{0x}$$

亦即

$$F_x = F_{0x} \qquad (20)$$

这是一个引人注目的结果. 无论在上述两个参照系中质量和加速度的量度如何改变，力沿 x 轴的分量的量度始终保持不变.

但是，当我们对横向力进行同样的计算时，我们发现这个不变性并不成立. 在瞬时静止参照系中，我们有

$$F_{0y} = m_0 a_{0y} \qquad (21)$$

在实验室系中，作用在粒子的力 F_y 垂直于动量矢量 $m\boldsymbol{v}$，它在某甚短时间间隔期间将不会改变粒子速度的量值；它仅仅引进一个微小的横向分量而使 $\boldsymbol{v}$ 的方向略有改变. 因此，作为很好的近似（在 $\Delta t \to 0$ 的极限情形成为真值），粒子的质量保持为 γm_0，而横向冲量可写为

$$F_y \Delta t = \gamma m_0 \Delta v_y$$

因此在这种情况下，我们有

$$F_y = \gamma m_0 a_y \qquad (22)$$

如果两个参照系中的两个加速度之一是在静止系中测定的,那么这两个加速度之间也存在一种简单关系

$$a_y = \frac{1}{\gamma^2} a_{0y} \qquad (23)$$

所以,我们有

$$F_y = \gamma m_0 \frac{a_{0y}}{\gamma^2} = \frac{1}{\gamma^2} m_0 a_{0y}$$

亦即

$$F_y = \frac{1}{\gamma} F_{0y} \qquad (24)$$

从上述的结果中,我们可以分辨出下面这个特征,即一般说来,力和加速度并不是彼此平行的矢量. 结合方程(18) 和(22),我们有

$$\frac{F_y}{F_x} = \frac{1}{\gamma^2} \frac{a_y}{a_x}$$

由此可见,只是在某物体的瞬时静止系($\gamma = 1$) 中,我们才能保证,由动量的时间导数所定义的力 $\boldsymbol{F}$ 同加速度具有相同的方向.

或许值得指出,由方程(20) 和(24) 所代表的力的变换的这两个特殊情形可以用简单的物理学说法(simple physical terms) 推导出来[1]. 对于 x 方向的变换,我们可以来考察力所做的功,以及随质量增加而出现的能量增加

$$\Delta E = F_x \Delta x = c^2 \Delta m$$

式中

---

① 例如,见 W. P. Ganley, Am. J. Phys. ,31,510-516(1963). 该文对此做了仔细的讨论.

$$\Delta x = v\Delta t$$

$$\Delta m = \Delta \left[\frac{m_0}{(1 - v^2/c^2)^{1/2}} \right] = \frac{m_0 v \Delta v}{(1 - v^2/c^2)^{\frac{3}{2}} c^2}$$

由上面这些方程,可立即得出

$$F_x = \gamma^3 m_0 a_x$$

此式即方程(18).

为了把加速度 a_x 和粒子在瞬时静止系中测得的加速度 a_{0x} 联系起来,我们需用匀加速运动的方程:

在时间为 t 时

$$x = x_1 (\text{比如说})$$

在时间为 $t + \Delta t$ 时

$$x + \Delta x = x_1 + v\Delta t + \frac{1}{2} a_x (\Delta t)^2$$

空间和时间坐标 (x, t) 和 $(x + \Delta x, t + \Delta t)$ 定义了在系 S 中观测到的两个事件. 让我们求得在粒子的静止系 S' 中观测到的这两个相同事件的坐标. 为此,我们利用洛伦兹变换

$$x_0 = \gamma (x - vt)$$

$$t_0 = \gamma (t - vx/c^2)$$

先后将这两个方程应用到上述两个事件上,我们得到:

第一个事件

$$x_0 = \gamma (x_1 - vt)$$

$$t_0 = \gamma (t - vx_1/c^2)$$

第二个事件

$$x_0 + \Delta x_0 = \gamma \left[x_1 + v\Delta t + \frac{1}{2} a_x (\Delta t)^2 - v(t + \Delta t) \right] =$$

$$\gamma \left[x_1 + \frac{1}{2} a_x (\Delta t)^2 - vt \right]$$

$$t_0 + \Delta t_0 = \gamma \left[t + \Delta t - (v/c^2)\left\{ x_1 + v\Delta t + \frac{1}{2}a_x(\Delta t)^2 \right\} \right]$$

分别相减后,得

$$\Delta x_0 = \gamma \left[\frac{1}{2}a_x(\Delta t)^2 \right]$$

$$\Delta t_0 = \gamma \left[(1 - v^2/c^2)\Delta t - \frac{1}{2}(va_x/c^2)(\Delta t)^2 \right]$$

$$(25)$$

如果 Δt 足够短暂,那么 Δt_0 的方程中的第二项同第一项相比其值甚微,以至可忽略不计,从而我们有

$$\Delta t_0 \approx \gamma(1 - v^2/c^2)\Delta t = \Delta t/\gamma$$

把 $\Delta t = \gamma \Delta t_0$ 代入方程(25),得

$$\Delta x_0 = \gamma \left[\frac{1}{2}a_x(\gamma \Delta t_0)^2 \right]$$

或

$$\Delta x_0 = \frac{1}{2}(\gamma^3 a_x)(\Delta t_0)^2$$

但是,这是对一初始为静止的粒子的匀加速运动的方程. 因此,在静止系测得的加速度 a_{0x} 为 $a_{0x} = \gamma^3 a_x$,此式再现了方程(19). 这样,我们便再次得到方程(18)和方程(19),而且可以把它们结合起来,以验明 F_x 的不变性. 因为我们仔细而详尽地写出了每一步变换,所以这种推导过程看来是太冗长了. 我们可以把推导结果简短地(虽然稍欠严格地)概述如下:

时间膨胀使静止参照系 S' 中的时间间隔 Δt_0 相当于运动参照系 S 中的时间间隔 $\gamma \Delta t_0$,而洛伦兹收缩使粒子因受加速度的作用而在静止系行进的一段距离 Δx_0 相当于它在系 S 中走过的距离 $\Delta x_0/\gamma$. 以此为根据,我们会立即获得关系式

$$\Delta x_0 / \gamma = \frac{1}{2}a_x(\gamma \Delta t_0)^2$$

无论如何，在涉及非固有测量（nonproper measurements）的地方，如这里就出现了此种情形，就值得采用有条不紊和显式的推导方法.

为了获致 F_y 的变换，我们先写下方程（22），然后再根据下面两个陈述

$$\Delta y = \frac{1}{2}a_y(\Delta t)^2$$

$$\Delta y' = \frac{1}{2}a_{0y}(\Delta t')^2$$

（其中 $\Delta y = \Delta y'$，而 $\Delta t = \gamma \Delta t'$）来证得横向加速度的变换. 在此情形，由于运动发生在静止系中具有恒定值的位置 x' 上，所以我们可以毫无疑虑地直接应用时间膨胀.

8.5 相对论性粒子的磁力分析

力的定律在相对论性运动中有一个直接的应用，由于本章的内容同原子性粒子有很密切的关系，因而这里不可能对它略去不谈. 这一应用是指带电粒子在磁场中的偏向. 它给人们提供了粒子物理学中的主要诊断工具之一，因为它能揭示粒子所带电荷的符号和粒子动量的量值两者. 图 4 中的气泡室照片是应用这项实验技术的一个极好的实例. 这种方法所依据的事实是：一在磁场 B 中运动的电荷 q 要受到一与其速度成比例的横向力的作用，若把这个力的定律用矢量形式书写，则有

$$F = 常量(q\mathbf{v} \times \mathbf{B})$$

如果测量时采用米·千克·秒制,则这一常量的数值按照定义为 1. 如果磁场方向和粒子速度的方向相互垂直,那么该粒子的运动就保持在垂直于磁场的平面内. 在每一时刻,作用在该粒子上的力同动量矢量 $\boldsymbol{p}$ 成直角,而力的量值可由下式给定

$$F = qvB(米·千克·秒制)$$

于是,经历了很短的一段时间 Δt 之后,该粒子获得一横向动量为

$$\Delta p = F\Delta t = qvB\Delta t$$

这意味着,粒子的动量矢量转过了一个小角度 $\Delta\theta$,以至

$$\Delta\theta = \frac{\Delta p}{p} = \frac{qvB}{p}\Delta t \qquad (26)$$

因此,在粒子走过一段距离 Δs 即

$$\Delta s = V\Delta t$$

所经历的时间内,粒子的速度矢量也旋转了角度 $\Delta\theta$. 但是,Δs 和 $\Delta\theta$ 确定了一个曲率半径 R;事实上,我们有

$$\Delta\theta = \frac{\Delta s}{R} = \frac{v\Delta t}{R} \qquad (27)$$

结合方程(26) 和(27),我们得到

$$P = qBR(米·千克·秒制) \qquad (28)$$

饶有趣味的是,这正是从牛顿力学中得到的同样结果,不过必须记住在方程(28) 中 $p = \gamma m_0 v$ 而不仅仅是 $m_0 v$. 在很多情形,我们都可以肯定 $q = \pm e$,所以只要知道 B 的数值和粒子路径的曲率半径的测量结果便能确定该粒子的动量. 图 4 给出了一组这样的运动,而且以这个实例表明:利用在粒子物理学中已发展出的这项顶呱呱的技术所拍摄的一幅照片就有可能揭露出大量的信息.

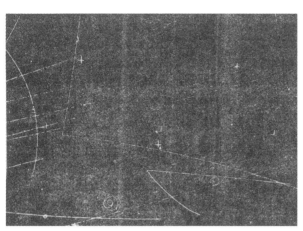

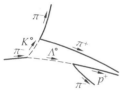

图4 这幅气泡室照片显示一 π^- 介子同一 500 L 的液氢气泡室中的质子相撞而产生两个不稳定的中性粒子（K^0 和 Λ^0）的过程. 该气泡室是由阿尔瓦雷斯（L. W. Alvarez）及其在伯克利的小组研制的. ［此照片承阿尔瓦雷斯和加利福尼亚州伯克利市劳伦斯（Lawrence）辐射实验室提供］π^- 介子从左方进入气泡室，稍后其径迹突然中断；中断处标记出 K^0 粒子和 Λ^0 粒子产生的位置. 这两个粒子随后衰变成两对带电粒子（$K^0 \to \pi^+ + \pi^-$，$\Lambda^0 \to \pi^- + p$），从而给出两对叉状径迹. 对每个分叉中的带电粒子径迹所做的分析表明，每一叉中的总线动量矢量的方向都是从最初的相互作用发生的地方向外延伸的. 气泡室的发明者格拉塞（D. A. Glaser）教授于 1960 年在接受诺贝尔奖奖金所做的讲演中曾把此照片作为例子举出. （见 Nobel Lectures, Physics, 1942—1962, Elsevier, 1964. ）

8.6 力的一般变换. 作用与反作用

在 8.4 节中, 我们所讨论的力的变换的某些情形都是相当特殊的情形, 因为我们所选择的两个参照系中有一个是粒子的瞬时静止系. 但是, 我们可以通过

$$F = \frac{\mathrm{d}p}{\mathrm{d}t}, F' = \frac{\mathrm{d}p'}{\mathrm{d}t'}$$

这两个定义, 把原来的分析加以推广, 以便得出力在任何两个参照系之间的变换. 由于进行这一计算 (除关于 x 和 t 之外) 还需利用关于速度, 动量及能量的相对论性变换, 所以为方便起见, 我们将在这里重新写出为获致力的平行于和垂直于两参照系相对运动方向的诸分量的两个基本变换形式所需数目最少的若干公式.

令某一粒子在系 S 中测得的动量和能量在空 – 时点 (x, y, z, t) 上分别为 p 和 E, 并令该粒子在系 S' 中测得的动量和能量在同一空 – 时点 (x', y', z', t') 上分别为 p' 和 E'. 于是, 我们有

$$\begin{cases} x' = \gamma(x - vt) \\ y' = y \\ t' = \gamma(t - vx/c^2) \end{cases} \tag{29}$$

$$\begin{cases} u_x' = \dfrac{u_x - v}{1 - vu_x/c^2} \\[2mm] u_y' = \dfrac{u_y/\gamma}{1 - vu_x/c^2} \end{cases} \tag{30}$$

$$\begin{cases} p_x' = \gamma(p_x - vE/c^2) \\ p_y' = p_y \\ E' = \gamma(E - vp_x) \end{cases} \tag{31}$$

由于在系 S' 测得的作用在某粒子上的力 $\boldsymbol{F}'$ 可由

$$\boldsymbol{F}' = \frac{\mathrm{d}\boldsymbol{p}'}{\mathrm{d}t'}$$

加以确定,因此根据方程组(31)和关于时间的洛伦兹变换推得

$$F'_x = \frac{\mathrm{d}p'_x}{\mathrm{d}t} = \frac{\dfrac{\mathrm{d}p'_x}{\mathrm{d}t}}{\dfrac{\mathrm{d}t'}{\mathrm{d}t}} = \frac{\gamma\left(\dfrac{\mathrm{d}p_x}{\mathrm{d}t} - \dfrac{v}{c^2}\dfrac{\mathrm{d}E}{\mathrm{d}t}\right)}{\gamma\left(1 - \dfrac{v}{c^2}\dfrac{\mathrm{d}x}{\mathrm{d}t}\right)}$$

亦即

$$F'_x = \frac{F_x - (v/c^2)\,\mathrm{d}E/\mathrm{d}t}{1 - vu_x/c^2} \tag{32}$$

这里 $\mathrm{d}E/\mathrm{d}t$ 是在系 S 中测得的粒子能量的变化率. 我们可以立即认出 $\mathrm{d}E/\mathrm{d}t$ 就是牛顿力学中的量 $\boldsymbol{F} \cdot \boldsymbol{u}$,即力 $\boldsymbol{F}$ 做功的时率(功率). 这一断言,如我们在下述论证中所能看到的,在相对论性动力学中也是成立的:

我们有

$$E^2 = c^2 p^2 + E_0^2 = c^2(\boldsymbol{p} \cdot \boldsymbol{p}) + E_0^2$$

所以

$$E\mathrm{d}E/\mathrm{d}t = c^2\boldsymbol{p} \cdot (\mathrm{d}\boldsymbol{p}/\mathrm{d}t) = c^2\boldsymbol{p} \cdot \boldsymbol{F}$$

但是 $E = mc^2$. 所以

$$\mathrm{d}E/\mathrm{d}t = \boldsymbol{F} \cdot (\boldsymbol{p}/m) = \boldsymbol{F} \cdot \boldsymbol{u}$$

因此,方程(32)变为

$$F'_x = \frac{F_x - (v/c^2)(\boldsymbol{F} \cdot \boldsymbol{u})}{1 - vu_x/c^2} \tag{33}$$

类似地(但简单得多),我们得到

$$F'_y = \frac{F_y}{\gamma(1 - vu_x/c^2)} \tag{34}$$

（注意，若 $u = 0$，则我们再次得到简单的结果：$F'_x = F_x$，$F'_y = F_y/\gamma$。）至于 F'_z 和 F_z 之间的关系，可以用一个同方程（34）极为相似的方程来表示；为了借系 S' 中的测量结果给出关于 F_x，F_y 及 F_z 的诸表达式，我们可写出同方程（33）和（34）等效的方程，只需将 v 反号即号。

方程（33）是一个非常有趣的方程，它告诉我们，在一个参照系对某力的量度要涉及在另一参照系对该力所做的功率的量度．这再次表明了，空间和时间测量的相互混合（性）（intermingling）是事物的相对论性描述所特有的，而在经典力学中则无对当的情况发生．曾有人对此作过这样的评论：[1]

> 在经典力学中，一直存在着两条思路（strains of thought）．作为"动量的时间变化率"和作为"能量的空间变化率"的"力"的这两个方面（aspects），不同的作者对它们给予了不同程度的侧重．伽利略发展了前一个方面，惠更斯则发展了后一个方面．借助四维矢量，这两种观念被统一起来了，它们只是在作为一个更广泛的概念的两部分而有所不同．

研读了上述评论中最后一句之后，我们会注意到，在四维空－时世界中，力的分量 F_x，F_y 及 F_z 仅仅代表某个四维矢量的三个分量．试问：第四个分量是什么呢？这个矢量本身又是什么呢？出现量 $\boldsymbol{F} \cdot \boldsymbol{u}$ 的方程

　　① 引自一部出版年代甚早，但写得很好的书：E. Cunninghan, Relativity, The Eleetron Theory and Gravitation, Longmans, Green, London, 1921.

（33）已向我们提供了回答这两个问题的线索. 有一个简单的计算（它同对 F'_x 的变换时所做的计算非常相似）可导致如下结果

$$\boldsymbol{F'} \cdot \boldsymbol{u'} = \frac{(\boldsymbol{F} \cdot \boldsymbol{u}) - vF_x}{1 - vu_x/c^2} \tag{35}$$

量 $(\boldsymbol{F} \cdot \boldsymbol{u})/c$ 具有与 $\boldsymbol{F}$ 的空间分量相同的量纲,而且,只需再略施小技,便能够由这四个分量构造出一个不变量. 然而,这种做法是相当造作的,它只能被用来强调动量和能量（而不是力）如何提供了相对论性动力学的基础.

值得指出,牛顿关于物体之间的作用力的基本论断之一,即作用等于反作用,在相对论性力学中几乎是没有地位的. 从根本上说,上面这句话肯定是对于在某给定时刻作为两物体相互作用的结果而分别作用在两个物体上的两个力的陈述. 而且,由于同时性是相对的,除非这两个力的施力点之间的距离小到可忽略不计的程度,否则这一陈述便不具有唯一的意义. 正是在这种意义下,雅梅才断言说:超距作用概念在相对论性动力学中是没有地位的. 即使我们得知作用在某一客体的力是完全由另一客体的存在而产生的,我们仍然找不到描述这两个客体的相互作用的唯一方式;我们仅仅能够一个一个地描述在某给定空－时点上作用在其中任何一个物体上的力. 但是这并不意味着,我们不再能够像在某给定参照系中曾作过的那样写下某一物体作用在另一物体上的力的定量陈述. 然而,相对论性分析确实使我们不得不得出下面的结论,即根据在某惯性参照系所做的测量,作用力和反作用力一般说来并不是大小相等、方向相反的;因此,彼此正在发生相互作用的诸粒子的总动量并不是时时刻刻守恒的.
如果我们希望保持动量守恒,那么这一事实就会导致
这样的看法,即动量也能(像能量那样)存在于用以描
述分离的诸粒子相互作用的[力]场之中.仅就相互作
用的诸粒子而论,动量守恒只是在我们对它们的初态
和终态(相互作用开始前和终止后的状态)加以比较
时才成立.而在相互作用期间本身,如果我们希望在所
有的参照系中总动量在所有时刻都是守恒的,就必须
把相互作用场的动量(momentum of the interaction
field)① 计入.

　　由力的变换推出的另一个结果是,在某一参照系
测得的作用在某物体上的力如果取决于该物体的位置
而与该物体的速度无关,那么在另一参照系中,作用在
该物体上的力既取决于它的位置又取决于它的速度.
这方面的最重要的例子很可能存在于电磁学中.静止
电荷施加在一运动电子上的力仅借助库仑定律即可确
定.但是,如果我们设想自己处在引起力的电荷为运动
的这样一参照系中,那么作用在电子上的力既取决于
其他电荷的运动又取决于运动电子本身的速度.事实
上,作用在运动电子上的作用力包含了实际上可看作
两股电流之间的磁力.我们在这个结果中已经看到了
可借以证明电场和磁场有着密切关系的发育胚芽
(germ of the development).然而,要证实这一点,尚须
独立对这个课题予以充分讨论;刚刚给出的这个提示
显然是不够充分的.

---

① 显然是指保存在力场中的动量.

第三篇

Einstein 狭义相对论原理

若干与狭义相对论有关的题目

9.1 适合中学水平的试题

题1 一艘宇宙飞船以 $0.8c$ 的速度于中午飞经地球,此时飞船上和地球上的观察者都把自己的时钟拨到 12 点.

1. 按飞船上的时钟于午后 12 点 30 分飞经一星际宇航站,该站相对地球固定,其时钟指示的是地球时间. 试问按宇航站的时钟飞船何时到达该站?

2. 试问按地球上的坐标测量,宇航站离地球多远?

3. 于飞船时间午后 12 点 30 分从飞船向地球发送无线无信号,试问地球上的观察者何时(按地球时间)接到信号?

4. 若地球上的观察者在接收到信号后立即发出回答信号,试问飞船何时(按飞船时间)接收到回答信号?

分析 把握住时间和长度的相对性,应用时间膨胀和洛伦兹收缩公式,本题即可求解.

解 1. 以飞船上的静止时钟测定,飞船从地球到宇航站所需时间为 $\tau_0 = 30$ min,这是本征时间. 从地球观察者看来,飞船上的时钟是运动时钟,按时间膨胀公式,飞船飞行所需的地球时间为

$$\tau = \frac{\tau_0}{\sqrt{1 - \beta^2}} = \frac{30}{\sqrt{1 - 0.8^2}} \text{min} = 50 \text{ min}$$

2. 宇航站相对地球静止,飞船在飞行时间内所走的距离亦即地球至宇航站的距离,为

$$l = v\tau = 0.80 \times 50 \times 60 \text{ m} = 7.2 \times 10^{11} \text{ m}$$

3. 对地球观察者来说,无线电信号发自相对静止的宇航站所在地,故传至地球需时

$$\frac{l}{c} = \frac{7.2 \times 10^{11}}{3 \times 10^8} \text{ s} = 2 \ 400 \text{ s} = 40 \text{ min}$$

飞船飞行时间加信号传播时间共 $(50 + 40) = 90$ min. 所以地球观察者于地球时间 1 点 30 分接收到信号.

4. 有两种解法. 一种解法是从地球参考系来考察. 设飞船向地球发出信号至接收到地球发出的回答信号共需时间(地球时间)t,在这段时间内飞船信号传播了 l 的距离,回答信号传播了 $(l + 0.8ct)$ 的距离,故 t 满足

$$t = \frac{0.8ct + 2l}{c}$$

解出

$$t = \frac{2l}{0.2c} = 2.4 \times 10^4 \text{ s} = 400 \text{ min}$$

加上飞船从地球至宇航站的飞行时间 50 min，共 450 min，故飞船接收到回答信号的地球时间为午后 7 点 30 分. 将上述时间变换到飞船参考系，对应的飞船时间（本征时间）为

$$t' = t\sqrt{1 - \beta^2} = 450 \times 0.6 \text{ min} = 270 \text{ min}$$

故飞船接收到回答信号的时间（飞船时间）为午后 4 点 30 分.

　　另一解法是从飞船参考系来考察. 设从发出信号至接收到回答信号共需时 t'，从飞船参考系看来，地球和宇航站系统以 $0.8c$ 的速度运动，地球与宇航站之间的距离要经受洛伦兹收缩，信号从飞船至地球的传播距离为 $l\sqrt{1 - \beta^2}$，光信号追地球的相对速度为 $0.2c$，经时间

$$t_1' = \frac{l\sqrt{1 - \beta^2}}{0.2c}$$

信号被地球接收. 接着地球发出的信号相对飞船的速度仍为 c，故必经时间 $t_2' = t_1'$ 信号被飞船接收. 这样，便得 $t' = t_1' + t_2' = 2t_1'$，即有

$$t' = \frac{2l\sqrt{1 - \beta^2}}{0.2c} = 1.44 \times 10^4 \text{ s} = 240 \text{ min}$$

收到回答信号的时刻为上述时间加上飞船从地球至宇航站的飞行时间 30 min，即为午后 4 点 30 分（飞船时

间).

题 2 星体一旦形成黑洞,那么其表面的光子都不可能离开黑洞外逸. 设星体质量具有球对称分布,总质量为 M. 试用狭义相对论估算它刚好能成为黑洞的半径.

分析 黑洞是一种特殊的星体,一切有质量的物质都将在其引力作用下被吸引到星体内部. 自由光子能量为 $E = h\nu$,由质能公式 $E = mc^2$,光子质量为 $m = \dfrac{h\nu}{c^2}$. 光子在引力作用下有引力势能,在引力场中光子的总能量包括动能和势能. 由于在引力场中时空量度发生变化,光子在引力场的不同地点有不同频率. 根据能量守恒可找到光子频率随地点变化的规律. 存在光子的条件为 $\nu > 0$,由此可得出星体能成为黑洞的临界半径.

解 自由光子无静止能,其全部能量为动能. 频率为 ν 的光子的动能为

$$E_k = h\nu = mc^2$$

m 为光子的质量. 星体外距星体中心为 r 处的万有引力势能为

$$E_p = -G\frac{Mm}{r} = -G\frac{Mh\nu}{c^2 r}$$

式中,G 为引力常量. 光子总能量为

$$E = E_k + E_p = h\nu\left(1 - \frac{GM}{c^2 r}\right)$$

设星体半径为 R,光子位于 R 处的频率为 ν_0,位于 $r > R$ 处的频率为 ν,由能量守恒,有

$$h\nu\left(1 - \frac{GM}{c^2 r}\right) = h\nu_0\left(1 - \frac{GM}{c^2 R}\right)$$

即

$$\nu = \frac{r\left(R - \dfrac{GM}{c^2}\right)}{R\left(r - \dfrac{GM}{c^2}\right)}\nu_0$$

当 $R > \dfrac{GM}{c^2}$ 时,因 $r > R > \dfrac{GM}{c^2}$,所以 $\nu > 0$,即光子从星体表面外逸时,其频率 ν 保持为正值,这是可能实现的,表明光子可逸出星体,星体不是黑洞.

当 $R \leqslant \dfrac{GM}{c^2}$ 时,只要星体表面的光子稍一离开表面,就有 $r > \dfrac{GM}{c^2}$,$\nu \leqslant 0$,这是不能实现的,故光子不能逸出星体,星体成为黑洞. 故星体成为黑洞的最大半径为

$$R = \frac{GM}{c^2}$$

附注:黑洞半径的另一种估算方法较为简单,这就是当该星体的"第一宇宙速度"达到光速 c 时,光子可以绕星体表面旋转,但不能离星体而去. 由此得出

$$c = \sqrt{\frac{GM}{R}}$$

故黑洞半径可估算为

$$R = \frac{GM}{c^2}$$

与上面的结论一致.

题 3　如图 1 所示,在某恒星参考系 S 中,飞船 A 和飞船 B 以相同率 βc(c 为真空中的光速) 做匀速直线运动. 飞船 A 的运动方向与 $+x$ 方向一致,而飞船 B 的

运动方向与 $-x$ 方向一致,两飞船轨迹之间的垂直距离为 d. 当 A 和 B 靠得最近时,从 A 向 B 发出一细束无线电联络信号.

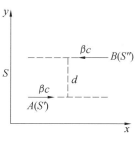

图 1

试问:1. 为使 B 能接收到信号,A 中的宇航员认为发射信号的方向应与自己的运动方向之间成什么角?

2. 飞船 B 接收到信号时,B 中的宇航员认为自己与飞船 A 相距多少?

分析 设参考系 S' 和 S'' 分别与飞船 A 和 B 相联结. 信号速度用符号 u 表示,坐标系的速度用符号 v 表示. 先在 S 系中求出 A 发出的信号能为 B 收到时信号应有的速度,再弄清楚各坐标系之间的相对运动关系,根据相对论速度合成法则,即可回答所提问题.

解 1. 在 S 系中考察,A 与 B 相距最近时 A 发出信号,为使信号能被 B 收到,信号速度的 x 分量应与 B 的速度相同,即

$$u_x = v_B = -\beta c$$

信号以光速 c 传播,故信号速度的 y 分量为

$$u_y = \sqrt{c^2 - u_x^2} = \sqrt{1 - \beta^2}\, c$$

把上述速度转换到 S' 系中,对 S' 系来说,S 系的运动速度为 $v_S = -\beta c$. 根据速度合成法则,信号速度的两分量为

$$u'_x = \frac{u_x + v_S}{1 + \dfrac{u_x v_S}{c^2}} = \frac{-\beta c - \beta c}{1 + \beta^2} = -\frac{2\beta}{1 + \beta^2}c$$

$$u'_y = \frac{\sqrt{1 - \dfrac{v_S^2}{c^2}}\, u_y}{1 + \dfrac{u_x v_S}{c^2}} = \frac{1 - \beta^2}{1 + \beta^2}c$$

故在 S' 系中信号发射方向与 A 运动方向之间的夹角 θ，如图 2 所示，为

$$\theta = \frac{\pi}{2} + \arctan\left(\frac{u'_x}{u'_y}\right) = \frac{\pi}{2} + \arctan\left(\frac{2\beta}{1 - \beta^2}\right)$$

图 2

2. 在 S'' 系中考察，B 中的宇航员认为 A 在离得最近时发出信号，该信号在 B 的空间中以光速传播，传到 B 所需时间为

$$t'' = \frac{d}{c}$$

从 S'' 系看来，S 系的运动速度为

$$v''_S = \beta c$$

故 A 的速度为

$$v''_A = \frac{v_A + v''_S}{1 + \dfrac{v_A v''_S}{c^2}} = \frac{\beta c + \beta c}{1 + \beta^2} = \frac{2\beta}{1 + \beta^2}c$$

经 t'' 时间后，飞船 A 在 x'' 方向运动的距离为 $v''_A t''$，故 A

385

与 B 相距

$$L''_{AB} = \sqrt{d^2 + (v''_A t'')^2} = \sqrt{d^2 + \left(\frac{2\beta c}{1+\beta^2} \cdot \frac{d}{c}\right)^2} =$$

$$\frac{\sqrt{(1+\beta^2)^2 + 4\beta^2}}{1+\beta^2} d$$

题 4　如图 3 所示,平面反射镜 M 固定在 S' 系的 $x'y'$ 平面内,其法线方向与 x' 轴一致. 反射镜相对 S 系以速度 v 沿法线方向做平移运动. 试求光在反射镜上反射时,入射角与反射角所遵从的关系.

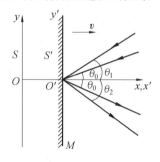

图 3

分析　光在静止反射镜上反射时,入射角和反射角相等,通常的反射定律成立. 但光在运动反射镜上反射时,通常的反射定律不再适用,反射角一般不等于入射角,本题要求给出两者之间的关系. 光在真空中传播时,在任何惯性系中光速数值不变(光速不变原理),但其传播方向与观察者所在的惯性系有关,此即光行差现象. 利用光的传播方向的变换关系即可求解本题.

解　在 S' 系中反射镜 M 是静止的,常规反射定律成立. 图 3 中以虚线表示入射光和反射光,入射角与反射角均为 θ_0. 同一条光线在不同惯性系中的方位角不

同,光线的方位角是光的传播方向与 x 或 x' 轴的夹角. 设同一条光线在 S 系和 S' 系中的方位角分别用 θ 和 θ' 表示,两者的变换关系为

$$\tan \theta' = \frac{\sqrt{1 - \beta^2} \sin \theta}{\cos \theta - \beta} \qquad (1)$$

把上式分别应用于入射光和反射光,图 3 中用实线表示 S 系中观察到的入射光和反射光,入射角和反射角分别为 θ_1 和 θ_2. 对入射光,S' 系中的方位角 θ' 和 S 系中的方位角 θ 分别为

$$\theta' = \pi + \theta_0, \theta = \pi + \theta_1$$

代入式(1),得

$$\tan(\pi + \theta_0) = \frac{\sqrt{1 - \beta^2} \sin(\pi + \theta_1)}{\cos(\pi + \theta_1) - \beta}$$

$$\tan \theta_0 = \frac{\sqrt{1 - \beta^2} \sin \theta_1}{\cos \theta_1 + \beta} \qquad (2)$$

对反射光,S' 系中的方位角为 θ_0,S 系中的方位角为 θ_2,应用公式(1),有

$$\tan \theta_0 = \frac{\sqrt{1 - \beta^2} \sin \theta_2}{\cos \theta_2 - \beta} \qquad (3)$$

由式(2)(3),得

$$\frac{\sin \theta_1}{\cos \theta_1 + \beta} = \frac{\sin \theta_2}{\cos \theta_2 - \beta} \qquad (4)$$

此即光在运动反射镜上反射时遵从的规律.

　　上述规律也可写成另一形式. 变换关系式(1) 可改写成

$$\cos \theta' = \frac{\cos \theta - \beta}{1 - \beta\cos \theta}$$

对入射光，$\theta' = \pi + \theta_0, \theta = \pi + \theta_1$，代入，得

$$\cos \theta_0 = \frac{\cos \theta_1 + \beta}{1 + \beta\cos \theta_1}$$

对反射光，$\theta' = \theta_0, \theta = \theta_2$，有

$$\cos \theta_0 = \frac{\cos \theta_2 - \beta}{1 - \beta\cos \theta_2}$$

由以上两式，得

$$\frac{\cos \theta_1 + \beta}{1 + \beta\cos \theta_1} = \frac{\cos \theta_2 - \beta}{1 - \beta\cos \theta_2} \tag{5}$$

变换关系式(1)也可写成

$$\sin \theta' = \frac{\sqrt{1 - \beta^2}\sin \theta}{1 - \beta\cos \theta}$$

同理可得

$$\frac{\sin \theta_1}{1 + \beta\cos \theta_1} = \frac{\sin \theta_2}{1 + \beta\cos \theta_2} \tag{6}$$

式(4)(5)(6)完全等价.

由上述反射规律可知，入射角与反射角一般不相等. 当 $v = 0$ 时，$\theta_1 = \theta_2$；当 $v > 0$ 时，入射光逆着反射镜运动方向入射，$\theta_2 < \theta_1$；当 $v < 0$ 时，入射光顺着反射镜运动方向入射，$\theta_2 < \theta_1$.

题 5 如图 4 所示，由介质 1 和介质 2 构成一界面，两介质的折射率为 n_1 和 n_2，界面的法线与 S 系的 x 轴一致. 现界面相对 S 系中的观察者以速度 v 沿法线做匀速平行运动，在 S 系中入射光以入射角 θ_i 从介质 1 向界面入射，反射角和折射角分别用 θ_r 和 θ_t 表示. 试导出 S 系中的观察者观测到的反射角和折射角与入射角的关系.

分析 设置坐标系 S' 与两介质的界面联结在一

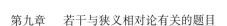

起,分别从 S 系和 S' 系考察入射光、反射光和折射光.光线的传播遵从相对论速度合成公式,据此可确定三种光线在 S 系和 S' 系中传播方向之间的关系. 再注意到在 S' 系中界面静止,遵从通常的反射定律和折射定律,于是可得出在 S 系中的反射规律和折射规律.

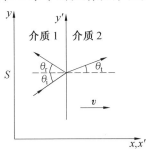

图 4

解 设在 S 系中观测时,入射角、反射角和折射角分别为 $\theta_i,\theta_r,\theta_t$,三种光线在各自传播方向上的光线速度为 u_i,u_r,u_t. 在 S' 系中观测时,相应量分别为 $\theta'_i,\theta'_r,\theta'_t$ 以及 u'_i,u'_r,u'_t. 光线传播遵从相对论速度合成公式,即

$$u_x = \frac{u'_x + v}{1 + \dfrac{v}{c^2}u'_x}$$

$$u_y = \frac{\sqrt{1-\beta^2}\,u'_y}{1 + \dfrac{v}{c^2}u'_x}$$

或
$$
\begin{cases}
u\cos\theta = \dfrac{u'\cos\theta' + v}{1 + \dfrac{v}{c^2}u'\cos\theta'} \\[4mm]
u\sin\theta = \dfrac{\sqrt{1-\beta^2}\,u'\sin\theta'}{1 + \dfrac{v}{c^2}u'\cos\theta'}
\end{cases}
\qquad (1)
$$

式中,u 和 u' 分别是在 S 系和 S' 中测得的光线速度;θ 和 θ' 是在 S 系和 S' 系中测得的光线方向与 x 轴和 x' 轴的夹角.

对入射光应用式(1),因 $\theta = \theta_i$,$\theta' = \theta'_i$,有

$$\begin{cases} u_i\cos\theta_i = \dfrac{u'_i\cos\theta'_i + v}{1 + \dfrac{v}{c^2}u'_i\cos\theta'_i} \\[4mm] u_i\sin\theta_i = \dfrac{\sqrt{1-\beta^2}\,u'_i\sin\theta'_i}{1 + \dfrac{v}{c^2}u'_i\cos\theta'_i} \end{cases} \tag{2}$$

对反射光,因 $\theta = \pi - \theta_r$,$\theta' = \pi - \theta'_r$,有

$$\begin{cases} u_r\cos\theta_r = \dfrac{u'_r\cos\theta'_r - v}{1 - \dfrac{v}{c^2}u'_r\cos\theta'_r} \\[4mm] u_r\sin\theta_r = \dfrac{\sqrt{1-\beta^2}\,u'_r\sin\theta'_r}{1 - \dfrac{v}{c^2}u'_r\cos\theta'_r} \end{cases} \tag{3}$$

对折射光,因 $\theta = \theta_t$,$\theta' = \theta'_t$,有

$$\begin{cases} u_t\cos\theta_t = \dfrac{u'_i\cos\theta'_t + v}{1 + \dfrac{v}{c^2}u'_i\cos\theta'_t} \\[4mm] u_t\sin\theta_t = \dfrac{\sqrt{1-\beta^2}\,u'_t\sin\theta'_t}{1 + \dfrac{v}{c^2}u'_t\cos\theta'_t} \end{cases} \tag{4}$$

由式(3)(4),得

$$\begin{cases} \tan\theta_r = \dfrac{\sqrt{1-\beta^2}\,u'_r\sin\theta'_r}{u'_r\cos\theta'_r - v} \\[4mm] \tan\theta_t = \dfrac{\sqrt{1-\beta^2}\,u'_t\sin\theta'_t}{u'_t\cos\theta'_t + v} \end{cases}$$

在 S' 系中介质静止,故有

$$u'_r = \frac{c}{n_1}, u'_t = \frac{c}{n_2}$$

且由反射定律和折射定律,有

$$\theta'_r = \theta'_i, \sin \theta'_t = \frac{n_1}{n_2}\sin \theta'_i$$

代入,和

$$\begin{cases} \tan \theta_r = \dfrac{\sqrt{1 - \beta^2}\sin \theta'_i}{\sqrt{1 - \sin^2\theta'_i} - n_1\beta} \\[4mm] \tan \theta_t = \dfrac{\sqrt{1 - \beta^2}\sin \theta'_i}{\sqrt{\left(\dfrac{n_2}{n_1}\right)^2 - \sin^2\theta'_i} + \dfrac{n_2^2}{n_1}\beta} \end{cases} \quad (5)$$

式中的 θ'_i 可借助于变换关系式(2)用 θ_i 表示,即有

$$u'_i\sin \theta'_i = \frac{\sqrt{1 - \beta^2}\, u_i\sin \theta_i}{1 - \dfrac{v}{c^2}u_i\cos \theta_i} \quad (6)$$

于是式(5)就给出了反射角 θ_r 和折射角 θ_t 随入射角 θ_i 变化的关系.

若介质1为真空,则 $u'_i = u_i = c, n_1 = 1, n_2 = n$,式(6)简化为

$$\sin \theta'_i = \frac{\sqrt{1 - \beta^2}\sin \theta_i}{1 - \beta\cos \theta_i}$$

代入式(5),化简后得

$$\begin{cases} \tan \theta_r = \dfrac{(1 - \beta^2)\sin \theta_i}{(1 + \beta^2)\cos \theta_i - 2\beta} \\[4mm] \tan \theta_t = \dfrac{(1 - \beta^2)\sin \theta_i}{\sqrt{n^2(1 - \beta\cos \theta_i)^2 - (1 - \beta^2)\sin^2\theta_i} + \beta n^2(1 - \beta\cos \theta_i)} \end{cases} \quad (7)$$

这就是光从真空向运动介质界面入射时遵从的反射规律和折射规律,它与静止界面的反射定律和折射定律明显不同. 但当界面静止时,$\beta = 0$,式(7) 变为

$$\begin{cases} \dfrac{\sin\theta_r}{\cos\theta_r} = \dfrac{\sin\theta_i}{\cos\theta_i} \\[3mm] \dfrac{\sin\theta_t}{\cos\theta_t} = \dfrac{\sin\theta_i}{n\sqrt{1 - \dfrac{1}{n^2}\sin^2\theta_i}} \end{cases}$$

即

$$\begin{cases} \theta_r = \theta_i \\ \sin\theta_i = n\sin\theta_t \end{cases}$$

此即通常的反射定律和折射定律.

由式(7) 可知,一般情况下 θ_r 和 θ_t 与 θ_i 的关系与界面的运动速度 v 有关. 图 5 中画出了 $n = 1.5, \beta = 0,$ 0.5 和 0.8 情形下 θ_r 和 θ_t 随 θ_i 变化的关系曲线,虚线表示 $\beta = 0$ 时(通常的反射定律和折射定律)的结果. 从图 5 可知,β 越大,即 v 越接近光速,关系曲线偏离静止情形越远,相对论效应越显著.

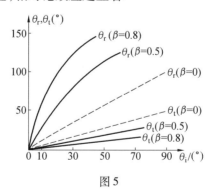

图 5

题6　如图6所示,惯性系 S 和 S' 的对应坐标轴互相平行, S' 系相对 S 系以速度 v 沿 $+z$ 方向运动. S 系与某星体联结在一起,两坐标系的原点 O 和 O' 的间距远小于到其他星体的距离. 假定在 O 处的观察者看到的其他星体的个数各向同性分布,即在任何方向上单位立体角内测得的星体个数 N 为常数. 试求在 O' 处的观察者看到的星体个数的分布.

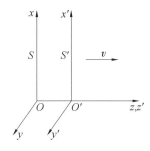

图6

解　在 S 系中, (θ, ϕ) 方向的立体角元可表为

$$\mathrm{d}\Omega = \sin\theta\mathrm{d}\theta\mathrm{d}\phi$$

在 S' 系中,对应的立体角元则为

$$\mathrm{d}\Omega' = \sin\theta'\mathrm{d}\theta'\mathrm{d}\phi'$$

星体个数不因变换而改变,即 S' 系中立体角元 $\mathrm{d}\Omega'$ 内的星体个数与 S 系中对应立体角元 $\mathrm{d}\Omega$ 内的星体个数应相等,即有

$$N'(\theta', \phi')\mathrm{d}\Omega' = N(\theta, \phi)\mathrm{d}\Omega$$

或

$$N'(\theta', \phi')\sin\theta'\mathrm{d}\theta'\mathrm{d}\phi' = N(\theta, \phi)\sin\theta\mathrm{d}\theta\mathrm{d}\phi$$

因经度 ϕ 是 xOy 平面内的角度, S 系和 S' 系的相对运动方向与 xOy 平面垂直,故

$$\phi' = \phi, \mathrm{d}\phi' = \mathrm{d}\phi$$

代入,得

$$N'(\theta', \phi') = N \frac{\sin \theta \mathrm{d}\theta}{\sin \theta' \mathrm{d}\theta'} = N \frac{\mathrm{d}(\cos \theta)}{\mathrm{d}(\cos \theta')} \qquad (1)$$

光线传播的变换关系式为

$$\cos \theta^{*}{}' = \frac{\cos \theta^{*} - \beta}{1 - \beta \cos \theta^{*}}$$

式中带 $*$ 号的方位角是光的传播方向与 $z(z')$ 轴的夹角. 本题中光从各星体向原点 $O(O')$ 传播,故

$$\theta^{*} = \pi - \theta, \theta^{*}{}' = \pi - \theta'$$

上述变换关系式可写为

$$\cos \theta' = \frac{\cos \theta + \beta}{1 + \beta \cos \theta}$$

其逆变换关系为

$$\cos \theta = \frac{\cos \theta' - \beta}{1 - \beta \cos \theta'}$$

上式两边取微分,得

$$\mathrm{d}(\cos \theta) = \frac{1 - \beta^2}{(1 - \beta \cos \theta')^2} \mathrm{d}(\cos \theta')$$

即

$$\frac{\mathrm{d}(\cos \theta)}{\mathrm{d}(\cos \theta')} = \frac{1 - \beta^2}{(1 - \beta \cos \theta')^2}$$

代入式(1),得

$$N'(\theta') = N \frac{1 - \beta^2}{(1 - \beta \cos \theta')^2}$$

可见,星体个数的分布与经度 ϕ' 无关,即对 z' 轴具有轴对称性.

当 $v \to c$ 时,$\beta \to 1$,则有

$$N'(0) = \lim_{\beta \to 1} \frac{1 - \beta^2}{(1 - \beta)^2} = \lim_{\beta \to 1} \frac{1 + \beta}{1 - \beta} = \infty$$

$$N'(\pi) = \lim_{\beta \to 1} \frac{1 - \beta^2}{(1 + \beta)^2} = 0$$

由此可见,在 S 系中星体分布将向 S' 系的运动方向聚集,在 $v \to c$ 的极限情形下,所有星体将集中到运动方向上.

题 7   如图 7 所示,一单色点光源在其静止的参考系 S' 中向四周均匀地辐射光能量,其发光强度为 I_0. 当该点光源相对 S 系中的观察者以速度 v 运动时,测得的发光强度将随观察方位而变. 设 S 系

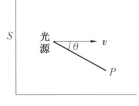

图 7

中的观察者位于点 P,观察方向与点光源运动方向之间的夹角用 θ 表示. 试求 S 系中测得的发光强度 I 与角 θ 的关系.

分析   发光强度是单位立体角内的光辐射功率,在与点光源联结在一起的 S' 系中,发光强度 I_0 各向同性,即在任何方位的发光强度均相等. 若在 S 系中观察,发光强度 I 将随观察方向而改变. 造成发光强度改变的原因有三. 第一,由于光源相对观察者运动,多普勒效应使接收到的光波频率发生变化,光子能量也因而改变. 第二,由于时间膨胀效应,S 系和 S' 系中接收光辐射的时间不同. 第三,由于光行差效应,S 系和 S' 系中的对应立体角不同. 结合以上三因素就可求得 S 系中的发光强度.

解　在 S' 系中光源静止,发光强度为

$$I_0 = \frac{n}{4\pi} h\nu_0$$

式中,n 为单位时间内从光源发射出来的总光子数,ν_0 为辐射频率. 所以在 $\mathrm{d}t'$ 时间内从立体角元 $\mathrm{d}\Omega'$ 辐射出来的辐射能量为

$$\mathrm{d}w' = I_0 \mathrm{d}t' \mathrm{d}\Omega' = \frac{n}{4\pi} h\nu_0 \mathrm{d}t' \mathrm{d}\Omega'$$

若将上式转换到 S 系中,则光子总数 n 是变换不变量,它在 S 系和 S' 系中是相同的. 根据多普勒效应,S 系中接收到的光波频率 ν 为

$$\nu = \frac{\sqrt{1-\beta^2}}{1-\beta\cos\theta}\nu_0 \tag{1}$$

式中,$\beta = \dfrac{v}{c}$. 在 S 系中,$\mathrm{d}t$ 时间内 $\mathrm{d}\Omega$ 立体角元范围内的辐射能量为

$$\mathrm{d}w = I \mathrm{d}t \mathrm{d}\Omega = \frac{n}{4\pi} h\nu \mathrm{d}t' \mathrm{d}\Omega' \tag{2}$$

式中,$\mathrm{d}t'$ 是在 S' 系中光源辐射光子所持续的时间,而在 S 系中对应的时间为 $\mathrm{d}t$. 因光源辐射出的光波波数是变换不变量,故有

$$\nu_0 \mathrm{d}t' = \nu \mathrm{d}t$$

即

$$\frac{\mathrm{d}t'}{\mathrm{d}t} = \frac{\nu}{\nu_0} \tag{3}$$

在 S 系和 S' 系中的对应立体角元为

$$\mathrm{d}\Omega = \sin\theta \mathrm{d}\theta \mathrm{d}\phi, \quad \mathrm{d}\Omega' = \sin\theta' \mathrm{d}\theta' \mathrm{d}\phi'$$

因 $\mathrm{d}\phi = \mathrm{d}\phi'$(参看上题,即本章题 6),故

$$\frac{\mathrm{d}\Omega'}{\mathrm{d}\Omega} = \frac{\sin\theta'\mathrm{d}\theta'}{\sin\theta\mathrm{d}\theta} = \frac{\mathrm{d}(\cos\theta')}{\mathrm{d}(\cos\theta)}$$

光线方向的变换式为

$$\cos\theta' = \frac{\cos\theta - \beta}{1 - \beta\cos\theta}$$

上式两边微分,得

$$\frac{\mathrm{d}(\cos\theta')}{\mathrm{d}(\cos\theta)} = \frac{1 - \beta^2}{(1 - \beta\cos\theta)^2}$$

即

$$\frac{\mathrm{d}\Omega'}{\mathrm{d}\Omega} = \frac{1 - \beta^2}{(1 - \beta\cos\theta)^2} \tag{4}$$

由式(2)得出,S 系中的发光强度为

$$I = \frac{\mathrm{d}w}{\mathrm{d}t\mathrm{d}\Omega} = \frac{n}{4\pi}h\nu\frac{\mathrm{d}t'\mathrm{d}\Omega'}{\mathrm{d}t\mathrm{d}\Omega} = \frac{n}{4\pi}h\nu_0\frac{\nu}{\nu_0}\frac{\mathrm{d}t'}{\mathrm{d}t}\frac{\mathrm{d}\Omega'}{\mathrm{d}\Omega}$$

把式(1)(3)(4)代入,得

$$I = I_0\left(\frac{\nu}{\nu_0}\right)^4 = I_0\frac{(1 - \beta^2)^2}{(1 - \beta\cos\theta)^4}$$

上式表明,在 S 系中的发光强度 I 随 θ 变化,在光源运动方向上($\theta = 0$),发光强度为

$$I(0) = I_0\left(\frac{1 + \beta}{1 - \beta}\right)^2$$

在背离光源运动的方向上($\theta = \pi$),发光强度为

$$I(\pi) = I_0\left(\frac{1 - \beta}{1 + \beta}\right)^2$$

当 $\beta \to 1$ 时,辐射能量将集中到光源的运动方向上. 同步辐射源所发光束具有很小的发散角就是由于这一相对论效应.

题8 如图8所示,光源 S 向全反射体 S' 发射一束平行光,发光功率为 P_0. 设 S' 以匀速率 v 沿其法线方向

朝 S 运动. 试求 S 接收到的反射光功率.

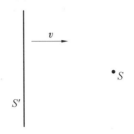

图 8

分析 光源 S 接收到的反射光功率与反射出去的光功率不同,其原因与上题(本章题 7)相仿. 首先,由于多普勒效应,S 接收到的反射光频率不同于发射频率,这导数光子能量的改变. 其次,由于时间膨胀效应及反射体的运动,S 在单位时间内发射的光子总数与接收到的反射光子总数不同. 上述两种原因导数接收到的光功率有别于发射出去的光功率.

解 设光源 S 和反射体分别静止于 S 系和 S' 系,光源在 S 系中单位时间内发出的第 i 种光子的频率和光子数分别为 v_{0i} 和 n_{0i}. 发光功率可表为

$$P_0 = \sum_i n_{0i} h \nu_{0i}$$

对 S' 系来说,由于多普勒效应,接收到的和反射出去的光子频率为

$$\nu'_i = \sqrt{\frac{1+\beta}{1-\beta}} \nu_{0i}$$

式中,$\beta = \dfrac{v}{c}$. 同样由于多普勒效应,光源 S 接收到的光子频率为

$$\nu_i = \sqrt{\frac{1+\beta}{1-\beta}}\,\nu_i' = \frac{1+\beta}{1-\beta}\nu_{0i}$$

光子数和光速在 S 系和 S' 系中是不变量,但"单位时间"在 S 系和 S' 系中有不同标准. 若 S 系中一个单位时间内发出 n_{0i} 个光子,由于时间膨胀效应,S' 系中认为这个过程所经时间是 S 系中一个单位时间的 $\dfrac{1}{\sqrt{1-\beta^2}}$ 倍. 故从 S' 系看来,在单位时间内光源发出的光子数为

$$n_{0i}' = \sqrt{1-\beta^2}\,n_{0i}$$

S' 系中的观察者认为光源一面以速度 v 朝自己运动,一面不断发射光子. 如图 9 所示,单位时间内 (S' 系的时间) 能达到反射体 S' 的光子一定处于图 9 中画斜线的区域中,该区域中的光子总数为 n_{0i}',它们在 $\Delta t'$ 时间内全部到达 S',由图 9 可知

$$\Delta t' = \frac{c-v}{c}$$

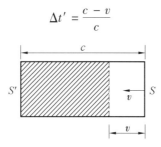

图 9

故在 S' 系中单位时间内到达反射体的光子数为

$$n_{0i}'' = \frac{n_{0i}''}{\Delta t'} = \frac{c}{c-v}\sqrt{1-\beta^2}\,n_{0i} =$$

$$\frac{\sqrt{1-\beta^2}}{1-\beta}n_{0i} = \sqrt{\frac{1+\beta}{1-\beta}}n_{0i}$$

S' 系中单位时间内有同样多的光子被反射出去,对 S 系中的观察者,反射体 S' 以速度 v 朝自己运动. 同理,单位时间内(S 系的时间)S 接收到的反射光子数为

$$n_i = \sqrt{\frac{1+\beta}{1-\beta}}n''_{0i} = \frac{1+\beta}{1-\beta}n_{0i}$$

于是,S 接收到的光功率为

$$P = \sum_i n_i h\nu_i = \sum_i \left(\frac{1+\beta}{1-\beta}n_{0i}\right)\left(\frac{1+\beta}{1-\beta}\right)h\nu_{0i} =$$
$$\left(\frac{1+\beta}{1-\beta}\right)^2 \sum_i n_{0i}h\nu_{0i} = \left(\frac{1+\beta}{1-\beta}\right)^2 P_0$$

显然,S 系接收到的反射光功率大于发射出去的光功率. 这是由于反射体受到光压作用,为维持反射体的匀速运动,外力必须做功,此功转变为反射光的能量.

题9 如图 10 所示,光源静止于 S 系中,某色散介质相对 S 系沿 x 方向以速度 v 运动. 试问,对 S 系中的观察者而言,光在介质中的传播速度是多少? 已知光在静止介质中的波长为 λ,相应的折射率为 n,介质的色散率为 $\dfrac{\mathrm{d}n}{\mathrm{d}\lambda}$. 计算时只取一级近似.

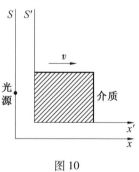

图 10

分析 在 S' 系中介质静止,只需算出光在静止介质中的传播速度 u',根据相对论速度合成公式,便可算

出相对 S 系的传播速度. 计算 u' 时必须考虑是色散介质, u' 与光波频率(或波长)有关, 而介质相对光源有运动, 因而必须考虑多普勒效应.

解　首先在 S' 系中考察, 此时光在静止介质中传播. 由多普勒效应, 光波的波长为

$$\lambda'_0 = \sqrt{\frac{1+\beta}{1-\beta}}\lambda_0$$

式中, $\beta = \dfrac{v}{c}$, 下标"0"表示真空中的波长, λ_0 是 S 系中静止光源发出的波长. 上式可改写为

$$\lambda'_0 = \lambda_0\left(1 + \frac{2\beta}{1-\beta}\right)^{\frac{1}{2}} =$$

$$\lambda_0\left[1 + \frac{\beta}{1-\beta} - \frac{\beta^2}{2(1-\beta)^2} + \cdots\right] =$$

$$\lambda_0\left[1 + \beta(1-\beta)^{-1} - \frac{\beta^2}{2}(1-\beta)^{-2} + \cdots\right] =$$

$$\lambda_0\left(1 + \beta + \frac{\beta^2}{2} + \cdots\right)$$

略去 β^2 和更高级的小量, 得

$$\lambda'_0 = (1+\beta)\lambda_0$$

故由于多普勒效应引起的波长改变为

$$\Delta\lambda_0 = \lambda'_0 - \lambda_0 = \beta\lambda_0 = \frac{v}{c}\lambda_0$$

已知介质中的波长 λ 与真空中的波长 λ_0 之间的关系为

$$\lambda = \frac{\lambda_0}{n}$$

代入, 得

$$\Delta\lambda_0 = \frac{vn}{c}\lambda$$

静止介质中波长为 λ_0' 的折射率为

$$n(\lambda_0') = n(\lambda_0 + \Delta\lambda_0) \approx n + \frac{dn}{d\lambda}\Delta\lambda_0 =$$

$$n + n\lambda\frac{dn}{d\lambda} \cdot \frac{v}{c}$$

故静止介质中的传播速度为

$$u' = \frac{c}{n(\lambda_0')} = \frac{\dfrac{c}{n}}{1 + \lambda\dfrac{dn}{d\lambda}\dfrac{v}{c}} =$$

$$\frac{c}{n}\left(1 + \lambda\frac{dn}{d\lambda}\frac{v}{c}\right)^{-1} \approx$$

$$\frac{c}{n} - \lambda\frac{dn}{d\lambda}\frac{v}{n}$$

根据速度合成公式, S 系中的传播速度为

$$u = \frac{u' + v}{1 + \dfrac{vu'}{c^2}} \approx \left(\frac{c}{n} - \lambda\frac{dn}{d\lambda}\frac{v}{c} + v\right)\left(1 + \frac{v}{cn}\right)^{-1} \approx$$

$$\left(\frac{c}{n} - \lambda\frac{dn}{d\lambda}\frac{v}{c} + v\right)\left(1 - \frac{v}{cn}\right) \approx$$

$$\frac{c}{n} + v\left(1 - \frac{1}{n^2} - \frac{\lambda}{n}\frac{dn}{d\lambda}\right)$$

可见,上述结果比菲涅尔导出的公式多了一个色散项.

题 10 宇宙飞船从地球出发沿直线飞向某恒星,恒星距地球 $r = 3 \times 10^4$ l. y.. 对每一瞬时都与飞船联结在一起的坐标系来讲,前一半路程做匀加速直线运动,加速度 $a' = 10$ m/s^2,后一半路程以数值相同的加速度做匀减速运动. 试问在飞船上测量,整个旅程经历了多

少时间？计算时只取一级近似.

分析　如图 11 所示，设
与地球联结在一起的坐标系
为 S，每一瞬时与飞船联结在
一起的坐标系为 S'，因飞船相
对地球的速度时刻在变化，故
S' 系应当看作是一系列的坐
标系，每一瞬间在极短的时间

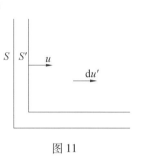

图 11

内 S' 可看作是相对地球做匀速直线运动. 在此短时间
内，S 和 S' 均可看作惯性系，故狭义相对论可用. 整个
旅程是这些无限短的运动过程的组合.

设在飞船时间 t'，飞船相对地球的速度为 u，即 S'
相对 S 的运动速度为 u，此时飞船相对 S' 的速度 $u' = 0$.
经极短时间 $\mathrm{d}t'$ 后，飞船相对原来的 S' 系的速度增量
为 $\mathrm{d}u'$，相应的加速度 $a' = \dfrac{\mathrm{d}u'}{\mathrm{d}t'} = 10 \ \mathrm{m/s^2}$. 对地球坐标
系 S 而言，与 $\mathrm{d}u'$ 相对应的速度增量设为 $\mathrm{d}u$. 利用速度
合成法则可找到 $\mathrm{d}u$ 与 $\mathrm{d}u'$ 之间的关系，进而确定飞船
在 S 系中的加速度 a 与在 S' 系中的加速度 a' 之间的关
系. 通过积分运算可求得全程所需的地球时间，利用时
间膨胀公式进而可得所需的飞船时间.

注意，狭义相对论只适用于惯性参考系，严格说来
与飞船联结在一起的参考系是非惯性系. 但若把全旅
程分割成无限小的单元，做上述处理后就可用狭义相
对论的理论来求解了.

解　设在地球时间 t，飞船的速度为 u，S' 系与此
时的飞船相联结，故 S' 系相对 S 系（地球系）的运动速
度为 u. 经 $\mathrm{d}t$ 时间后，u 的增量为 $\mathrm{d}u$，在 S' 系中的相应

增量为 du'，按速度合成法则，有

$$u + du = \frac{u + du'}{1 + \dfrac{u}{c^2}du'}$$

或

$$(u + du)\left(1 + \frac{u}{c^2}du'\right) = u + du'$$

略去高级无穷小，得

$$du' = \frac{1}{1 - \beta^2}du \qquad (1)$$

式中，$\beta = \dfrac{u}{c}$. 由时间膨胀公式，S 系和 S' 系中的对应时间间隔 dt 和 dt'，有如下关系

$$dt = \frac{dt'}{\sqrt{1 - \beta^2}} \qquad (2)$$

由式(1)(2)，得

$$\frac{du'}{dt'} = \frac{1}{(1 - \beta^2)^{\frac{3}{2}}}\frac{du}{dt}$$

式中，$\dfrac{du'}{dt'} = a'$，$\dfrac{du}{dt} = a$ 分别是飞船在 S' 系和 S 系中的加速度. 上式可写为

$$a = (1 - \beta^2)^{\frac{3}{2}}a'$$

此式即为这两个加速度之间的关系. 需要注意的是，a' 为常量，但 a 不是常量. 把上式改写为

$$\frac{du}{\left(1 - \dfrac{u^2}{c^2}\right)^{\frac{3}{2}}} = a'dt$$

对上式积分，并利用初始条件：$t = 0$ 时，$u = 0$，得

$$\frac{u}{\sqrt{1 - \dfrac{u^2}{c^2}}} = a't \qquad\qquad (3)$$

进而可解出

$$u = \frac{a't}{\sqrt{1 + \dfrac{a'^2}{c^2}t^2}} \qquad\qquad (4)$$

再次积分,并利用初始条件:$t = 0$ 时,$x = 0$,得

$$x = \frac{c^2}{a'}\left(\sqrt{1 + \frac{a'^2}{c^2}t^2} - 1\right)$$

解出

$$t = \frac{x}{c}\sqrt{1 + \frac{2c^2}{a'x}}$$

当飞船完成前半程飞行时,$x = \dfrac{r}{2}$,所需地球时为

$$T = \frac{r}{2c}\sqrt{1 + \frac{4c^2}{a'r}} \qquad\qquad (5)$$

在每段微小运动单元中,S 系中的时间间隔 $\mathrm{d}t$ 与 S' 系中对应时间间隔 $\mathrm{d}t'$ 之间的关系满足式(2),再结合式(3),得

$$\mathrm{d}t' = \sqrt{1 - \frac{u^2}{c^2}}\,\mathrm{d}t = \frac{u}{a't}\mathrm{d}t$$

利用式(4),有

$$\mathrm{d}t' = \frac{\mathrm{d}t}{\sqrt{1 + \dfrac{a'^2}{c^2}t^2}}$$

积分,有

405

$$\int_0^{T'} dt' = \int_0^T \frac{dt}{\sqrt{1 + \frac{a'^2}{c^2}t^2}}$$

式中，T 和 T' 分别是飞船走完半程所需的地球时间和飞船时间，得

$$T' = \frac{c}{a'}\ln\left(\frac{a'}{c}T + \sqrt{1 + \frac{a'^2}{c^2}T^2}\right)$$

因加速过程与减速过程所需时间相同，故走完全程所需飞船时间为

$$2T' = \frac{2c}{a'}\ln\left(\frac{a'}{c}T + \sqrt{1 + \frac{a'^2}{c^2}T^2}\right) \tag{6}$$

由 $r = 3 \times 10^4$ l. y. , $a' = 10$ m/s^2 , 得

$$\frac{4c^2}{a'r} = \frac{4 \times 3 \times 10^8}{10 \times 3 \times 10^4 \times 365 \times 24 \times 3\,600} = 1.27 \times 10^{-4}$$

代入式(5)，得

$$T \approx \frac{r}{2c} = 1.5 \times 10^{-4} \text{ a}$$

$$\frac{a'}{c}T = 1.58 \times 10^4$$

代入式(6)，得

$$2T' \approx \frac{2c}{a'}\ln\left(\frac{2a'}{c}T\right) = 19.7\text{a}$$

题 11　太空火箭(包括燃料)的初始质量为 M_0 ，从静止起飞，向后喷出的气体相对火箭的速度 u 为常量. 任意时刻火箭速度(相对地球)为 v 时火箭的静止质量为 m_0. 忽略引力影响. 试求比值 $\frac{m_0}{M_0}$ 与速度 v 之间的关系.

分析　以地球为参考系,设任意时刻火箭速度为 v,质量为 m,在 dt 时间喷出气体的质量为 $|dm| = -dm$,火箭速度增量为 dv. 取火箭及喷出气体为物体系,忽略引力时,物体系总动量守恒. 利用相对论速度合成法则,可得火箭静止质量的变化与速度增量之间的关系. 通过积分即可求得任意时刻火箭静止质量与速度之间的关系.

解　设在地球参考系中,时刻 t 火箭的质量为 m,火箭的速度为 v,m 与相应静止质量 m_0 之间的关系为

$$m = \frac{m_0}{\sqrt{1 - \beta^2}}$$

式中,$\beta = \dfrac{v}{c}$,火箭动量为 mv,在时间间隔 dt 内喷出气体的质量为

$$|dm| = -dm = -d\left(\frac{m_0}{\sqrt{1-\beta^2}}\right)$$

喷出气体的速度(相对地球)为 $v_{气}$,火箭速度增量为 dv,在 $(t + dt)$ 时刻,系统的总动量为 $[(m - |dm|)(v + dv) + v_{气}|dm|]$. 由动量守恒,有

$$mv = (m - |dm|)(v + dv) + v_{气}|dm|$$

即

$$mdv + (v_{气} - v)|dm| = 0$$

或

$$\frac{m_0}{\sqrt{1-\beta^2}}dv + (v - v_{气})d\left(\frac{m_0}{\sqrt{1-\beta^2}}\right) = 0 \qquad (1)$$

由速度合成公式

$$v_相 = \frac{v - u}{1 - \frac{uv}{c^2}}$$

代入式（1），得

$$\frac{m_0}{\sqrt{1 - \beta^2}}\mathrm{d}v + \frac{u(1 - \beta^2)}{1 - \frac{u}{v}\beta^2}\left[\frac{\mathrm{d}m_0}{\sqrt{1 - \beta^2}} + \frac{m_0\frac{v}{c^2}\mathrm{d}v}{(1 - \beta^2)^{\frac{3}{2}}}\right] = 0$$

化简后，得

$$m_0\mathrm{d}v = u(\beta^2 - 1)\mathrm{d}m_0$$

或

$$m_0c\mathrm{d}\beta = u(\beta^2 - 1)\mathrm{d}m_0$$

分离变量，得

$$\frac{\mathrm{d}m_0}{m_0} = \frac{c}{u}\frac{\mathrm{d}\beta}{\beta^2 - 1}$$

积分，得

$$\ln m_0 = \frac{c}{2u}\ln\frac{1 - \beta}{1 + \beta} + c \tag{2}$$

初条件为 $t = 0$ 时，$\beta = 0$，$m_0 = M_0$，故

$$C = \ln M_0$$

代入式（2），得

$$\ln\frac{m_0}{M_0} = \ln\left(\frac{1 - \beta}{1 + \beta}\right)^{c/2u}$$

即

$$\frac{m_0}{M_0} = \left(\frac{1 - \beta}{1 + \beta}\right)^{c/2u} \tag{3}$$

上述结果是瞬间关系，即火箭的瞬时静止质量 m_0 与同一瞬间的速度 $v = \beta c$ 之间的关系. 当火箭加速时，向后喷气，式中的 $u > 0$. 火箭减速时，若速度变为零（即 $\beta =$

0）时的终质量为 M_0'，则式（2）中的积分常量 $C = \ln M_0'$，于是有

$$\frac{m_0}{M_0'} = \left(\frac{1 - \beta}{1 + \beta}\right)^{c/2u} \qquad （4）$$

式中，$u < 0$（因向前喷气）.

题 12　光子火箭从地球起程时初始静止质量（包括燃料）为 M_0，向相距为 $R = 1.8 \times 10^6 \text{l. y.}$ 的远方仙女座星云飞行. 要求火箭在 25 年（火箭时间）后到达目的地. 引力影响不计.

1. 忽略火箭加速和减速所需时间，试问火箭的速度应为多大？

2. 设到达目的地时火箭静止质量为 M_0'，试问 $\dfrac{M_0}{M_0'}$ 的最小值是多少？

分析　光子火箭是一种设想的飞行器，它利用"燃料"物质向后辐射定向光束，使火箭获得向前的动量. 求解第 1 问，可先将火箭时间 $\tau_0 = 25\text{a}$ 变换成地球时间 τ，然后由距离 R 求出所需的火箭速度. 火箭到达目的地时，比值 $\dfrac{M_0}{M_0'}$ 是不定的，所谓最小比值是指火箭刚好能到达目的地，亦即火箭的终速度为零，所需"燃料"量最少. 利用上题（本章题 11）的结果即可求解第 2 问.

解　1. 因火箭加速和减速所需时间可略，故火箭以恒定速度 v 飞越全程，走完全程所需火箭时间（本征时间）为 $\tau_0 = 25\text{a}$. 利用时间膨胀公式，相应的地球时间为

$$\tau = \frac{\tau_0}{\sqrt{1 - \dfrac{v^2}{c^2}}}$$

因

$$\tau = \frac{R}{v}$$

故

$$\frac{R}{v} = \frac{\tau_0}{\sqrt{1 - \dfrac{v^2}{c^2}}}$$

解出

$$v = \frac{c}{\sqrt{1 + \dfrac{c^2 \tau_0^2}{R^2}}} \approx c\left(1 - \frac{c^2 \tau_0^2}{R^2}\right) = c(1 - 0.96 \times 10^{-10})$$

可见,火箭几乎应以光速飞行.

2. 火箭从静止开始加速至上述速度 v,火箭的静止质量从 M_0 变为 M,然后做匀速运动,火箭质量不变. 最后火箭做减速运动,比值 $\dfrac{M_0}{M_0'}$ 最小时,到达目的地时的终速刚好为零,火箭质量从 M 变为最终质量 M_0'. 加速阶段的质量变化可应用上题(本章题 11)的式(3)求出. 因光子火箭喷射的是光子,以光速 c 离开火箭,即 $u = c$,于是有

$$\frac{M}{M_0} = \left(\frac{1-\beta}{1+\beta}\right)^{\frac{1}{2}} \tag{1}$$

$v = \beta c$ 为加速阶段的终速度,也是减速阶段的初速度. 对减速阶段,可应用上题(本章题 11)的式(4),式中的 m_0 以减速阶段的初质量 M 代入. 又因减速时必须向

410

前辐射光子,故 $u = -c$,即有

$$\frac{M}{M_0'} = \left(\frac{1-\beta}{1+\beta}\right)^{-\frac{1}{2}} \qquad (2)$$

由式(1)(2),得

$$\frac{M_0}{M_0'} = \frac{1+\beta}{1-\beta} = \frac{4R^2}{c^2\tau_0^2} - 1 \approx \frac{4R^2}{c^2\tau_0^2} = 4 \times 10^{10}$$

题 13　光子火箭的飞行目的地为银河系中心,已知银河系中心离地球的距离为 $R = 3.4 \times 10^4 l.\ y..$ 火箭在前一半旅程以加速度 $a' = 10\ \text{m/s}^2$(相对火箭的静止系)做匀加速运动,而后一半旅程则以同样的加速度做减速运动. 火箭到达目的地时的静止质量 $M_0' = 1.0 \times 10^6\ \text{kg}.$ 试问火箭发动机在开始发射时至少需要多大功率?

分析　解本题需注意以下几点:

首先,光子火箭发动机本质上是将"燃料"物质的质量转化为光辐射能量. 令光子束向后喷离火箭,从而使火箭获得向前的动量. 在此需用相对论的质能公式和动量守恒定律. 其次,火箭质量随其速度变化的规律遵从本章题 11 中的式(3)和式(4),只要把 $u = \pm c$ 代入即可. 第三,弄清火箭静止系中加速度的含义(参看本章题 10 的分析). 火箭速度随时间变化,不是惯性系,当用狭义相对论来解决此类问题时,可在任意时刻 t 建立坐标系依附于火箭上,S' 系以 t 时刻的火箭速度 v 做匀速运动,S' 系便是惯性系. 然后在 S' 系中考察火箭各阶段的运动,若 $\text{d}t$ 时间内火箭速度改变 $\text{d}u'$,则加速度 $a' = \dfrac{\text{d}u'}{\text{d}t}.$ 解本题需要利用本章题 11 和题 10 的有关结果.

解 在火箭的静止系 S' 中,火箭做加速度为 a' 的加速运动,根据动力学规律,有

$$\frac{\mathrm{d}p'}{\mathrm{d}t} = Ma' \tag{1}$$

式中各量均在 S' 系中测量,$\mathrm{d}p'$ 是 $\mathrm{d}t$ 时间内火箭动量的改变,M 近似为火箭的静止质量(包括燃料). 由动量守恒,火箭动量增量 $\mathrm{d}p'$ 等于辐射光子束的动量,而后者又与燃料能量改变率 $\mathrm{d}E_f$ 有关,即

$$\mathrm{d}p' = -\frac{1}{c}\mathrm{d}E_f = -c\mathrm{d}m$$

其中利用了质能公式 $\mathrm{d}E_f = c^2\mathrm{d}M$. 由式(1),上式为

$$Ma' = -c\frac{\mathrm{d}M}{\mathrm{d}t}$$

火箭发动机功率为

$$N = -\frac{\mathrm{d}E_f}{\mathrm{d}t} = -c^2\frac{\mathrm{d}M}{\mathrm{d}t} = cMa'$$

可见,对于给定的加速度 a',火箭功率由其质量 M 决定. 因此,只需求出火箭的初始质量 M_0,即可得到初始功率. 根据本章题 11 中的式(3),加速过程中 $u = c$,火箭质量 m_0 用旅程一半时的质量 M_H 代入,得

$$\frac{M_H}{M_0} = \left(\frac{1-\beta}{1+\beta}\right)^{\frac{1}{2}}$$

式中,M_0 为火箭初始质量,$\beta = \dfrac{v}{c}$,v 是加速阶段的终速度,也是减速阶段的初速度,即全程中的最大速度. 减速阶段中,$u = -c$. 应用本章题 11 的式(4),有

$$\frac{M_H}{M_0'} = \left(\frac{1-\beta}{1+\beta}\right)^{-\frac{1}{2}} = \left(\frac{1+\beta}{1-\beta}\right)^{\frac{1}{2}}$$

由以上两式,得

412

$$M_0 = \frac{1+\beta}{1-\beta}M_0'$$

为求旅程中的最大速度,即旅程一半处的 β,可应用本章题 10 的式(4) 和式(5).火箭加速与减速阶段转折点的 β 满足

$$\beta = \frac{\dfrac{a'}{c}t}{\sqrt{1 + \dfrac{a'^2}{c^2}t^2}}$$

式中,t 是航程为 $\dfrac{R}{2}$ 所需的地球时间,它由本章题 10 的式(5) 给定,为

$$t = \frac{R}{2c}\sqrt{1 + \frac{4c^2}{a'R}}$$

代入,得

$$\beta = \frac{1}{\sqrt{1 + \dfrac{c^2}{a'^2 t^2}}} = \left[1 + \frac{4c^2}{a'^2 R^2}\left(1 + \frac{4c^2}{a'R}\right)^{-\frac{1}{2}} \right]^{-\frac{1}{2}} \approx$$

$$1 - \frac{2c^4}{a'^2 R^2}$$

取上述近似是因为 $a'R \gg c^2$.因此,火箭的起始功率为

$$N = cM_0 a' = ca'M_0'\left(\frac{1+\beta}{1-\beta}\right) \approx ca'M_0'\frac{R^2 a'^2}{c^4} =$$

$$\frac{a'^3 M_0' R^2}{c^3} = 3.8 \times 10^{24} \text{ J/s}$$

第一颗原子弹爆炸时,在 10^{-6} s 内释放了约 5×10^{23} J 的能量,功率约为 5×10^{29} J/s.

题 14　μ 子的电量 $q = -e(e = 1.6 \times 10^{-19}$ C),静止质量 $m_0 = 100$ MeV/c^2,静止时的寿命 $\tau_0 = 10^{-6}$ s.设

413

在地球赤道上空离地面高度为 $h = 10^4$ m 处有一 μ 子以接近于真空中光速的速度垂直向下运动.

　　1. 试问此 μ 子至少应有多大总能量才能到达地面?

　　2. 若把赤道上空 10^4 m 高度范围内的地球磁场看作匀强磁场,磁感应强度 $B = 10^{-4}$T,磁场方向与地面平行. 试求具有第 1 问所得能量的 μ 子在到达地面时的偏离方向和总的偏转角.

　　分析　　利用时间膨胀公式可将地球上观测到的 μ 子的寿命 τ 与静止系中的寿命 τ_0 建立联系. 对地球上的观察者而言,μ 子为能达到地面,所具速度必须保证它在 τ 时间内走完全程. 利用质能公式可得 μ 子的相应能量. 由于 μ 子的动能比重力势能大得多,重力影响可忽略. 又因地磁场引起的偏转较小,计算第 1 问时可不考虑洛伦兹力,因此,可把 μ 子近似看成做匀速直线运动.

　　求解第 2 问时,必须考虑由地磁场引起的洛伦兹力,此力使 μ 子产生偏转. 因洛伦兹力对 μ 子不做功,故其能量保持常值. 根据动力学方程和质能公式可写出 μ 子坐标所遵从的微分方程,解此微分方程即可求得偏转量. μ 子除受洛伦兹力外,还受地球自转引起的科星奥利力的作用,它对 μ 子偏转的影响应作一估算.

　　解　　1. 近似地把 μ 子看成是做匀速直线运动,速度为 v,到达地面所需地球时间为

$$t = \frac{h}{v} \approx \frac{h}{c}$$

为能到达地面,需满足

$$t \leqslant \tau$$

414

式中，τ 为地球观察者测得的 μ 子寿命，它与 τ_0 的关系为

$$\tau = \frac{\tau_0}{\sqrt{1 - \dfrac{v^2}{c^2}}}$$

由质能公式，μ 子的能量为

$$E = \frac{m_0 c^2}{\sqrt{1 - \dfrac{v^2}{c^2}}}$$

结合以上诸式，有

$$E = m_0 c^2 \frac{\tau}{\tau_0} \geqslant m_0 c^2 \frac{t}{\tau_0} = \frac{m_0 ch}{\tau_0}$$

代入数据，μ 子至少应有能量

$$E = \frac{m_0 ch}{\tau_0} = \frac{100 \times 10^4}{3 \times 10^8 \times 10^{-6}} \mathrm{MeV} = 3.3 \times 10^3 \mathrm{MeV}$$

2. 如图 12 所示，取直角坐标系 $Oxyz$，原点 O 在地面，x 轴指向西，y 轴垂直于地面向上，z 轴指向北。μ 子的初始位置和初速度为

$$x(0) = 0, \dot{x}(0) = 0$$
$$y(0) = h, \dot{y}(0) = -v$$
$$z(0) = 0, \dot{z}(0) = 0$$

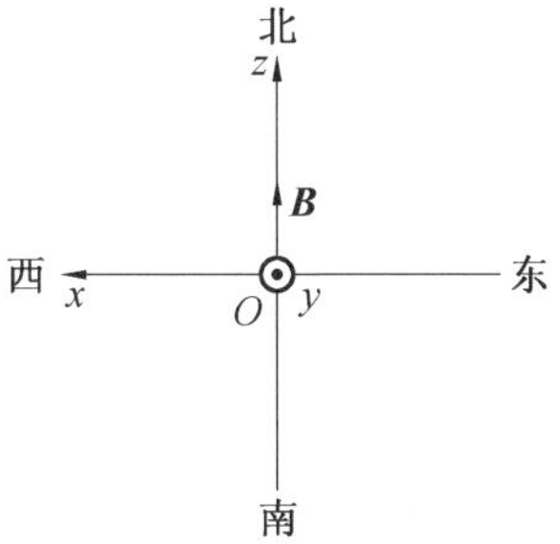

图 12

磁场 B 与 z 轴方向一致，μ 子所受洛伦兹力为

$$F = -ev \times B$$

μ 子的动力学方程为

415

$$\frac{\mathrm{d}\boldsymbol{p}}{\mathrm{d}t} = \boldsymbol{F} = -e\boldsymbol{v} \times \boldsymbol{B}$$

其中

$$\boldsymbol{p} = m\boldsymbol{v} = \frac{E}{c^2}\boldsymbol{v}, E = 常量$$

即

$$\ddot{\boldsymbol{r}} = \frac{\mathrm{d}\boldsymbol{v}}{\mathrm{d}t} = -\frac{c^2 e}{E}\boldsymbol{v} \times \boldsymbol{B} = -\frac{c^2 e}{E}\begin{vmatrix} \boldsymbol{i} & \boldsymbol{j} & \boldsymbol{k} \\ \dot{x} & \dot{y} & \dot{z} \\ 0 & 0 & B \end{vmatrix}$$

写成分量形式为

$$\ddot{x} = -\frac{c^2 eB}{E}\dot{y} \qquad\qquad (1)$$

$$\ddot{y} = \frac{c^2 eB}{E}\dot{x} \qquad\qquad (2)$$

式(1) 对 t 求导后再将式(2) 代入,得

$$\dddot{x} + \omega^2 \dot{x} = 0$$

式中

$$\omega = \frac{c^2 eB}{E}$$

上述方程的解为

$$\dot{x} = v^* \cos(\omega t + \phi)$$

$$x = \frac{v^*}{\omega}\sin(\omega t + \phi) + x^*$$

因此,有

$$\ddot{x} = -\frac{c^2 eB}{E}\dot{y} = -\omega v^* \sin(\omega t + \phi) =$$

$$-\frac{c^2 eB}{E}v^* \sin(\omega t + \phi)$$

故得

416

$$\dot{y} = v^* \sin(\omega t + \phi)$$

$$y = -\frac{v^*}{\omega} \cos(\omega t + \phi) + y^*$$

初条件为

$$\dot{x}(0) = v^* \cos\phi = 0$$

$$x(0) = \frac{v^*}{\omega} \sin\phi + x^* = 0$$

$$\dot{y}(0) = v^* \sin\phi = -v$$

$$y(0) = -\frac{v^*}{\omega} \cos\phi = h$$

得

$$\phi = -\frac{\pi}{2}, v^* = v$$

$$x^* = \frac{v^*}{\omega} = \frac{v}{\omega}, y^* = h$$

最后得 μ 子的坐标为

$$x = \frac{v}{\omega} \sin\left(\omega t - \frac{\pi}{2}\right) + \frac{v}{\omega} = \frac{v}{\omega}(1 - \cos\omega t)$$

$$y = -\frac{v}{\omega} \cos\left(\omega t - \frac{\pi}{2}\right) + h = h - \frac{v}{\omega} \sin\omega t$$

到达地面时, $y = 0$, 即有

$$\sin\omega t = \frac{\omega h}{v} = \frac{c^2 eBh}{Ev}$$

在 $v \approx c$, 有

$$\sin\omega t \approx \frac{ceBh}{E} = \frac{3 \times 10^8 \times 10^{-4} \times 10^4}{3.3 \times 10^9} = 0.091$$

$$1 - \cos\omega t = 1 - \left[1 - \left(\frac{\omega h}{v}\right)^2\right]^{\frac{1}{2}} \approx \frac{1}{2}\left(\frac{\omega h}{v}\right)^2$$

μ 子到达地面时的 x 坐标为

$$x_{地} = \frac{v}{\omega} \cdot \frac{1}{2}\left(\frac{\omega h}{v}\right)^2$$

朝 x 方向（向西）的偏转角为

$$\alpha \approx \frac{x_{地}}{h} = \frac{\omega h}{2v} \approx \frac{1}{2} \times 0.091 \text{ rad} = 0.046 \text{ rad}$$

落地点向西偏离的距离为

$$x_{地} \approx h\alpha = 10^4 \times 0.046 \text{ m} = 460 \text{ m}$$

μ 子落地过程需时

$$t = \tau = \frac{\tau_0}{\sqrt{1 - \dfrac{v^2}{c^2}}} = 3.3 \times 10^{-5} \text{ s}$$

此阶段地球表面一点转过的距离为

$$s = R\omega_{地} t =$$

$$6.4 \times 10^6 \times \frac{2\pi}{24 \times 3\,600} \times 3.3 \times 10^{-5} \text{ m} =$$

$$0.015 \text{ m}$$

可见，$s \ll x_{地}$，即由地球自转引起的偏离可以忽略.

题 15 一粒子的静止质量为 m_0，以初速 v_0 开始沿 x 轴方向运动，在运动期间始终受到一个指向 y 轴方向的恒力 $\boldsymbol{F}$ 的作用. 试证明，任意时刻粒子的两个速度分量为

$$v_x = \frac{v_0}{\sqrt{1 - \dfrac{v_0^2}{c^2}}}\sqrt{\frac{c^2}{c^2 + k}}$$

$$v_y = \frac{Ft}{m_0}\sqrt{\frac{c^2}{c^2 + k}}$$

式中

$$k = \cfrac{v_0^2}{1 - \cfrac{v_0^2}{c^2}} + \left(\cfrac{Ft}{m_0}\right)^2$$

并证明, 当 $t \to \infty$ 时, 速度 $v \to c, v_x \to 0$.

　　分析　把粒子遵从的动力方程分解成两个分量式, 积分, 即得 v_x, v_y 以及 v.

　　解　粒子的动力方程为

$$\frac{\mathrm{d}}{\mathrm{d}t}\left(\frac{m_0 \boldsymbol{v}}{\sqrt{1 - \cfrac{v^2}{c^2}}}\right) = \boldsymbol{F}$$

写成分量式, 有

$$\mathrm{d}\left(\frac{m_0 v_x}{\sqrt{1 - \cfrac{v^2}{c^2}}}\right) = F_x \mathrm{d}t = 0$$

$$\mathrm{d}\left(\frac{m_0 v_y}{\sqrt{1 - \cfrac{v^2}{c^2}}}\right) = F \mathrm{d}t$$

积分, 并利用初条件 $t = 0$ 时, $v_x = v_0, v_y = 0$, 得

$$\frac{m_0 v_x}{\sqrt{1 - \cfrac{v^2}{c^2}}} = \frac{m_0 v_0}{\sqrt{1 - \cfrac{v^2}{c^2}}} \qquad (1)$$

$$\frac{m_0 v_y}{\sqrt{1 - \cfrac{v^2}{c^2}}} = Ft \qquad (2)$$

以上两式平方相加, 得

$$\frac{v^2}{1 - \cfrac{v^2}{c^2}} = \frac{v_0^2}{1 - \cfrac{v^2}{c^2}} + \left(\frac{Ft}{m_0}\right)^2$$

解出

$$v^2 = \frac{k}{1 + \dfrac{k}{c^2}} \tag{3}$$

$$k = \frac{v_0^2}{1 - \dfrac{v_0^2}{c^2}} + \left(\frac{Ft}{m_0}\right)^2 \tag{4}$$

由式(3),有

$$1 - \frac{v^2}{c^2} = 1 - \frac{k}{c^2 + k} = \frac{c^2}{c^2 + k}$$

把上式代入式(1)和式(2),得

$$v_x = \frac{v_0}{\sqrt{1 - \dfrac{v_0^2}{c^2}}} \sqrt{\frac{c^2}{c^2 + k}} \tag{5}$$

$$v_y = \frac{Ft}{m_0} \sqrt{\frac{c^2}{c^2 + k}} \tag{6}$$

由式(4),当 $t \to \infty$ 时,$k \to \infty$,故

$$\lim_{t \to \infty} v^2 = \lim_{k \to \infty} \frac{k}{c + \dfrac{k}{c^2}} = c^2$$

即

$$\lim_{t \to \infty} v = c$$

由式(5),得

$$\lim_{t \to \infty} v_x = 0$$

随着 t 的增加,粒子速度越来越大,其质量 m 也相应变大. 又因粒子在 x 方向动量守恒,m 的增加导致 v_x 的减小,在 $t \to \infty$ 的极限情况下,$m \to \infty$,$v_x \to 0$.

9.2　若干与狭义相对论有关的美国大学试题

题目来源及代号如下：

哥伦比亚大学（Col）；加利福尼亚大学伯克利分校（Ber）；麻省理工学院（MIT）；威斯康星大学（Wis）；芝加哥大学（Chi）；普林斯顿大学（Pri）；纽约州立大学布法罗分校（Buf）；中美联合招收赴美攻读物理博士生考试试题（CUSPEA）；丁肇中招收实验高能物理博士生试题（CCT）.

从题目的解法中我们可以体会 Anonymous 的名言：数学是数学，物理是物理，但是物理可以通过数学的抽象而受益，而数学则可通过物理见识而受益. 教学相长，有时考学生的问题会成为研究的起点，如引力波的发现：

1967 年，麻省理工学院教授赖纳韦斯上相对论的课程时，被学生有关引力波的问题弄得措手不及，于是开始了他探寻引力波的漫长历程. 1972 年，韦斯在一篇论文中提出了 LIGO 项目的最初构想，但直到 1990 年，美国国家科学基金会才同意提供资金支持 LIGO 项目建设. 从最初构想，到项目建设，到今天发现引力波，LIGO 项目几十年磨一剑，其间甘苦唯有参与者自知.

下面我们摘录一批相关题目：

3001（Wis，1972）

（a）简单叙述一下促成特殊相对论产生的困难.

（b）叙述一种可能会排除掉需要特殊相对论的早期理论，并说出一个证明这种理论是错误的实验.

（c）叙述一种证明特殊相对论可信性的近代实验.

解　（a）根据 Maxwell 的电磁场理论，电磁波在真空中的传播速度恒为 c，与辐射源的速度无关. 但此结论与惯性系之间的伽利略变换式相矛盾. 如果它在某一个惯性系中成立，则对另一个与之有相对运动的惯性系就不可能成立.

（b）早期人们提出以太理论，认为一种特殊的媒质 —— 以太充满整个宇宙，Maxwell 的电磁场理论仅对于相对于以太为静止的坐标系才是成立的. 测量地球相对于以太运动速度的迈克尔实验否定了以太理论.

（c）例如河特的实验，测量飞行正电子在淹没时所发出的两个 γ 光子. 计数器安置在与淹没地点等距离处，实验结果两个 γ 光子同时到达计数器，这表明对于高速飞行的辐射源，不同方向发射的光仍有相同的速度.

（马千乘）

3002（Ber,1976）

（a）给定 $(ct,\boldsymbol{r})$ 是一个相对论性 4 - 矢量，证明 $(\omega,c\boldsymbol{k})$ 是相对论性 4 - 矢量.

（b）已知一原子在静止时放射出角频率为 ω_0 的光，且这原子以速度 v 朝向或者离开一观察者而运行，利用洛伦兹变换就两种情况（朝向或离开）导出被观

察者观察到的频率公式.

解 （a）以 x^μ 表示矢量 $(ct, \boldsymbol{r})$，以 k^μ 表示（ω, $c\boldsymbol{k}$），以 $\eta_{\mu\nu}$ 表示洛伦兹度规. 由于 $(ct, \boldsymbol{r})$ 是 4 – 矢量，这就限制了所要求的变换不能是最一般的洛伦兹变换，即不能包含有时空坐标原点的移动.

$(ct, \boldsymbol{r})$ 是任一事件的时空坐标，即 4 – 矢量的四个坐标. 当电磁波沿 x 幅向传播时，有关的电磁场量可作为 $(ct - x)$ 的函数. 例如 $A\cos(ct - x)$. 若设想波前在 $t = 0$ 时，从 $x = 0$ 处射出，则在任一位置 x 于任一时刻 t 离波前的距离为 $|ct - x|$. 这时

$$ct\omega - \boldsymbol{r} \cdot c\boldsymbol{k} = \omega(ct - x) = 2\pi v(ct - x) =$$

$$2\pi \frac{v\lambda}{\lambda}(ct - x) = 2\pi c \frac{ct - x}{\lambda}$$

$\dfrac{ct - x}{\lambda}$ 就是从位置 x 到 t 时刻波前所在处之间的波数. 显然，它是洛伦兹不变量.

若 $\boldsymbol{r}$ 与 $\boldsymbol{k}$ 都是任意方向的，则

$$-\eta_{\mu\nu}x^\mu k^\nu = ct\omega - \boldsymbol{k} \cdot c\boldsymbol{k} = ct\omega - r_K k =$$

$$\omega(ct - r_K) = 2\pi c \frac{ct - r_K}{\lambda}$$

这里的 r_K 与 $\boldsymbol{k}$ 同向，且 $\boldsymbol{r}$ 与 r_K 的矢端在同一波面上（图 13）$ct - r_K$ 就是 $\boldsymbol{r}$ 的矢端所在波面与波前之间的距离. $\dfrac{ct - r_K}{\lambda}$ 就是其间的波数. 它显然是洛伦兹不变

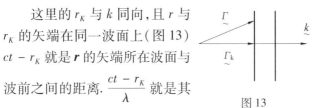

图 13

量（即零阶张量）. 这个结论对于任意的 4 – 矢量 $(ct, \boldsymbol{r})$ 都是成立的. 至于量 $(\omega, c\boldsymbol{k})$ 显然与时空原点选择

无关. 故我们假定波前在 $t = 0$ 时, 由空间坐标原点处发出并不影响问题的一般性.

既然 $\eta_{\mu\nu}x^{\mu}$ 是一阶张量, 它与 k^{ν} 的积也是一个张量(零阶), 根据张量的除法定则知, k^{ν} 一定是一个一阶张量, 即 4 - 矢量.

对于球面波也可证出同样的结论.

(b) 使观察者位于三度空间坐标原点 O, 原子位于动坐标原点 O', 当原子朝向观察者运动时, 使 x 坐标轴向左与 v 同向, 这时 $k' = \dfrac{\omega_0}{c}$ 按四度矢量的变换有

$$\omega = k_4 = \frac{k'_4 + vk'_1}{\sqrt{1 - \dfrac{v^2}{c^2}}} = \frac{\omega_0 + \dfrac{v}{c}\omega_0}{\sqrt{1 - \dfrac{v^2}{c^2}}}$$

即

$$\omega = \omega_0 \sqrt{\frac{1 + \dfrac{v}{c}}{1 - \dfrac{v}{c}}}$$

当原子离开观察者运动时, 使 x 轴向右, 与 v 同向, 这时 $k'_1 = -\dfrac{\omega_0}{c}$. 于是

$$\omega = \frac{\omega_0 - \dfrac{v}{c}\omega_0}{\sqrt{1 - \dfrac{v^2}{c^2}}} = \omega_0 \sqrt{\frac{1 - \dfrac{v}{c}}{1 + \dfrac{v}{c}}}$$

(李泽华)

3003（Ber，1982）

一个速度为 v 的航天旅行者（$t' = 0$）和他的地球上的朋友（$t = 0$）对好了钟的时刻. 然后地球上的朋友同时观察两个钟, 直接观察 t, 用望远镜观察 t'. 试问, 当 t' 读 1 小时时, t 读多少?

解　在运动坐标系中 $x' = 0, t' = 1$ 小时, 相应于地球坐标系中的位置和时间

$$x = \frac{x' + vt'}{\sqrt{1 - \dfrac{v^2}{c^2}}} = v\gamma$$

$$t_1 = \frac{t' + \dfrac{vx'}{c^2}}{\sqrt{1 - \dfrac{v^2}{c^2}}} = \gamma$$

同时考虑时钟 t' 的信号传到观察者（$x = 0$）所需时间

$$t_2 = \frac{x}{c} = \frac{v}{c}\gamma$$

得到 t 的读数

$$t = t_1 + t_2 = \gamma\left(1 + \frac{v}{c}\right) = \sqrt{\frac{c + v}{c - v}}$$

（邓悠平）

3004（Chi，1979）

一个光源静止在参考系 S 的原点 $x = 0$, 发射出两个光脉冲（称为 P_1 和 P_2）, $t = 0$ 时发射 P_1, $t = \tau$ 时发射 P_2. 一个参考系 S' 以速度 $v\hat{x}$ 相对于 S 运动, S' 中的观察者在 $t' = 0, x' = 0$ 接收到第一个脉冲（P_1）.

（a）计算在 $x' = 0$ 点接收到两个脉冲的时间间隔 τ'，用 $\tau, \beta = v/c$ 表示.

（b）从（a）中确定一个精确的纵向多普勒效应的表达式，即用 λ, β 计算 λ'，这里 λ 和 λ' 分别是 S 和 S' 中测量的光在真空中的波长.

（c）计算 H_β 辐射（$\lambda = 4\ 861.\ 33$ Å）的多普勒频移，给出 v/c 的一级和二级频移. 此频移来自质子通过 20 kV 的电位差加速后的中和. 假设辐射是在加速后产生，而同时质子带着不变的速度离去. 还假设光谱计的光轴平行于质子的运动方向.

解　（a）如图 14，对 $x = 0$ 和 $t = \tau$，相应于 S' 中的位置和时间为

$$x' = \frac{x - vt}{(1 - \beta^2)^{1/2}} = \frac{-v\tau}{(1 - \beta^2)^{1/2}}$$

图 14

$$t' = \frac{\tau}{(1 - \beta^2)^{1/2}}$$

另外，在 S' 中，第二个脉冲达 $x' = 0$ 所化时间

$$\Delta t' = \frac{|x'|}{c} = \frac{v\tau/c}{(1 - \beta^2)^{1/2}}$$

在 S' 系中总的时间间隔为

$$\tau' = t' + \Delta t' = \tau\sqrt{\frac{1 + \beta}{1 - \beta}}$$

说明：这里的推导使用了时间起点两坐标原点重合的假定. 由于本问题结论与时间起点两坐标位置关系无关，利用特定位置关系求解，也是常取的方法. 若作一般推导，则需作适当变化：$x' \to x' - x_0', t' \to t' - t_0'$. 即可.

（b）因为

$$v \propto \frac{1}{\tau}, \lambda \propto 1/v \propto \tau$$

$$\lambda' = \lambda \sqrt{\frac{1+\beta}{1-\beta}} = \lambda \left(1 + \beta + \frac{1}{2}\beta^2 + \cdots\right)$$

（c）β 的一级频移

$$\lambda\beta = 4\,861 \times 1.\,96 \times 10^6/3 \times 10^8 = 31.\,8(\text{Å})$$

β 的二级频移

$$\frac{\lambda}{2}\beta^2 = 0.\,10 \text{ Å}$$

（邓悠平）

3005（Buf，1979）

（a）考虑在下面表示的坐标系 S, S' 和 S'' 之间的洛伦兹变换（LT）如图 15 所示. 这里 x 轴是互相平行的，并且 S' 和 S'' 沿 x 轴方向运动. 证明对于这种类型的变换有：LT 的逆变换是 LT 和两个 LT 变换的结果是另一个 LT.

如果 S' 相对于 S 的速度是 v_1，S'' 相对于 S' 的速度是 v_2，导出 S'' 相对于 S 的速度表达式.

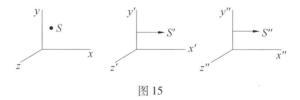

图 15

（b）粒子物理中，粒子间相互作用认为是如图 16 所示的粒子的交换产生的. 证明交换的粒子不是实的，即它是虚的.

解 （a）以 S, S' 两坐标系之间变换为例，S' 相对 S 以 v_1 沿 x 方向运动，则从 S 系到 S' 系的 LT 为

$$x' = \frac{x - v_1 t}{\sqrt{1 - \dfrac{v_1^2}{c^2}}}, y' = y, z' = z, t' = \frac{t - \dfrac{v_1}{c^2}x}{\sqrt{1 - \dfrac{v_1^2}{c^2}}} \quad （1）$$

根据相对性原理可知，S 和 S' 是等价的，所以从 S 系到 S' 系的变换应该与从 S' 系到 S 系的变换具有相同形式. 若 S' 相对于 S 的运动速度为 v_1（沿 x 轴方向），则 S 相对于 S' 的速度为 $-v_1$. 因此，只要把式（1）中的 v_1 改为 $-v_2$，即得反变换式

$$x = \frac{x' + v_1 t'}{\sqrt{1 - \dfrac{v_1^2}{c^2}}}, y = y', z = z', t = \frac{t' + \dfrac{v_1}{c^2}x'}{\sqrt{1 - \dfrac{v_1^2}{c^2}}} \quad （2）$$

所以，LT 的逆变换也是 LT.

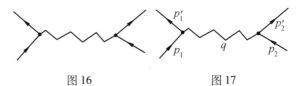

图 16   图 17

再从 S' 变到 S'' 系的 LT 为

$$x'' = \frac{x' - v_2 t'}{\sqrt{1 - \dfrac{v_2^2}{c^2}}}, t'' = \frac{t' - \dfrac{v_2}{c^2}x'}{\sqrt{1 - \dfrac{v_2^2}{c^2}}}$$

于是可得

$$x'' = \frac{x\left(1 + \dfrac{v_1 v_2}{c^2}\right) - (v_1 + v_2)t}{\sqrt{\left(1 - \dfrac{v_1^2}{c^2}\right)\left(1 - \dfrac{v_2^2}{c^2}\right)}}$$

下面我们将要证明，S'' 系相对于 S 系运动的速度为

$$v = \frac{v_1 + v_2}{1 + \dfrac{v_1 v_2}{c^2}}$$

则可证明

$$\sqrt{\left(1 - \frac{v_1^2}{c^2}\right)\left(1 - \frac{v_2^2}{c^2}\right)} = \sqrt{1 - \frac{v^2}{c^2}}\left(1 + \frac{v_1 v_2}{c^2}\right)$$

所以得从 S 系到 S'' 系关于 x 的 LT 为

$$x'' = \frac{x - vt}{\sqrt{1 - \dfrac{v^2}{c^2}}}$$

同理可得

$$t'' = \frac{t - \dfrac{v}{c^2}x}{\sqrt{1 - \dfrac{v^2}{c^2}}}$$

这表明，若参考系 1 和参考系 2 之间，及参考系 2 和参考系 3 之间 LT 成立，则参考系 1 和参考系 3 之间 LT 也成立，故问题得证.

现在我们来导出 S'' 系相对于 S 系的速度表达式.
对 S' 系与 S 系之间的 LT

$$x = \frac{x' + v_1 t'}{\sqrt{1 - \dfrac{v_1^2}{c^2}}}$$

$$t = \frac{\left(t' + \dfrac{v_1}{c^2} x' \right)}{\sqrt{1 - \dfrac{v_1^2}{c^2}}}$$

微分,得

$$dx = \frac{dx' + v_1 dt'}{\sqrt{1 - \dfrac{v_1^2}{c^2}}}$$

$$dt = \frac{dt' + \dfrac{v_1}{c^2} dx'}{\sqrt{1 - \dfrac{v_1^2}{c^2}}}$$

两式相除即得 S'' 系相对于 S 系的速度为

$$v = \frac{dx}{dt} = \frac{dx' + v_1 dt'}{dt' + \dfrac{v_1}{c^2} dx'} = \frac{\dfrac{dx'}{dt'} + v_1}{1 + \dfrac{v_1}{c^2} \dfrac{dx'}{dt'}} =$$

$$\frac{v_1 + v_2}{1 + \dfrac{v_1 v_2}{c^2}}$$

(b) 如图 17 所示,四维动量为 p_1 和 p_2 的粒子 1 和 2,通过交换 q,四维动量变成 p_1' 和 p_2'. 令 p_1 与 p_1' 夹角为 θ. 因为

$$q = p_1' - p_1 = p_2 - p_2'$$

设粒子 1 质量为 m_1,则

$$p_1'^2 = - m_1^2 c^2, \quad p_1^2 = - m_1^2 c^2$$

$$q^2 = p_1'^2 + p_1^2 - 2 p_1' \cdot p_1 =$$
$$- 2 m_1^2 c^2 - 2 (p_1' \cdot p_1 - E_1' E_1 / c^2) = - 2 m_1^2 c^2 -$$

$$2\left(\frac{m_1^2 v_1' v_1 \cos\theta}{\sqrt{1 - \dfrac{v_1'^2}{c^2}}\sqrt{1 - \dfrac{v_1^2}{c^2}}} - \frac{m_1^2 c^2}{\sqrt{1 - \dfrac{v_1'^2}{c^2}}\sqrt{1 - \dfrac{v_1^2}{c^2}}} \right) =$$

$$- 2m_1^2 c^2 \frac{\sqrt{1 - \dfrac{v_1'^2}{c^2}}\sqrt{1 - \dfrac{v_1^2}{c^2}} + \dfrac{v_1' v_1 \cos\theta}{c^2} - 1}{\sqrt{1 - \dfrac{v_1'^2}{c^2}}\sqrt{1 - \dfrac{v_1^2}{c^2}}}$$

易证:上式分子 < 0,因而 $q^2 < 0$,即粒子是类空的,即为虚粒子.

要证明上式分子 < 0,只要证

$$1 - \frac{v_1' v_1 \cos\theta}{c^2} > \sqrt{1 - \frac{v_1'^2}{c^2}}\sqrt{1 - \frac{v_1^2}{c^2}}$$

即

$$\frac{v_1'^2 v_1^2 \cos^2\theta}{c^4} - \frac{2v_1' v_1 \cos\theta}{c^2} > \frac{v_1'^2 v_1^2}{c^4} - \frac{v_1'^2 + v_1^2}{c^2}$$

$$- \frac{v_1'^2 v_1^2}{c^4}\sin^2\theta + \frac{v_1'^2 + v_1^2 - 2v_1' v_1 \cos\theta}{c^2} > 0$$

$$- \frac{v_1'^2 v_1^2}{c^4}\sin^2\theta + \frac{v_1'^2}{c^2}\sin^2\theta - \frac{v_1'^2}{c^2}\sin^2\theta +$$

$$\frac{v_1'^2 + v_1^2 - 2v_1' v_1 \cos\theta}{c^2} > 0$$

$$\frac{v_1'^2}{c^2}\sin^2\theta \left(1 - \frac{v_1^2}{c^2}\right) + \left(\frac{v_1'}{c}\cos\theta - \frac{v_1}{c}\right)^2 > 0$$

总是成立的.

（杨德田）

3006 (Buf, 1980)

（a）写出四维位置矢量的洛伦兹变换,并导出四维动量矢量的变换.

（b）证明光频的多普勒效应可以表示为：

（i）$v = v_0 \sqrt{1 + \beta} / \sqrt{1 - \beta}$，当源和观察者相趋近时；

（ii）$v = v_0 \sqrt{1 - \beta} / \sqrt{1 + \beta}$，当源和观察者相远离时；

（iii）$v = v_0 \sqrt{1 - \beta^2}$，当源和观察者在彼此垂直的方向通过时.

解 （a）四维位置矢量的洛伦兹变换可表示为

$$x'_\mu = \alpha_{\mu\nu} x_\nu \qquad (1)$$

其中四维坐标 $x_\mu = (r, ict)$，而沿 x 轴方向的特殊洛伦

兹变换式：$x' = \dfrac{x - vt}{\sqrt{1 - \beta^2}}, y' = y, z' = z, t' = \dfrac{t - \dfrac{v}{c^2}x}{\sqrt{1 - \beta^2}}$ 的变

换矩阵为

$$\alpha_{\mu\nu} = \begin{pmatrix} \dfrac{1}{\sqrt{1 - \beta^2}} & 0 & 0 & \dfrac{i\beta}{\sqrt{1 - \beta^2}} \\ 0 & 1 & 0 & 0 \\ 0 & 0 & 1 & 0 \\ -\dfrac{i\beta}{\sqrt{1 - \beta^2}} & 0 & 0 & \dfrac{1}{\sqrt{1 - \beta^2}} \end{pmatrix} \qquad (2)$$

其中 $\beta = v/c$.

由相对论动力学的基本关系式，$E^2 = E_0^2 + (pc)^2$ 可得

$$p^2 - \left(\frac{E}{c}\right)^2 = (p_x^2 + p_y^2 + p_z^2) - \left(\frac{E}{c}\right)^2 =$$

$$-\left(\frac{E_0}{c}\right)^2 = 不变量 \qquad (3)$$

与 $\Delta s = \sqrt{[(\Delta x)^2 + (\Delta y)^2 + (\Delta z)^2] - c^2(\Delta t)^2} = 不$ 变量相同. 粒子的相对论动量的各分量和能量与不变

量的关系,正好跟事件的空间坐标、时间坐标与不变量间隔的关系相类似. 由式(3)可知动量 — 能量四维矢量在惯性系 S 中的分量为 p_x,p_y,p_z 和 iE/c,与空间 — 时间四维矢量 (x,y,z,ict) 比较,可以看到,利用下列替换法,可从其中一种矢量构成另一种

$$p_x \leftrightarrow x, p_y \leftrightarrow y, p_z \leftrightarrow z, iE/c \leftrightarrow ict$$

仿照空间 — 时间四维矢量 $x_\mu(x,y,z,ict)$,把动量 — 能量四维矢量 $(p_x,p_y,p_z,iE/c)$ 写为 p_μ,则其洛伦兹变换可表为

$$p'_\mu = \alpha_{\mu\nu} p_\nu \tag{4}$$

沿 x 轴方向的特殊洛伦兹变换式为

$$p'_x = \frac{p_x - v(E/c^2)}{\sqrt{1-\beta^2}}, p'_y = p_y, p'_z = p_z, E' = \frac{E - vp_x}{\sqrt{1-\beta^2}}$$

$$\tag{5}$$

(b) 四维波矢量 $k_\mu = \left(k, i\dfrac{\omega}{c}\right)$ 在洛伦兹变换下的变换式为

$$k'_\mu = \alpha_{\mu\nu} k_\nu \tag{6}$$

考虑到式(2),有

$$\begin{cases} k'_1 = \dfrac{k_1 - \dfrac{v}{c^2}\omega}{\sqrt{1 - \dfrac{v^2}{c^2}}} \\ k'_2 = k_2 \\ k'_3 = k_3 \\ \omega' = \dfrac{\omega - vk_1}{\sqrt{1 - \dfrac{v^2}{c^2}}} \end{cases} \tag{7}$$

（ⅰ）当光源和观察者相趋近时,式(7)中 $k_1 = \dfrac{\omega}{c}$,$k_1' = \dfrac{\omega'}{c}$,$v$ 以 $(-v)$ 代之,则有

$$\omega' = \omega \frac{1 + \dfrac{v}{c}}{\sqrt{1 - \dfrac{v^2}{c^2}}} = \omega \frac{\sqrt{1 + \dfrac{v}{c}}}{\sqrt{1 - \dfrac{v}{c}}}$$

即

$$\overset{\cdot}{v} = v_0 \frac{\sqrt{1 + \beta}}{\sqrt{1 - \beta}}$$

（ⅱ）当光源和观察者相远离时,由(7)得

$$\omega' = \omega \frac{1 - \dfrac{v}{c}}{\sqrt{1 - \dfrac{v^2}{c^2}}} = \omega \frac{\sqrt{1 - \dfrac{v}{c}}}{\sqrt{1 + \dfrac{v}{c}}}$$

即

$$v = v_0 \frac{\sqrt{1 - \beta}}{\sqrt{1 + \beta}}$$

（ⅲ）当光源和观察者彼此垂直通过时,式(7)中 $k_1 = 0$,即得

$$\omega' = \omega \frac{1}{\sqrt{1 - \dfrac{v^2}{c^2}}}$$

即

$$v = v_0 \frac{1}{\sqrt{1 - \beta^2}}$$

（杨德田）

434

3007（Buf, 1982）

一频率为 v 的单色横波, 在波源参照系 k 中沿与 x 方向成 $60°$ 角传播. 该波源以速度 $v = \dfrac{4}{5}c$ 在 x 方向向着在 k' 系（它的 x' 轴平行 x 轴）中静止的观察者运动. 观察者测得波的频率为 v'.

（a）确定用波的固有频率 v 表示的这个测量频率 v'.

（b）在 k' 系中观测的角度是多少?

解　由波矢分量及频率的变换公式

$$k'_x = \frac{k_x + \dfrac{v}{c^2}\omega}{\sqrt{1 - \dfrac{v^2}{c^2}}} \tag{1}$$

$$\omega' = \frac{\omega + vk_x}{\sqrt{1 - \dfrac{v^2}{c^2}}} \tag{2}$$

设光源在 k 系中的频率为 ω, 而和 x 轴光线之间的夹角等于 θ, 则 $k_x = k\cos\theta = \dfrac{\omega}{c}\cos\theta$, 于是由式（2）得

$$\omega' = \frac{\omega\left(1 + \dfrac{v}{c}\cos\theta\right)}{\sqrt{1 - \dfrac{v^2}{c^2}}}$$

即

$$v' = v\,\frac{1 + \dfrac{v}{c}\cos\theta}{\sqrt{1 - \dfrac{v^2}{c^2}}} \tag{3}$$

由式(1)可得

$$\cos \theta' = \frac{\cos \theta + \dfrac{v}{c}}{1 + \dfrac{v}{c}\cos \theta} \qquad (4)$$

(a)由式(3)得

$$v' = v\left(1 + \frac{4}{5}\cos 60°\right) \Big/ \sqrt{1 - \left(\frac{4}{5}\right)^2} = \frac{7}{3}v$$

(b)由式(4)得

$$\cos \theta' = \left(\cos 60° + \frac{4}{5}\right) \Big/ \left(1 + \frac{4}{5}\cos 60°\right) = \frac{13}{14}$$

即

$$\theta' = \arccos \frac{13}{14} = 21°47'$$

(注:原题中,波在 K 系中沿 x 方向传播,可能有误,我们做了适当的修改.)

(杨德田)

3008(Ber,1976)

每个双生子的心脏一秒钟跳一次,且每人在每次心跳时传出一个无线电脉冲. 留在家里的一位在一惯性系中保持静止. 旅行者在零时刻由静止出发,极快地加速到速度 v(在比一次心跳更少的时间内,且不扰乱他的心脏). 旅行者用他的钟记录自己旅行了时间 t_1,同时一直发出脉冲并接收到从家里来的脉冲. 在时刻 t_1,他突然改变速度方向并于时刻 $2t_1$ 回到家中. 他共计发出多少脉冲? 在去途中他收到多少脉冲? 在归途中他收到多少脉冲? 总计接收和发出脉冲之比是什么? 其次考虑留在家里的那一位,他在旅行者整个旅

行期间都发出脉冲. 他从旅行者那里也收到脉冲. 他从时刻零到 t_2(用他的钟计时) 收到多普勒降频脉冲. 在时刻 t_2, 他开始收到多普勒升频脉冲. 设 t_3 是从时刻 t_2 直至旅行结束的时间间隔. 在时间间隔 t_2 内他收到多少脉冲? 在 t_3 内又收到多少? 两者的比率是什么? 他发出和接收的脉冲总数之比是什么? 将这个结果与旅行者的类似结果做一比较.

解　以甲、乙分别表示家中与旅行的双生弟兄.

如果时间单位以秒计,则乙共发出脉冲 $2t_1$ 个.

在去途中乙收到甲传来的降频脉冲,其频率为

$$v'_1 = v_1 \sqrt{\frac{1-\beta}{1+\beta}} = \sqrt{\frac{1-\beta}{1+\beta}}$$

乙在去途中共收到 $t_1 \sqrt{\dfrac{1-\beta}{1+\beta}}$ 个脉冲.

归途中乙收到升频脉冲,频率为 $\sqrt{\dfrac{1+\beta}{1-\beta}}$. 故乙在归途中共收到 $t_1 \sqrt{\dfrac{1+\beta}{1-\beta}}$ 个脉冲.

乙总计收到

$$t_1\left(\sqrt{\frac{1-\beta}{1+\beta}} + \sqrt{\frac{1+\beta}{1-\beta}}\right) = \frac{2t_1}{\sqrt{1+\beta^2}} \text{ 个脉冲}$$

乙总计接收与发出脉冲之比方 $\dfrac{1}{\sqrt{1-\beta^2}}$.

其次考虑甲接收与发出脉冲情况

$$t_2 = \frac{t_1}{\sqrt{1-\beta^2}} + \frac{t_1 v}{c\sqrt{1-\beta^2}} = t_1 \sqrt{\frac{1+\beta}{1-\beta}}$$

$$t_3 = \frac{2t_1}{\sqrt{1-\beta^2}} - t_2 = t_1 \sqrt{\frac{1-\beta}{1+\beta}}$$

t_2 内甲收到降频脉冲,频率是 $\sqrt{\dfrac{1-\beta}{1+\beta}}$. 故 t_2 内甲

收到 $t_2\sqrt{\dfrac{1-\beta}{1+\beta}} = t_1$ 个脉冲.

t_3 内甲收到频率为 $\sqrt{\dfrac{1+\beta}{1-\beta}}$ 的升频脉冲,故 t_3 内甲共收到

$$t_3\sqrt{\dfrac{1+\beta}{1-\beta}} = t_1 \text{ 个脉冲}$$

甲在 t_2 内与 t_3 内接收脉冲数的比率为

$$\dfrac{t_1}{t_1} = 1$$

甲发出脉冲总数方

$$t_2 + t_3 = t_1\left(\sqrt{\dfrac{1+\beta}{1-\beta}} + \sqrt{\dfrac{1-\beta}{1+\beta}}\right) = \dfrac{2t_1}{\sqrt{1-\beta^2}}$$

甲接收脉冲总数是:$t_1 + t_1 = 2t_1$.

甲发出与接收脉冲总数之比为

$$\dfrac{2t_1}{\sqrt{1-\beta^2}} : 2t_1 = \dfrac{1}{\sqrt{1-\beta^2}}$$

这正好等于乙接收与发出脉冲总数之比,也是上述总过程中甲乙各度过的时间之比.

（杨仲侠）

3009 (Ber ,1982)

一宇宙飞船是发射器又是接收器,这艘正向着远离地球的方向以常速度飞行的飞船发回一个信号脉冲由地球反射.在船上的钟 40 s 以后,这个信号被接收,并且接收频率是发射频率的一半.

（a）当雷达脉冲从地球反射时,在飞船参考系中测量地球的位置为何值?

（b）飞船相对于地球的速度为何值?

（c）当雷达脉冲被宇宙飞船接收时,在地球参考系中飞船的位置.

解　（a）如图 18,在相对于飞船静止的参照系中（取坐标系 xOy）,地球反射前后雷达脉冲的速度均为 c. 因此,雷达脉冲从发射到从地球反射共花时间 $\dfrac{40}{2} = 20$ s,因此在反射前脉冲传播的距离为 $20c$,此值就是在飞船参照系中测得脉冲反射时地球位置的值,即 6×10^9 m.

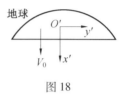

图 18

（b）利用洛伦兹变换.

如图 18 设在 $x'O'y'$ 系中反射前后的波矢和频率分别为 $k', \omega', -k', \omega'$. 在 xOy 系中反射前后的波矢和频率分别为 k, ω, k_2, ω_2.

反射前的变换

$$\begin{pmatrix} k' \\ \dfrac{\mathrm{i}}{c}\omega' \end{pmatrix} = \begin{pmatrix} \gamma & \mathrm{i}\beta\gamma \\ -\mathrm{i}\beta\gamma & \gamma \end{pmatrix} \begin{pmatrix} k \\ \dfrac{\mathrm{i}}{c}\omega \end{pmatrix}$$

算得

$$k' = \gamma(k - \beta\omega/c) = \gamma k(1 - \beta)$$
$$\omega' = \gamma\omega(1 - \beta)$$

反射后的变换

$$\begin{pmatrix} k_2 \\ \dfrac{i}{c}\omega^2 \end{pmatrix} = \begin{pmatrix} \gamma & -i\beta\gamma \\ i\beta\gamma & \gamma \end{pmatrix} \begin{pmatrix} -\gamma k(1-\beta) \\ \dfrac{i}{c}\gamma\omega(1-\beta) \end{pmatrix}$$

解得

$$\omega_2 = \frac{1-\beta}{1-\beta^2}\omega(1-\beta) = \frac{1-\beta}{1+\beta}\omega$$

所以

$$\frac{\omega_2}{\omega} = \frac{1-\beta}{1+\beta} = \frac{1}{2}$$

则

$$\beta = \frac{1}{3}$$

因此，飞船相对于地球的速度为 $1/3 \cdot c$.

（c）在飞船参照系中，信号收到时地球的位置为

$$20c + 20 \cdot \frac{1}{3}c = \frac{80}{3}c = 8 \times 10^9 \text{ m}$$

在地球参照系中，此时飞船的位置为

$$\frac{80}{3}c \cdot \gamma = \frac{80}{3}c \Big/ \sqrt{1 - \frac{1}{9}} = 20\sqrt{2}c =$$

$$8.5 \times 10^9 \text{ m}$$

（陈伟）

3010（Ber，1975）

一单色点光源发出频率为 f 的辐射. 一观察者以匀速率 v 沿一离光源为距离 d 的直线运动（图19）.

（a）导出被观察到的频率的表达式，使此频率作为观察者对最接近光源之点（O）的距离 x 的函数.

（b）就 $\dfrac{v}{c} = 0.8$ 的情况作出对于（a）的解答的近

似图.

解　（a）考虑四度波矢量$\left(\boldsymbol{k}, \dfrac{\mathrm{i}\omega}{c}\right) = \left(\dfrac{\omega}{c}\boldsymbol{n}, \dfrac{\mathrm{i}\omega}{c}\right)$，其中 $\boldsymbol{n}$ 为光波传播方向的单位矢量.

依据 4 度矢量的变换公式可得

$$\omega' = \omega \frac{1 - \beta\cos\theta}{\sqrt{1 - \beta^2}}$$

或

$$f' = f\frac{1 - \beta\cos\theta}{\sqrt{1 - \beta^2}} = \frac{f(1 - \beta x/\sqrt{x^2 + d^2})}{\sqrt{1 - \beta^2}}$$

当观察者在 O 的左边时，x 为负.

如果不用 4 度矢量变换，也可直接导出以上结果.

以 Σ 表示与光源 S 相连的惯性系，Σ' 表示与观察者相连的惯性系.

在 Σ 中，当时间由 t_1 变到 t_2 时，观察者由 p_1 运动到 p_2，所经时间为 $t_2 - t_1$. 假定于瞬时 t_1 和 t_2，由 S 发出的两个相继的光脉冲正好到达 p_1 与 p_2（图20）. 如观察者以自己的时钟记录到接收这两个脉冲的时间为 t_1' 与 t_2'，则

$$t_2' - t_1' = \sqrt{1 - \beta^2}\,(t_2 - t_1)$$

就是接收脉冲的周期 τ'.

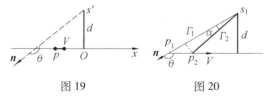

图 19　　　　　　　　图 20

又光源发出两个脉冲的时刻应为 $t_1 - \dfrac{r_1}{c}$ 与 $t_2 -$

441

$\dfrac{r_2}{c}$,这两个时刻的差就是发射脉冲的周期 τ. 即

$$\tau = (t_2 - t_1) - \frac{1}{c}(r_2 - r_1) =$$

$$(t_2 - t_1) - \frac{v}{c}(t_2 - t_1)\cos\theta =$$

$$(t_2 - t_1)\left(1 - \frac{v}{c}\cos\theta\right)$$

(因为 α 很小,在略去高阶小量的情况下,$r_2 - r_1 = p_1 p_2 \cos\theta$),于是

$$\tau' = t_2' - t_1' = \sqrt{1 - \beta^2}\,(t_2 - t_1) = \frac{\tau\sqrt{1 - \beta^2}}{1 - \dfrac{v}{c}\cos\theta}$$

所以

$$f' = \frac{1}{\tau'} = \frac{f(1 - \beta\cos\theta)}{\sqrt{1 - \beta^2}}$$

或

$$f' = \frac{f\left(1 - \beta\dfrac{x}{\sqrt{x^2 + d^2}}\right)}{\sqrt{1 - \beta^2}}$$

(b)当 $\beta = 0.8$ 时,有

$$f' = \frac{f\left(1 - 0.8\dfrac{x}{\sqrt{x^2 + d^2}}\right)}{0.6}$$

$$\frac{f'}{f} = \frac{1}{3}\left(5 - \frac{4x}{\sqrt{x^2 + d^2}}\right)$$

当 $x \to -\infty$ 时,$\dfrac{f'}{f} \to 3$.

图 21

442

当 $x \to \infty$ 时,$\dfrac{f'}{f} \to \dfrac{1}{3}$.

当 $x = \dfrac{d}{\sqrt{3}}$ 时,$\dfrac{f'}{f} = 1$.

（季澍）

3011 (Buf,1982)

考虑从太阳发出的单色辐射其频率为 ν_{scps},在地球上接收到的频率为 ν_{scps}. 利用黎曼度规

$$g_{00} = \left(1 + \frac{2\phi}{c^2}\right), g_{11} = g_{22} = g_{33} = -1, g_{\mu \neq \nu} = 0$$

其中 ϕ 为单位质量的引力势能. 导出"引力红移"$(\nu_s - \nu_e)/\nu_s$ 作为太阳和地球上引力势之差的函数.

解　在同一地点的时间间隔 $\Delta t = \mathrm{d}\tau = (g_{\mu\nu}\mathrm{d}x^\mu \mathrm{d}x^\nu)^{1/2}$. 当钟静止时,上式化为 $\mathrm{d}t = \Delta t (g_{00}(x))^{-1/2}$. 因此

$$\frac{\nu_s}{\nu_e} = \left[\frac{g_{00}(x_e)}{g_{00}(x_s)}\right]^{1/2} = \left[\frac{1 + \dfrac{2\phi(x_e)}{c^2}}{1 + \dfrac{2\phi(x_s)}{c^2}}\right]^{1/2}$$

由 $\dfrac{\nu_s}{\nu_e} = 1 + \dfrac{\nu_s - \nu_e}{\nu_e}$,所以

$$\frac{\nu_s - \nu_e}{\nu_e} = \frac{1}{c^2}\left[\phi(x_e) - \phi(x_s)\right]$$

（郭志椿）

3012 (MIT,1980)

一面镜子在真空中以相对论性速度 v 沿 $+x$ 方向

运动. 一束频率为 ω_i 的光从 $x = +\infty$ 处垂直入射到镜面上.

（a）用 ω_i, c 和 ν 表示反射光的频率.

（b）求每个反射光子的能量.

（c）入射光的平均能量通量是 $P_i(\mathrm{W/m}^2)$，求反射光的平均能量通量.

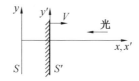

图 22

解 如图 22，设 S 为静止参考系，S' 为随镜子运动的参考系. ω_i, ω_r 为 S 系中入射、反射光频率，$\omega_i' \omega_r'$ 为 S' 系中入射、反射光频率. 根据相对论多普勒效应关系

$$\nu' = \gamma\nu[1 - \beta\cos\theta]$$

即

$$\omega' = \gamma\omega[1 - \beta\cos\theta]$$

对于入射光，$\theta = \pi$，对于反射光 $\theta = 0$. 所以

$$\omega_i' = \omega_i\gamma(1 + \beta) = \omega_i\sqrt{\frac{1 + \beta}{1 - \beta}}$$

$$\omega_i' = \omega_r'$$

$$\omega_r' = \omega_r\gamma(1 - \beta) = \omega_r\sqrt{\frac{1 - \beta}{1 + \beta}}$$

（a）反射光的频率为

$$\omega_r = \omega_i\frac{c + \nu}{c - \nu}$$

（b）反射光子能量为

$$\hbar\omega_r = \frac{c + \nu}{c - \nu}\hbar\omega_i$$

（c）反射光平均能量通量为

$$P_r = n \cdot \hbar\omega_r = \frac{c+\nu}{c-\nu}n\hbar\omega_i = \frac{c+\nu}{c-\nu}P_i$$

（邓悠平）

3013（pri,1980）

一惯性系观察者 O 观察到,频率为 ν 的光子以入射角为 θ_i 入射到一平面镜上. 这些光子以反射角 θ_r 反射回来时,频率为 ν'（图23）. 若平面镜相对于 O 以速度 v 在 x 方向运动,试找出 θ_r 和 ν' 用 θ_i 和 ν 表示的关系式. 如果平面镜以速度 v 在 y 方向运动,结果又将如何?

解 我们引入与镜子相联结的参考系 S'（设 S 为实验室参考系）,并用 α_1' 和 α_2' 分别表示入射波和反射波的波矢 $\boldsymbol{k}_1'$ 和 $\boldsymbol{k}_2'$ 与镜子速度 v 的夹角,如图24所示. 反射前后的频率分别用 ω_1' 和 ω_2' 表示. 在 S 系内相同的量用没有撇的同一字母表示.

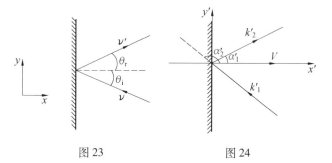

图23　　　　图24

我们从 S' 系内已知的反射定律出发

$$\omega_1' = \omega_2' = \omega' \tag{1}$$

和

$$\alpha'_2 = \pi - \alpha'_1$$

由此有

$$\cos \alpha'_2 = - \cos \alpha'_1 \tag{2}$$

利用公式 $A_1 = \gamma(A'_1 - \mathrm{i}\beta A'_4)$，$A_2 = A'_2$，$A_3 = A'_3$，$A_4 = r(A'_4 + \mathrm{i}\beta A'_1)$ 和 $k_i = \left(\boldsymbol{k}, \mathrm{i}\dfrac{\omega}{c} \right)$，求得频率和角度两变换关系为

$$\omega' = \omega \frac{1 - \beta \cos \alpha}{\sqrt{1 - \beta^2}} \tag{3}$$

和

$$\cos \alpha' = \frac{\cos \alpha - \beta}{1 - \beta \cos \alpha} \tag{4}$$

由式（2）和（4），可解得

$$\cos \alpha_2 = - \frac{(1 + \beta^2) \cos \alpha_1 - 2\beta}{1 - 2\beta \cos \alpha_1 + \beta^2} \tag{5}$$

由式（1）（3）和（5），可解得

$$\omega_2 = \omega_1 \frac{1 - 2\beta \cos \alpha_1 + \beta^2}{1 - \beta^2} \tag{6}$$

由式（5）即得

$$\cos \theta_r = - \frac{(1 + \beta^2) \cos (\pi - \theta_i) - 2\beta}{1 - 2\beta \cos (\pi - \theta_i) + \beta^2} = \frac{(1 + \beta^2) \cos \theta_i + 2\beta}{1 + 2\beta \cos \theta_i + \beta^2}$$

同样，由式（6）可得

$$\nu' = \nu \frac{1 + 2\beta \cos \theta_i + \beta^2}{1 - \beta^2}$$

如果平面镜以速度 v 在 y 方向运动，则有 $\nu' = \nu$ 和反射角等于入射角，即 $\theta_r = \theta_i$。

3014（CUS, 1983）

在一惯性坐标系 S 中观察到两宇宙飞船沿两直线相向平行飞行,轨道间距为 d ,如图 25 所示. 每个宇宙飞船的速度为 $c/2$, c 为光速.

（a）在 S 系中看,当二飞船抵达最近点时(图中虚线表示),飞船(1)以 $3c/4$ 速度投出一小包裹(同样也是在 S 系中观察). 从飞船(1)上的一个观察者来看,为使包裹能被飞船(2)收到,那么必须以什么样的角度投出? 假设飞船(1)上有一与 S 系互相平行的坐标系,且运动方向平行于 y 轴,如图 26 所示.

（b）从飞船(1)的观察者来看,包裹的速度为多大?

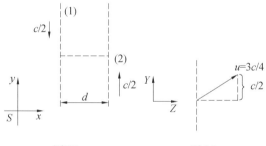

图 25　　　　图 26

解　（a）我们首先在惯性系 S 中考虑,很明显,这包裹必须具有 $v_y = c/2$ 的速度. 因此,当它飞过 $\Delta x = d$ 距离后,它应与飞船(2)的 y 坐标数相同. 因此,在 S 系中

$$u_x = \sqrt{\left(\frac{3}{4}c\right)^2 - \left(\frac{c}{2}\right)^2}$$

$$u_x = \frac{\sqrt{5}}{4}c$$

$$u_y = \frac{c}{2}$$

固定在飞船(1)上的坐标系(图27),其 x', y' 轴平行于 S 系的 x, y 轴,且以 $c/2$ 速度沿 S 系的负 y 方向运动. 我们需要计算在飞船(1)的惯性系中测量的初始时包裹的速度 $\boldsymbol{u}'$ 的分量.

速度分量 u_x' 和 u_y' 可以由特殊相对论的附加公式给出(当然,它可以从洛伦兹变换方程毫不费力地求到). 即

$$u_y' = \frac{u_y + v}{1 + \frac{\boldsymbol{v} \cdot \boldsymbol{u}}{c^2}}$$

$$u_x' = \frac{u_x \sqrt{1 - \frac{v^2}{c^2}}}{1 + \frac{\boldsymbol{v} \cdot \boldsymbol{u}}{c^2}}$$

此处 $\boldsymbol{u}$ 是 S 坐标系中的速度, $\boldsymbol{v}$ 是 S 惯性系相对于飞船(1)坐标系的速度

$$\boldsymbol{v} = \frac{c}{2}\boldsymbol{j}, \boldsymbol{j} \equiv \text{沿 } y \text{ 轴的单位矢量}$$

$$\boldsymbol{v} \cdot \boldsymbol{u} = \frac{c}{2}\boldsymbol{j} \cdot \left(\frac{\sqrt{5}}{4}c\boldsymbol{i} + \frac{c}{2}\boldsymbol{j} \right) = \frac{c^2}{4}$$

$$u_y' = \frac{\frac{c}{2} + \frac{c}{2}}{1 + \frac{1}{4}} = \frac{4}{5}c$$

448

$$u'_x = \frac{\frac{\sqrt{5}c}{4} \cdot \sqrt{1 - \frac{1}{4}}}{1 + \frac{1}{4}} = \frac{\sqrt{5}}{4}c \times \frac{4}{5}\sqrt{\frac{3}{4}} = \sqrt{\frac{3}{20}}c$$

则包裹速度相对于 x' 轴的角度由下式给出

$$\tan\alpha = \frac{u'_y}{u'_x} = \frac{4}{5}\sqrt{\frac{20}{3}} = \frac{8}{\sqrt{15}}$$

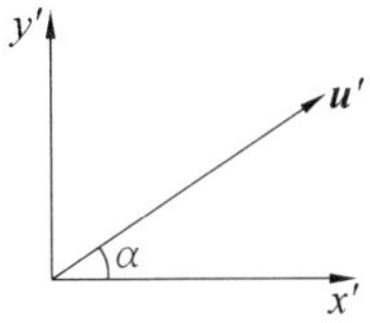

则

图 27

$$\alpha = \tan^{-1}\frac{8}{\sqrt{15}}$$

（b）其速度 $|\,\boldsymbol{u}'\,| = \sqrt{u_x'^2 + u_y'^2} \equiv u'$

$$u' = \sqrt{\frac{16}{25}c^2 + \frac{3}{20}c^2} = \sqrt{\frac{79}{100}}c$$

（杜英磊）

3015（Buf,1983）

宇宙飞船以 $v = 0.8c$ 的速率飞离地球. 当在地球参照系中测得飞船距地球 $6.66 \times 10^8\,\mathrm{km}$ 时,一无线电信号由地球上的观察者向飞船发出. 要多长时间信号才能到达飞船.

（a）在飞船参照系中测量?

（b）在地球参照系中测量?

（c）再在两参照系中给出接收到信号时飞船的位置?

解　（a）飞船参照系看,信号发出时,地球离飞船 $6.66 \times 10^8\gamma\,\mathrm{km}$,以 $0.8c$ 的速度远离飞船飞行. 由于无线电信号传播速度在各参照系中都是 c,有

$$\Delta t_{船} = \frac{6.66 \times 10^8 \times 10^3 \mathrm{m}}{3 \times 10^8 \mathrm{m/s}} = 3.7 \times 10^3 \mathrm{s}$$

（b）$0.8c \cdot \Delta t_{地} + 6.66 \times 10^8 \times 10^3 = c\Delta t_{地}$

$$\Delta t_{地} = 1.11 \times 10^4 \mathrm{s}$$

（c）飞船参照系看，船与地相距

$$\Delta_{船} = 0$$

地球参照系看，船与地相距

$$\Delta t_{地} = c\Delta t_{地} = 3.33 \times 10^9 \mathrm{km}$$

（王平）

3016（Col，1980）

静止半径为 R_0 的球，相对于远处的观察者以速度 V 运动，球上有明显可见的标记. 当观察者看到球速正好与他和球的连线垂直时，拍了张照片. 当他冲洗胶片时看到什么？

解　为了便于说明问题，我们研究一个每边长为 l 的正方形薄片相对于一观察者 p 沿着与其一边平行的方向运动，速度为 V，正方形离观察者很远（图 28）. 现考虑观察者看到正方形速度与他和正方形中心的连线正好垂直时（瞬时 t）拍的照片. 这时 p 距 AB 为 L.

如果正方形在上述位置处于静止，则拍摄的显然就是直线 AB 的照片. 但实际上正方形在以速度 V 运动. 当点 A 从上述位置射出光子时$\left(\text{瞬时 } t = \dfrac{L}{c}\right)$，点 D 的早先位置 D' 射出的光子到达 BA 的延长线上的点 E. 这个点 D' 决定于 $\dfrac{D'D}{V} = \dfrac{D'E}{c}$. 显然

$$AE = D'D - l\tan\theta = (D'E/c)V - l\tan\theta =$$

$$\frac{l}{\cos\theta}\frac{c}{V} - l\tan\theta$$

观察者很远意味着 $\theta \to 0$,即 $AE \to \frac{1}{c}V$.

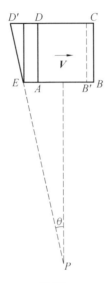

图 28

另一方面,由于洛伦兹收缩,观察到的 AB 长度为

$$l\sqrt{1 - \frac{V_2}{c^2}}.$$

我们再设想将正方形反时针旋转一角度 $\alpha = \arcsin\frac{V}{c}$,则 DA 与 AB 在原速度方向的投影分别是 $\frac{V}{c}l$ 与 $l\sqrt{1 - \frac{V_2}{c^2}} = AB'$.

由上述讨论可见,运动正方形在上述位置被摄的

451

图形(图29)犹如静止正方形旋转一角度 $\alpha = \arcsin\dfrac{V}{c}$ 后被摄得的图像.

可以证明,运动圆球被摄的照片不是椭圆,而是圆形轮廓.

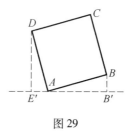

图 29

3017 (Col,1982)

一个原子钟被喷气式飞机带着绕地球一周,而后与没有动的精确同步的一个同样的钟比较,狭义相对论预言有多大的差异?

解 设飞行一周地面上钟经历的时间间隔 Δt,飞机上钟为 $\Delta\tau$,则 $\Delta t = \dfrac{\Delta\tau}{\sqrt{1-\dfrac{v^2}{c^2}}}$,式中 v 为飞行速度. 故两种差异

$$\Delta t - \Delta\tau = \Delta t\left(1 - \sqrt{1-\frac{v^2}{c^2}}\right) \approx \Delta t \cdot \frac{v^2}{2c^2}$$

设地球半径为 R,则

$$\Delta t = \frac{2\pi R}{v}$$

所以

$$\Delta t - \Delta \tau = \pi R \cdot \frac{v}{c^2}$$

用 $v \approx 3$ 倍声速 $\approx 1\,000$ m/s,$R = 6\,400 \times 10^3$ m 代入上式,得

$$\Delta t - \Delta \tau \approx 2.2 \times 10^{-7}\text{s}$$

(杨永安)

3018(Wis,1980)

两个质量相同的粒子沿同一方向射出,它们的动量分别为 $5mc$ 和 $10mc$. 问从较慢的粒子看,较快粒子的速度等于多少? 反则呢?

解　设实验室坐标系为 k_0,对 k_0 系而言,第一个粒子的动量为 $5mc$. 所以

$$5mc = \frac{mv}{\sqrt{1 - \dfrac{v_1^2}{c^2}}}$$

$$25c^2\left(1 - \frac{v_1^2}{c^2}\right) = v_1^2$$

$$v_1 = \sqrt{\frac{25}{26}}c$$

同理,由第二个粒子的动量为 $10mc$,可知其速度

$$v_2 = \sqrt{\frac{100}{101}}c$$

设取在第一个粒子上的坐标系为 k_1,利用相对论的速度合成公式,在 k_1 系上看,第二个粒子的速度为

$$v_2' = \frac{v_2 - v_1}{1 - \dfrac{v_1 v_2}{c^2}} = \frac{\sqrt{\dfrac{100}{101}} - \sqrt{\dfrac{25}{26}}}{1 - \sqrt{\dfrac{25}{26} \cdot \dfrac{100}{101}}}c$$

设取在第二个粒子上的坐标系为 k_2，则在 k_2 系看，第一个粒子的速度为

$$v'_2 = \frac{v_1 - v_2}{1 - \frac{v_1 v_2}{c^2}} = - v'_2$$

（马千乘）

3019（Ber，1974）

观察者[#]1 看到一粒子以速度 v 在一与他的 z 轴倾斜角 φ 的直线轨道上运动. 观察者[#]2 以速度 u 相对于[#]1 沿 z 方向运动. 导出被观察者[#]2 所看到的粒子运动的速度和方向的公式. 在 $v \rightarrow c$ 的极限情况下，检验你所得结果的正确性.

解

$$v_z = v\cos \varphi , v_y = v\sin \varphi$$

$$v'_z = \frac{v_z - u}{1 - \frac{u}{c^2}v_z} = \frac{v\cos \varphi - u}{1 - \frac{u}{c^2}v\cos \varphi}$$

$$v'_y = \frac{v\sin \varphi \sqrt{1 - \frac{u^2}{c^2}}}{1 - \frac{u}{c^2}v\cos \varphi}$$

$$v' = \sqrt{v'^2_z + v'^2_y} =$$

$$\frac{(v^2 + u^2 - 2vu\cos \varphi - u^2 v^2 \sin^2\varphi/c^2)^{\frac{1}{2}}}{1 - \frac{u}{c^2}v\cos \varphi}$$

$$\tan \varphi' = \frac{v\sin \varphi \sqrt{1 - \frac{u^2}{c^2}}}{v\cos \varphi - u}$$

当 $v \rightarrow c$ 时,有

$$v' \rightarrow \frac{(c^2 + u^2 - 2cu\cos\varphi - u^2\sin^2\varphi)^{\frac{1}{2}}}{1 - \frac{u}{c}\cos\varphi} = c$$

（杨仲侠）

3020（Ber,1977）

在弗雷德·霍尔的一本小说的简写本的末尾,书中的英雄以高的洛伦兹系数以及与银河系平面成直角的方位飞行,他说他似乎在一个蓝边红体的"金鱼碗"内部朝着碗口飞行. 费曼用 25 张百元钞票打赌说,来自银河系的光看来不会是那样. 我们想想看谁正确. 取相对速度 $\beta_r = 0.99$ 和在银河参照系中观测到的角 ϕ 为 $45°$（图 30）.

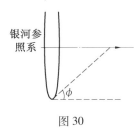

银河参照系

ϕ

图 30

（a）导出（或回想出）相对论性的光行差表达式并用它计算 ϕ'（图 31）,即计算在宇宙飞船中看时来自银河边缘的光的方向.

（b）导出（或回想出）相对论性的多普勒效应,并用它计算来自边缘的光的频率比 ν'/ν.

（c）取足够多的角 ϕ 计算 ϕ' 和 ν'/ν,判定谁赌赢了.

霍尔的描述所
要求的飞船参照系

图 31

解 （a） 　　　$u'_x = \dfrac{c\cos\varphi - v}{1 - \dfrac{v}{c}\cos\varphi}$ 　　　　（1）

$$u'_y = \frac{c\sin\varphi\sqrt{1 - \dfrac{v^2}{c^2}}}{1 - \dfrac{v}{c}\cos\varphi}$$

$$\frac{u'_y}{u'_x} = \tan\phi' = \tan\phi \frac{\sqrt{1 - \dfrac{v^2}{c^2}}}{1 - \dfrac{v}{c}\dfrac{1}{\cos\varphi}}$$

或由（1）得

$$\cos\varphi' = \frac{\cos\varphi - \dfrac{v}{c}}{1 - \dfrac{v}{c}\cos\varphi} = \frac{\dfrac{\sqrt{2}}{2} - 0.99}{1 - 0.99 \times \dfrac{\sqrt{2}}{2}} =$$

$$- 0.943\ 1$$

$$\varphi' = 160.578°$$

这里的 φ' 是飞行者接收到的光的方向与其前进方向
的夹角，而不是原图中的 φ'．这里的 φ' 与原图中的 φ'
互为补角．

（b）取四度矢量

$$k_\mu = \left(\frac{\omega}{c}\boldsymbol{n}, \mathrm{i}\frac{\omega}{c}\right)$$

456

$$k_4' = \dfrac{k_4 - \mathrm{i}\dfrac{v}{c}k_1}{\sqrt{1 - \dfrac{v^2}{c^2}}}$$

$$\dfrac{\omega'}{c} = \dfrac{\dfrac{\omega}{c} - \dfrac{v}{c^2}\omega\cos\varphi}{\sqrt{1 - \dfrac{v^2}{c^2}}}$$

$$\omega' = \omega\,\dfrac{1 - \dfrac{v}{c}\omega\cos\varphi}{\sqrt{1 - \dfrac{v^2}{c^2}}}$$

$$\dfrac{\nu'}{\nu} = \dfrac{1 - 0.99 \times \dfrac{\sqrt{2}}{2}}{\sqrt{1 - 0.99^2}} = 2.127$$

这一比率表明,在飞船上看,来自银河系边缘的光发生蓝移现象.

（c）当 $\varphi = 0$ 时,有

$$\cos\varphi' = \dfrac{1 - \beta_r}{1 - \beta_r} = 1$$

$$\varphi' = 0$$

这时

$$\dfrac{\nu'}{\nu} = \dfrac{1 - \beta_r}{\sqrt{1 - \beta_r^2}} = 0.070\ 888$$

即银河中心射至飞船的光发生红移现象.

当 $\varphi = 29.818°$ 时

$$\varphi' = \cos^{-1}\dfrac{0.867\ 6 - 0.99}{1 - 0.99 \times 0.867\ 6} = 150.18°$$

$$\frac{\nu'}{\nu} = 1$$

可见，$\varphi = 29.818°$ 是个界限，φ 小于这界限角的光要发生红移，φ 大于这个界限角，就要发生蓝移.

当飞船自银河中心处向外飞时，来自银河边缘光的 $\varphi = 90°$，这时

$$\varphi' = \arccos(-0.99) = 171.89°$$

而

$$\frac{\nu'}{\nu} = \frac{1}{\sqrt{1 - \beta_r^2}} = 7.0888$$

由以上讨论可见，越接近银河中心的光红移越明显，越接近边缘的光，蓝移越明显. 且当飞船离银河中心越近时，银河边缘的光蓝移程度越大.

所以说，小说中英雄的话基本上是正确的，费曼赌输了.

（李泽华）

3021（Ber，1975）

一个假想的手电筒发射一相当准直的光束，并能将它的相当一部分静质量转变成光. 如果手电筒静质量为 m，开始静止，然后接通开关并允许它沿一直线由自地运动. 求当它相对于原来的静止系达到速度 V 时的静质量 m. 不假定 $c \gg V$.

解 如取光速 $c = 1$，则光束能量等于光束动量，其大小也等于手电筒动量的大小 $\dfrac{m\beta}{\sqrt{1 - \beta^2}}$. 依据能量守恒律有

$$\frac{m}{\sqrt{1-\beta^2}} + \frac{m\beta}{\sqrt{1-\beta^2}} = m_0$$

所以

$$m = m_0\sqrt{\frac{1-\beta}{1+\beta}} = m_0\sqrt{\frac{1-V}{1+V}}$$

（杨仲侠）

3022（Pri,1978）

一个质量为 m 带电荷 q 的粒子在一均匀磁场 $\boldsymbol{B} = B\hat{z}$[①] 中以半径 R 在 $x-y$ 平面中做圆周运动.

（a）用 q,R,m 及角频率 ω 表示 B.

（b）粒子的速度为常数（因为 $\boldsymbol{B}$ 场对粒子不做功），但另一以匀速 $\beta\hat{x}$ 运动的观察者却认为粒子的速率不是一个常数. 此观察者测量的 u_0'（粒子四维速度的第零维分量）是什么？

（c）试计算 $\dfrac{\mathrm{d}u_0'}{\mathrm{d}\tau}$ 及 $\dfrac{\mathrm{d}P_0'}{\mathrm{d}\tau}$,粒子的能量会怎样改变？

解　（a）此问题的动力学方程为

$$\frac{\mathrm{d}\boldsymbol{P}}{\mathrm{d}t} = q\boldsymbol{u} \times \boldsymbol{B}$$

由以上方程容易得到

$$\frac{\mathrm{d}P^2}{\mathrm{d}t} = 0$$

即 $\boldsymbol{P}$ 的大小保持不变,也即 $\boldsymbol{u}$ 的大小保持不变. 所以

———————

① $\hat{z}$ 表示 z 轴方向的单位矢量.

$$\gamma_u = \frac{1}{\sqrt{1 - \dfrac{u^2}{c^2}}} \text{ 是一个常数}$$

方程可以改写为

$$\gamma_u m \frac{\mathrm{d}\boldsymbol{u}}{\mathrm{d}t} = q\boldsymbol{u} \times \boldsymbol{B}$$

它的解显然是匀速圆周运动,考虑任一瞬时状态,用 $\omega^2 R$ 代替 $\left|\dfrac{\mathrm{d}\boldsymbol{u}}{\mathrm{d}t}\right|$,$\omega R$ 代替 u,即可得

$$\gamma_u m \omega^2 R = q\omega R B$$

所以

$$\omega = \frac{qB}{\gamma_u m}$$

（b）四维速度定义为 $u_\mu = \gamma_u(c, \boldsymbol{u})$,令与磁场保持静止的参照系为 S 系,以速度 V 运动的参照系为 S' 系.则第零维速度为

$$u_0' = \gamma(u_0 - \beta u_1)$$

其中 $\beta = \dfrac{V}{c}$,$\gamma = \dfrac{1}{\sqrt{1 - \beta^2}}$.为求 u_0',可先求出 $u_0 = \gamma_u c$,$u_1 = -\gamma_u u \sin(\omega t)$.把 t 换成固有时

$$t = \gamma_u \tau$$

所以

$$u_0' = \gamma[\gamma_u c + \beta \gamma_u u \sin(\omega \gamma_u \tau)]$$

此即在 S' 中观察到的第零维速度分量.

（c）

$$\frac{\mathrm{d}u_0'}{\mathrm{d}\tau} = \gamma \gamma_u^2 \beta u \omega \cos(\omega \gamma_u \tau) = \frac{q^2 B^2 \beta R}{m^2 \sqrt{1 - \beta^2}} \cos\left(\frac{qB\tau}{m}\right)$$

因为

$$P'_0 = mu'_0$$

所以

$$\frac{\mathrm{d}P'_0}{\mathrm{d}\tau} = m\,\frac{\mathrm{d}u'_0}{\mathrm{d}\tau} = \frac{q^2 B^2 \beta R}{m\sqrt{1-\beta^2}}\cos\!\left(\frac{qB\tau}{m}\right)$$

又因

$$P'_0 = \frac{E'}{c}$$

所以

$$\frac{\mathrm{d}E'}{\mathrm{d}\tau} = c\,\frac{\mathrm{d}P'_0}{\mathrm{d}\tau} = \frac{cq^2 B^2 \beta R}{m\sqrt{1-\beta^2}}\cos\!\left(\frac{qB\tau}{m}\right)$$

在 S' 系中不但有磁场, 而且还有电场, 因此可以期望粒子的能量会发生改变.

（李晓平）

3023（Pri,1981）

（a）一个能量为 E_i 的光子被一个质量为 m_e 的静止电子所散射. 设散射后光子的能量为 E_f. 利用狭义相对论推出 E_f, E_i, θ 之间的关系. 其中 θ 为入射光子与散射光子之间的夹角.

（b）在气泡室中经常能观察到由光子产生电子—正电子对的反应, 试证明除非有其他粒子的介入, 比如一个核子, 则这样的转化是不可能的.

设核子的质量为 M, 电子的质量为 m_e, 试求出能产生这样一个电子对的光子所需具备的最小能量.

解　（a）如图 32 此散射为康普顿效应.
由能量守恒得

$$E_i + mc^2 - E_f = E_e$$

461

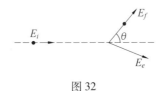

图 32

由动量守恒得

$$P_i - P_f = P_e$$

对电子有关系式

$$E_e^2 = m^2 c^4 + P_e^2 c^2$$

由此把第一式减去第二式乘 c^2,有

$$(E_i + mc^2 - E_f)^2 - c^2 (P_i - P_f)^2 = m^2 c^4$$

展开化简并考虑到 $P_i \cdot P_f = P_i P_f \cos \theta$,可以得到 $\left(\dfrac{1}{E_f} - \dfrac{1}{E_i} \right) mc^2 = 1 - \cos \theta.$ 此即所求能量与散射角之间的关系.

(b) 反应 $\gamma \to e^- + e^+$,虽然不违背能量守恒律,但却不符合动量守恒. 为此可假设如果能发生这个反应,则在 e^- 与 e^+ 系统的质心上建立坐标系. 在此系中,反应后的动量为零,但反应前的动量不为零(不可能找到一个坐标系使光子静止),即动量不守恒,也即不可能在此系中发生这个反应. 既然不可能在某一参照系中发生,也就不可能在任何参照系中发生.

但是如果有其他粒子介入就可使动量守恒. 例如在一个核子附近就可以产生这个反应(在 e^- 与 e^+ 及核子质心系中可以使反应前的总动量也为零).

设核子质量为 M,电子质量为 m_e,再设反应前核子静止. 为求出光子的阈值,可令反应后电子对静止,则由能量守恒

462

$$E_\gamma + Mc^2 = Mc^2 + \frac{M}{2}V^2 + 2m_ec^2$$

其中由于 $M \gg m_e$ 必有 $V \ll c$，M 的能量用了经典表达式.

由动量守恒

$$\frac{E_\gamma}{c} = MV$$

由此二式可解出

$$E_\gamma\left(1 - \frac{E_\gamma}{2Mc^2}\right) = 2m_ec^2$$

可看出 E_γ 略大于电子对的静能.

（李晓平）

3024（Ber，1977）

（a）一宇宙线质子与一静止质子碰撞形成一个以高相对论性速度运动的激发系统（$\gamma = 1\,000$）. 在此系统中一些介子以速度 $\bar{\beta}c$ 被射出. 如果在运动系统中一个介子在与前进方向成角 $\bar{\theta}$ 被射出，在实验室中被观察到的角 θ 是多少？

（b）把以上（a）中得到的结果应用于在运动系中以动量 0.5 GeV/c 被射出的介子（静能量 140 MeV）. 若 $\bar{\theta}$ 是 90°，θ 是多少？ 在实验室中测得的 θ 最大值是什么？

解　（a）以 V 表示运动系对实验室的速度. 由速度变换

$$v\cos\theta = \frac{\bar{\beta}c\cos\bar{\theta} + V}{1 + \bar{\beta}V\cos\bar{\theta}/c}$$

$$v\sin\theta = \frac{\bar{\beta}c\sin\bar{\theta}\sqrt{1 - \dfrac{V^2}{c^2}}}{1 + \bar{\beta}V\cos\bar{\theta}/c}$$

得

$$\tan\theta = \frac{\bar{\beta}c\sin\bar{\theta}\sqrt{1 - \dfrac{V^2}{c^2}}}{\bar{\beta}c\cos\bar{\theta} + V}$$

又由

$$\gamma = \frac{1}{\sqrt{1 - \dfrac{V^2}{c^2}}} = 10^3$$

得

$$V = 0.999\,999\,5c$$

故

$$\theta = \arctan\frac{\bar{\beta}c\sin\bar{\theta}/1\,000}{\bar{\beta}c\cos\bar{\theta} + 0.999\,999\,5c}$$

$$(b)\,\bar{\varepsilon}^2 = \bar{P}^2c^2 + m^2c^4 = 500^2 + 140^2 = 269\,600$$

$$\bar{\varepsilon} = 519.23 \text{ MeV}$$

$$\bar{\beta}c = \bar{v} = \frac{\bar{P}}{\bar{\varepsilon}}c^2 = \frac{500}{519.23}c = 0.963c$$

$$\theta = \arctan\frac{0.963c \times 10^{-3}}{0.999\,999\,5c} = 3.31'$$

由

$$\frac{\mathrm{d}\theta}{\mathrm{d}\bar{\theta}} = 0$$

得

$$\cos\bar{\theta} = -\frac{\bar{\beta}c}{V}$$

即

$$\bar{\theta} = \arccos \theta\left(-\frac{0.963}{0.999\ 999\ 5}\right) = 164.365°$$

将此值代入 $\dfrac{\mathrm{d}^2\theta}{\mathrm{d}\bar{\theta}^2}$，得

$$\left.\frac{\mathrm{d}^2\theta}{\mathrm{d}\bar{\theta}^2}\right|_{\bar{\theta}=164.365°} < 0$$

可见，这个 $\bar{\theta}$ 是使 θ 取极大的 $\bar{\theta}$ 值. 故需求的最大 θ 值为

$$\theta_M = \arctan\frac{0.963c\sin164.365° \times 10^{-3}}{0.963c\cos164.365° + 0.999\ 999\ 5c} =$$
12.284′

(季澍)

3025（Ber,1980）

（a）计算 π 介子的动量. 它和带有动量 400 GeV/c 的质子具有相同速度. 在费密实验室，当动量为 400 GeV/c 的质子打击靶时，这是产生 π 介子的最可几动量（图33）. π 介子静质量为 0.14 GeV/c^2，质子静质量为 0.94 GeV/c^2.

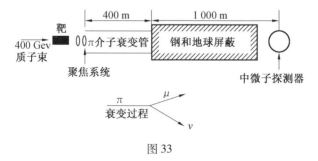

图 33

（b）然后，这些 π 介子通过一个 400 m 长的衰变管，有一些 π 介子就在这里衰变产生中微子束，直到

距离 1 km 以外的中微子检测器. 在 400 m 长的距离上 π 介子衰变比率为多少? π 介子的正常平均寿命是 2.6×10^{-8} s.

（c）当观察者在 π 介子静止参考系中测量时,衰变管的长度是多少?

（d）π 介子衰变成 μ 介子和 ν 中微子(中微子静质量为零). 利用相对论性总能量和动量之间的关系,证明在 π 介子静止参考系中衰变产物的动量 q 由式 $\dfrac{q}{c} = \dfrac{M^2 - m^2}{2M}$ 确定. 其中 M 是 π 介子的静质量,m 是 μ 介子的静质量.

（e）平均来讲,中微子检测器从 π 介子衰变点起约为 1.2 km,为了在 π 介子静止参考系中前半球面所产生的中微子有可能全被检测到,检测器横截面的直径必须多大?

解 （c）质子和 π 介子的动量为 $P_p = \gamma m_p V_p$, $P_\pi = \gamma_\pi m_\pi V_\pi$. 因速度相同,则 π 介子动量为

$$P_\pi = \frac{m_\pi}{m_p} \cdot P_p = \frac{0.14}{0.94} \times 400 = 60 \text{ GeV/c}$$

（b）在 π 介子静止参考系中,$l = l_0 / \gamma$,π 介子衰变的比率为

$$1 - \exp\left[-\frac{l_0}{\gamma_\nu} \Big/ \tau_0 \right] =$$

$$1 - \exp\left[-\frac{m_p l_0}{P_p \cdot \tau_0} \right] =$$

$$1 - \exp\left[-\frac{0.94 \times 400}{400 \times 2.6 \times 10^{-8} \times 3 \times 10^8} \right] =$$

466

0.113 5 = 11.35%

(c) 因 $\gamma V=\dfrac{P_p}{m_p}=\dfrac{400c}{0.94}=425.5c$,此时 $\beta=V/c\approx 1$,所以 $\gamma\approx 425.5$. 得

$$l=\frac{l_0}{\gamma}=\frac{400}{425.5}=0.94\ \mathrm{m}$$

(d) 衰变产物的动量就是 μ 介子动量. 在 π 介子静止系中,ν 和 μ 的动量量值相等,再由能量守恒得方程

$$Mc^2=\sqrt{q^2c^2+m^2c^4}+qc$$

解得 $\dfrac{q}{c}=\dfrac{M^2-m^2}{2M}$.

(e) 根据速度变换公式(图 34)

$$v_x=\frac{v'_x+V}{1+v'_x\dfrac{V}{c^2}}$$

$$v_y=\frac{v'_y\sqrt{1-\dfrac{V^2}{c^2}}}{1+v'_x\dfrac{V}{c^2}}$$

图 34

所以

$$\tan \theta = \frac{v' \sin \theta' \sqrt{1 - \dfrac{V^2}{c^2}}}{v' \cos \theta + V}$$

用 $\theta' = 90°$ 代入得

$$\tan \theta = \frac{v'}{\gamma V} = \frac{c}{\gamma V} = \frac{c}{425.5c} = \frac{1}{425.5} \approx \theta$$

所以

$$R = 1.2 \text{ km} \times \frac{1}{425.5} = 2.8 \text{ m}$$

检测器横截面直径应为 5.6 m.

(邓悠平)

3026(Ber,1973)

当动能为 T_0 的两束质子迎头碰撞时,产生反应的有效能量与动能为多少的单个质子束跟静质子碰撞时的有效能量(available energy)相等?(用相对论表达式).

解 将有效能量理解为系统相对于质心系的能量.

第一种碰撞的质心系就是实验室系. 系统对此系的能量为 $2T_0 + 2m_p c^2$.

第二种碰撞的系统对 L 系的能量是 $E + m_p c^2 = T_1 + 2m_p c^2$. 如 P 是系统对 L 系的动量(也是运动质子束对 L 系的动量),则

$$(E + m_p c^2)^2 - P^2 = E^2 + 2Em_p c^2 + m_p^2 c^4 - P^2 = 2(Em_p c^2 + m_p^2 c^4)$$

对坐标变换是不变的,但在 c 系中的 $p = 0$,故系统对 c 系的能量平方也为 $2(Em_p c^2 + m_p^2 c^4)$. 由题给条件,知

两种碰撞系统对 c 系的能量相等,即

$$(2T_0 + 2m_p c^2)^2 = 2(E m_p c^2 + m_p^2 c^4)$$

解得

$$E = m_p c^2 + 4T_0 + \frac{2T_0^2}{m_p c^2}$$

所以

$$T_1 = E - m_p c^2 = 4T_0 + \frac{2T_0^2}{m_p c^2}$$

（杨仲侠）

3027（**Ber,1980**）

一个动量为 P 的光子碰撞一个质量为 m 的静止粒子.

（a）在质心系中,光子和粒子的相对论性总能量是多少?

（b）在质心系中,粒子动量的数值是多少?

（c）如果光子向后弹性散射,末态光子在实验室系中的动量是多少?

解　（a）在质心系中,光子和粒子的总四维矢量为 $(P'_\mu) = \left(0, \dfrac{i}{c}E\right)$,实验室系中,光子和粒子的总四维矢量为 $(P_\nu) = \left(\boldsymbol{P}, \dfrac{i}{c}(mc^2 + Pc)\right)$. 因为 $P'_\mu P'_\mu = P_\nu P_\nu$ 得

$$-\frac{1}{c^2}E^2 = P^2 - \frac{1}{c^2}(mc^2 + Pc)^2$$

$$E = \sqrt{2mPc^3 + m^3 c^4}$$

（b）从 $P'_\mu = a_{\mu\nu} P_\nu$,易得

$$0 = \gamma P - \beta\gamma \frac{1}{c}(mc^2 + Pc)$$

所以

$$v_c = \beta c = P \bigg/ \left(\frac{P}{c} + m \right)$$

则在质心系中粒子的动量为

$$P = \gamma m V_c = \frac{m V_c}{\sqrt{1 - \dfrac{V_c^2}{c^2}}} =$$

$$\frac{m P c}{\sqrt{m^2 c^2 + 2 P m c}}$$

（c）在实验室系中，设光子背散射的动量是 P'，粒子散射后速度为 v'. 由能量、动量守恒得方程

$$Pc + mc^2 = P'c + \gamma'mc^2 \qquad (1)$$
$$P = \gamma'mv' - P' \qquad (2)$$

其中 $\gamma' = \dfrac{1}{\sqrt{1 - \beta^2}}, \beta = \dfrac{v'}{c}$.

由方程（2）解得

$$\gamma' = \sqrt{1 + \frac{(P + P')^2}{m^2 c^2}}$$

代入式（1），得

$$P' = \frac{2mcP}{4P + 2mc} = \frac{mcP}{2P + mc}$$

（邓悠平）

3028（Ber,1975）

我们考虑最近发现的粒子之一 $\psi'(3.7)$ 在一光子与一质子发生碰撞的反应

$$\gamma + p \rightarrow p + \psi'$$

中能产生出来的可能性.

在此问题中,作为一个合理的近似. 我们把 ψ' 的质量取作 $4M_p$,这里的 M_p 是质子质量. 靶质子起初是静止的,而入射光子在实验室系中有能量 E.

(a) 确定可能产生上述反应的光子所必须具有的最小能量 E_0. 答案可以 $M_pc^2(=938\text{ MeV})$ 为单位给出.

(b) 确定当光子能量 E 恰是上述阈能 E_0 时 ψ' 粒子的速度,即 v/c.

解 (a) 在系统动量确定的情况下,碰撞后的 p 与 ψ' 的相对速度为零时,其总能量最小,这时系统的总质量为二者质量之和. 于是有

$$(M_p + 4M_p)^2c^4 = (E_0 + M_pc^2)^2 - P^2c^2 =$$
$$(E_0 + M_pc^2)^2 - E_0^2 =$$
$$2E_0M_pc^2 + M_p^2c^4$$

所以

$$E_0 = \frac{24M_p^2c^4}{2M_pc^2} = 12M_pc^2$$

(b) 系统动量就是光子动量

$$P = 12M_pc$$

系统能量与动量的关系为

$$Ev = Pc^2$$

所以

$$v = \frac{12M_pc^3}{12M_pc^2 + M_pc^2} = \frac{12}{13}c$$

(杨仲侠)

3029(Ber,1977)

在一个相对论性的核 — 核碰撞的简化模型中,一

个静质量为 m_1,速率为 β_1 的核,跟一个处于静止的靶核作正碰撞. 这个系统以速率 β_0 和质心能量 ε_0 反冲. 假定没有新粒子产生.

（a）用相对论导出 β_0 与 ε_0 的正确关系.

（b）就一个 ^{40}Ar 核以 $\beta_1 = 0.8$ 与一个 ^{238}U 核碰撞, 计算 β_0 和 ε_0（以 MeV 为单位）.

（c）在反冲的 Ar + U 的参照系统中一质子以 $\beta_e = 0.2$ 在与前进方向成 $\theta_e = 60°$ 被释放出来. 在不超出百分之几的精度内求出它的实验室速率 β_l 和实验室方向 θ_l,如果有理由作非相对论近似的话.

解 为计算简便,取光速 $c = 1$.

（a）为了寻求系统速率 β_0 与系统在质心系中的能量 ε_0 的关系,可以利用四动量的变换

$$\varepsilon_0 = \frac{\varepsilon_l - \beta_0 P_l}{\sqrt{1 - \beta_0^2}}$$

式中,ε_l 与 P_l 是系统在实验室中的能量与动量. 根据题中给定的已知条件 m_1,β_1,m_2 可以很方便地算出

$$\varepsilon_l = \frac{m_1}{\sqrt{1 - \beta_1^2}} + m_2$$

$$P_l = \frac{m_1\beta_1}{\sqrt{1 - \beta_1^2}}$$

将这两个结果代入前式,得

$$\varepsilon_0 = \frac{m_1(1 - \beta_0\beta_1) + m_2\sqrt{1 - \beta_1^2}}{\sqrt{1 - \beta_0^2}\sqrt{1 - \beta_1^2}}$$

（b）β_0 可由 ε_l 与 P_l 表示出,即

$$\varepsilon_0 = \frac{P_l}{\varepsilon_l} = \frac{m_1\beta_1}{m_1 + m_2\sqrt{1 - \beta_1^2}}$$

利用不变量

$$\varepsilon_l^2 - P_l^2 = \varepsilon_0^2 - P_0^2 = \varepsilon_0^2$$

可算得

$$\varepsilon_0 = \sqrt{m_1^2 + m_2^2 + 2\frac{m_1 m_2}{\sqrt{1 - \beta_1^2}}}$$

代入

$$m_1(^{40}\mathrm{Ar}) = 1.66 \times 10^{-24} \times 39.96\ \mathrm{g} = 37.2 \times 10^3\ \mathrm{MeV}$$

$$m_2(^{238}\mathrm{U}) = 1.66 \times 10^{-24} \times 238.05\ \mathrm{g} =$$
$$221.7 \times 10^3\ \mathrm{MeV}$$

得

$$\beta_0 = 0.174\ 8$$

$$\varepsilon_0 = 279.33 \times 10^3\ \mathrm{MeV}$$

（c）

$$\beta_{lx} = \frac{\beta_{cx} + \beta_0}{1 + \beta_{cx}\beta_0} = \frac{0.2\cos 60° + 0.174\ 8}{1 + 0.2\cos 60° \times 0.174\ 8} = 0.27$$

$$\beta_{ly} = \frac{\beta_{cy}\sqrt{1 - \beta_0^2}}{1 + \beta_{cx}\beta_0} = \frac{0.2\sin 60° \sqrt{1 - 0.174\ 8^2}}{1 + 0.2\cos 60° \times 0.174\ 8} =$$
$$0.167\ 6$$

$$\beta_l = \sqrt{0.27^2 + 0.167\ 6^2} = 0.317\ 7$$

$$\theta_l = \tan^{-1} = \frac{0.167\ 6}{0.27} = 31.83°$$

因为

$$\frac{\sqrt{1 - \beta_0^2}}{1 + \beta_{cx}\beta_0} = \frac{\sqrt{1 - 0.174\ 8^2}}{1 + 0.017\ 48} = 0.967\ 6$$

与 1 的差不超过 4% ,故在百分之几的精确范围内,允许作非相对论似近

$$\beta l_x \approx \beta_{cx} + \beta_0 = 0.274\ 8$$

$$\beta l_y \approx \beta_{cy} = 0.173\,2$$

$$\theta_l \approx \tan^{-1} \frac{0.173\,2}{0.274\,8} = 32.22°$$

（季澍）

3030（Ber,1979）

一个能量为 E_0 的反质子与一处于静止的质子相互作用而产生两质量相等的粒子,每个粒子都具有质量 m_x. 其中一粒子在实验室中在与入射方位成 $90°$ 角的方向上被测得. 计算这个粒子的总能量 (E_s),并证明它既不依赖于 m_x,也不依赖于 E_0.

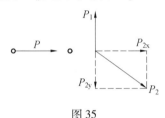

图 35

解 以 m_p 表示质子质量,以 P 表示反质子动量,则有

$$E_0^2 = P^2c^2 + m_p^2c^4$$

碰撞后一粒子能量

$$E_s = \sqrt{P_1^2c^2 + m_x^2c^4}$$

另一粒子能量为

$$\sqrt{(P_{2x}^2 + P_{2y}^2)c^2 + m_x^2c^4} = \sqrt{(P^2 + P_1^2)c^2 + m_x^2c^4} = \sqrt{E_s^2 + P^2c^2}$$

由能量守恒律得

$$E_s + \sqrt{E_s^2 + P^2c^2} = E_0 + m_pc^2$$

解此方程得

$$E_s = m_p c^2$$

（杨仲侠）

3031（Chi, 1979）

在高能质子 - 质子碰撞中,一个或两个质子可以"衍射分解"成一个质子和几个带电 π 介子的系统. 其反应为:

① $p + p \to p + (p + n\pi)$;

② $p + p \to (p + n\pi) + (p + n\pi)$.

这里 n 和 m 是产生 π 介子的数目.

在实验室坐标系中,一个总能量为 E 的入射质子(即下文的"入射粒子"),打击一个静止的质子(即"靶"),求出入射粒子在下列各情形下的能量 E.

（a）当靶分解为一个质子和 4 个 π 介子时,发生反应 ① 所必须的最小能量.

（b）当入射粒子分解成一个质子和 4 个 π 介子时,发生反应 ① 所必须的最小能量.

（c）当两个质子都分解成一个质子加 4 个 π 介子时,反应 ② 所必须的最小能量: $m_\pi = 0.140$ GeV, $m_p = 0.938$ GeV.

解　令入射质子和靶质子的能量 - 动量四维向量分别是

$$(\boldsymbol{P}, E) \text{ 和}(\boldsymbol{0}, m_p)$$

于是,总的四维向量的标积 S 是

$$S = \big[(\boldsymbol{P}, E) + (\boldsymbol{0}, m_p)\big]^2 =$$

$$(E + m_p)^2 - |\boldsymbol{P}|^2 =$$

$$E^2 + 2Em_P + m_P^2 - |\boldsymbol{P}|^2 =$$

$$2m_P^2 + 2Em_P$$

最后一个等式利用了

$$E^2 = |\boldsymbol{P}|^2 + m_P^2$$

（a）当产生的粒子以相同方向,相同速度运动时,将会存在能量的阈者. 因各惯性系中能 — 动量四维矢量标积不变,可在静止坐标系求得

$$S = (2m_P + 4m_\pi)^2$$

又因为封闭系统反应前后能 — 动量四维矢量相同. 所以

$$E_{\min} = \frac{(2m_P + 4m_\pi)^2 - 2m_P^2}{2m_P} =$$

$$m_P + 8m_\pi + 8\frac{m_\pi^2}{m_P} =$$

$$2.225 \text{ GeV}$$

（b）与（a）的结论相同 $E_{\min} = 2.225$ GeV.

（c）这里,所有产生粒子在静止系中有

$$S = (2m_P + 8m_\pi)^2$$

$$E_{\min} = m_P + 16m_\pi + 32\frac{m_\pi^2}{m_P} = 3.847 \text{ GeV}$$

（邓悠平）

3032（Chi,1980）

如图 36 所示,考虑两个无自旋粒子的弹性散射,它们的质量分别为 m, μ, 洛伦兹不变量的散射振幅 [s – 矩阵元]可以认为由两个不变量作参数的一个函数

$$s = (K_0 + P_0)^2 - (\boldsymbol{K} + \boldsymbol{P})^2$$

和

$$t = (K_0' - K_0)^2 - (\boldsymbol{K}' - \boldsymbol{K})^2$$

有 $K^2 = K'^2 = \mu^2$ 和 $P^2 = P'^2 = m^2$. 考虑物理所允许的 (s, t) 的取值范围,计算边界曲线 $t(s)$,定性画出草图.

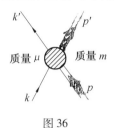

质量 μ　质量 m

图 36

解　一个封闭的粒子系统,弹性碰撞前后的四维能量 — 动量向量相等

$$K + P = K' + P'$$

在质心系中

$$\boldsymbol{K}' + \boldsymbol{P}' = \boldsymbol{K} + \boldsymbol{P} = \boldsymbol{0}$$

则

$$s = (K_0 + P_0)^2 = (K + P)^2 = (\sqrt{\boldsymbol{K}^2 + \mu^2} + \sqrt{\boldsymbol{K}^2 + m^2})^2$$

这里利用了质心系中

$$\boldsymbol{P}^2 = \boldsymbol{K}^2$$

还有

$$t = -(\boldsymbol{K}' - \boldsymbol{K})^2 = -2\boldsymbol{K}^2(1 - \cos\theta)$$

当 $\cos\theta = 1$ 时,$t = 0$.

当 $\cos\theta = -1$ 时,$t = -4\boldsymbol{K}^2$.

所以 $t \leqslant 0$. 此时

$$s \geqslant \left(\sqrt{\mu^2 - \frac{t}{r}} + \sqrt{m^2 - \frac{t}{4}}\right)^2$$

得边界曲线的方程草图如图 37 所示

477

$$\left(s + \frac{t}{2} - m^2 - \mu^2\right)^2 = 4\left(\mu^2 - \frac{t}{4}\right)\left(m^2 - \frac{t}{4}\right)$$

$$t(s) = -\frac{[s - (m+\mu)^2][s - (m-\mu)^2]}{s} =$$

$$-\left[s - 2(m^2 + \mu^2) + \frac{(m^2 - \mu^2)^2}{s}\right]$$

图 37

（邓悠平）

3033 (Ber,1981)

考虑 π 介子的光致反应: $\gamma + p \rightarrow p + \pi^0$，这里质子的静止能为 938 MeV,中性 π 介子的静止为 135 MeV.

（a）如果初始质子相对实验室静止,求出进行此反应的 γ 射线在实验室坐标系中的阈能.

（b）各向同性的 3 K 宇宙黑体辐射的平均光子能量为 10^{-3} eV. 考虑一个质子和一个能量为 10^{-3} eV 的光子间的正碰撞. 求出使这种 π 介子光致反应能进行的最小质子能量.

（c）简略地推测你的结果在宇宙射线质子能谱中的含义.

解 （a）为求 γ 射线在实验室坐标系中的阈能,可认定反应产物(p,π^0)以相同的速度沿 γ 射线入射

方向一起运动. 在实验室系中反应前后体系的四动量矢量相等. 此时反应产物可看成带有静质量$(m_\pi + m_P)$的一个粒子.

反应前四维动量

$$光子\left(\frac{\varepsilon}{c},0,0,\mathrm{i}\,\frac{\varepsilon}{c}\right)$$

$$质子(0,0,0,\mathrm{i}m_p c)$$

反应后四维动量

$$p + \pi^0(P_{P+\pi},0,0,\mathrm{i}\sqrt{P_{P+\pi}^2 + (m_P + m_\pi)^2 c^2})$$

得方程

$$
\begin{cases}
\dfrac{\varepsilon}{c} = P_{P+\pi} & (1)\\[2mm]
\dfrac{\varepsilon}{c} + m_P c = \sqrt{P_{P+\pi}^2 + (m_P + m_\pi)^2 c^2} & (2)
\end{cases}
$$

联立解得

$$\varepsilon = m_\pi c^2 + \frac{m_\pi}{2m_P}m_\pi c^2 =$$

$$135 + \frac{135}{2 \times 938} \times 135 =$$

$$144.7 \text{ MeV}$$

（b）为了利用（a）的结果,作一个洛伦兹变换,使光子在那个坐标中的能量正好为（a）中的阈能值,则中子处于静止即发生上述反应.

设光子$\left(\dfrac{\varepsilon}{c}\right)_1 = 10^{-3} \text{ eV}/c$,$\left(\dfrac{\varepsilon}{c}\right)_2 = 144.7 \text{ MeV}/c$,则

$$\begin{pmatrix} \left(\dfrac{\varepsilon}{c}\right)_2 \\ i\left(\dfrac{\varepsilon}{c}\right)_2 \end{pmatrix} = \begin{pmatrix} \gamma & i\beta\gamma \\ -i\beta\gamma & \gamma \end{pmatrix} \begin{pmatrix} \left(\dfrac{\varepsilon}{c}\right)_1 \\ i\left(\dfrac{\varepsilon}{c}\right)_1 \end{pmatrix}$$

得到

$$\left(\frac{\varepsilon}{c}\right)_2 = \left(\frac{\varepsilon}{c}\right)_1 \cdot \gamma(1-\beta)$$

即

$$144.7 \times 10^6 = 10^{-3} \cdot \sqrt{\frac{1-\beta}{1+\beta}}$$

$$144.7 \times 10^9 = \sqrt{\frac{1-\beta}{1+\beta}}$$

由式中看出 $\beta \approx -1$. 所以

$$\gamma = \frac{\left(\dfrac{\varepsilon}{c}\right)_2}{2\left(\dfrac{\varepsilon}{c}\right)_1} = 144.7 \times 10^6 / 2 \times 10^{-3} = 72.35 \times 10^9$$

再变回到原坐标系,可得到 π 介子光致反应能进行的最小质子能量

$$E = \gamma m_p c^2 = 72.35 \times 10^9 \times 938 \text{ MeV} =$$
$$67.86 \times 10^9 \text{ GeV}$$

(c) 从(b)的结果可以预测,在宇宙线质子能谱中,在能量 $\geq 67.86 \times 10^9$ GeV 的区域强度会减小(质子数减少引起).

(邓悠平)

3034(Ber,1978)

以 $\beta \equiv \dfrac{v}{c} = \dfrac{1}{\sqrt{2}}$ 运动的每秒流数为 10^6 的 K_l^0 介子

束流被观察到按反应

$$K_l^0 + 铅块 \rightarrow K_s^0 + 铅块$$

而与一铅块作用,反应前后铅块的内部状态是一样的.
入射 K_l^0 与出射的 K_s^0 的运动方向也可认为是一样的
(这叫作相干再生).

利用

$$m(K_l) = 5 \times 10^8 \text{ eV}/c^2$$

$$m(K_l) - m(K_s) = 3.5 \times 10^{-6} \text{ eV}/c^2$$

给出因为这一过程而作用在铅块上的平均力的大小和
方向(以达因或牛顿表示).

解

$$P_l = \frac{E_l}{c^2}v = \frac{m_l c^2 \frac{c}{\sqrt{2}}}{c^2\sqrt{1-\frac{1}{2}}} = 5 \times 10^8 \text{ eV}/c$$

因为反应前后铅块内部状态一样,故束流反应前
后能量应一样. 即

$$E_l = E_s$$

所以

$$P_s^2 = \frac{E_s^2}{c^2} - m_s^2 c^2 = \frac{E_l^2}{c^2} - m_s^2 c^2 = 2m_l^2 c^2 - m_s^2 c^2 =$$

$$[50 \times 10^{16} - (5 \times 10^8 - 3.5 \times 10^{-6})^2] \text{eV}^2/c^2 =$$

$$(5 \times 10^8 + 3.5 \times 10^{-6} - 1.225 \times 10^{-11})^2 \text{eV}^2/c$$

$$P_s = (5 \times 10^8 + 3.5 \times 10^{-6} - 1.225 \times 10^{-11}) \text{eV}/c$$

$$P_s - P_l = (3.5 \times 10^{-6} - 1.225 \times 10^{-11}) \text{eV}/c$$

单位时间内束流动量变化为

$$(P_s - P_l) \times 10^6 = (3.5 - 1.225 \times 10^{-5}) \text{eV}/c \cdot s =$$

$$(3.5 - 1.225 \times 10^{-5}) \times$$

$$1.602\ 06 \times 10^{-19}\ \text{J}/3 \times 10^{7}\ \text{m} =$$
$$1.869\ 06 \times 10^{-26}\ \text{N}$$

因为动量增加了,故束流受力方向与其运动方向一致. 所以铅块所受平均力的大小为 $1.869\ 06 \times 10^{-26}$ N,方向与束流方向相反.

(季澍)

3035(Ber,1978)

一动量为 $5m_\pi c$ 的 π 介子与一开始处于静止的质子($m_P = 7m_\pi$)发生弹性碰撞(图38).

(a) 质心系的速度为多少?

(b) 在质心系中总能量为多少?

(c) 求出质心系中入射介子的动量.

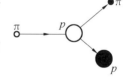

图 38

解 (a) $V_c = \dfrac{P}{\varepsilon}c^2 = \dfrac{5m_\pi c^3}{\sqrt{m_\pi^2 c^4 + 25m_\pi^2 c^4} + 7m_\pi c^2} =$

$$\dfrac{5}{\sqrt{26} + 7}c$$

(b) $\varepsilon'^2 = \varepsilon^2 - P^2 c^2 = (\sqrt{26} + 7)^2 m_\pi^2 c^4 - 25m_\pi^2 c^4 =$

$$(14\sqrt{26} + 50) m_\pi^2 c^4$$

所以

$$\varepsilon' = \sqrt{14\sqrt{26} + 50}\, m_\pi c^2$$

(c) $\sqrt{m_\pi^2 c^4 + P_1'^2 c^2} + \sqrt{49m_\pi^2 c^4 + P_1'^2 c^2} = \varepsilon' =$

$$\sqrt{14\sqrt{26} + 50}\, m_\pi c^2$$

解得

$$P_1' = \frac{35 m_\pi c}{\sqrt{50 + 14\sqrt{26}}} = 3.176 m_\pi c$$

（杨仲侠）

3036(Chi,1982)

费米实验室中的高能中微子束是由先形成一束单能级的 π^+ 介子（或 K^+）束，而后 π 介子衰变 $\pi^+ \rightarrow \mu^+ + \nu$ 而产生的. 已知 π 介子质量是 140 Mev/c^2，μ 介子的质量是 106 MeV/c^2.

（a）求出在 π^+ 静止坐标系中，衰变的中微子能量.

在实验室参考系中，中微子的能量依赖于衰变角 θ（图39），若 π^+ 介子束有 200 GeV 能量.

（b）求出正前方产生的中微子束的能量（$\theta = 0$）.

（c）求出这样一个角 θ，使该中微子的能量降低到最大值的一半.

解　（a）在 π^+ 介子静止坐标系中，反应前后能—动量四维矢量的平方不变，再考虑到 $\nu + \mu^+$ 的总动量为零，得关系

$$- m_\pi^2 = -(\varepsilon + \sqrt{\varepsilon^2 + m_\mu^2})^2$$

解得在 π^+ 介子静止坐标系中中微子能量为

$$\varepsilon = \frac{m_\pi^2 - m_\mu^2}{2m_\pi} = \frac{140^2 - 106^2}{2 \times 140} = 29.9 \text{ MeV}$$

（b）如图40，在实验室坐标系下，根据反应前后能—动量相等得方程

$$
\begin{cases}
P_\pi = P_\nu \cos\theta + P_\mu \cos\alpha \\
P_\nu \sin\theta = P_\mu \sin\alpha \\
E_\pi = \gamma m_\pi = \varepsilon_\nu + \sqrt{P_\mu^2 + m_\mu^2}
\end{cases}
$$

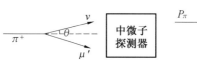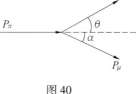

图 39   图 40

第三式应用了实验室系中 π^+ 介子的能量的表达式. 联立得

$$
P_\mu^2 = (P_\pi - P_\nu \cos\theta)^2 - (P_\nu \sin\theta)^2 =
$$
$$
(\gamma m_\pi - \varepsilon_\nu)^2 - m_\mu^2
$$

得到

$$
\cos\theta = \frac{m_\mu^2 - m_\pi^2 + 2\gamma m_\pi \varepsilon_\nu}{2\sqrt{\gamma^2 - 1}\, m_\pi \varepsilon_\nu}
$$

这里,分母中应用了 $P_\pi = \sqrt{\gamma^2 - 1}\, m_\pi$,$P_\nu = \varepsilon_\nu$. 再应用

$$
\varepsilon = \frac{m_\pi^2 - m_\mu^2}{2m_\pi}
$$

得

$$
\cos\theta = \frac{1}{\sqrt{\gamma^2 - 1}}\left[\gamma - \frac{\varepsilon}{\varepsilon_\nu}\right]
$$

当 $\theta = 0$ 时,$\cos\theta = 1$,得

$$
\varepsilon_\nu^{(0)} = \left(2\gamma + \frac{1}{\gamma}\right)\varepsilon = \left(\frac{2E_\pi}{m_\pi} + \frac{m_\pi}{E_\pi}\right)\varepsilon =
$$
$$
\left(\frac{2 \times 200 \times 10^3}{140} + \frac{140}{200 \times 10^3}\right) \times 29.9 =
$$

$$8.54 \times 10^4 \text{ MeV}$$

（c）当 $\varepsilon_\nu(\theta) = \dfrac{1}{2}\varepsilon_\nu(0)$ 时，确定角 θ.

利用（b）中的推得的 $\cos\theta$ 满足的式子，式子右边应用

$$\varepsilon_\nu(\theta) = \frac{1}{2}\varepsilon_\nu(0)$$

$$\sqrt{\gamma^2 - 1} \approx \gamma$$

最后得

$$\theta = 3.4'$$

（邓悠平）

3037（Buf，1982）

（a）质量 $m_1 = 1$ g 以 0.9 倍光速运动的粒子与质量 $m_2 = 10$ g 的静止粒子发生对心碰撞，并嵌入其中，产生的复合粒子的静止质量和速度是多少？

（b）假定 m_1 静止，m_2 应以多大的速度运动，才能产生与（a）有相同静止质量的复合粒子？

（c）又若 m_1 静止，m_2 应以多大的速度运动，才能产生与（a）有相同速度的复合粒子？

解　（a）实验室参照系中，四维动量守恒

$$\begin{cases} \boldsymbol{P}_1 + \boldsymbol{P}_2 = \boldsymbol{P} \\ E_1 + E_2 = E \end{cases}$$

设合成粒子质量 M，速度 v，由于 $\boldsymbol{P}_2 = \boldsymbol{0}$，有

$$\begin{cases} \dfrac{m_1\beta_1}{\sqrt{1 - \beta_1^2}} = \dfrac{M\beta}{\sqrt{1 - \beta^2}} \\ \dfrac{m_1}{\sqrt{1 - \beta_1^2}} + m_2 = \dfrac{M}{\sqrt{1 - \beta^2}} \end{cases}$$

解出

$$\beta = \frac{m_1 \beta_1}{m_1 + m_2 \sqrt{1 - \beta_1^2}}$$

$$M = \left(m_1^2 + m_2^2 + \frac{2 m_1 m_2}{\sqrt{1 - \beta_1^2}} \right)^{1/2}$$

代入数值,求出

$$\beta = 0.168, M = 12 \text{ g}$$

(b)由(a)中 M 可知,若 m_1 静止,产生的复合粒子质量

$$M = \left(m_1^2 + m_2^2 + \frac{2 m_1 m_2}{\sqrt{1 - \beta_2^2}} \right)^{1/2}$$

当 $\beta_2 = \beta_1$,即 m_2 以 0.9 倍光速运动时,产生具有与(a)相同的静止质量的复合粒子.

(c) m_1 静止

$$\beta = \frac{m_2 \beta_2}{m_2 + m_1 \sqrt{1 - \beta_2^2}}$$

求出

$$\beta_2 = 0.185, 或 \beta_2 = 0.151$$

(王平)

3038(Buf,1982)

一质量为 m 的粒子,以速度 V 运动(V 可以接近光速),总能量为 E_0. 它同一个具有相同质量的静止粒子发生弹性碰撞,散射后两粒子动能相等,夹角为 θ.

(a)导出 θ 与 m, E_0 的关系式.

(b)求在下列极限情况下的 θ 值:

(i)低能($V \ll c$).

（ii）高能（$V \sim c$）.

解　（a）设碰撞后每个粒子速率为 V_1、总能量为 E_1,根据能量、动量守恒定律,有

$$2E_1 = E_0 + mc^2 \tag{1}$$

$$\frac{E_0 V}{c^2} = \frac{2E_1 V_1}{c^2}\cos\frac{\theta}{2} \tag{2}$$

再由 $E_0 = \dfrac{mc^2}{\sqrt{1 - \dfrac{V^2}{c^2}}}$ 和 $E_1 = \dfrac{mc^2}{\sqrt{1 - \dfrac{V_1^2}{c^2}}}$,分别可得

$$V = \sqrt{1 - \frac{m^2 c^4}{E_0^2}}\, c \tag{3}$$

$$V_1 = \sqrt{1 - \frac{m^2 c^4}{E_1^2}}\, c \tag{4}$$

把（4）（3）和式（1）代入式（2）,得

$$E_0\sqrt{1 - \frac{m^2 c^4}{E_0^2}} = (E_0 + mc^2)\sqrt{1 - \frac{4m^2 c^4}{(E_0 + mc^2)^2}}\cos\frac{\theta}{2}$$

简化为

$$1 = \sqrt{1 + \frac{2mc^2}{E_0 + mc^2}}\cos\frac{\theta}{2} \tag{5}$$

（b）因为 $E_0 = \dfrac{mc^2}{\sqrt{1 - \dfrac{V^2}{c^2}}}$

（i）低能,$V \ll c$,则 $E_0 \approx mc^2$,由式（5）得

$$\cos\frac{\theta}{2} = \frac{\sqrt{2}}{2}$$

所以,$\theta = \dfrac{\pi}{2}$.

（ii）高能,$V \to c$,则 $E_0 \gg mc^2$,由式（5）得

$$\cos\frac{\theta}{2} = 1$$

所以 $,\theta \to 0$.

（杨德田）

3039（Ber,1976）

目前在粒子物理中特别令人感兴趣的是在高能情况下的弱相互作用,这可以通过考虑高能中微子反应来研究,我们能够让 π 和 K 介子在飞行中的衰变来产生中微子束. 假定一个 200 GeV/c 的 π 介子被用来经由衰变 $\pi \to \mu + \nu$ 产生中微子. π 介子的寿命是 τ_{π} ±= 2.60×10^{-8} s(在 π 介子静止的参照系中),且其静止能量是 139.6 MeV. μ 介子的静止能量是 105.7 MeV,而中微子是无质量的.

（a）计算 π 介子衰变前行经的平均距离.

（b）计算 μ 介子在实验室中的最大角度（相对于 π 介子的运动方向）.

（c）计算中微子能够具有的最小和最大动量.

解 （a）

$$\frac{MV}{\sqrt{1-\beta^2}} = \frac{Mc\beta}{\sqrt{1-\beta^2}} = 200 \times 1\,000 \text{ MeV}/c$$

即

$$\frac{\beta}{\sqrt{1-\beta^2}} = \frac{2 \times 10^5}{139.6}$$

$$\beta^2 = 0.999\,999\,513, \beta = 0.999\,999\,756$$

故 π 介子衰变前在实验室中行经的距离为

$$\frac{\tau_{\pi}V}{\sqrt{1-\beta^2}} = \tau_{\pi}c\frac{\beta}{\sqrt{1-\beta^2}} =$$

$$2.6 \times 10^{-8} \times 2.998 \times 10^8 \times \frac{2 \times 10^5}{139.6} =$$

11 167 m

（b）以带撇的字母表示质心系中的量. 在质心系中的总能量是 139.6 MeV. 此能量分成 μ 介子与中微子的能量. 若以 $\boldsymbol{P}'$ 表示 μ 对质心系的动量，则 $-\boldsymbol{P}'$ 就是中微子对质心系的动量. 故有

$$139.6 = \sqrt{105.7^2 + P'^2 c^2} + P'c$$

解得

$$P' = 29.783\ 9\ \text{MeV}/c$$

$$\varepsilon'_\mu = \sqrt{105.7^2 + 29.783\ 9^2} = 109.816\ \text{MeV}$$

取 π 介子运动方向为 x 轴正向，以 θ' 表示 $\boldsymbol{P}'$ 与 x 轴的夹角，则

$$P_{\mu x} = \frac{P'_x + \dfrac{V}{c^2}\varepsilon'_\mu}{\sqrt{1 - \beta^2}}, P_{\mu \gamma} = P'\sin\theta'$$

$$\tan\theta = \frac{P'\sin\theta'\ \sqrt{1 - \beta^2}}{P'\cos\theta' + \dfrac{V}{c^2}\varepsilon'_\mu}$$

由极值条件 $\dfrac{\mathrm{d}\theta}{\mathrm{d}\theta'} = 0$，得

$$\cos\theta' = -\frac{P'c^2}{\varepsilon'_\mu V} = -0.271\ 216\ 464$$

$$\theta' = 105.736\ 666\ 4°$$

再依据 $\dfrac{\mathrm{d}^2\theta}{\mathrm{d}\theta'^2}$ 在此 θ' 值处为负，故它对应的 θ 是极大值 θ_M.

$$\tan \theta_M = \frac{0.962\ 518 \times \sqrt{1 - 0.999\ 999\ 513}}{-0.271\ 216 + \dfrac{1}{0.271\ 216}} =$$

$$0.000\ 196\ 64$$

$$\theta_M = 0.011\ 266\ 6°$$

（c）中微子在实验室中最大动量应发生在其在质心系中的方向为 x 轴正向. 这时中微子在实验室中的动量为

$$P_{\nu M} = \frac{P' + \dfrac{V}{c^2}\varepsilon'_\nu}{\sqrt{1 - \beta^2}} = \frac{29.783\ 9(1 + 0.999\ 975\ 6)}{\sqrt{1 - 0.999\ 999\ 513}} =$$

$$85\ 358.5 \ \text{MeV}/c$$

中微子在实验室中最小动量发生在其在质心系中的方向为 x 轴的负向. 这时中微子在实验室中的动量为

$$P_{\nu m} = \frac{-P' + \dfrac{V}{c^2}\varepsilon'_\nu}{\sqrt{1 - \beta^2}} = \frac{-29.783\ 9(1 - 0.999\ 999\ 756)}{\sqrt{1 - 0.999\ 999\ 513}} =$$

$$-0.010\ 413\ 7 \ \text{MeV}/c$$

（季澍）

3040（Ber,1975）

静能量为 494 MeV 的 K 介子衰变成静能量为 106 MeV 的 μ 介子和静能量为零的中微子. 求由静止的 K 介子衰变成的 μ 介子和中微子的动能.

解　依据能量守恒与动量守恒有

$$494 = \varepsilon_\mu + \varepsilon_\nu$$

$$\varepsilon_\mu^2 - 106^2 = \varepsilon_\nu^2$$

解此二方程得

$$\varepsilon_\mu = 258.4 \text{ MeV}$$

μ 的动能是

$$258.4 - 106 = 152.4 \text{ MeV}$$

$$\varepsilon_\nu = 235.6 \text{ MeV}$$

ε_ν 也是 ν 的动能.

（杨仲侠）

3041（Buf,1980）

两个四维矢量 $A^\mu = (A^0, \boldsymbol{A})$ 和 $B^\mu = (B^0, \boldsymbol{B})$ 点乘的定义为

$$A^\mu B^\mu = A^0 B^0 - \boldsymbol{A} \cdot \boldsymbol{B}$$

考虑图 41 所示的反应,其中质量为 m_1 和 m_2 的是入射粒子,而质量为 m_3 和 m_4 的是出射粒子. 每个 P, q 是对应粒子的四维动量.

下面给出的变量. 常用来描述这种类型的反应

$$s = (q_1 + P_1)^2$$
$$t = (q_1 - q_2)^2$$
$$u = (q_1 - P_2)^2$$

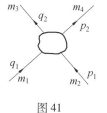

图 41

（a）证明:$s + t + u = \sum_{i=1}^{4} m_i^2$.

（b）假设反应是弹性散射,并令

$$m_1 = m_3 = \mu$$
$$m_2 = m_4 = m$$

在质心系中,令质量为 μ 的粒子的入射动量和出射动量分别对应于 $\boldsymbol{k}$ 和 $\boldsymbol{k}'$. 将 s, t, u 尽可能简单地用 $\boldsymbol{k}$,

$\boldsymbol{k}'$ 表示.

解释 s, t, u.

（c）假定在实验室系中,质量为 m 的粒子原来是静止的,将粒子 μ 在实验室系中的初能量和末能量及散射角,用 s, t, u 表示之.

解 （a）取 $c = 1$,由

$$q^2 = q^\mu q^\mu = (q^0)^2 - \boldsymbol{q}^2 = E^2 - \boldsymbol{q}^2 = m^2$$

则

$$\begin{aligned}
s + t + u &= (q_1^2 + q_2^2 + P_1^2 + P_2^2) + \\
&\quad 2q_1(q_1 + P_1 - q_2 - P_2) = \\
&\quad (m_1^2 + m_2^2 + m_3^2 + m_4^2) + \\
&\quad 2q_1(q_1 + P_1 - q_2 - P_2)
\end{aligned}$$

由四维动量守恒,有

$$q_1 + P_1 = q_2 + P_2$$

所以

$$s + t + u = \sum_{i=1}^4 m_i^2$$

（b）
$$q_1^\mu = (\sqrt{\mu^2 + \boldsymbol{k}^2}, \mathrm{i}\boldsymbol{k})$$

$$q_2^\mu = (\sqrt{\mu^2 + \boldsymbol{k}'^2}, \mathrm{i}\boldsymbol{k}')$$

在质心系中,$\boldsymbol{q}_1 + \boldsymbol{P}_1 = \boldsymbol{q}_2 - \boldsymbol{P}_2 = \boldsymbol{0}$,可得

$$P_\mu^1 = (\sqrt{m^2 + \boldsymbol{k}^2}, -\mathrm{i}\boldsymbol{k})$$

$$P_\mu^2 = (\sqrt{m^2 + \boldsymbol{k}'^2}, -\mathrm{i}\boldsymbol{k}')$$

$$\begin{aligned}
s &= (q_1 + P_1)^2 = q_1^2 + P_1^2 + 2q_1 \cdot P_1 = \\
&\quad \mu^2 + k^2 - k^2 + m^2 + k^2 - k^2 + \\
&\quad 2\sqrt{(m^2 + k^2)(\mu^2 + k^2)} + 2k^2 = \\
&\quad \mu^2 + 2\sqrt{(m^2 + k^2)(\mu^2 + k^2)} +
\end{aligned}$$

$$2k^2 + m^2$$

$$t = (q_1 - q_2)^2 = q_1^2 + q_2^2 - 2q_1 \cdot q_2 =$$

$$2\mu^2 - 2\sqrt{(\mu^2 + k^2)(\mu^2 + k'^2)} +$$

$$2\boldsymbol{k} \cdot \boldsymbol{k'}$$

$$u = (q_1 - P_2)^2 = q_1^2 + P_2^2 - 2q_1 P_2 =$$

$$\mu^2 + m^2 - 2\sqrt{(\mu^2 + k^2)(m^2 + k'^2)} -$$

$$2\boldsymbol{k} \cdot \boldsymbol{k'}$$

s 是碰撞粒子的质心系总能量的平方, t 是碰撞过程中朝前 4 - 动量转换, 而 u 是朝后 4 - 动量转换.

s, t, u 是粒子物理中处理两粒子碰撞常用的具有洛伦兹不变性的变量, 称为孟德尔斯坦变量.

（c）在实验室系中, 质量为 m 的粒子开始处于静止, 故

$$P_1^\mu = (m, \boldsymbol{o})$$

则

$$s = (q_1 + P_1)^2 = \mu^2 + m^2 + 2mq_1^0$$

$$t = (q_1 - q_2)^2 = 2\mu^2 - 2q_1 q_2 =$$

$$2\mu^2 - 2q_1^0 q_2^0 + 2\boldsymbol{q_1} \cdot \boldsymbol{q_2}$$

$$u = (q_1 - P_2)^2 = (q_2 - P_1)^2 =$$

$$\mu^2 + m^2 - 2mq_2^0$$

故质量为 μ 的粒子的入射能量和出射能量, 分别为

$$q_1^0 = \frac{s - (\mu^2 + m^2)}{2m}$$

$$q_2^0 = \frac{(\mu^2 + m^2) - \mu}{2m}$$

散射角为

$$\alpha = \frac{\boldsymbol{q_1} \cdot \boldsymbol{q_2}}{|\boldsymbol{q_1}| \cdot |\boldsymbol{q_1}|} =$$

$$\frac{\frac{t}{2} - \mu^2 + q_1^0 q_2^0}{\sqrt{(q_1^0)^2 - \mu^2} \cdot \sqrt{(q_2^0)^2 - \mu^2}}$$

（这里 q_1^0, q_2^0 由前面式子定）.

（陈兵）

3042（Ber,1983）

下面是关于牛顿引力的问题.

（a）某个质量等于太阳质量的星体,若光不能逃逸出去,问它的半径和密度是多少？（$M_日 = 2 \times 10^{33}$ gm）

（b）宇宙可以被想象成均匀密度 $\rho(t)$ 的一个气体球,总能量为 0,并逆其自身引力向外膨胀. 证明:若压力可以忽略,则粒子间的距离随时间按 $t^{2/3}$ 增加.

解 （a）这里用能量关系作一估算,光子在星体表面半径为 R 处的质量为 m（动质量）,其引力势能为 $-\dfrac{GMm}{R}$,光子能量为 mc^2（除势能以外的部分）,只有当光子总能量

$$mc^2 - \frac{GMm}{R} \geqslant 0$$

时才能逃逸出去,若光子不能逃逸出去,必须满足

$$R \leqslant \frac{GM}{c^2} = \frac{6.67 \times 10^{-11} \times 2 \times 10^{30}}{(3 \times 10^8)^2} =$$

$$1.48 \times 10^3 \text{ m} = 1.5 \text{ km}$$

另外,可利用引力红移估计,频率为 v 的一个光子离开星体逃逸到无穷远处时的频率为

$$v' = v\left(1 - \frac{GM}{Rc^2}\right)$$

为使 ν' 不出现负值,也得到上面同样的结果.

密度为

$$\rho = \frac{M}{\frac{4}{3}\pi R^3} = \frac{2 \times 10^{27}}{\frac{4}{3}\pi(1.48 \times 10^3)^3} =$$

$$1.47 \times 10^{17} \text{ ton}/\text{m}^3$$

(b) 在密度均匀的条件下,粒子间距离与此宇宙的线度成比例,气体球的中心可以当成宇宙中心,讨论离中心 R 处的一个质量为 m 的粒子的运动. 以确定 R 随时间的变化规律.

按牛顿引力理论,以 R 为半径球体内的质量对质点有吸引力,引力强度为

$$\frac{GM}{R^2}$$

因为球对称分布,R 为半径的球外质量对质点的作用力为零. 所以此质点运动方程为

$$\frac{\mathrm{d}^2 R}{\mathrm{d}t^2} = -\frac{GM}{R^2}$$

此处 M 在膨胀过程中为一常量,即

$$M = \frac{4}{3}\pi R^3 \cdot \rho = \frac{4}{3}\pi R_0^3 \rho_0$$

这里 R_0, ρ_0 为某一时刻 t_0 时的 R, ρ. 由机械能为零得到

$$\frac{1}{2}\left(\frac{\mathrm{d}R}{\mathrm{d}t}\right)^2 - \frac{GM}{R} = 0$$

$$\frac{\mathrm{d}R}{\mathrm{d}t} = \pm\sqrt{\frac{2GM}{R}}$$

由于已知向外膨胀,所以取正号

$$\frac{\mathrm{d}R}{\mathrm{d}t} = \sqrt{\frac{2GM}{R}}$$

解得此方程的解

$$\frac{2}{3}(R^{\frac{3}{2}} - R_0^{\frac{3}{2}}) = \sqrt{2GM}(t - t_0)$$

由于本题之解为一个无限膨胀解,选取 $t_0 = 0$. 当 t 很大时, $R \gg R_0$, 所以有

$$R \propto t^{2/3}$$

（邓悠平）

3043（Col, 1982）

宇航员打开一个普通的手电筒,将它扔入空间（绕电筒的轴稳定地自旋）. 在两小时后电池用完之时,这个"光子火箭"将得到多少附加的速度?

解　设电筒小灯泡的功率为 $P = 1$ W. 则 t s 内辐射光子总能量为 $E = Pt$. 小灯泡在反射抛物面镜的焦点,故发出光子（经反射后）方向大致平行于筒轴. 这光子的总动量

$$P = \frac{E}{C} = \frac{Pt}{C} = \frac{1 \times 2 \times 3\ 600}{3 \times 10^8} =$$

$$2.4 \times 10^{-5}\ \text{kg} \cdot \text{m/s}$$

由动量守恒,知 P 就是此"光子火箭"获得的附加动量,设电筒质量 m 为 0.3 kg,则速度

$$v = \frac{P}{m} = \frac{2.4 \times 10^{-5}}{0.3} = 8 \times 10^{-5}\ \text{m/s}$$

（杨永安）

3044（Pri, 1979）

（a）质量 m,带电 e 的粒子以相对论速率 v 在半径为 R 的圆轨道上运动,轨道平面垂直于均匀静磁场

B(图 42). 用其他参数表示 R. (辐射可忽略)

（b）以恒定速度 v 沿 $-y$ 轴运动的观察者看到图 43 图示轨道：

a,b,c,d,e 诸点在图中标出.

（i）由 $0'$ 测得距离 $y'_d - y'_b$ 是多少？

（ii）瞬时静止的点 c, 粒子的加速度 $\dfrac{\mathrm{d}^2 x'}{\mathrm{d} t'^2}$ 是多少？

（iii）由 $0'$ 看来是什么引起点 c 的加速度的？

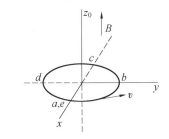

图 42

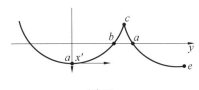

图 43

解　（a）$\dfrac{\mathrm{d}\boldsymbol{P}}{\mathrm{d}t} = -\dfrac{e}{c}\boldsymbol{v} \times \boldsymbol{B}$

$$\dfrac{\mathrm{d}P^2}{\mathrm{d}t^2} = 2\boldsymbol{P} \cdot \dfrac{\mathrm{d}\boldsymbol{P}}{\mathrm{d}t} = 2\boldsymbol{P} \cdot \dfrac{-e}{c}(\boldsymbol{v} \times \boldsymbol{B}) = 0$$

因此粒子速度不变, 速度只改变方向

$$\frac{\mathrm{d}\boldsymbol{P}}{\mathrm{d}t} = \frac{m}{\left(1 - \dfrac{v^2}{c^2}\right)^{1/2}} \cdot \frac{\mathrm{d}\boldsymbol{v}}{\mathrm{d}t} =$$

$$-\frac{e}{c}(\boldsymbol{v} \times \boldsymbol{B})$$

即

$$\frac{m}{\sqrt{1 - \dfrac{v^2}{c^2}}} \frac{v^2}{R} = -\frac{e}{c}vB$$

有

$$R = -\frac{mvc}{eB\sqrt{1 - \dfrac{v^2}{c^2}}}$$

（b）（i）$y_d - y_b = 2R, t_d - t_b = \dfrac{\pi R}{v}$

由

$$y' = r(y + vt)$$

得

$$y'_d - y'_b = \gamma\big[y_d - y_b + v(t_d - t_b)\big] =$$

$$\gamma\left[-2R + v\left(\frac{\pi R}{v}\right)\right] =$$

$$\frac{\pi - 2}{\sqrt{1 - \dfrac{v^2}{c^2}}} \frac{-mvc}{eB\sqrt{1 - \dfrac{v^2}{c^2}}} =$$

$$-\frac{(\pi - 2)mvc}{eB\left(1 - \dfrac{v^2}{c^2}\right)}$$

（ii）点 c

$$\frac{\mathrm{d}x}{\mathrm{d}t} = 0, \frac{\mathrm{d}y}{\mathrm{d}t} = -v, \frac{\mathrm{d}^2 y}{\mathrm{d}t^2} = 0$$

$$\frac{\mathrm{d}^2 x}{\mathrm{d}t^2} = \frac{v^2}{R} = - evB\sqrt{1 - \frac{v^2}{c^2}}\,/mc$$

洛伦兹变换

$$\begin{cases} x' = x \\ t' = r\left(t + \dfrac{v}{c^2}y\right) \end{cases}$$

$$\frac{\mathrm{d}x'}{\mathrm{d}t'} = \frac{\dfrac{\mathrm{d}x}{\mathrm{d}t}}{\gamma\left(1 + \dfrac{v}{c^2}\dfrac{\mathrm{d}y}{\mathrm{d}t}\right)}$$

$$\frac{\mathrm{d}^2 x'}{\mathrm{d}t'^2} = \frac{1}{\gamma\left(1 + \dfrac{v}{c^2}\dfrac{\mathrm{d}y}{\mathrm{d}t}\right)} \times$$

$$\frac{\mathrm{d}}{\mathrm{d}t}\left[\frac{\dfrac{\mathrm{d}x}{\mathrm{d}t}}{\gamma\left(1 + \dfrac{v}{c^2}\dfrac{\mathrm{d}y}{\mathrm{d}t}\right)}\right] =$$

$$\frac{1}{\gamma^2\left(1 + \dfrac{v}{c^2}\dfrac{\mathrm{d}y}{\mathrm{d}t}\right)^2}\frac{\mathrm{d}^2 x}{\mathrm{d}t^2} -$$

$$\frac{\dfrac{\mathrm{d}x}{\mathrm{d}t}}{\gamma^2\left(1 + \dfrac{v}{c}\dfrac{\mathrm{d}y}{\mathrm{d}t}\right)^2} \times$$

$$\frac{\dfrac{v}{c}\dfrac{\mathrm{d}^2 y}{\mathrm{d}t^2}}{\left(1 + \dfrac{v}{c^2}\dfrac{\mathrm{d}y}{\mathrm{d}t}\right)}$$

$$\frac{\mathrm{d}^2 x'}{\mathrm{d}t'^2} = \frac{-\dfrac{evB}{\gamma mc}}{\gamma^2\left(1 - \dfrac{v^2}{c^2}\right)^2} =$$

$$- \frac{evB}{cm\sqrt{1 - \dfrac{v^2}{c^2}}} =$$

$$- \frac{e\gamma vB}{mc}$$

（iii）O' 系中，由 $T_{ij'} = a_{lk}a_{jl}T_{kl}$. 令

$$a_{ij} = \begin{pmatrix} 1 & 0 & 0 & 0 \\ 0 & \gamma & 0 & i\beta\gamma \\ 0 & 0 & 1 & 0 \\ 0 & -i\beta\gamma & 0 & \gamma \end{pmatrix}$$

$$T_{ij} = \begin{pmatrix} 0 & B & 0 & 0 \\ -B & 0 & 0 & 0 \\ 0 & 0 & 0 & 0 \\ 0 & 0 & 0 & 0 \end{pmatrix}$$

$$-iE'_x = T'_{14} = a_{11}a_{41}T_{11} + a_{11}a_{42}T_{12} + a_{11}a_{43}T_{13} +$$
$$a_{11}a_{44}T_{14} + a_{12}a_{41}T_{21} + a_{12}a_{42}T_{22} + \cdots =$$
$$a_{11}a_{42}T_{12} = (-i\beta\gamma)B$$

所以

$$E'_x = \beta\gamma B = -\frac{\gamma vB}{c}$$

及

$$B_z = \gamma B_z, \left.\frac{dx'}{dt'}\right|_e = 0$$

由洛伦兹力公式

$$f' = e\left(E' + \frac{v'}{c} \times B'\right)$$

得

$$f'_x = -e\gamma\frac{v}{c}B$$

500

这个力是由电场引起的. 正好产生上述 $\dfrac{\mathrm{d}^2 x'}{\mathrm{d}t'^2}$ 给出的加速度. 这个结果也可用力的洛伦兹变换得出来.

3045(Pri,1977)

一个静质量为 m 带电荷 e 的粒子,在一恒定的电磁场中运动,在某一洛伦兹参照系中,电磁场分别为 $\boldsymbol{E} = (a,0,0)$, $\boldsymbol{B} = (0,0,b)$,且 $|\boldsymbol{E}| \neq |\boldsymbol{B}|$.

试给出粒子的四维速度的微分方程组(以固有时为自变量). 证明方程的解是指数形式解的叠加,并确定这些解. 在什么条件下(即 $\boldsymbol{E}$ 与 $\boldsymbol{B}$ 取何值),这些四维速度的解沿着每一条轨道都是有限的.

解　本题用高斯制解.

四维形式的运动方程为

$$m\frac{\mathrm{d}u_{\mu}}{\mathrm{d}\tau} = \frac{e}{c}F_{\mu\nu}\mu_{\nu}$$

其中 $F_{\mu\nu}$ 为电磁场张量

$$u_{\mu} = (\gamma\boldsymbol{V}, \mathrm{i}\gamma C)$$

把已知电磁场代入可得一组方程

$$\begin{cases} m\dfrac{\mathrm{d}u_1}{\mathrm{d}\tau} = \dfrac{e}{c}(bu_2 - \mathrm{i}au_4) \\[2mm] m\dfrac{\mathrm{d}u_2}{\mathrm{d}\tau} = -\dfrac{ebu_1}{c} \end{cases}$$

$$\begin{cases} m\dfrac{\mathrm{d}u_3}{\mathrm{d}\tau} = 0 \\[2mm] m\dfrac{\mathrm{d}u_4}{\mathrm{d}\tau} = \dfrac{\mathrm{i}}{c}eau_1 \end{cases}$$

这是关于 u_{μ} 的以 τ 为自变数的一阶方程组. 它们

的解显然可写成

$$u_\mu = A_\mu e^{\lambda\tau}, \mu = 1, 2, 4$$

（直接解第三维可得到 $mu_3 = \text{const}$）

把此解代入以上方程组可得

$$\begin{cases} m\lambda A_1 - \dfrac{eb}{c}A_2 + \dfrac{iea}{c}A_4 = 0 \\[2mm] \dfrac{eb}{c}A_1 + m\lambda A_2 = 0 \\[2mm] \dfrac{iea}{c}A_1 - m\lambda A_4 = 0 \end{cases}$$

令系数行列式为零,即

$$\begin{vmatrix} m\lambda & \dfrac{-eb}{c} & \dfrac{iea}{c} \\[2mm] \dfrac{eb}{c} & m\lambda & 0 \\[2mm] \dfrac{iea}{c} & 0 & -m\lambda \end{vmatrix} = 0$$

可以解出

$$\lambda_1 = 0$$

$$\lambda_{2,3} = \pm\frac{e}{mc}\sqrt{a^2 - b^2}$$

由于解是指数形式,要使速度分量有界,须 λ 是虚数. 即要求 $|b| > |a|$.

（李晓平）

3046（Chi,1982）

人们熟知各行星以椭圆轨道绕太阳运动,轨道方程的推导是经典力学的标准练习. 但如果仅考虑狭义相对论的效应,轨道是进动椭圆的形式

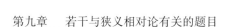

$$\frac{1}{r} = \frac{1}{r_0} \{ 1 + \varepsilon [\alpha (\theta - \theta_0)] \}$$

这里 $\alpha = 1$ 对应于没有进动的经典结果.

（a）推导这一方程,用轨道的基本常数(像能量、角动量等)表示 α 和 r_0.

（b）已知水星的轨道之平均半径为 $58 \times 10^6 \mathrm{km}$,轨道周期是 88 天,计算水星轨道在 100 年内进动的弧秒数(自然,这个效应并不能解释水星总的进动速率).

解　（a）考虑狭义相对论效应,该系统的拉格朗日函数写为

$$\mathscr{L} = -\frac{mc^2}{\gamma} + \frac{GMm}{r}$$

其中

$$\gamma = \frac{1}{\sqrt{1-\beta^2}}, \beta^2 = \frac{v^2}{c^2} = \frac{(r\dot{\theta})^2 + \dot{r}^2}{c^2}$$

由

$$\frac{\partial \mathscr{L}}{\partial \dot{r}} = \frac{\partial}{\partial v^2}\left(-\frac{mc^2}{\gamma} \right) \cdot \frac{\partial v^2}{\partial \dot{r}} =$$

$$\frac{1}{2}\gamma m \cdot 2\dot{r} = \gamma m \dot{r}$$

$$\frac{\partial \mathscr{L}}{\partial r} = \gamma m r \dot{\theta}^2 - \frac{GMm}{r^2}$$

$$\frac{\partial \mathscr{L}}{\partial \dot{\theta}} = \gamma m r^2 \dot{\theta}$$

得方程

$$\begin{cases} \dfrac{\mathrm{d}}{\mathrm{d}t}(rm^2) - \left(\gamma m r \dot{\theta}^2 - \dfrac{GMm}{r^2} \right) = 0 & (1) \\ \gamma m r^2 \dot{\theta} = L(\text{常量}) & (2) \end{cases}$$

把（2）代入（1）得

$$\frac{\mathrm{d}}{\mathrm{d}t}\left(\frac{\dot{r}L}{r^2\dot{\theta}}\right) - \frac{L\dot{\theta}}{r} + \frac{GMm}{r^2} = 0$$

令 $,u = \frac{1}{r}$，此式变为

$$-\frac{\mathrm{d}}{\mathrm{d}t}\left(\frac{\mathrm{d}u}{\mathrm{d}t}\cdot\frac{L}{\dot{\theta}}\right) - L\dot{\theta}u + GMmu^2 = 0$$

即

$$\frac{\mathrm{d}^2 u}{\mathrm{d}\theta^2} + u = \frac{GMm}{L\dot{\theta}}u^2 \qquad (3)$$

因系统能量（动能、势能、静止能量之和）为

$$E = \gamma mc^2 - \frac{GMm}{r}, \gamma mc^2 = E + \frac{GMm}{r}$$

由（2）得

$$\dot{\theta} = \frac{L}{\gamma mr^2} = \frac{Lc^2 u^2}{E + GMmu}$$

代入方程（3）

$$\frac{\mathrm{d}^2 u}{\mathrm{d}\theta^2} + u = \frac{GMm}{L^2 c^2}(E + GMmu)$$

整理得

$$\frac{\mathrm{d}^2 u}{\mathrm{d}\theta^2} + u\left[1 - \left(\frac{GMm}{Lc}\right)^2\right] = \frac{GMmE}{L^2 c^2} \qquad (4)$$

解得

$$u = \frac{GMmE}{L^2 c^2 - G^2 M^2 m^2} + a\cos\left[\alpha(\theta - \theta_0)\right]$$

其中 $\alpha = \left[1 - \left(\frac{GMm}{Lc}\right)^2\right]^{1/2}, a, \theta_0$ 为常数. 又

$$r_0 = \frac{L^2 c^2 - G^2 M^2 m^2}{GMmE}$$

（b）设相邻周期两相同 u 值（或 r 值）所对应的 θ 为 θ_1,θ_2，则

$$\alpha(\theta_1 - \theta_0) - \alpha(\theta_2 - \theta_0) = 2\pi$$

$$\theta_1 - \theta_2 = \frac{2\pi}{\alpha} = 2\pi\left[\frac{L^2c^2}{L^2c^2 - G^2M^2m^2}\right]^{1/2}$$

则相隔一个周期进动角度 $\Delta\theta$ 为

$$\Delta\theta = 2\pi\left\{\left(\frac{L^2c^2}{L^2c^2 - G^2M^2m^2}\right)^{1/2} - 1\right\} \approx$$

$$\frac{\pi G^2 M^2 m^2}{L^2 c^2}\mathrm{rad}$$

因此水星在 100 年内进动角度为

$$\Theta = \Delta\theta \cdot \frac{100 \times 365}{88} \cdot 3\ 600\ \mathrm{rad} \cdot \mathrm{s}$$

估算 Θ：利用

$$L = \bar{r} \cdot mv = m\bar{\gamma} \cdot \frac{2\pi\bar{r}}{T} = \frac{2\pi m\bar{r}^2}{T}$$

$$GM = \frac{4\pi^2\bar{r}^3}{T^2}$$

$$\bar{r} = 58 \times 10^9\ \mathrm{m}, T = 88 \times 24 \times 3\ 600\ \mathrm{s}$$

得到

$$\Theta = 0.12\ \mathrm{rad} \cdot \mathrm{s}$$

这个数量级过小，在应用广义相对论后可以得到与实际大致相符的 $H = 41\ \mathrm{rad} \cdot \mathrm{s}$ 的正确数值.

（邓悠平）

3047（Buf，1982）

导出当具有动量 $\boldsymbol{P} = \dfrac{m_0\boldsymbol{V}}{\sqrt{1 - \dfrac{V^2}{c^2}}}$ 的粒子处在场

$$\boldsymbol{E} = - \nabla \phi - \frac{1}{c} \frac{\partial \boldsymbol{A}}{\partial t}$$

$$\boldsymbol{H} = \nabla \times \boldsymbol{A}$$

中时的哈密顿函数.

解　设粒子所带电量为 q，则它在电磁场中移动时的拉格朗日函数为

$$L = - m_0 c^2 \sqrt{1 - \frac{V^2}{c^2}} - q\phi + \frac{q}{c} \boldsymbol{A} \cdot \boldsymbol{V}$$

其动量为

$$\boldsymbol{P} = \frac{\partial L}{\partial \boldsymbol{V}} = \frac{m_0 \boldsymbol{V}}{\sqrt{1 - \frac{V^2}{c^2}}} + \frac{q}{c} \boldsymbol{A}$$

所以哈密顿函数为

$$\Theta = \boldsymbol{P} \cdot \boldsymbol{V} - L = \frac{m_0 c^2}{\sqrt{1 - \frac{V^2}{c^2}}} + q\phi \qquad (1)$$

为使 H 是 $\boldsymbol{P}$ 和 $\boldsymbol{X}$ 的函数，必须从 H 中消去 $\boldsymbol{V}$. 由

$$P = \frac{\partial L}{\partial V} = \frac{m_0 V}{\sqrt{1 - \frac{V^2}{c^2}}} + \frac{q}{c} A$$

即

$$P - \frac{q}{c} A = \frac{m_0 V}{\sqrt{1 - \frac{V^2}{c^2}}}$$

解得 V 为

$$V = \frac{c \left(P - \frac{q}{c} A \right)}{\sqrt{m_0^2 c^2 + \left(P - \frac{q}{c} A \right)^2}}$$

第九章　若干与狭义相对论有关的题目

代入式(1),即得

$$H = \sqrt{\left(\boldsymbol{P} - \frac{q}{c}\boldsymbol{A}\right)^2 c^2 + m^2 c^4} + q\phi$$

（杨德田）

3048（Wis,1972）

若一粒子的动能等于它的静止能量,那么它的速度等于多少?

解　粒子的动能

$$T = mc^2 - m_0 c^2$$

由条件 $mc^2 - m_0 c^2 = m_0 c^2$,相当于 $m = 2m_0$,所以

$$\frac{1}{\sqrt{1 - \frac{V^2}{c^2}}} = 2$$

$$V = \frac{\sqrt{3}}{2}c$$

（马千乘）

3049（Wis,1976）

一电子注被一固定的散射靶所散射(如图 44 所示).散射是弹性的,每个电子的能量是 $E = \frac{5}{3} m_0 c^2$,电子注的流量是每秒是 Q 个电子.

(a) 问入射电子的速度等于多少?

(b) 这些电子作用在散射靶上的作用力的大小,和方向是什么.

解　(a) 因 $E = mc^2$,故

507

$$m = \frac{m_0}{\sqrt{1 - \dfrac{V^2}{c^2}}} = \frac{5}{3}m_0$$

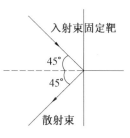

图 44

所以 $v = \dfrac{4}{5}c$，此即为入射电子的速度.

（b）因为是弹性碰撞，所以碰撞前后电子的速率不变，而且由于入射角等于散射角，所以速度的切向分量不改变，而仅是法向分量反号. 入射电子的法向动量

$$P_n = mV_n = \frac{5}{3}m_0 \frac{\sqrt{2}}{2}v = \frac{2}{3}\sqrt{2}\,m_0 c$$

由公式

$$\boldsymbol{F} = \frac{\mathrm{d}}{\mathrm{d}t}\boldsymbol{P}$$

可知

$$F_n\Delta t = \Delta P_n = 2P_n = \frac{4}{3}\sqrt{2}\,m_0 c$$

又因

$$\Delta t = \frac{1}{Q}$$

所以

$$F_n = \frac{4}{3}\sqrt{2}\,Q m_0 c$$

此即为入射电子流作用在散射靶上的作用力，其作用力方向为沿法线方向指向.

（马千乘）

508

3050 (Wis,1973)

等效原理宣称引力质量和惯性质量相等. 光子有不等于零的引力质量吗? 说明之. 设一光子正朝着地球落下,它降落了 10 m 的距离. 求对光子频率所产生的影响. 用什么样的实验技术可以测出频率的这种变化?

解 光子的引力质量并不等于零,因为光子的引力质量等于其惯性质量,光子的静止质量虽然等于零,但惯性质量并不等于零

$$m = \frac{E}{c^2} = \frac{h\nu}{c^2}$$

当光子在地球引力场中向下运动时,频率会增加. (篮移)

$$h'_\nu \approx h\nu + mgL = h\nu + \frac{h\nu}{c^2}gL$$

所以

$$\nu' \approx \nu\left(1 + \frac{gL}{c^2}\right) = \nu + \Delta\nu$$

$$\frac{\Delta\nu}{\nu} = \frac{gL}{c^2} = 1.1 \times 10^{-15}$$

利用穆斯堡尔效应可以测量出频率的改变.

(马千乘)

3051 (Wis,1976)

考虑一个能量非常高的散射实验,参与散射的两个粒子具有相同的静止质量 m_0. 其中一个原来处于静止,另一个以动量 P 和总能量 E 入射.

$$\frac{E^{*2}}{c^2} = \frac{(E + m_0 c^2)^2}{c^2} - P^2$$

故

$$E^* = \sqrt{(E + m_0 c^2)^2 - P^2 c^2}$$

在极端相对论性极限下

$$E^* \approx \sqrt{2 E m_0 c^2}$$

（马千乘）

3052（Wis,1976）

一静止质量为 m,沿 x 轴方向,初始速度为 V_0 的粒子,在 $t = 0$ 时刻后受到一个沿 y 方向的恒定力 F 的作用. 求它在任意时刻 t 的速度,并且证明当 $t \to \infty$ 时, $|V| \to c$.

解　因 $\boldsymbol{F} = \dfrac{\mathrm{d}}{\mathrm{d}t}\left(\dfrac{m\boldsymbol{V}}{\sqrt{1 - \dfrac{V^2}{c^2}}}\right)$,又因 $F_x = 0, F_y = F$,所以

$$\frac{m\dot{x}}{\sqrt{1 - \dfrac{V^2}{c^2}}} = \frac{mV_0}{\sqrt{1 - \dfrac{V_0^2}{c^2}}}$$

和

$$\frac{m\dot{y}}{\sqrt{1 - \dfrac{V^2}{c^2}}} = Ft$$

$$\frac{\dot{x}^2 + \dot{y}^2}{1 - \dfrac{V^2}{c^2}} = \frac{V_0^2}{1 - \dfrac{V_0^2}{c^2}} + \left(\frac{Ft}{m}\right)^2$$

$$V^2 = \left[\frac{V_0^2}{1 - \dfrac{V_0^2}{c^2}} + \left(\frac{Ft}{m} \right)^2 \right] \left(1 - \frac{V^2}{c^2} \right)$$

故

$$V^2 = \frac{\dfrac{V_0^2}{1 - \dfrac{V_0^2}{c^2}} + \left(\dfrac{Ft}{m} \right)^2}{1 + \left[\dfrac{V_0^2}{1 - \dfrac{V_0^2}{c^2}} + \left(\dfrac{Ft}{m} \right)^2 \right] \dfrac{1}{c^2}}$$

若令

$$k = \frac{V_0^2}{1 - \dfrac{V_0^2}{c^2}} + \left(\frac{Ft}{m} \right)^2$$

则

$$V^2 = \frac{k}{1 + \dfrac{k}{c^2}}$$

故

$$1 - \frac{V^2}{c^2} = 1 - \frac{k}{c^2 + k} = \frac{c^2}{c^2 + k}$$

求得

$$\dot{x} = \frac{V_0}{\sqrt{1 - \dfrac{V_0^2}{c^2}}} \cdot \sqrt{\frac{c^2}{c^2 + k}}$$

和

$$\dot{y} = \frac{Ft}{m} \cdot \sqrt{\frac{c^2}{c^2 + k}}$$

另外，$\lim\limits_{t \to \infty} V^2 = \lim\limits_{t \to \infty} \dfrac{k}{1 + \dfrac{k}{c^2}} = c^2$，当 $t \to \infty$，$V \to c$.

（马千乘）

3053（Wis, 1975）

一个能量 $E \gg mc^2$ 的电子和一个能量为 W 的光子相碰撞.

（a）问光子在电子参考系中的能量 W' 等于多少？

（b）若 $W' \ll mc^2$，则电子的反冲可以略去，而光子在电子参考系中的能量并不会因为碰撞过程而改变. 问散射光子在实验室参考系（L）中，能量的最小值和最大值各是多少？

解 （a）电子的运动速度设为 v

$$E = \frac{mc^2}{\sqrt{1 - \dfrac{v^2}{c^2}}}$$

故

$$1 - \frac{v^2}{c^2} = \frac{m^2 c^4}{E^2}$$

$$v^2 = c^2 \left(1 - \frac{m^2 c^4}{E^2} \right)$$

跟随电子运动的参考系和实验室系之间的洛伦兹变换为

$$\begin{pmatrix} \gamma & 0 & 0 & \mathrm{i}\beta\gamma \\ 0 & 1 & 0 & 0 \\ 0 & 0 & 1 & 0 \\ -\mathrm{i}\beta\gamma & 0 & 0 & \gamma \end{pmatrix}$$

其中

$$\beta = \sqrt{1 - \frac{m^2 c^4}{E^2}}$$

$$\gamma = \frac{1}{\sqrt{1 - \beta^2}} = \frac{E}{mc^2}$$

在实验室系中光子的能量动量四矢量为

$$\left(\frac{W}{c}, 0, 0, i\frac{W}{c}\right)$$

在电子参考系中为

$$\left(\frac{W'}{c}, 0, 0, i\frac{W'}{c}\right)$$

则

$$\begin{pmatrix} \frac{W'}{c} \\ 0 \\ 0 \\ \frac{iW'}{c} \end{pmatrix} = \begin{pmatrix} \gamma & 0 & 0 & i\beta\gamma \\ 0 & 1 & 0 & 0 \\ 0 & 0 & 1 & 0 \\ -i\beta\gamma & 0 & 0 & \gamma \end{pmatrix} \begin{pmatrix} \frac{W}{c} \\ 0 \\ 0 \\ \frac{iW}{c} \end{pmatrix}$$

所以

$$W' = \gamma(1 - \beta)W =$$

$$\frac{E}{mc^2}\left(1 - \sqrt{1 - \frac{m^2 c^4}{E^2}}\right)W \approx$$

$$\frac{E}{mc^2}\left[1 - 1 + \frac{1}{2}\frac{m^2 c^4}{E^2}\right]W =$$

$$\frac{mc^2}{2E}W$$

故光子在电子参考系中的能量是 $W' = \frac{mc^2}{2E}W$. 若在

实验室参考系中,光子的动量方向和电子的动量方向

不一致,则光子在实验参考系中的能量动量四矢量为

$$\left(\frac{W}{c}\cos\theta,\frac{W}{c}\sin\theta,\theta,\frac{\mathrm{i}W}{c}\right)$$

于是

$$\begin{pmatrix} R'_x \\ R'_y \\ 0 \\ \dfrac{\mathrm{i}W'}{c} \end{pmatrix} = \begin{pmatrix} \gamma & 0 & 0 & \mathrm{i}\beta\gamma \\ 0 & 1 & 0 & 0 \\ 0 & 0 & 1 & 0 \\ -\mathrm{i}\beta\gamma & 0 & 0 & \gamma \end{pmatrix} \begin{pmatrix} \dfrac{W}{c}\cos\theta \\ \dfrac{W}{c}\sin\theta \\ 0 \\ \dfrac{\mathrm{i}W}{c} \end{pmatrix}$$

所以

$$W' = \gamma(1-\beta\cos\theta)W \approx$$

$$\frac{E}{mc^2}\left[1-\left(1-\frac{1}{2}\cdot\frac{m^2c^4}{E^2}\right)\cos\theta\right]W \approx$$

$$\left[\frac{E}{mc^2}(1-\cos\theta)+\frac{mc^2}{2E}\cos\theta\right]W$$

(b) 显然当 $\theta=0$ 时,有

$$W'_{\min}=\frac{mc^2}{2E}W$$

$\theta=\pi$ 时,有

$$W'_{\max}=\left(\frac{2E}{mc^2}-\frac{mc^2}{2E}\right)W \approx \frac{2E}{mc^2}W$$

碰撞后动量方向改变.

当 $\theta=0$ 时,电子参考系中光子的动量能量四矢量为

$$\left(-\frac{W'_{\min}}{c},0,0,\frac{\mathrm{i}W'_{\min}}{c}\right)$$

$\theta=\pi$ 时,电子参考系中光子的动量能量四矢量为

$$\left(-\frac{W'_{max}}{c}, 0, 0, \frac{iW'_{max}}{c}\right)$$

再利用洛伦兹变换回到实验室系

$$\begin{pmatrix} -\dfrac{W_{max}}{c} \\ 0 \\ 0 \\ \dfrac{iW_{max}}{c} \end{pmatrix} = \begin{pmatrix} \gamma & 0 & 0 & -i\beta\gamma \\ 0 & 1 & 0 & 0 \\ 0 & 0 & 1 & 0 \\ i\beta\gamma & 0 & 0 & \gamma \end{pmatrix} \begin{pmatrix} -\dfrac{W'_{min}}{c} \\ 0 \\ 0 \\ \dfrac{iW'_{min}}{c} \end{pmatrix}$$

故

$$W_{min} = \gamma(1-\beta)W'_{min} \approx \left(\frac{mc^2}{2E}\right)^2 W$$

同理

$$W_{max} = \gamma(1+\beta)W'_{max} \approx \left(\frac{2E}{mc^2}\right)^2 W$$

（马千乘）

狭义相对论的应用

第 十 章

10.1　狭义相对论的实验证明

在前面,我们已经看到,只有相对论才能解释三个实验的结果:迈克耳孙－莫雷实验、斐索实验和光行差现象.

迈克耳孙－莫雷实验,曾在不同的条件下重做过许多次[1],这些新的实验都证实了原来的结果,只是密勒(D. C. Miller)所进行的实验是个例外.还很难断定为什么密勒实验会显示

---

[1]　R. J. Kennedy,　Proc. Nat.　Acad. Sci. ,　12,621(1926);
Astrophys. J. ,63,367(1928).

Piccard and Stahel, Comptes Rendus, 188, 420(1926); 185, 1198(1128); Naturwissenscaften,14,935(1926),16,25(1928).

D. C. Miller, Rev. Mod. Phys. ,5,203(1933),其中列出了进一步的参考书.

G. Joos, Ann. d. Physik,7,385(1930).

出大约10 km/s的"以太漂移"的效应.但是,由于其他许多实验事实,都指出了洛伦兹变换方程的正确,因而假定密勒的结果是由于尚未发现的系统实验误差所引起的,是合理的.

近来,洛伦兹变换方程又为爱弗斯(H. E. Ives)用一种全新的方式加以证实①.爱弗斯测量了所谓相对论的多普勒效应.一束光线的频率对洛伦兹变换并非不变的.变换定律是

$$\nu^* = \nu \frac{1 - \cos \alpha \cdot v/c}{\sqrt{1 - v^2/c^2}} \tag{1}$$

式中,α 为两坐标系间的相对速度与光在原来坐标系中的传播方向间的夹角.这个相对论定律跟经典定律的区别在于分母.相对论的二级效应,通常被经典的多普勒效应(分子中与角度有关的项)所遮没,经典的多普勒效应是 v/c 的一级效应.

爱弗斯测量了由氢的极隧射线发射的 H_β 谱线的频率变化,他用的加速电压达 18 000 V,或速度达 1.8×10^8 cm/s,即 $v/c \sim 6 \times 10^{-3}$.为了把微小的二级效应从非常巨大的一级效应中分出,爱弗斯在顺着和逆着运动方向的两个方向上,测定了极隧射线所发射的 H_β 谱线的波长.借助于一面镜子,可以把这些谱线和静止氢原子的未移动的谱线,同时在同一张照相底片上拍摄下来.根据相对论的变换定律(1),移动谱线的两个频率是

① J. Opt. Soc. Am. ,28 ,215(1938).

$$\nu_1^* = \nu \, \frac{1 - \dfrac{v}{c}}{\sqrt{1 - \dfrac{v^2}{c^2}}}$$

$$\nu_2^* = \nu \, \frac{1 + \dfrac{v}{c}}{\sqrt{1 - \dfrac{v^2}{c^2}}}$$

而它们的平均值是

$$\bar{\nu} = \frac{\nu}{\sqrt{1 - \dfrac{v^2}{c^2}}} \qquad (2)$$

爱弗斯测定了 $\bar{\nu}$ 对未移动谱线的频率 ν 所发生的位移. 他证实了相对论的变换定律.

　　这个实验之所以重要，是由于它直接地测量了一个"时间膨胀"（运动的钟的走慢）的效应，迈克耳孙 – 莫雷实验的结果能够，而且事实上也是首先用"洛伦兹收缩"加以解释的，即认为半镀银玻璃板和反射镜之间的距离，沿"通过以太的运动"方向时就会缩短来解释这个结果.

　　另一方向，在爱弗斯的实验中，不包含运动的尺，而是"原子钟"，即极隧射线相对于观察者的运动和这些"钟"的走慢，产生了"相对论的多普勒效应".

　　所有这些相对论的验证，只涉及把洛伦兹变换方程应用到光线方向. 现在我们将转到经典理论的其他方面的修正.

　　原子核物理学的许多事实证明了惯性质量与能量相当. 一个原子核的质量，一般小于所组成的质子和中子的质量之和. 在很多情况下, 可以证明, 质量亏损等于 $1/c^2$ 乘以核合成时所得到的能量[1]. 一个非常显著的质量损失的例子, 是电子 – 正电子偶的湮没. 电子和正电子的质量全部转变成电磁辐射. 如果没有第三个质点 (原子核) 充分靠近与此系统相互作用, 在湮没前后的总动量必须相同. 因为正电子和电子的速度, 在湮没发生前通常是很小的, 只当两个 γ 量子沿相反的方向发射, 以使它们的动量互相抵消, 能量和动量才是守恒的, 这时每个量子的能量相当于一个电子的质量. 在正电子湮没的地方, 实验上可以观察到具有能量约为 5×10^5 电子伏特的辐射.

10.2 电磁场中的带电粒子

狭义相对论的进一步验证, 是基于在力作用下的粒子的运动. 现在我们将考虑稳定电磁场对带电粒子的作用. 即

$$\frac{d}{dt}\left(\frac{m\boldsymbol{u}}{\sqrt{1-\dfrac{u^2}{c^2}}}\right) = e\left(\boldsymbol{E} + \frac{\boldsymbol{u}}{c} \times \boldsymbol{H}\right) \qquad (3)$$

要得到能量守恒定律, 我们作这个方程与 $\boldsymbol{u}$ 的内积, 并在两边进行部分积分. 在左方, 我们得到

---

① 参阅 Rasetti, Franco, Elements of Nuclear Physics, Prentice-Hall, Inc. , New York, 1936, p.165.

$$u\frac{\mathrm{d}}{\mathrm{d}t}\left(\frac{mu}{\sqrt{1-\dfrac{u^2}{c^2}}}\right) = \frac{\mathrm{d}}{\mathrm{d}t}\left(\frac{mu^2}{\sqrt{1-\dfrac{u^2}{c^2}}}\right) - \frac{mu\dot{u}}{\sqrt{1-\dfrac{u^2}{c^2}}} =$$

$$\frac{\mathrm{d}}{\mathrm{d}t}\left(\frac{mu^2}{\sqrt{1-\dfrac{u^2}{c^2}}}\right) - \frac{mu\dot{u}}{\sqrt{1-\dfrac{u^2}{c^2}}} =$$

$$\frac{\mathrm{d}}{\mathrm{d}t}\left(\frac{mu^2}{\sqrt{1-\dfrac{u^2}{c^2}}}\right) + mc^2\frac{\mathrm{d}}{\mathrm{d}t}\left(\sqrt{1-\dfrac{u^2}{c^2}}\right) =$$

$$mc^2\frac{\mathrm{d}}{\mathrm{d}t}\left(\frac{1}{\sqrt{1-\dfrac{u^2}{c^2}}}\right) \qquad (4)$$

而右方变为

$$e u E + u \cdot \left(\frac{u}{c}\times H\right) = euE =$$

$$eu\left(-\operatorname{\mathbf{grad}}\varphi - \frac{1}{c}\frac{\partial A}{\partial t}\right)$$

因此,我们看到,沿粒子路程的能量变化由下式给定

$$\frac{\mathrm{d}}{\mathrm{d}t}\left[\frac{mc^2}{\sqrt{1-\dfrac{u^2}{c^2}}}\right] = - eu\left(-\operatorname{\mathbf{grad}}\varphi + \frac{1}{c}\frac{\partial A}{\partial t}\right) \quad (5)$$

如果我们考虑势 φ 沿路程的变化,我们能从 $u\operatorname{\mathbf{grad}}\varphi$ 的式子中分出一个恰当微分

$$\frac{\mathrm{d}\varphi}{\mathrm{d}t} = \varphi_{,3}\frac{\mathrm{d}x^3}{\mathrm{d}t} + \varphi_{,4} = u\cdot\operatorname{\mathbf{grad}}\varphi + \frac{\partial\varphi}{\partial t} \quad (6)$$

于是,式(5)取如下的形式

$$\frac{\mathrm{d}}{\mathrm{d}t}\left[\frac{mc^2}{\sqrt{1-\dfrac{u^2}{c^2}}}+e\varphi\right]=+e\left(\frac{\partial\varphi}{\partial t}-\frac{1}{c}\boldsymbol{u}\,\frac{\partial\boldsymbol{A}}{\partial t}\right) \qquad (7)$$

如果场是静态的, φ 和 $\boldsymbol{A}$ 都不随时间而变, 那么左边方括弧内的式子为一恒量.

由式(7), 我们能够确定粒子以可忽略的速度进入一强电场中以后的速度. 通过一个电势降 V 以后, 它们的动能为

$$mc^2\left\{\frac{1}{\sqrt{1-\dfrac{u^2}{c^2}}}-1\right\}=eV \qquad (8)$$

而它们的速度为

$$u=\sqrt{\frac{2eV}{m}\cdot\frac{1+\dfrac{e}{m}\dfrac{V}{2c^2}}{\left(1+\dfrac{e}{m}\dfrac{V}{c^2}\right)^2}} \qquad (9)$$

当 $\dfrac{e}{m}\dfrac{V}{c^2}$ 与 1 比较很小时, 经典的公式

$$u_{经典}=\sqrt{2\frac{e}{m}V}$$

是一个很好的近似.

式(8)表明, 一个粒子的能量变化等于电势差乘以电荷, 它可以应用于所有的场合, 只要粒子的能量在实验上是由加速电压所确定, 例如范德格喇夫静电起电机的情形.

在云雾室中, 带电粒子的速度通常是由测量它在垂直于速度方向的磁场内的路程的半径来确定. 我们来计算这个半径.

带电粒子在磁场中的加速度由式(3)给定

$$\frac{\mathrm{d}}{\mathrm{d}t}\left(\frac{m\boldsymbol{u}}{\sqrt{1-\dfrac{u^2}{c^2}}}\right) = \frac{e}{c}\boldsymbol{u} \times \boldsymbol{H} \qquad (10)$$

式(7)指出,当 $\boldsymbol{H}$ 是稳定的,速率 u 是恒量. 因此,我们可以用常速率 u 跟单位矢量 $\boldsymbol{s}$ 的乘积来代替 $\boldsymbol{u}$,单位矢量 $\boldsymbol{s}$ 和 $\boldsymbol{u}$ 平行,并随时间而改变方向. 式(10)左方变为

$$\frac{mu}{\sqrt{1-\dfrac{u^2}{c^2}}}\frac{\mathrm{d}s}{\mathrm{d}t}$$

而右方为

$$\frac{e}{c}us \times \boldsymbol{H}$$

这样,我们得到下述形式的式(10)

$$\frac{m}{\sqrt{1-\dfrac{u^2}{c^2}}}\frac{\mathrm{d}s}{\mathrm{d}t} = \frac{e}{c}\boldsymbol{s} \times \boldsymbol{H} \qquad (10a)$$

我们还要用对弧长 l 的微分代替对 t 的微分. 因 $\dfrac{\mathrm{d}l}{\mathrm{d}t}$ 为速率 u,代替式(10a),我们得到

$$\frac{mu}{\sqrt{1-\dfrac{u^2}{c^2}}}\frac{\mathrm{d}s}{\mathrm{d}l} = \frac{e}{c}\boldsymbol{s} \times \boldsymbol{H} \qquad (11)$$

$\boldsymbol{s}$ 是路程的切向单位矢量,因此 $\dfrac{\mathrm{d}s}{\mathrm{d}l}$ 是曲率,其数值为曲率半径 R 的倒数. 所以,我们得到

$$\frac{mu}{\sqrt{1-\dfrac{u^2}{c^2}}} = R \cdot \frac{e}{c} \cdot H \cdot \sin(\boldsymbol{s},\boldsymbol{H}) \qquad (12)$$

在路程上角 (s,H) 保持恒定, 因为如果我们作式 (10a) 与 H 的标积, 右方就变为零, 而左方包含 (s,H) 对 t 的导数作为因子. 因此, 粒子的路线是一螺线. 当 s 和 H 互相垂直时, 路线为一圆. 于是积 RH 可作为粒子的相对论的动量的数值的量度

$$RH = \frac{c}{e} \cdot \frac{mu}{\sqrt{1 - \dfrac{u^2}{c^2}}} = \frac{c}{e}p \tag{13}$$

若 e 和 m 为已知, 则速度和能量即可计算出来.

有时, 我们可用与粒子路线垂直的静电场, 来确定带电粒子的偏离. 粒子的加速度仍由式 (3) 给出

$$\frac{\mathrm{d}}{\mathrm{d}t}\left\{\frac{m\boldsymbol{u}}{\sqrt{1 - \dfrac{u^2}{c^2}}}\right\} = e\boldsymbol{E} \tag{14}$$

当 $\boldsymbol{E}$ 和 $\boldsymbol{u}$ 互相垂直时, 速率 u 保持恒定. 如果我们再引入单位矢量 s, 式 (14) 就变为

$$\frac{mu}{\sqrt{1 - \dfrac{u^2}{c^2}}} \frac{\mathrm{d}s}{\mathrm{d}t} = e\boldsymbol{E} \tag{14a}$$

引入弧长 l, 得到方程

$$\frac{mu^2}{\sqrt{1 - \dfrac{u^2}{c^2}}} \frac{\mathrm{d}s}{\mathrm{d}l} = e\boldsymbol{E} \tag{14b}$$

或者利用曲率半径 R

$$\frac{mu^2}{\sqrt{1 - \dfrac{u^2}{c^2}}} = eRE \tag{15}$$

在电场的情形下, 路线当然不是圆. 式 (15) 只是对运

动方向和电力线方向互相垂直时的那一部分路线的曲率半径而言.

要测定粒子的静止质量和速度,必须观察它在电场和磁场中的行为. 例如,我们可以用一个已经测定的电压降式(8)来加速粒子,使它得到一定的能量;如果在磁场中测定了粒子的动量式(13),那么它的质量和动量就能够计算出来.

与此同时,人们曾经用各种类似的装置来验证相对论的运动定律;对许多速度不同的同类粒子进行了测量. 所有这些实验都一致地证实了相对论定律的正确性. 这些实验的概括说明,可参阅物理学大全中盖拉赫(W. Gerlach)的论文[1].

10.3　快速运动粒子的场

宇宙辐射的粒子通常以接近光速的速度运动. 它们的电磁场跟电磁波场相似.

要计算这种快速运动粒子的场,我们首先研究粒子在其中为静止的参考系中的场. 我们选择坐标系 S^*,使粒子总位于原点,$x^* = y^* = z^* = 0$. 粒子产生的场是纯粹的电场,由下列方程给出

$$E_S^* = \frac{ex_S^*}{r^{*3}} \tag{16}$$

$\boldsymbol{H}^*$ 的全部分量为零,我们有

---

[1]　Handbuch der Physik. Vol. XXII, Berlin, 1926, pp. 61-82.

$$\begin{cases} H_3 = \left(1 - \dfrac{v^2}{c^2}\right)^{-1/2} \cdot \dfrac{v}{c} \cdot E_2^* \\[3mm] H_2 = -\left(1 - \dfrac{v^2}{c^2}\right)^{-1/2} \cdot \dfrac{v}{c} \cdot E_3^* \\[3mm] H_1 = 0 \\[2mm] E_1 = E_1^* \\[2mm] E_2 = \left(1 - \dfrac{v^2}{c^2}\right)^{-1/2} \cdot E_2^* \\[3mm] E_3 = \left(1 - \dfrac{v^2}{c^2}\right)^{-1/2} \cdot E_3^* \end{cases} \tag{17}$$

矢量 **H** 和 **E** 互相垂直.

现在我们来计算 E_S^*, 并把它看作是 S 坐标的函数. r^* 由下式给定

$$r^{*2} = x^{*2} + y^{*2} + z^{*2}$$

如果我们用

$$\begin{cases} x^* = \dfrac{(x - vt)^2}{1 - \dfrac{v^2}{c^2}} \\[4mm] y^* = y \\[2mm] z^* = z \end{cases}$$

代替这些坐标

$$r^{*2} = \dfrac{(x - vt)^2}{1 - \dfrac{v^2}{c^2}} + y^2 + z^2 \tag{18}$$

我们得到 E_S^* 的三个分量

526

$$\begin{cases} E_1^* = e\left[\dfrac{(x-vt)^2}{1-\dfrac{v^2}{c^2}}+y^2+z^2\right]^{-3/2} \cdot \dfrac{x-vt}{\sqrt{1-\dfrac{v^2}{c^2}}} \\[4ex] E_2^* = e\left[\dfrac{(x-vt)^2}{1-\dfrac{v^2}{c^2}}+y^2+z^2\right]^{-3/2} \cdot y \\[4ex] E_3^* = e\left[\dfrac{(x-vt)^2}{1-\dfrac{v^2}{c^2}}+y^2+z^2\right]^{-3/2} \cdot z \end{cases}$$

$$(19)$$

E_S 的三个分量是

$$\begin{cases} E_1 = e\,\dfrac{x-vt}{N} \\[2ex] E_2 = e\,\dfrac{y}{N} \\[2ex] E_3 = e\,\dfrac{z}{N} \\[2ex] N = \sqrt{1-\dfrac{v^2}{c^2}} \cdot \left[\dfrac{(x-vt)^2}{1-\dfrac{v^2}{c^2}}+y^2+z^2\right]^{3/2} \end{cases}$$

$$(20)$$

而 H_S 的各分量为

$$\begin{cases} H_1 = 0 \\[2ex] H_2 = -\dfrac{v}{c}e\,\dfrac{z}{N} \\[2ex] H_3 = +\dfrac{v}{c}e\,\dfrac{y}{N} \end{cases}$$

$$(21)$$

　　我们假定宇宙射线粒子的速率 v 几乎等于光速；而来研究在 S 系统中静止的任一点 (x,y,z) 上的场. 电场的振幅

$$E = \sqrt{E_1^2 + E_2^2 + E_3^2}$$

在时间 $t_0 = \dfrac{x}{v}$ 达到极大值. v 越接近于 c,这个极大值越

显著. 在 t_0 时电场与 X 轴垂直,并且在数值上等于磁场强度. 运动粒子在路线外某定点 (x,y,z) 处的场,近似地跟一短的平面波列的场相同.

10.4　索末菲关于氢原子的精细结构理论

在玻尔和索末菲用相积分的量子化解释氢原子光谱成功后不久,索末菲曾试图把相对论的改正应用于力学模型上. 他认为相对论的改正,是非相对论理论中退化项分裂的原因,由此想得到一精细结构的理论.

他的尝试在氢原子的情况下似乎是成功的. 但是他的理论在应用到别种光谱时就完全失败了. 今天我们知道,索末菲精细结构的解释是错误的,即使对氢原子说也是如此;它没有计及电子的自旋,也不能得到和自旋为零时相对论波动力学理论所得的相同的结果. 但是恰巧两个误差 —— 忽略波动力学和忽略自旋 —— 在氢原子中互相抵消了. 因此建立在这两个误差基础上的索末菲理论导致了正确的结果. 从历史观点看来,索末菲对精细结构的研究工作是很有兴趣的,因为它第一阐明了"精细结构恒量"α 的意义. 在本节中,我们将给这个理论一个说明.

单个电子在一个质子的场中运动,由于质子的质量较大,可以认为是静止的. 运动方程是式(14),式中的 E 由下列方程给定

$$E = -\,\mathbf{grad}\,\varphi\,,\varphi = \frac{e}{r} \qquad (22)$$

这些方程的一个积分是能量积分(8)

$$mc^2\left[\left(1-\frac{u^2}{c^2}\right)^{-1/2}-1\right]-e\varphi(r)=W \qquad (23)$$

当我们作方程

$$\frac{\mathrm{d}}{\mathrm{d}t}\left(\frac{m\boldsymbol{u}}{\sqrt{1-\dfrac{u^2}{c^2}}}\right)=+\,e\mathbf{grad}\,\varphi \qquad (24)$$

与矢径 $\boldsymbol{r}$ 的矢积,就得到另一积分,即角动量积分. 因为 φ 的梯度和矢径 $\boldsymbol{r}$ 处处平行,上式右方的矢积为零,而得到

$$0=\boldsymbol{r}\times\frac{\mathrm{d}}{\mathrm{d}t}\left(\frac{m\boldsymbol{u}}{\sqrt{1-\dfrac{u^2}{c^2}}}\right)=$$

$$\frac{\mathrm{d}}{\mathrm{d}t}\left(\frac{m\boldsymbol{r}\times\boldsymbol{u}}{\sqrt{1-\dfrac{u^2}{c^2}}}\right)-$$

$$\frac{\mathrm{d}\boldsymbol{r}}{\mathrm{d}t}\times\frac{m\boldsymbol{u}}{\sqrt{1-\dfrac{u^2}{c^2}}} \qquad (25)$$

在最后一项中的 $\dfrac{\mathrm{d}\boldsymbol{r}}{\mathrm{d}t}$ 就是 $\boldsymbol{u}$,而 $\boldsymbol{u}$ 本身的矢积为零. 因此我们发现,表达式

$$\frac{m(\boldsymbol{r}\times\boldsymbol{u})}{\sqrt{1-\dfrac{u^2}{c^2}}}=p_\theta \qquad (26)$$

是运动方程的另一恒量.

如果我们在运动平面内引入极坐标 r,θ,则两个

积分取如下形式

$$
\begin{cases}
\dfrac{mc^2}{\sqrt{1 - \dfrac{u^2}{c^2}}} = mc^2 + \dfrac{e^2}{r} + W \\[4ex]
\dfrac{mr^2\dot{\theta}}{\sqrt{1 - \dfrac{u^2}{c^2}}} = I_\theta \\[4ex]
u^2 = \dot{r}^2 + r^2\dot{\theta}^2
\end{cases}
\tag{27}
$$

根据索末菲理论，积分

$$
\oint I_\theta \, \mathrm{d}\theta
$$

遍及 θ 的整个周期，它必须是 h 的整数倍

$$
mr^2\dot{\theta} = n_\theta \hbar \cdot \sqrt{1 - \dfrac{u^2}{c^2}} \,, \quad \hbar = \dfrac{h}{2\pi}
\tag{28}
$$

为了建立第二个量子条件，我们必须计算动量的径向分量

$$
p_r = \dfrac{m\dot{r}}{\sqrt{1 - \dfrac{u^2}{c^2}}}
\tag{29}
$$

借助式（27）的两个运动积分，我们能把 p_r 表示成仅为 r 的函数. 于是我们有

$$
p_r^2 = m^2 \dfrac{\dot{r}^2}{1 - \dfrac{u^2}{c^2}} = m^2 \dfrac{u^2 - r^2\dot{\theta}^2}{1 - \dfrac{u^2}{c^2}} =
$$

$$
m^2 c^2 \left(\dfrac{1}{1 - \dfrac{u^2}{c^2}} - 1 \right) - \dfrac{m^2 r^2 \dot{\theta}^2}{1 - \dfrac{u^2}{c^2}}
\tag{30}
$$

首先，我们由能量积分（27）的第一个方程来计算

$\dfrac{1}{1-\dfrac{u^2}{c^2}}$. 它是

$$\frac{1}{1-\dfrac{u^2}{c^2}}=\left(\frac{mc^2+\dfrac{e^2}{r}+W}{mc^2}\right)^2 \qquad (31)$$

然后我们由量子条件(28)来计算式(30)的最后一项. 我们有

$$\frac{m^2r^2\dot\theta^2}{1-\dfrac{u^2}{c^2}}=\left(\frac{n_\theta\cdot\hbar}{r}\right)^2 \qquad (32)$$

如果我们把(31)和(32)两个式子代入式(30). 我们得到

$$p_r^2=m^2c^2\left[\left(\frac{mc^2+\dfrac{e^2}{r}+W}{mc^2}\right)^2-1\right]-\left(\frac{n_\theta\hbar}{r}\right)^2 \qquad (33)$$

第二量子条件说明,积分

$$\oint p_r\mathrm{d}r$$

遍及变量 r 的整个周期,必须是 h 的整数倍

$$\oint\sqrt{\frac{1}{c^2}\left(W+\frac{e^2}{r}\right)\left(W+\frac{e^2}{r}+2mc^2\right)-\left(\frac{n_\theta\hbar}{r}\right)^2}\,\mathrm{d}r=n_rh$$

$$(34)$$

被积函数

$$\begin{cases}2mW\left(1+\dfrac{W}{2mc^2}\right)+2e^2m\left(1+\dfrac{W}{mc^2}\right)\dfrac{1}{r}-\dfrac{n_\theta^2\hbar^2}{r^2}\left(1-\dfrac{\alpha^2}{n_\theta^2}\right)\\[4mm]\alpha=\dfrac{e^2}{\hbar c}\end{cases}$$

$$(35)$$

与相似的非相对论的表示式的区别在于,其中每一括弧内的第二项表示相对论的改正.

对 W 的负值来说,式(35)对 r 的正值有两个零值,分别相当于电子的近核点和远核点的位置. 积分(34)由一零值积到另一零值,并取根式的相反符号而积回.这或者用基本方法或者用所谓复数积分,就可积出[①].其结果为

$$\oint \sqrt{-A + \frac{2B}{r} - \frac{C}{r^2}} \, \mathrm{d}r = 2\pi\left(\frac{B}{\sqrt{A}} - \sqrt{C}\right) \quad (36)$$

式中,A,B 和 C 均为正的恒量. 如果我们把由式(34)和式(35)给出的值代入,我们得到

$$2\pi\left\{\frac{me^2\left(1 + \dfrac{W}{mc^2}\right)}{\sqrt{-2mW\left(1 + \dfrac{W}{2mc^2}\right)}} - n_\theta \hbar \sqrt{1 - \frac{\alpha^2}{n_\theta^2}}\right\} = n_r h$$

$$(37)$$

对 W 解上面的方程,我们就得到索末菲的精细结构公式

$$W = -mc^2\left\{1 + \frac{\alpha^2}{\left[n_r + \sqrt{n_\theta^2 - \alpha^2}\,\right]^2}\right\}^{-1/2} + mc^2 =$$

$$\frac{me^4}{2(n_r + n_\theta)^2 \hbar^2}\left\{1 + \frac{\alpha^2}{(n_r + n_\theta)^2}\left(\frac{n_r}{n_\theta} + \frac{1}{4}\right) + \cdots\right\}$$

$$(38)$$

---

① 例如,参看 A. Sommerfeld, Atomic Structure and Spectral Lines, Annex.

10.5　德布罗意波

继玻尔和索末菲的量子理论之后,发展内在一致的量子力学的第二步工作,是由德布罗意(De Broglie)完成的. 他假定在运动粒子的路线上发生一个波动. 如果粒子的路线是闭合的,如氢原子的情形,那么波本身将互相干涉. 如果路线的长度等于波长的整数倍,则波动增强;在其他情况下,它们将抵消. 波动互相增强的路线,是玻尔－索末菲理论中"被许可"的路线.

我们来研究一个在某坐标系 S 中静止的自由粒子. 它的静止质量为 m,静止能量为 mc^2. 我们不能把进行波与这个粒子相联系,因为对粒子不可能有特殊的传播方向. 但是按照 Einstein 的量子定律

$$E = h\nu \tag{39}$$

我们可以把一个频率 ν 与粒子相联系. 这样,静止粒子的频率为

$$\nu = \frac{mc^2}{h} \tag{40}$$

德布罗意波可用如下的"波函数"表示出来

$$\psi = \psi_0 e^{2\pi i \nu t} \tag{41}$$

现在我们进行洛伦兹变换. 对于系统 S^*,粒子的动量和能量,由下列式子给出

$$\begin{cases} p_x^* = -\dfrac{mv}{\sqrt{1-\dfrac{v^2}{c^2}}} \\[4mm] p_y^* = p_z^* = 0 \\[2mm] E^* = \dfrac{mc^2}{\sqrt{1-\dfrac{v^2}{c^2}}} \end{cases} \tag{42}$$

现在我们变换波函数 ψ. 我们假定 ψ 是一个标量, 它与坐标的关系由下面的方程表示

$$\psi = \psi_0 \cdot \exp\left\{ 2\pi i\nu \, \frac{t^* + \dfrac{v}{c^2} \cdot x^*}{\sqrt{1-\dfrac{v^2}{c^2}}} \right\} \tag{43}$$

它的频率和波长具有如下的值

$$\nu^* = \frac{\nu}{\sqrt{1-\dfrac{v^2}{c^2}}} = \frac{\dfrac{mc^2}{h}}{\sqrt{1-\dfrac{v^2}{c^2}}} = \frac{E^*}{h} \tag{44}$$

$$\lambda^* = \frac{c^2}{v\nu}\sqrt{1-\frac{v^2}{c^2}} = \frac{h}{mv}\sqrt{1-\frac{v^2}{c^2}} = \frac{h}{p^*} \tag{45}$$

我们继续计算简谐的德布罗意平面波在空间中传播的速度. 这个速度是频率和波长的乘积

$$w = \nu^*\lambda^* = \frac{E^*}{p^*} = \frac{c^2}{v} \tag{46}$$

这个速度即所谓相速度大于 c; 它与 v 的乘积等于 c^2. 因为德布罗意波相不能用于信号的传播, 因此, 式 (46) 并不与相对论的原理矛盾.

另一方面, 我们研究一个并非完全简谐的德布罗

意波,而是由两个频率几乎相等的简谐波组成. 这个合成波的振幅并不是恒量,振幅的极大值和极小值以一定的速度在空间中运动,此速度称为"群速度". 我们来计算群速度 w_g. 令两个成分波为

$$\overset{1}{\psi} = \psi_0 \exp\left\{2\pi \mathrm{i}\left(\overset{1}{\nu}t - \frac{x}{\overset{1}{\lambda}}\right)\right\}$$

和

$$\overset{2}{\psi} = \psi_0 \exp\left\{2\pi \mathrm{i}\left(\overset{2}{\nu}t - \frac{x}{\overset{2}{\lambda}}\right)\right\}$$

$$\overset{2}{\nu} = \overset{1}{\nu}_o + 2\delta\nu, \overset{2}{\lambda} = \overset{1}{\lambda} + 2\delta\lambda$$

于是合成波为

$$\psi = \psi_0 \left[\mathrm{e}^{2\pi \mathrm{i}\left(\overset{1}{\nu}t - \frac{x}{\overset{1}{\lambda}}\right)} + \mathrm{e}^{2\pi \mathrm{i}\left(\overset{2}{\nu}t - \frac{x}{\overset{2}{\lambda}}\right)} \right] \tag{47}$$

利用下列关系

$$\mathrm{e}^{\mathrm{i}\alpha} + \mathrm{e}^{\mathrm{i}\beta} = \mathrm{e}^{\mathrm{i}\frac{\alpha+\beta}{2}}\left(\mathrm{e}^{\mathrm{i}\frac{\alpha-\beta}{2}} + \mathrm{e}^{-\mathrm{i}\frac{\alpha-\beta}{2}}\right) =$$

$$2\cos\frac{\alpha-\beta}{2} \cdot \mathrm{e}^{\mathrm{i}\frac{\alpha+\beta}{2}}$$

方括弧内的式子可以写成不同的形式. 因此我们有

$$\psi = 2\psi_0 \cos\left[2\pi\left(\delta\nu \cdot t + \frac{\delta\lambda}{\overset{1}{\lambda}\overset{2}{\lambda}}x\right)\right] \times$$

$$\mathrm{e}^{2\pi \mathrm{i}\left[(\overset{1}{\nu}+\delta\nu)t - \frac{\overset{1}{\lambda}+\delta\lambda}{\overset{1}{\lambda}\overset{2}{\lambda}}x\right]} \tag{48}$$

所以,振幅传播的速率为

$$w_g = -\frac{\overset{1}{\lambda}\overset{2}{\lambda}\delta\nu}{\delta\lambda}$$

或者,我们把 $\delta\nu$ 和 $\delta\lambda$ 看作微分,于是有

$$w_g = \frac{\mathrm{d}\nu}{\mathrm{d}\left(\frac{1}{\lambda}\right)} \tag{49}$$

在德布罗意波中，$\dfrac{1}{\lambda}$ 等于 $\dfrac{p}{h}$，而 ν 等于 $\dfrac{E}{h}$. 因此，群速度为

$$w_g = \frac{\mathrm{d}E}{\mathrm{d}p} \qquad (50)$$

现在 E 和 p 由下列方程联系起来

$$E^2 - p^2 c^2 = m^2 c^4 \qquad (51)$$

它说明能量 – 动量矢量的量值是静止能量. 由

$$E = \sqrt{m^2 c^4 + p^2 c^2}$$

我们得到

$$\frac{\mathrm{d}E}{\mathrm{d}p} = \frac{pc^2}{E} = u \qquad (52)$$

即粒子的速率. 德布罗意波的群速度等于粒子的速度.

附　录

隐蔽的时空维[①]

附录 I

时空一般被认为是四维的,但它可能还有另外七个维. 人们现正对十一维的时空结构进行研究,由这一研究可能得到对自然界四种基本力的统一描述.

1919年5月29日,一次日全食所投下的阴影从非洲西部开始,横扫大西洋直达巴西北部. 当时,英国政府在A. S. 爱丁顿爵士鼓动下所派遣的考察队已准备好对太阳的暗黑圆面附近的恒星进行观察. 爱丁顿的主要目的之一是要检验 Einstein 四年前所提出的一个新的引力理论. 这理论最流行的名称就是广义相对论. 根据这理论

① 引自 Daniel Z. Freedman, Peter van Nieuwenhuizen 的文献.

539

Einstein 作出了一个惊人的纯粹由推理得出的论断,即宇宙的几何结构是由其中的物质和能量所决定的.确切地说,根据广义相对论,时间和空间组成了一个称为时空的四维数学结构.引力则被认为是所谓时空的内禀曲率的一种效应.

预计 Einstein 的弯曲时空将会产生一些可以观测的效应,观测日全食的研究人员一直在着手检验其中的一个效应.根据广义相对论,恒星所发出的光线在经过太阳附近时会因太阳的引力作用而发生偏折.当太阳靠近一颗恒星时,人们就会观测到这恒星偏离其在天空中的通常位置.对这一预言进行检验必须等到发生日全食时才能进行,因为只有在日全食的情况下靠近太阳的恒星才能被观测到.这种对日全食的观测使 Einstein 名扬全球.被观测的恒星对通常位置的偏离恰好等于所预言的量,因而 Einstein 从几何角度对引力进行研究的方法的成功便得到了戏剧性的证实.

虽然广义相对论涉及的是仅有四维的几何学,但 Einstein 的富有创造性的研究工作却打开了更大胆地运用其基本思想的大门.就在四维宇宙的观念得到天文学的观测证实的同一年,当时在哥尼斯堡大学(哥尼斯堡即现今苏联的加里宁格勒)任教的一位默默无闻的无薪教师 Kaluza 把他的一篇论文寄给了 Einstein.在该论文中 Kaluza 提出时空的四维结构还应再补充第五个空间维.

Kaluza 引入第五维的目的是想要对自然界的所有已知力作出一个统一的描述.在当时人们仅知道有两种基本力,即引力和电磁力.前者是由广义相对论描述

的,而后者则是由麦克斯韦等人所创立的理论所描述的.这两种力似乎是极为不同的;例如,所有粒子都受引力作用,但仅有带电粒子才受电磁场作用.1914年,赫尔辛福斯(现在的赫尔辛基)大学的 G. Nordström 试图证明这两种力都起源于一种五维形式的电磁场,从而使这两种表面上完全不同的力得到统一的描述.但他的方法遭到了失败,因为它无法解释光线通过太阳附近时的偏折现象. Kaluza 证明了这两种力都可以从一种五维形式的广义相对论中推导出来.

在过去十年间,许多物理学家对 Kaluza 用几何学来统一自然界各种力的方案的兴趣又重新高涨起来.在现今的方案中,必须考虑具有高于五维的维数的几何结构,因为现在已知的力不是两种,而是四种.除引力及电磁力外,其他的两种力是强核力与弱核力;前者将质子和中子束缚于原子核内,后者则是在某些放射性衰变过程中起作用的力.并且,现在人们已认识到,在任何一种统一方案中,都不能忽略量子力学的效应.上面方案中最令人振奋的一个新进展就是一种称为超引力的新理论.虽然在超引力理论中时空的维数可以有几种可能情形,但只有在十一维中建立该理论,才能使它在数学上达到最精美的地步.

为什么恰恰需要十一维呢?这一数字出自数学上的一个奇怪巧合.在不高于十一维的任一维数的时空中,都可以建立超引力理论,但对于十二维或更高维的时空,这理论似乎就无法立足了.另一方面,为了把除引力外的其他三种力都容纳到一种类似于 Kaluza 理论的理论中,最少也需要七个隐蔽的维.这七个隐蔽的维与通常时空中的四维结合在一起,就形成了一种十一维的宇宙.值得注意的是,超引力的这种数学要求与对自然界的四种力的描述所提出的物理上的约束条件是一致的.

1 广义相对性

Einstein 的广义相对论是经典物理学的最高成就.从根本上说,超引力理论同其他任何一种以 Kaluza 的旨在统一自然界四种力的几何观念为基础的理论一样,都是广义相对性概念的推广.Einstein 为了探索一种引力理论,进行了长达九年之久的努力,最后才提出了广义相对性.所寻求的理论必须与狭义相对论相符合,还必须与自伽利略以来人们就已熟知的一个观测现象 —— 所有物体在引力场中都循同一种轨迹运动 —— 相符合.Einstein 是这样推理的:既然做自由落体运动的物体的轨迹不依赖于其质量与其内部成分,则它在引力下的运动就必定与时空本身的性质有关.然后他表明了怎样把引力解释为时空的一种性质(称为曲率)的表现形式.

为了更确切地评价这一观点,我们来想象一下球体的弯曲表面.该表面是二维的,因为必须通过两个坐标(如纬度和经度)来确定球面上的一点.连接球面上两点的最短路径(该路径必须完全在球面上)是通过这两点的大圆的较短的那条弧.这一基本的几何原理常常被用来确定最短的航空路线.我们也可想象比球面更复杂的波皱面,但这种表面上的任意两点仍然存

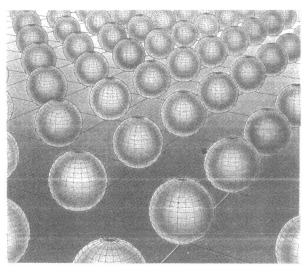

图1　一种旨在统一自然界基本力的理论提出了宇宙还
　　存在七个隐蔽的维,本图中用一个小而紧凑的结
　　构(如球面)来形象地表示这七维.这种球面与空
　　间的每一点和时间的每一瞬时都相关联.在
　　Einstein的广义相对论中,时间和空间结合起来组
　　成了一个称为时空的四维结构.天文观测证明,大
　　尺度上的时空具有一种几乎平坦的几何结构,即
　　欧氏几何结构.图中平面代表通常时空的几何结
　　构;沿一条轴的坐标线代表空间,而沿另一条与之
　　垂直的轴的坐标线代表时间.坐标线交点上的球
　　面则代表新理论所提出的弯曲的隐蔽维.本图仅
　　能表示这一假想结构的皮毛.球面应看成是在每
　　一点上都与图中平面相切,并且这些球面与平面
　　实际上只构成了四维而不是十一维.这四维就是
　　为了确定一点而必须给出的四个坐标值

543

图 2　　球面上的测地线是两点间可在其表面上测量的最
　　　　短距离. 在球面上,测地线是过这两点的大圆的较
　　　　短弧. 在两点间拉紧一根绳子,即可确定出测地线

在最短连线. 这样一种连线称为测地线(geodesic),这
个词源于希腊语,意思是"划分地面".

　　在广义相对论中,时空是波皱面的四维类似物. 之
所以有四维,是因为必须给出四个坐标才能确定一点.
时空中的一点可以是某一物理事件,例如两个粒子的
碰撞. 这种碰撞由其发生的时间和地点所规定,即碰撞
处的三个空间坐标和碰撞时间所规定. 时空中的测地
线则与弯曲表面上的测地线类似,即是由时空的几何
结构所确定的两事件间的连线. 根据广义相对论,任何
仅受引力作用的粒子均循时空中的测地线运动. 这样
广义相对论就解释了伽利略所观察到的这一现象;所
有做自由落体运动的物体都有相同的运动轨迹.

2　Kaluza 的统一理论

由于 Kaluza 在其对统一的自然力的描述中采用了广义相对论中已用过的方法,因此他把他的论文寄给 Einstein 以求推荐. 当时,一篇论文只有在得到某位大名鼎鼎的物理学家推荐时才有可能被发表, 而 Kaluza 作为无薪教师只不过是个无名小卒,他所能得到的钱也仅是听他讲课的学生们所交纳的很少一点学费. Einstein 本人在开始时也是个无薪教师,因此他立刻对 Kaluza 的论文产生了兴趣. 但在随后与 Kaluza 的一连串通信中,他建议 Kaluza 在发表论文前对该理论的某些问题做进一步研究. 两年半后 Einstein 改变了主意,寄给 Kaluza 一张明信片,提出要将他的论文推荐去发表. 该论文于 1921 年刊载在《柏林科学院学报》(*Sitzungsberichte der Berliner Akademie*) 上, 题为"物理学中的统一问题".

对所有表面上互不关联的物理现象作出一种统一的描述,始科是科学研究所追求的一个重要目标. 我们已指出过,根据 Kaluza 的理论,通常的引力和电磁力可以从一种五维形式的广义相对论中导出来. 但五维是不能观测到的,为了解释这一事实,Kaluza 仅仅假定像曲率之类的量不依赖于第五个坐标. 粒子循五维内的测地线运动,但由于其运动路线受引力与电磁力的共同作用,因而看来是在四维内出现的.

从现在的观点来看,Kaluza 理论的最明显的缺陷在于,引力和电磁力不是自然界仅有的基本力. 在 1919 年,强核力和弱核力尚不为人所知,因为这两种力仅在相当于原子核直径的尺度上起作用,而能够探测这样短的距离上的动态过程的加速器当时还没有建造出来.

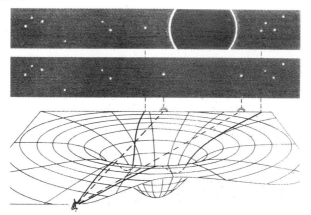

图3　恒星星光在通过太阳附近时会发生弯曲,这是 Einstein 的广义相对论所预言的一个效应. 根据该理论,太阳附近的时空的几何结构会因太阳的质量而发生弯曲,其方式如图中的一组弯曲坐标线所示. 光线在时空中须循测地线运动,因而当恒星星光接近天空中太阳圆面时,对恒星的视线就发生弯曲. 如果在日全食期间对这些恒星进行观察,就会发现它们偏离太阳. 图中黑色虚线表示恒星不经过太阳附近时的视线

　　然而,在 Kaluza 的论文发表的时候,该理论还有另一个更加严重的缺陷:它无法解释在今天被看作是量子力学效应的一组现象. Kaluza 是充分意识到这一问题的. 在总结他的论文时他写道:"每一种号称是放

之四海而皆准的经典理论（即决定论或机械论的理论）都受到现代物理学中的斯芬克斯①——量子理论——的威胁."但是,无论是在 Einstein 的广义相对论中,还是在 Kaluza 的理论中,经典的世界观都被认为是理所当然的.

按照经典的观点,所有的实在客体(包括最小的基本粒子)的性质都类似于受一种或几种基本力作用的弹丸.经典的观点在解释大尺度现象时是非常成功的,但它却完全无法解释原子尺度上的过程.到 1919 年时,试图用经典理论去解释原子和亚原子过程所遭到的许多失败已是十分明显的了.

在历史上,经典物理学所遭到的最大失败是它无法解释原子光谱.实验证明,原子发光时发射的是与一组频率(或颜色)相对应的分立谱线,这些谱线是发光原子所特有的.然而按照经典理论,原子应当发射出所有频率的光,因为电子在绕原子运行时必定会沿螺旋形路线不断地趋近原子核.并且,在经典理论中,电子的这种螺旋形路径会使原子很快就解体,这样一来,我们所知道的物质就不可能存在.

这一困难以及其他一些难题的解决,导致了量子力学理论的发展.量子力学理论抛弃了经典理论中的严格的决定论.电子不再是绕原子核做螺旋运动,而是体现为时空中的一种波.波的强度决定了在某一给定点发现电子的几率.

相应于电子的定态的波是驻波,每一运动态均有

①　希腊神话中常给过路行人出难题的怪物.

一特征能量. 当电子从某一状态跃迁到另一状态上时,便发射出分立频率的光,因而产生分立的谱线. 与许可的最低能量相对应的运动状态是稳定的,因而在量子理论中原子是不会被破坏的,这一点下好与经典物理学的结果相反. 电子的波动特性可通过解一个由薛定谔建立的微分方程而得到,在薛定谔方程中时间坐标和三个空间坐都作为变量处理.

3 第 五 维

在量子力学时代刚开始不久的 1926 年,瑞典物理学家 O. Klein 开始着手确定量子力学是否与 Kaluza 的五维理论相容. 他写出了一种有五个(而不是四个) 变量的薛定谔方程,并证明了该方程的解可以看作是在通常四维时空的引力场和电磁场中传播的波. 根据量子力学的观点,这种波也可看作是粒子. 现在,所有那些试图在量子力学范围内将自然界的基本力统一到一个高于四维的时空中的理论都被称作 Kaluza-Klein 理论.

在 Kaluza 与 Klein 的最初的论文中,尚不清楚这第五维应该被看作是物理上实际存在的东西,还是仅仅看作一种为了能以统一方式导出引力和电磁力而作出的数学假定. 但是,引入量子力学之后,就为有关这多出的一维的物理实在性的几个重要问题提示了可能的答案. 这新的一维究竟在哪一方面是实在的? 为什么宇宙的具有如此根本重要性的这一现象至今尚未被发现? 怎样才能用实验发现这多出的一维呢?

为了回答这些问题,我们想象一条无限长的直线,其上每一点均有一个小圆. 如果真的沿该直线上每一点放一个实在的圆,那么就得到一个无限长的圆柱. 这时我们就说一维的直线和一维的圆生成了一个二维的圆柱.

类似地,我们可以通过二维平面和二维球面来生成一种四维结构. 这种新结构可以看成是在一个平面的每一点上放一个球面. 由于确定平面上一点和球面上一点各需要两个坐标,因此这一结构是四维的.

上面两个例子中的直线和平面代表我们所生活的四维时空的近于平坦的几何结构. 圆和球面则代表高维时空中多出的一维或数维. 五维时空可以看作是由一个圆或通常的四维时空所生成的结构;而六维时空的一种可能结构则是由通常时空和球面生成的. 在这些结构中,空间的每一点和时间的每一瞬时均伴随有一个圆或球面.

现在可以解释为什么在 Kaluza 的理论中时空的第五维可以是一种物理上的实在但却至今仍未能观察到. 量子力学的一个基本概念是海森堡的测不准原理. 任一粒子都可以看作是分布在一定的空间区域上的波包. 根据测不准原理,这一区域的最小尺寸取决于粒子的能量. 粒子能量越大,则这一最小尺寸就越小.

为了发现小的空间结构,需要利用显微镜. 显微镜基本上是一种利用光子、电子或其他粒子束来照射某一结构的仪器,它的分辨率就是能够被照射的区域的最小尺寸.因而根据测不准原理,分辨率取决于照射束中的粒子的能量.为了观察尺寸越来越小的结构,就需要不断提高粒子的能量.

现在假定第五维是弯曲成一个极小的圆.为了检测到这个圆,用来照射它的粒子能量必须足够地高.如果粒子能量太低,实际上它就会均匀地散布在这圆上,因而不可能检测出它来.当今最强大的加速器可以产生出足以分辨直径为 10^{-16} cm 的结构的高能粒子,如果第五维上的圆比 10^{-16} cm 还小,那就仍然不能被分辨出来.

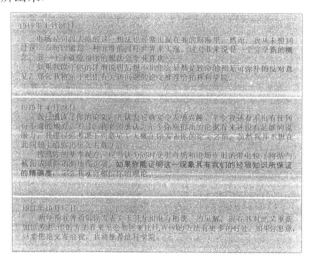

图 4　从 Einstein 至 Kaluza 的这几封信里可以看出他对 Kaluza 的见解的态度的变化过程.信的日期表明,过了两年多 Einstein 才将 Kaluza 的论文推荐去发表,该论文最终发表于 1921 年

550

4 重 粒 子

还可以通过一种更间接的方法来推导出第五个空间维的存在. 正如原子中的驻波相应于绕核旋转的电子运动的稳定态一样,第五维的圆上的驻波也相应于在实验室能够观察到的粒子. 这驻波应当恰好能分布在圆的圆周上,因而它必定是或者具有不变的振幅,或者振动的整次数(例如一次、二次或三次等)能覆盖整个圆周.

每种可观测粒子的质量取决于其波长,而波长又等于圆周长除以驻波在圆周上的振动次数. 波长越短,波的能量就越大,与波相伴的粒子的质量也就越大. 根据 Kaluza 的理论,质量最小的粒子的波长是无限大的,换言之,这波在第五维中的振幅为常量. 这种粒子具有零质量.

Kaluza 理论中的第一种大质量粒子是波长等于上述圆周长的粒子,因而其质量与圆周长成反比,第二种重粒子的质量为第一种的两倍,因为它相应于在圆周上恰好振动两次的驻波的波长. 类似地,圆周上所容许的其他驻波形式相应于一系列粒子,其质量是第一种重粒子的整数倍.

通过下面的论证(这是 Klein 所给出的),可以估计出第一种重粒子的质量. 既然 Kaluza 的理论试图将引力与电磁力统一起来,那么第一种重粒子也应有与圆周长成反比的电荷. 另一方面,所有已观测到的基本粒子的电荷都是电子电荷的整数倍. 如果假定第一种重粒子也带有这种电荷,则其质量就可以推出来.结果是异乎寻常地大:为质子质量的 10^{16} 倍,这比 10 000 个细菌还重.无论是现有的或预期会出现的加速器,都不可能产生出这种粒子来.但在大爆炸中可能会产生这种粒子,其中多数大概已经衰变,但也许还有一些仍能检测出来.

既然 Kaluza 理论中的重粒子具有如此大的质量,那么这理论中唯一可与现今所观测到的粒子相应的粒子就只有零质量粒子了.现在我们知道(但在这理论刚建立起来时人们并未意识到),更精细的量子力学效应能使这理论所预言的粒子具有有限非零质量.因而 Kaluza 理论中的零质量粒子与该理论的各种推广形式中的其他零质量粒子至少在原则上可以解释所观测到的粒子.

能够产生 Kaluza 理论所预言的大质量粒子的第五维中的圆周长应是足够的小,约为 10^{-30} cm.如果要用基于现代技术的仪器来分辨出具有这样小尺寸的结构,那就需要一台直径为几光年的加速器.

在 Klein(以及随后是 Einstein 和保里)的研究工作之后,直到 20 世纪 70 年代后期,关于 Kaluza 的统一理论的基础观念几乎没有什么进展.的确,到那时为止的许多关于力的统一问题的现代研究工作是基于一种并不要求有高维时空的方法.这一方法可以溯源于德国数学家 H. Weyl 为解决引力和电磁力的统一问题而于 1918 年提出的另一种方案.Weyl 理论的中心思想是,对一种力的描述,不因作为测量仪器而携带到时空中各个不同点的尺子的长度标度和时钟的时间标度的

变化而变化. 这一原则称为规范不变性 (gauge invariance), 这术语得名于"规范"(gauge, 即测量仪器) 这个词, Weyl 曾提到过这一点. 这样的理论称为规范场理论, 或简称规范理论.

5 电弱统一问题

Weyl 自己的理论并未对引力作出一个物理上正确的描述, 因而已差不多被抛弃了. 然而规范不变性的原理却已成了现代基本粒子理论的关键. 1954 年, 纽约州立大学石溪分校的杨振宁和俄亥俄州立大学的 R. L. Mills 提出了一类规范理论, 称为非阿贝尔规范理论. 这类理论是麦克斯韦的电磁理论的重要推广, 而对称群的数学理论在其中起了关键作用. 群论是研究使某一固体的外形保持不变的一类操作 (例如转动和镜面反射) 的数学分支. 例如, 球体在绕其中心做任一刚性旋转时其外形均不变, 表达这种对称性的群在数学上称为 SU(2) 群.

许多理论物理学家已研究过非阿尔贝规范理论. 1967 年, S. Weinberg (现在得克萨斯大学奥斯丁分校)、的里雅斯特国际理论物理研究中心的 A. Salam 及 J. C. Ward (现在新南威尔士的麦夸里大学) 运用爱丁堡大学的 P. Higgs、哈佛大学的 S. L. Glashow 及其他一些人的若干重要成果, 证明了有一种非阿贝尔规范理论能够统一电磁力和弱核力. 这种理论就称为电弱理论, 它的一些预言在20世纪70年代初期为实验所证实. 但是最激动人心的证据是 1983 年在欧洲核子物理实验室发现的. 那一年中有三种粒子, 即 W^+, W^- 和 Z^0 矢量玻色子, 被发现恰好具有电弱理论所预言的质量.

图 5   Kaluza 理论将第五维看作是与通常时空中每一点
        相联系的一个圆. 如果用直线来表示通常时空中
        的某一维, 则 Kaluza 所提出的五维结构就可通过
        一个简单模拟来形象化地表示. 这就是在一条直
        线的每一点上加一个圆, 换言之就是一个圆柱. 圆
        柱的圆形截面代表空的五维时空结构

电弱理论的成功使理论物理学家们提出了另一种非阿贝尔规范理论, 称为量子色动力学, 它可以描述强核力. 根据这一理论, 质子和中子是由称为夸克的更基本粒子所组成的. 夸克和称为胶子的八种矢量玻色子相互作用, 从而产生了强核力. 量子色动力学看来也得到实验证实.

虽然电弱理论和量子色动力学是很不相同的规范理论, 但是通过把这两种理论结合到一个以更大的数学对称群为基础的单一的规范理论中, 就可以进一步把它们所描述的三种力也统一起来. 这样的理论称为大统一理论. 大统一理论的预言尚未为实验所证实, 但是这些想法是非常有吸引力的, 以至许多物理学家都认为某种形式的大统一理论将会对强力、弱力和电磁力作出正确的、统一的描述.

大统一理论仍未能描述的一种力是引力. 因而产生下面这样一个问题是很自然的: 在大统一理论能否像高维的 Kaluza-Klein 理论一样把引力结合进去? Kaluza 最初提出的理论要求有五维, 因为它仅包括一种矢量玻色子, 即与电磁力相联系的光子. 弱核力要求三种最近已发现的矢量玻色子, 强核力要求八种胶子, 而大统一作用则要求再有十到五百种矢量玻色子. 究竟要求再有多少种矢量玻色子, 其确切数目取决于采用何种形式的大统一理论.

6　现代的 Kaluza-Klein 理论

虽然所需的矢量玻色子的数目与维数间并无一一对应关系, 但大致可以说矢量玻色子越多, 则所需的时空维数也越多. 因此, 如果要把强力和弱力包括到 Kaluza-Klein 理论中来, 那就需要超过五维的时空. 多出的维可能是物理上实际存在的, 但如果它们弯曲成一个类似于 Kaluza 理论中的圆或球的表面的高维"曲面"的话, 那就可能仍然观察不到.

试图将强力和弱力结合到 Kaluza-Klein 理论中去的最新努力, 是由一些物理学家的研究工作开始的. 这些物理学家包括: 得克萨斯大学奥斯丁分校的 B. S. Dewit, 国立汉城大学的 Y. M. Cho, 芝加哥大学的 P. G. O. Freund 和 M. A. Rubin, 巴黎大学的 E. Cremmer, B. Julia 和已故的 J. Scherk 以及加利福尼亚理工学院的 J. H. Schwarz.

现代的 Kaluza-Klein 理论的第一个问题是究竟还要再加多少维. 因为对于何种形式的大统一理论是正确的这一问题还没有一致见解, 所以矢量玻色子的数目也是未定的. 因此, Kaluza-Klein 理论所需要的多出的维数是不确定的任意值.

第二个问题是关于已观察到的基本粒子的解释问题. 在非阿贝尔规范理论之类的量子理论中, 有两种基本粒子, 即玻色子和费米子. 我们在前面已提到过玻色子, 它的作用是荷载基本力. 例如, 按照量子力学的观点, 引力的产生是由于两个有质量物体间不断地交换一种称为引力子的玻色子的结果. 在实验室中, 这种交换的结果就表现为两个物体间的相互吸引. 从 Kaluza-Klein 理论中推导出玻色子是毫无困难的. 由高维引力场可以很容易地导出四维世界中的玻色子.

第二类基本粒子是费米子, 它在物理学中起着完全不同的作用. 费米子与传递力的玻色子不同, 它构成宇宙中所有的实体物质. 电子、中子、质子及中微子等都是费米子. 当然, 构成中子和质子的夸克也是费米子.

那么在 Kaluza-Klein 理论中又如何解释费米子呢? 费米子不能从玻色子的引力场中推导出来. 得出费米子的唯一方法是在高维理论中加进一个或数个费米子的场. 这些场就能够产生在四维中观测到的费米子. 加进高维理论中的费米子场的数目是任意的, 因为还不存在决定这个数目大小的理论原则.

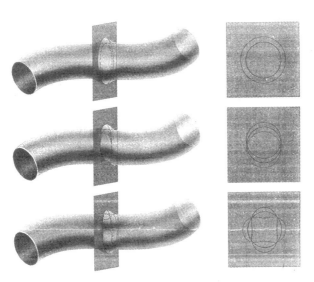

图6　粒子可能与Kaluza理论中的弯曲的圆形第五维有关. 量子力学认为每个粒子也可看成是一个波. 如果波长的某一整数倍好能符合第五维的圆的周长, 那么与这一波长相对应的粒子就应能存在于通常的四维时空中. 第一种能与该圆相配合的波是绕该圆的具有恒定振幅的波. 如果用一条曲线来表示通常的弯曲时空, 那么这条曲线与圆形的第五维所产生的高维时空就是一个弯曲的圆柱. 具有恒定振幅的波在圆柱上呈凸出形状(上), 其横截面示于右上图. 在 Kaluza 理论中, 与这种波相对应的粒子是没有质量的. 第二种波是在圆周上只振动一次的波. 它也呈凸起形状, 其横截面实际上是把圆周当作曲线图的水平轴时所画出的绕圆周的余弦波(中). 这曲线则绕圆发生进动(即转动). Kaluza 理论预言与这种波相伴的粒子的质量达质子质量的10^{16}倍. 第三种及第三种以上的波则将圆分成两个、三个或更多个相等部分. 第三种波是余弦波, 其波长恰好能绕圆周两次(下). 图上也示出了它的进动情况. 与第三种波相伴的粒子的质量为与第二种波相伴的粒子的质量的两倍

7 超 引 力

对于任意维的 Kaluza-Klein 理论,有许多使人感兴趣的研究工作,其中的费米子场是人为地加进去的.但这种任意性损害了 Kaluza 最初的观念的简单性.如果有一种理论的费米子场的数目和维数是从这理论的结构本身自然地得出的,那就再好不过了.

超引力就是这样的一种理论.它首先是广义相对论的一个推广,其中将玻色子和费米子同等地看待.例如,引力子是玻色子,则它就有一个与之对应的费米子,称为引力微子(gravitino).在 Einstein 所提出的那种广义相对论中,可以任意加进或去掉费米子;但在超引力理论中,则是每种玻色子都有一个相应的费米子,因而描述物质结构所需的费米子从一开始就存在于该理论中.

超引力理论的维数同样是受到约束的.我们在前面已提到过,当维数超过十一时,超引力理论很可能就站不住脚了.因为此时费米子场和玻色子场的对应关系的数学要求不能得到满足.此外,普林斯顿大学的 Edward Witten 已经证明,为了将强力、弱力和电磁力都统一到 Kaluza-Klein 理论中来,至少必须向时空的四维中再加进七个隐蔽的维.十一维的超引力理论还有第三个特点,这一特点是比较次要的,但却对理论家们有很大吸引力.在低于十一维的任一维数中的超引力理论都有好几种在数学上是完全不同的形式,然而十一维的超引力理论却是唯一的.

Kaluza-Klein 理论的组成部分至少包括引力场（产生玻色子）和一个费米子场（产生物质世界的费米子）. 除了引力场之外, 还须至少有另一个玻色子场, 其作用是推动这多出的几个隐蔽维的紧致化过程（即弯曲过程）. 值得注意的是, 超引力理论的十一维形式正好包括这三个组成部分.

还有一个事实更令理论家感到惊奇: 由这多出的一个玻色子场可以自然而然地导出两类紧致化过程. 一类过程是十一维中的七维弯曲成一个小的隐蔽结构, 这样一种紧致化过程可以解释为什么现实世界容易观察到的维数是四. 另一类过程是仅有四维弯曲, 由这一模式可导出一种七维世界. 将来的物理学家或许能够发现为什么四维世界是最为可能的.

为了发展一种建立在十一维超引力基础上的 Kaluza-Klein 理论, 物理学家首先必须解出超引力方程. 有许多解得出了一个由四维时空和一个小的、封闭的七维曲面所产生的时空结构. 然后对与方程的某一解相对应的每个曲面的对称群进行研究, 该对称群即决定了要与引力相统一的非阿贝尔规范理论. 不同的封闭曲面具有不同的对称群, 每一对称群确定了一个不同的关于非引力的自然力的大统一理论.

建立一种 Kaluza-Klein 理论的最后一步工作是分析闭合曲面所允许的复杂驻波形式. 这些驻波形式确定了该理论所预言的粒子在通常的四维时空中的质量和其他性质. 作为超引力方程的解的七维曲面中的每一个都必须进行这种分析.

8 理 论 结 果

大多数研究工作是针对两种情况进行的. 在第一种情况中, 弯曲的维形成了七维中最简单和最有对称性的结构, 即七维球面. 关于七维球面的许多研究工作, 是由伦敦帝国科技学院的 M. J. Duff 和 C. N. Pope, 布鲁塞尔自由大学的 F. Englert, 国立乌特勒支大学的 Bernard de Wit 和欧洲核子实验室 (CERN) 的 H. Nicolai 完成的.

第二种情况则是一组具有强力、弱力和电磁力所需的对称群的曲面. 这些曲面已由 Witten、都灵大学的 L. Castellani, Ricardo D'Auria 和 P. Fré 以及其他学者加以研究.

遗憾的是, 这些研究所得出的详细结果并未预言一个与我们所知的四维世界相类似的四维世界. 这里有三个主要问题. 第一个问题称为手征性问题, 因为它涉及该理论所预言的费米子手征性. 一个费米子的手征性由相对于其运动方向的量子力学自旋方向所决定. 迄今所研究过的每一种十一维结构都预言左旋中微子和右旋中微子的数量应是相等的. 然而自然界中所观察到的中微子全是左旋的, 看来并不存在右旋的中微子.

第二个问题称为宇宙学问题, 它涉及该理论所预言的通常四维时空的曲率. 如果做了这样一个合理的假定, 即多出的七个维由于形成了一种极小的紧致结构以至至今还没有被观测到, 那么剩下的四个时空维

也会变成高度弯曲的. 然而天文学的观测却表明事实正好相反, 宇宙在大尺度上的曲率为零或近于零. 在不以超引力为基础的 Kaluza-Klein 理论中可以避免这一问题. 只要在方程中加进一个常数(称为宇宙常数), 就可以起到甚至在其他七个维是高度紧致的情况下仍能消除四维时空的曲率的作用. 然而在十一维的超引力理论中, 无法通过这样一种加入常数的办法来校正基本方程.

十一维超引力理论的第三个问题称为量子问题, 如果这问题得到解决, 那么第一和第二个问题也就有可能被消除. Kaluza-Klein 方案的基本理论是建立在量子力学方程的基础上的, 而这类方程会产生出一些没有明显物理意义的无穷量. 实际上所有的引力量子理论中, 都会碰到无穷量这样一种带普遍性的困难. 为了避免这些无穷量, 理论家们不得不做一些忽略某些量子效应的近似处理. 最终我们也许能够希望证明这些无穷量是产生于这种近似过程而不是产生于理论本身, 或者是希望找到某一特殊的没有无穷量的理论.

在过去几个月里, 某些理论物理学家对下面这样一种前景感到振奋: 无穷量问题(以及很有可能我们前面已提到过的另两个问题)可以被一类称为超弦理论的理论所解决(见《科学美国人》1975 年 2 月的"Dual-Resonance Models of Elementary Particles"). 超弦理论具有超引力理论的某些令人感兴趣的特点, 为了使这种理论在数学上是无矛盾的, 它必须建立于十维时空中, 而十维时空中几乎不可能建立什么理论. 若干时候以来, 人们就已经知道, 如果在超弦理论中对量子效应做第一级近似,那就可以消除无穷量.某些物理学家现在相信,任何一级近似都可以消除无穷量.

9 超 弦 理 论

在弦理论中,粒子是与高维空间中的一维弦的振动相联系的.弦理论和场论(如超引力理论)的主要区别在于这两种理论所预言的粒子数的计数方式不同.如果高维超引力理论的多出的七维不是弯曲成一个封闭曲面,那么不发生紧致化过程的十一维超引力理论就会预言存在有限多种粒子.超引力理论中的无限多种粒子,完全是由于紧致化过程而产生的.例如,在 Kaluza 的五维理论中就有一个无穷的粒子序列,因为有无穷多种驻波形式可以容纳在圆形的第五维中.然而在超弦理论中,即使多出的各维不发生紧致化过程,也存在无穷多种粒子.超弦理论中的这无穷多种粒子是与弦上能长期存在的无穷多种波形相对应的.

超弦理论中出现的大多数粒子都具有极大的质量,超过质子质量的 10^{19} 倍.然而这个理论也预言约有一千种无质量粒子存在.直到最近,这些粒子的相互作用还被认为是与一种十维形式的超引力理论所描述的相互作用等价的,并且有两个理由说明为什么这种形式的超引力理论没有得到认真的研究.第一个理由是,该理论的方程似乎并不存在一种有六个维发生弯曲同时还使四维时空具有合理性质的解.第二个理由是,如果在量子水平上对这些方程进行解释,那么这些方程本身就是矛盾的.十维形式的超引力理论看来和

Kaluza-Klein 方案并无什么关系,因而超弦理论所描述的无质量粒子的相互作用也与这方案没有什么关系.

最近伦敦玛丽女王学院的 M. Green 和 Schwarz 证明了无质量粒子在超弦理论中的相互作用与在十维形式的超引力理论中的相互作用略有不同. 这是一类精细效应,产生这类效应的原因是在超弦理论中存在无限多种重粒子而在不发生紧致化过程的超引力理论中则不存在. 如果把重粒子的效应也考虑进去,就可以在量子水平上得到无矛盾的方程.

这一最新成果已促使人们重新开始对超弦理论中多出的六维的紧致化过程进行认真的研究. 十维理论中的紧致化问题在许多方面甚至比十一维超引力理论中的紧致化问题更为困难. 超弦理论中所要求的六维曲面的性质在数学上比(例如说)七维球面的性质更复杂. 不过,促使人们去解决这一问题的刺激因素也是很强烈的,并且有某种迹象表明,超引力理论中的另外两个主要问题,即手征性问题和宇宙学问题,在超弦理论中不会出现.

10　未来的进展

从杰出的理论思想发展到精确地作出实验上能够检验的预言,这中间往往要花很长时间. 例如,人们花了整整十三年的时间,才发现了将非阿贝尔规范理论运用到基本力统一问题上去的正确方法. 目前还缺乏明确的迹象,表明超引力理论和 Kaluza-Klein 理论的思想是能够经得起实验检验的,但这并不一定就意味着这些思想是错误的. 或许它们只是需要进一步的理论研究工作.

基本物理学中的思想的发展也和新的数学概念的发展有关. 例如,正是因为能够运用反交换数的数学理论,才使人们有可能将超引力理论提高到现今这样成熟的水平. 对时间和空间在量子理论中的作用的更深的理解,很可能有待于发展和运用其他的数学观念. 当前人们对高维引力理论的兴趣很可能仅仅是朝向这种理解走出的第一步.

量子引力[1]

附录Ⅱ

在量子力学的引力理论中，空间和时间形态将要受到不断的扰动，甚至过去和将来之间的差别可能变得模糊起来.

在自然界的众多作用力之中，引力好像有一种特殊的地位. 其他力，诸如电磁力，在时空 (spacetime) 内作用，而时空只是作为物理事件的环境. 引力则大不相同. 它并不是一个施加于无源的空间和时间背景上的力；而是它构成了时空本身的畸变. 引力场是一个时空的"弯曲"，这就是 Einstein 奠定的引力概念，他把这一概念的获得说成是他一生中最难的工作.

---

[1] 引自得克萨斯大学奥斯汀分校物理学教授、相对论中心主任 Bryce S. Dewitt 的文献.

当人们试图按照量子力学规则把引力理论公式化时,引力和其他力之间质的差别变得更加明显.量子世界是永不静止的.例如,在量子电磁场理论中,电磁场的值处于不断的起伏之中.在一个由量子引力所支配的宇宙中,时空弯曲,甚至其本身的结构都会产生起伏.的确,很可能在这个世界中,事件发生的顺序以及过去和将来的含义都易受改变.

有人会设想,如果这种现象的确存在,那么到现在它们肯定已被发现.但是,当此现象发生时,引力的任何明确的量子力学效应却被限定在一个非常小的尺度内.1899 年普朗克首先注意到了这一尺度.那一年,普朗克引入了他著名的、称为作用量子的常数,并用符号 h 表示.他当时正试图弄清楚黑体辐射光谱的意义,那是一种从热的空腔的一个小洞中出来的光.在偶然之中他注意到,当他的这个常数与光速以及牛顿引力常数结合时,便建立了一个绝对单位系.这些单位规定了量子引力的标度.

普朗克的单位与普通物理是完全无关的.例如,他的长度单位是 1.61×10^{-33} cm,这比一个原子核的直径还要小 10^{21} 倍,它与原子核大小的相对关系,大致相当于人相对于银河系的关系.普朗克的时间单位更加奇异,为 5.36×10^{-44} s.要想用实验方法探索这种尺度的距离和时间,如果采用现代的技术、设备,那就需要有一个如同银河系那样大的粒子加速器!

由于实验不能提供指导,所以量子引力与众不同,是纯理论性的.然而,其态度在本质上是谨慎的.它采纳了基础牢固的现有理论,只是将其推论到逻辑的极

端结果. 就最朴实的本质而言,"量子引力"旨在将三部分理论结合起来:即狭义相对论、Einstein 引力理论以及量子力学,此外再无其他了. 虽说这种综合尚未获得完全的成功,但从这一努力过程中已了解到了许多东西. 此外,正在研究中的量子力学理论的发展为理解大爆炸的起源以及黑洞的最终结局提供了唯一已知的路径,上述事件能够作为宇宙的起始和终止的标记.

　　构成量子引力的三部分理论中,以狭义相对论问世最早. 狭义相对论利用对所有观察者来说光速都是相同的(实验上已经证实)这一假设把空间和时间统一了起来,条件是这些观察者都在真空范围中、在不受外力作用的情况下运动. 由 Einstein 在 1905 年引入的这个假设的推论结果,可借助于时空图描述,时空图是一些以时间的函数形式来表明物体在空间的位置的曲线,这些曲线称为世界线.

　　为了简单起见,我将忽略二个空间维度. 于是,一条世界线就能被画成二维图像,其中的空间距离在水平方向上表示,而时间间隔则在垂直方向上表示. 一根垂直的直线是一个与为了测量而选定的参照系相对静止的物体的世界线;一条倾斜的直线在选定的参照系中,是一个以恒定的速度移动着的物体的世界线;一根弯曲的世界线表示一个正在做加速运动的物体.

　　时空图上的点确定了空间中的位置和时间中的时刻,因而它被称为一个事件. 两个事件之间的空间距离决定于参照系的选择,时间间隔也是如此. 实际上,同时性的概念是由参照系决定的. 在选定的参照系中,用一根水平线相连的两个事件在这个参照系中是同时

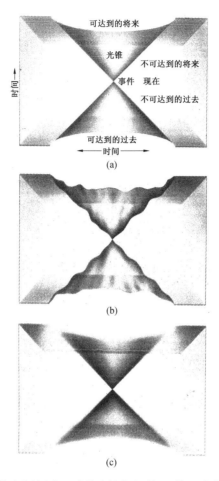

图1　光锥确定从空间一个给定的点和时间上某一瞬时易进入的
宇宙区域,它在量子引力理论中将成为一个不定的概念. 在
四维时空中,这个锥(a) 是一个曲面,但在图中画出的是隐
藏了一个空间维度的情况. 假如引力是量子化的,则锥面的
形状在短距离(b) 上会杂乱地起伏. 实际上,这种起伏不能
直接地觉察到;相反,光锥似乎是模糊的. 结果,对时空中的
两点是否能彼此联系(利用不超过光速的信号) 这一问题,
只能给出一个"或许可能" 的回答(c)

568

的,但在其他参照系中就并非如此.

为了建立处于相对运动中的参照系之间的关系,必须引入一个测量空间和时间的公用单位.光速作为一个不变换的因数把给定的距离与光通过此距离所需的时间联系在一起.这里,我将采用米作为空间和时间两者的单位,一米的时间大约为 $3\frac{1}{3}$ 毫微秒(十亿分之一秒).

当空间和时间用同样单位度量时,一个光子(光量子)的世界线倾斜成45°.任何实物的世界线与垂直线之间的倾斜度总是小于45°,这是表示它的速度总是低于光速的另一种说法.假如某个物或信号的世界线与垂直线之间的倾斜度超过45°,那么该物或信号对一定的观察者来说,似乎是在作时间上向后倒退的运动.通过建立一个超光速信号的传播,一个人就能够将信息传送入他自己的过去经历,因而违背了因果原理.根据狭义相对论的规定,这样的信号是不可能有的.

考虑在未被加速的观察者的世界线上的两个事件.假设在一个特殊的参照系中,这两个事件的空间距离为4米,而时间间隔为5米,则在此参照系中观察者正以4/5的光速运动.在另一参照系中,他的速率就会不同,所以有关的空间和时间间隔也会不同.然而,有一个量对所有参照系都是相同的.这一不变的量称为两个事件之间的"原时"(Proper time,或称固有时间),这由是观察者所携带的钟测出的时间间隔.

在此选定的参照系中,两个事件之间的世界线是一个底边4米、高为5米的直角三角形的斜边."原时"

则对应于这个斜边的"长度",但它是用一种独特的方法计算的:即利用"伪毕达哥拉斯定理"计算的.与用普通毕达哥拉斯定理一样,首先求出三角形各边的平方.然而,在狭义相对论中,斜边的平方却等于两边的平方差,而不是平方和.

在现在的这个例子中,原时为 3 米,则它在任意一个未加速观察者的参照系中都保持为 3 米,正是这个原时的不变性,把空间和时间联合成为一个统一的时空体.这个以伪毕达哥拉斯定理为基础的时空几何不是欧几里得几何,但在许多方面它是类似的.在欧几里得几何中,连接两点的所有线中,直线可以被定义为长度是一个极值的线段.这在时空几何中,同样也是正确的.但在欧几里得几何中该极值总是一个极小值,而在时空几何中它是一个极大值,只要两点间能够用不是超光速运动的世界线连接起来.

1854 年德国数学家黎曼创立了欧几里得几何学在弯曲空间的推广.从古时候起就有了两维变曲空间的研究,它们被称为弯曲面,并且常常从普通三维欧几里得空间的角度来看待它.黎曼指出,一个弯曲空间可以有任意多维,并且其本身是能够被研究的,而不必将它想象为镶嵌在较高维欧几里得空间之中.

黎曼还指出,我们所居住的物理空间可能是弯曲的.按照他的观点,只有用实验才能判断这个问题.人们怎样去作这样一个实验呢(至少原则上)? 欧几里得空间被说成是平展的空间.一个平展的空间具有这样的特性,即一些平行直线可以画成一个均匀的矩形格栅.假如人们相信地球是平的而试图在地球表面上

画这样的格栅,那会发生什么情况呢?

晴天,在大平原①上空飞机上能够看到这种结果.东西向和南北向的道路将土地分割成一个个 1 平方英里大小的区域.东西向的道路通常延续伸展许多英里,而南北向的道路就不这样.沿着一条向北的道路,每隔几英里就会突然转向东或西.这种突然转向是由于地球的弯曲度形成的.假如没有这种突然转向,则道路就会挤到一起,因而造成各个区域小于 1 平方英里的结果.

在三维情况下,人们可以想象用精确地以 90° 和 180° 角相连接的等长直杆,在空间建造一座巨大的脚手架.假如空间是平展的,则脚手架的架设应当不难于进行.如果空间是弯曲的,则为了使它们互相配合,最后人们不得不开始将直杆缩短或加长.

黎曼引入的对于欧几里得几何的推广,同样也能应用于狭义相对论的几何. 这一推广是 Einstein 于 1912 年到 1915 年间在数学家 Marcel H. Grossmann 的帮助下实现的, 其成果就是弯曲的时空理论. 它在 Einstein 手中发展成为引力理论. 在狭义相对论中,假定了引力场不存在并且时空是平展的,而在弯曲时空中,引力场是存在的. 实际上,"弯曲"和"引力场"乃是同义的.

由于 Einstein 的引力场理论是狭义相对论的一个推广,所以他称之为广义相对论.这一命名并不恰当.

---

① 大平原(Great Plains)指北美洲中西部、密西西比河以西的平原地区.

广义相对论和狭义相对论相比,其实相对性更小.平展时空的全部平凡性,即其均匀性和各向同性,保证了位置和速度是严格地相对的. 一旦时空得到"曲折"(bumps,即局部弯曲的部位),由于位置与速度能够对应于这个"曲折"而确定,于是它就成为绝对的了.时空的本身也是具有物理特性的,并不只是物理学平凡的活动场所.

在 Einstein 的理论中,弯曲是由物质产生的. 物质的量和弯曲度之间的关系在原理上是简单的,但其计算是复杂的. 为了描述时空中某点的弯曲,需要有该点20 个坐标函数. 其中 10 个函数对应于以引力波形式的自由传播的弯曲部分,即"弯曲的涟波". 而另外 10 个函数则由质量的分布、能量、动量、角动量、物质中的内应力以及牛顿引力常数 G 来决定.

参照在地球上所遇到的质量密度,G 是一个十分小的常数,需要很大的质量才能使时空明显地弯曲. 倒数 $\frac{1}{G}$ 可以看作是时空"刚性"的度量. 根据日常经验,时空是非常坚硬的. 地球的全部质量引起的时空弯曲仅仅是地球表面曲度的大约十亿分之一.

在 Einstein 理论中,一个自由落体或自由地环行的物体沿着最短的世界线运行. 连接两个时空点的最短线是它们之间的极值长的世界线,这是直线概念的推广. 假如想象一个弯曲空间处在较高维度的空间内,则最短线表现为一条曲线.

弯曲对于一个运动物体的影响常常用一个小球在变了形的橡皮板上滚动这样一个模型来说明,此模型易使人误解,因为它只能用来表示空间的弯曲. 在现实

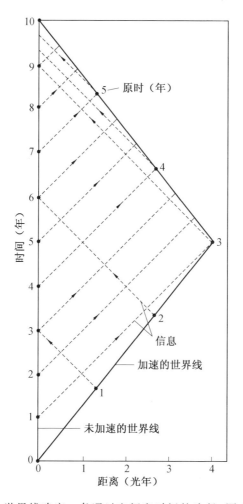

图2 世界线确定一条通过空间和时间的途径. 图中是按
Einstein 的孪生佯谬的型式画出的两条世界线. 孪生子
之一在它旅程的折回点经受一个加速度,其世界线是
较长的弯的那根,但该孪生子经历了较短的"原时". 实
际上,直线表示时空图上两个点之间最长的间隔. 图中
表示出了由两个孪生子发送的信息辐射和到达时间

生活中,我们都被迫存留在一个空间和时间的四维世界中,而且在这个世界中我们不能避免运动,因为在时间上我们正在向前飞奔.时间是关键的因素.于是,虽然空间在引力场中受到弯曲,但时间上的弯曲更重要得多,原因是光速的数值很大,它是使空间标尺和时间标尺联系起来的数量值.

在靠近地球处,空间的弯曲非常之小,以至不能用静止的测量方法检测出来,但如果此时向前极快地猛冲,按动态情况该弯曲可以达到易见的程度.这很像在高速公路上稍有一点起伏,步行者通过时不会引起注意,而对一辆高速行驶的汽车却成了一种危险.虽然靠近地球的空间显示高度精确的平坦,我们只需把一个球抛进空中就能看到时空的弯曲.假如此球在空中历时两秒钟,那么它就沿着高 5 米的弧前进.在两秒钟内,光传播 60 万千米,如果人们想象一个 5 m 高的弧水平伸展 60 万千米长,这条弧的弯曲就是时空的弯曲.

黎曼引入的弯曲空间观念,开创了数学研究的又一个富饶领域:拓扑学.人们已经知道二维面是以无限多种相互之间不能连续形变的形式存在着的,球面和圆环曲面是两个简单的例子.黎曼指出,对于更高维的弯曲空间这一点同样是正确的.他为解决它们的分类问题做了先驱性的工作.

弯曲时空(或者更确切地说是弯曲时空的模型)也以无限多种类的拓扑学形式存在着,为了描述真实世界,某些模型可以抛弃,因为它们造成了因果关系的谬误,或是因为在这些模型中已知的物理定律不能适

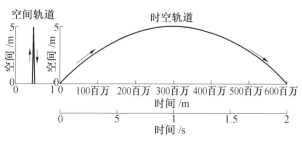

图 3　时空的弯曲在有质量存在的情况下构成一个引力
　　　场. 将一个球扔入空中 5 m(左),则它在高处停留
　　　两秒钟. 球的向上和向下运动揭示了靠近地球表
　　　面处时空的弯曲. 虽然这个轨道的弯曲是显而易
　　　见的,但若用同一单位去度量空间和时间,它确实
　　　是非常小的. 例如几秒可以与光速(3×10^8 m/s)
　　　相乘而变为多少米. 这样做了,此轨道就变成一个
　　　非常浅的长 6×10^8 m、高 5 m 的弧形(右). 图中的
　　　高度是夸大了

用. 即使如此,仍然剩有数目大得惊人的许多可能情
况.

　　1922 年,俄国数学家 Alexander A. Friedmann 提
出了一个著名的宇宙模型. 在狭义相对论中,时空不仅
被看作是平的,而且其空间和时间的范围都被看作是
无限的. 在 Friedmann 的模型中,每个时空的三维空间
横截面部分,在体积上是有限的,并且具有一个 3 - 球
体的拓扑,即一个能够用这样一种方式嵌入四维欧几
里得空间的空间,也就是说使其所有的点离一个给定
的点都是等距的. 自从 Edwin P. Hubble 于 20 世纪 20
年代发现了宇宙膨胀后,这个模型一直是宇宙学家们
的宠儿. 当 Friedmann 模型和 Einstein 引力理论相结合

575

时,便推测出了在压缩密度无限大的某一起始时刻有一次大爆炸,随之而来的是膨胀,由于宇宙中万物间的相互引力作用,此膨胀在几十亿年间逐渐变慢.

Friedmann 时空有这样的性质:图上画出的每一闭合曲线能连续地收缩成一个点.这样的一种时空被称为是简单地连接的,真实的宇宙不一定有此特点. Friedmann 模型似乎很好地描述了银河系中几十亿光年内的空间区域,但我们无法看到整个宇宙.

多重连接的宇宙之简单一例是一个其结构在给定的空间方向上像一张糊墙纸上的图案那样无限重复的宇宙.在这样一个宇宙中的每一个星系是相同星系无穷系列中的一员,这些星系之间相隔某个固定的距离(必须很大).假如该系列中的各星系确实是相同的,那么就有是否应当把它们看作是不同的疑问.因为把每个系列看成只代表一个星系更为省事.因而从此系列中的一个星系旅行到另一个就如同返回了他的出发点,所经历的旅程是一条不能聚缩成一点的闭合曲线.如同在一个圆柱面上绕圆柱体一周的闭合曲线一样,这种重复性的宇宙称为柱面形宇宙.

多重连接结构的另一个例子 ——"蛀洞"(wormhole),其规模小得多,它是 John Archibald Wheeler 在 1957 年提出的,此人现在得克萨斯大学奥斯汀分校任职.在一个二维表面上切割二个圆孔,再光滑地连接切割边,就能构成一个二维蛀洞(见图 4).在三维情况下,方法是相同的,只是想象起来比较困难.

因为这两个洞在原来的空间中可以相距很远,但通过连接它们的"狭道"(throat)彼此接近,因而蛀洞

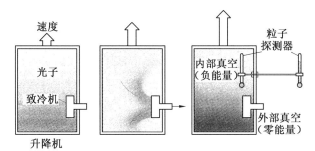

图4　加速的升降车厢是用于设想实验的装置. 它具有
在量子力学中真空的性质, 以及加速度或引力对
真空的作用. 假设该车厢是真空的、密封的, 以至
最初车厢内外都是理想的真空状态. 然而, 当开始
加速时, 由地板发射电磁波, 车厢变成具有稀薄的
光子(即电磁辐射量子)气体(左). 一台由某种在
外面的能量驱动的制冷机抽吸出光子(中). 光子
全都抽掉后, 光子探测器测量内、外真空的能量
(右). 因为在外面的仪器是加速着通过真空的,
它与量子力学场的起伏相对应, 甚至在没有粒子
存在时, 空间中也弥漫着这种场. 里面的探测器是
和车厢相对静止的, 感觉不到这些起伏. 由此可
见, 车厢内外的真空是不等效的. 假如规定车厢外
面的"标准"真空具有零能量, 那么里面的真空就
必须有负能量. 为了使里面的能量达到零, 必须归
还用制冷机抽去的那些光子. 引力场也可以造成
一种负能量真空

已经成为科幻小说中用来比光快得多地从一处到达另
一处的一种常用手段: 只要在空间打两个洞, 使它们连
起来并爬过这个狭道. 遗憾的是即使有人能发明一种
打孔机(这一点尚有疑问)此方案也不会成功. 如果时

空几何是受 Einstein 方程约束的,则柱洞便是个动态物体.结果,它所连接的两个洞都必须是黑洞,任何东西进去后就再也出不来了.故出现狭道"箍缩"(pinches off)的情况,使得狭道内的所有东西在它能够到达另一端以前就被挤压成无穷大的密度.

量子力学 —— 量子引力的第三个组成部分,是在 1925 年由海森堡和薛定谔创立的.但他们最初的表达体系没有考虑相对论.尽管如此,它的成功是迅速的、卓越的.因为已经存在大量有待解释的实验观察结果,在它们当中量子效应起着支配作用,而相对论的作用很小或者可以忽略.但是,众所周知,某些原子中的电子速度很大,可达光速的几分之一,所以对于相对论量子理论的探求并没有延误很久.

到了 20 世纪 30 年代中,对下述这一点已经完全了解:当量子理论和相对论结合起来时,就能够推断出许多全新的事实.两个最根本的事实如下:

第一,每个粒子都和一种场有联系,而每种场又都和一些难以区分的粒子有联系.不能再把电磁场和引力场当作自然界的基本场了.

第二,按照粒子(量子化的)自旋角动量分类,存在着两种粒子.那些具有自旋为 $\frac{1}{2}$h, $\frac{1}{3}$h 等的粒子遵守不相容原理(在同一量子状态不能有两个粒子);而那些自旋为 o,h,2h 等的粒子则是群集的.

狭义相对论和量子力学结合所产生的这些惊人结论在以往的半个世纪中已多次地得到了证实.相对论和量子理论共同产生出一种理论,这种理论比它两个组成部分之和更伟大.在包括了引力之后,这种结合的

效果就更加显著了.

　　在经典物理中,平的空的时空称为真空.这种经典的真空是空无一物的.而在量子物理中则给真空这个名称以复杂得多的实体,它具有丰富的结构,这个结构的出现是由于在其内部存在着非零值的自由场(即远离场源的场).

　　一个自由的电磁场在数学上等同于一个谐振子的无限集合,谐振子可以用连接着质量的弹簧来描述.在真空中,每个谐振子处于它的基态,即最低能量状态.当一个经典的(非量子力学的)谐振子处于其基态时,它位于一个确定的点不动.而一个量子振子则并非如此,假如一个量子振子处于一个确定的点,那么对它的位置的了解应是无限精确的,于是测不准原理就认为此振子应有无限大的动量和能量,这当然是不可能的.一个量子振子所处的基态,其位置和动量都不是精确地固定的.两者均随机地变动.在量子真空中,所变动的是电磁场(以及其他各种场).

　　虽然在量子真空中场的变动是随机的,但它们都属于一种特殊的类型,它们符合相对论原理,因为对每一个不加速的观察者来说,无论他的速度有多大,它们"看起来"都是一样的.可以证明这个特性意味着该场的平均值为零,并且在波长较短处的起伏幅度加大.结果是观察者不能利用这些起伏去确定他自己的速率.

　　然而这些起伏可以用来确定加速度.1976年,不列颠哥伦比亚大学的 William G. Unruh 表明了一个具有固定加速的假想粒子探测器会对于真空起伏起反应,犹如它静止地处于温度和加速度成正比的粒子气

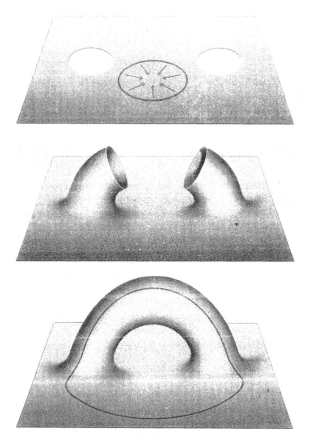

图 5　时空中的"蛀洞"是一个假设的结构,它能够改变宇宙的拓扑. 在平展面上的一个蛀洞是通过切割两个小口,并把切口的边缘都伸展成管道,然后连接在一起而形成的. 在原先的平面上,任何闭合曲线能够聚缩成一个点,但通过蛀洞的曲线不能聚缩. 一个蛀洞在三维空间或四维空间内,没有概念上的差别

体中(故不是在真空中).一个没有加速度的探测器对于这种起伏根本不会作出反应.

温度和加速度能够用这种方法联系起来的想法引起了人们重新考虑"真空"的含意,并使人们认识到存在有不同类型的真空.最简单的一种非标准真空可以在量子力学的范畴内,用重复由 Einstein 首先提出的一个假想实验来创造.想象有一个密封的升降吊车厢,在空洞的空间里自由地漂动.一个"顽皮的精灵"开始拽它,使之顶部朝前地进入等加速状态.假设车厢的壁都是理想的导体,电磁辐射不能穿透它,并假定车厢本身是完全真空的,使其内部不含有粒子.Einstein 引入这种虚幻的情景作为说明引力和加速度等值的一种手段,不过对它所做的重新审议表明,还可以期望用它来表现若干个严谨的量子力学效应.

首先在开始加速的瞬间,车厢的地板发射传播到天花板上去然后再来回弹射的电磁波(要表明该波何故得以发射,需要对被加速的导电体做一次详细的数学分析,但这一效应和声压缩波的产生相类似,如果车厢里充满空气,就应有声压缩波出现).假如暂时允许在车厢壁上有某些损耗,那么电磁波就转化为具有热能光谱的光子,换句话说,就是转化为一定温度的黑体辐射特征.

现在这个车厢内含有稀薄的光子气体,为去除这些光子,可以安装一个外部带散热片的制冷机,它消耗外电源提供的能量.当所有的光子都已抽出后,最终的结果就是在车厢里形成一个新的真空.这是一种与外面的那种标准真空略有不同的真空.差别在于如下几

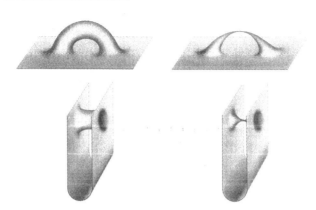

图6　宇宙的远隔区域在原则上可以通过一个蛀洞连接
　　　起来,只要在它们之间可以建立比光速更快的通
　　　讯.实际上这种方案并不能实现.在左上角蛀洞图
　　　中,两孔之间在"外部世界"中的距离与通过"狭
　　　道"的距离差不多.而在左下角的蛀洞中,外面的
　　　距离大得多.位于下部的那些图中由平面描述的
　　　空间看来似乎是弯曲的,但这只是因为我们是从
　　　一个更高维空间的角度观察它;在一个生活在这
　　　个平面内的观察者看来,它基本上是平的.不管狭
　　　道是否是条捷径,要通过它是不可能的,理由是一
　　　个蛀洞总是联结着两个黑洞.狭道如右下图所示
　　　那样箍缩,因而其中任何东西在到达另一端以前,
　　　就被挤压成无穷大的密度

点.首先,一个和升降车厢具有同样加速度的 Unruh 检测器,假如放在外面的标准真空中就会对场的起伏有热反应,而在车厢里面没有反应.第二,这两种真空所含的能量不同.

　　确定一种真空的能量需要解决量子场论中的某些棘手问题.我在前面曾提到,一个自由场和一群谐振子

等价. 这些振子的基态起伏, 给真空场一个名为零点能的剩余能量. 因为每单位体积的场振子数是无限的, 因此真空的能量密度也似乎应是无限的.

一个无限的能量密度是个令人头痛的东西. 理论家们已经提出了许多驱除它的手段. 这些手段都是用于处理各种出现在量子场论中的无限性的总方案的一部分, 这个总方案称为重正化(renormalization) 理论. 无论采用什么方法, 必须具有普遍性, 这意思是说它不是专为用于某一个特殊的物理环境, 而是能够同样地适合所有各种环境的. 它还必须能在标准真空中得出其值为零的能量密度. 因为标准真空与平的、空洞无物的时空是量子等价的, 所以为了和 Einstein 的理论一致, 上述后一要求是必不可少的. 如果在标准真空中有任何能量的话, 那么它就不会是平的了.

通常, 在被应用于同一问题时, 各种探讨重正化理论的方法给出相同的结果. 这使得人们对它们的正确性产生了信心. 当它们被应用于升降车厢内外的真空时, 它们在外部得出的能量密度为零, 而在内部则得到负的能量密度. 一个负的真空能量是件令人诧异的事情. 有什么还能够比没有更少呢? 然而稍加思考便可使这种负值的有理性变得明显. 在车厢的内部必须加入热光子才能使得里面的一个 Unruh 探测器起到它在外部标准真空中所能起到的作用. 当加入光子时, 光子的能量使得总的内能达到零, 等于外部真空的总能量.

必须强调, 要在实践中观察这种奇特的效应是困难的. 对于日常生活中普通的加速来说, 即使是在高速机器中, 负能量也是太微小而无法被检测到. 然而, 在

图 7　起伏的拓扑是在把量子引力理论公式化的某种尝试下产生的时空特征. 它提出重要的概念性的难题. 此处表示蛀洞正好箍缩完留下两个"坑"的两种形式. 如果这样一个事件会发生,那么它的逆过程也应是可能发生的. 换句话说,这些坑应能够结合成为一个新的蛀洞. 在这些坑彼此紧挨着而不是相隔很远的情况下,这种逆转似乎是合理的. 然而"远"和"近"的概念决定于在较高维空间中嵌入此表面. 对在此表面内的观察者来说,用这两种图描述的这些物体应是难以区分的

一种由荷兰菲利普研究实验室的 H. B. G. Casimir 在 1948 年所预言的效应中, 有一种负的真空能量已经 —— 至少是间接地 —— 被观测到了:在 Casimir 效应中,两块干净的、平行的、不带电荷的、在微观上是平的金属板彼此挨得很紧地放在真空中,结果发现有一个力使它们微弱地彼此吸引,这个力归因于在它们之

间的真空中有一个负能量密度.

如果时空是弯曲的,真空就变得更加复杂了.弯曲影响了量子场起伏的空间分布,并且像加速作用那样能引起一个非零的真空能量.因为从一处到另一处的弯曲能够变化,因而真空能量也是能变化的:在某些位置是正值,而在其他位置为负值.

在任何协合的理论中,能量必须守恒.现在假定,弯曲的增加引起量子真空能量的增加,这个能量增加必然来自某处,所以量子场起伏的存在意味着弯曲时空是需要能量的.可见时空抗拒弯曲,这正像是Einstein 的理论.

1967 年,苏联物理学家安德烈·萨哈罗夫提出,引力可能是由真空能量引起的纯量子现象,他并且提出牛顿常数 G(或是与之等效的时空刚度)可以由第一原理计算出来.这一提法面临几个困难.首先,它要求用受到已知基本粒子的启发而假设的某种"全统一的标准化场"来取代引力,就如同代替了一个基本场那样.此处为了依旧获得一个绝对单位的标度需要引入一个基本质量,因此一个基本常数被另一个基本常数所取代.

第二,这一点也许更重要,真空能量对弯曲的计算依赖关系结果得出了一个比 Einstein 的更复杂的引力理论.根据所选基本场的数量和类型,根据重正化的方法,随着弯曲的增加,真空能量不仅不是增加,甚至可能减少.这样一个逆关系意味着平的时空是不稳定的,并且趋向于像一个梅脯那样起皱.在这里我将假定引力场是基本的.

一个真正真空的定义为:在绝对零度下的热平衡状态. 在量子引力中,这种真空只有在弯曲与时间无关时才存在. 当弯曲与时间相关时,在真空中粒子便能够自发地出现(结果,它当然就不再是真空了).

粒子产生的机理,可以再一次借助于谐振子来解释. 当时空的弯曲变化时,场振子的物理特性也变化. 假定一个普遍的振子开始时处于其基态,产生零点振荡. 如果它的特性之一,如它的质量或弹簧的刚性发生了变化,那么它的零点振荡必须自我调整,以适应这种变化. 调整之后,振子就有不再处于基态而处于一种激发状态的可能性. 此现象类似在一根振动着的钢琴丝上,当它绷得更紧时引起的振动加强. 这种效应称为参变激发. 在量子场中参变激发就类似于粒子的产生.

由时变弯曲产生的粒子随机地出现. 不可做能到预先准确地预言何时何地将产生一个给定的粒子. 然而人们能够计算这些粒子的能量和动量的统计分布. 在弯曲最大,其变化最快处产生的粒子最多. 在大爆炸时,产生粒子的量可能是很大的,粒子的产生可能在宇宙的最初时刻对宇宙的动力学曾有重要的影响. 有一点并非难以置信,即以这种方式产生的粒子可能是宇宙间一切物质的根源!

十年前俄罗斯院士 Yakov B. Zel'dovich 和威斯康星大学密尔沃基分校的 Leonard E. Parkar 各自开始计算大爆炸粒子产生量的尝试. 许多人从那以后也研究这个问题. 虽然几个结果都很有启发性,但没有一个是最后结论性的. 此外,这些结果中还有个重大问题悬而未决,这就是在大爆炸的瞬间,选择什么作为最初

的量子状态? 在此,物理学家必须亲自扮演上帝的角色了. 至今还没有一个建议似乎特别地使人信服.

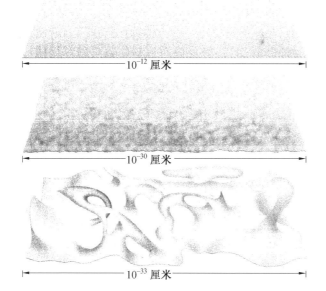

10^{-12} 厘米

10^{-30} 厘米

10^{-33} 厘米

图8   如同 John Archibald Wheeler 于 1957 年想象的那样,当人们检查较小的空间区域时,量子真空变得越来越紊乱了. 在原子核大小的尺度上(上),空间好像很光滑. 在 10^{-10} 厘米的尺度上(中),几何形状开始呈现一定的粗糙度. 比这更小 1 000 倍,在普朗克长度的尺度上(下),则空间的弯曲和拓扑都连续地发生激烈的起伏

宇宙中的另一事件,在此事件期间宇宙弯曲应当变化得很快,这个事件就是一个恒星的塌缩形成一个黑洞. 在这里,量子力学的计算得出一个真正出人意料的结果,它基本上和最初的条件没关系. 1974 年,剑桥大学的 Stephen W. Hawking 证明了在一个正在塌缩

587

的黑洞附近,弯曲的变化创造一股粒子辐射流,该粒子流是稳定的,并延续到黑洞在几何上静止之后很长时间.它之所以能延续是因为靠近黑洞"水平"表面的巨大引力场中时间似乎是放慢了;对一个外界的观察者来说,全部活动都达到了实际上的停顿.靠水平面越近,产生出的粒子向外出发的滞后越久.

虽然发射的滞后意味着靠近水平面必然挤满了大量粒子,每个粒子都"等待着轮到它"逃逸,所以在此区域的总能量密度实际上是负值,并且相当小.在没有粒子的情况下(例如,假如黑洞已存在,并且绝不是引力塌缩造成的),存在的一种极负的真空能量大量地补偿了粒子所带的正能量.

可以证明,发射的粒子在统计上都是不相关的,它们的能量谱是热能谱.辐射的黑体特性可能是它们最重要的特点.于是能提供黑洞一个温度和一个熵值.度量一个系统的热力学紊乱程度的熵,原来是和水平表面面积成正比的.一个恒星质量的黑洞,它的熵是巨大的,比塌缩形成黑洞的恒星的熵大 10^{19} 以上.另一方面,温度和质量是成反比的,并且,如果此质量是恒星质量,温度就比起源的恒星小 10^{11} 以上.

因为一个物体的辐射量决定于它的温度,来自一个天体物理黑洞的 Hawking 辐射是微不足道的.只有对于那些质量小于约 10^{10} 克的"微"黑洞它才变得重要.唯一可以想象得到的能够形成微黑洞的方式是在大爆炸期间通过压缩.那时可能大量地产生微黑洞,这种情况下,它们应当对宇宙的熵有过重要影响.

时变弯曲产生的粒子的能量不能无中生有地变出

来.它是从时空本身所得到的.因此,粒子对时空有反作用.为了确定它对早期宇宙的动力学影响,已作过多次尝试以计算大爆炸情况下的这种"反作用".其中的一个目标是想弄清楚,这一反作用能否排除 Einstein 经典理论所需要的那种无限的初始物质密度.这个无限的密度对于所有的进一步探究是一个障碍.如果能够用一个只是非常大的密度来取代它的话,人们可能会问:在大爆炸以前,宇宙在做什么呢?

1960 年,Hawking 和牛津大学的 Roger Penrose 指出,Einstein 的经典理论是不完整的.它预测了在多种按物理学观点合理的目前条件下,无穷大的密度和无穷大的弯曲曾在过去或要在将来发生.一种理论如果把一个可察觉的量预测为无限值,那么该理论便不能够再预见超出这一点的一切.因为物理学家们相信自然界最终可以被认识,他们便希望这样一种理论需要进一步扩展,以包含更为广泛的各种现象.目前较保守的观点是,对于 Einstein 理论的不完整性,补充以量子效应是唯一可望的合理对策.

对于大爆炸时反作用的计算都是用数字计算机通过数值模拟进行的.至今它们已给出一些意义含混的结果.其中一个难点是,在输入时,为组合能量密度确定一个可信的值,这个组合能量密度是由所产生的粒子和叠加了这些粒子的量子真空所形成的.

就一个黑洞而论,反作用的影响有特殊的重要性.Hawking 辐射从黑洞盗取了熵和能量,黑洞的质量自然就减少了.最初,减少的速率尚慢,但当温度升高时便加快,到最后变化速率变得如此之大,以至 Hawking

图9 空间维数的问题之所以会出现,是因为时空可能
具有一个复杂的拓扑结构.图中所示的面是二维
的,但它的拓扑连接使之具有一个三维物体的外
表.可以想象,在宏观尺度上看到的三维空间事实
上所具有的维数略少一些,但它的拓扑结构却很
复杂

的计算中所做的近似不再有效.此后所发生的情形便
不得而知了.Hawking 认为他的近似在性质上仍然是
正确的,并认为黑洞在壮观的闪耀中结束它的一生,顷
刻间在时空的因果结构上留下一个"无遮蔽的奇
点"(naked singularity).

任何奇点,不论有无遮蔽,都表示该理论的失败.假如 Hawking 是正确的,那么不仅 Einstein 理论是不完整的,量子论也是不完整的. 其原因是:对于每一个产生在水平表面外侧的粒子,都有另一个粒子产生在内侧. 假如观察者能同时和两个粒子互通信息的话,他就能检测"概率干扰效应",从这个意义上说,这两种粒子是相互关联的. Hawking 假定,在里面的粒子被挤压到无限大密度并不再存在. 在它们消逝的瞬间,量子力学标准的概率解释就失效了. 在这种无限挤压过程中,概率本身也不存在了.

另一种同样像有道理的假设是,人们以 Einstein 理论为基础而建立的量子场论不允许概率和信息在塌缩中丧失. 很有可能反作用的程度变得相当激烈而阻止了挤压成为无限的. 水平面是一个数学构思物而不是物理构思物. 它可能根本就没有作为一个严格的单方向壁垒而存在. 而塌缩成黑洞的物质,最终可能一个粒子、一个粒子地得到说明. 对于会存在最后一闪 Hawking 辐射以及黑洞中的巨大密度这两点没有人怀疑. 可是核粒子所受到的压力可能会把它们转变为光子和其他没有质量的粒子. 这些粒子最后会带着所剩无几的能量以及所有的量子关联逃逸掉. 这些最终产物不需要带有黑洞原来的熵,所有的熵都被 Hawking 辐射盗走了.

现在我要讲到量子引力中深奥困难的部分了. 当一种量子效应(如粒子的产生或真空能量)反作用于时空弯曲时,弯曲本身就成为一个量子的客观物体. 一个先后一致的理论结构要求引力场本身量子化. 对于长于普朗克长度的波长,量子化引力场的量子起伏很小.如果把它们作为对经典背景的弱扰动看待,就能够准确地描述它们.可以用分析一个独立场的方法来分析这种扰动,它对于真空能量和粒子的产生都尽了自己的力量.

在普朗克波长和能量处,情况更加深奥、复杂.和弱引力场相关的粒子称为引力子,它们都是无质量的,并且具有 2 h 的自旋角动量.单独的引力子不大可能被直接观察到.普通物质,甚至整个银河系的普通物质,几乎都可完全被它们穿透.它们只有在达到普朗克能量时,才明显地和物质相互作用.然而,在这样的能量处,它们能够在背景几何上引起普朗克弯曲.于是与它们相关联的场也就不再是弱场了,而这一特定的"粒子"概念在定义上就有了错误.

在长的波长之处,引力子携带的能量使背景几何变形;在较短的波长处,它使与引力子本身有关的波畸变;这一推论出自 Einstein 理论的非线性;当两个引力场叠加时,所产生的场不等于这两个组成部分的和.所有重要的场理论都是非线性的,对于其中某些有可能可以用一种叫作微扰(perturbation)理论的逐次近似方法来处理非线性.微扰理论这个名词原来是从天体力学中得来的.这种方法的实质是通过进行一系列渐近的较小修正来优化一个初始的近似.当微扰理论被用于量子化的场时,它导致了必须通过重正化来消除的无穷大量.

对于量子引力来说,微扰理论并不起作用,理由有两个.首先,在普朗克能量处,微扰序列的连逐项(即

逐次的校正)在大小上是可比较的. 截取该序列中一定数目的项不能得到一个有效的近似. 相反,必须是整个无限序列的总和. 第二,该序列的每个单项不能一致地重正化,在每一次近似中都会出现新的一批无穷大量,而在普通量子场论中就没有与此相似的东西. 它们的出现是因为引力场的量子化使得时空本身量子化了. 在普通量子场论中,时空是一个固定的背景. 在量子引力中,此背景不仅受到量子起伏的影响,并且还参与起伏.

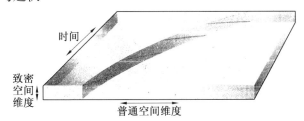

图 10　除了三个已知空间维度的额外维度,如果它们具有"致密"结构的话,就能存在. 例如,一个第四维空间维度能够卷成周长约为 10^{-23} 厘米的圆柱面. 在此,假设的致密维度已被"展开"并且在时空图中表示成垂直轴线. 因此一个粒子的轨迹应有一个柱面的分量;每当该粒子到达致密维度的最大极限时,它便又回到它的原出发点. 所观察到的轨迹乃是实际轨迹在宏观时空维度上的投影. 如果该轨迹是最短的一条,它就能有好似一个带电粒子在电场中移动的形状. Theodor Kaluza 和 Oskar Klein 在二十年代提出了这样一种理论,他们说明了该理论能够解释引力作用和电磁作用两者. 现在人们又恢复了对于这类理论的兴趣

　　为在有限的技术范围内解决这些难题,已经有人做了几次尝次,想对这一微扰序列组成项的无穷多个

子集求和. 得出的结果, 特别是无穷大的量完全消失, 既有启发性又令人鼓舞. 然而对这些结果必须谨慎地看待. 因为在获得它们的过程中曾做过相当大的近似, 根本没有得到该微扰序列的全部和. 尽管如此, 它们目前正被用来计算反作用对大爆炸影响的估测.

从更广的观点来看, 应对其他问题的出现有所预料, 这些问题的求解甚至不能用序列求和的办法处理. 量子化的时空是一种因果结构起伏和不确定的时空. 在普朗克的尺度下, 过去与将来之间的根本区别变得模糊了. 按照原子系统中的隧道现象 —— 它允许电子穿透它所不能爬越的障垒 —— 来类推, 人们必定期望存在着 Einstein 经典理论中所不能容许的那些过程, 包括超光速地通过普朗克距离. 如何去计算这种过程的概率大多不为人所知. 许多情况下, 甚至不知道哪些是该提的问题. 因为没有任何实验来引导我们, 因此我们仍然可以沉湎于想象力的飞翔之中.

一个在量子引力方面的文献中多次提及的自由想象是起伏拓扑学的概念. 它的基本点是由 Wheeler 于 1957 年提出的: 引力场的真空起伏如同其他各种场的真空起伏一样, 其幅度在波长较短时增加. 如果将标准弱场的结果外推到了普朗克范围, 那么弯曲起伏就会变得非常剧烈, 以至它们好像能在时空中戳出孔来并且改变其拓扑结构. Wheeler 想象真空处于不停的骚动之中, 其中普朗克尺寸大小的蛀洞 (以及更为复杂的结构) 不停地产生和消失. 这种骚动只有在普朗克尺寸范围才是"可见的", 在更大的尺寸范围上, 时空仍然是平滑的.

但立刻就可能出现一种异议:对于每一个拓扑改变必定伴随有一个时空因果结构上的奇点,因此人们又面临着在 Hawking 的黑洞衰变观点中所出现的同一个难题.不过,先假定 Wheeler 的看法是正确的.首先要问的问题是,拓扑起伏对真空能量的贡献有多大,以及它们如何影响时空(在大的尺度上)对弯曲的阻力?直到现在还没人能给出一个使人信服的回答,这主要是因为对拓扑的转变过程本身也还没有形成一个条理清楚的图形.

为了弄清楚在建立这样一个图形的过程中所遇到的障碍之一,先研究一下图 7 中所示的过程.该图给出了同一事件的两种表示方法:一个蛀洞刚刚箍缩,它在一个简单连接的空间留下两个"伪豆荚"(pseudopods).在一种描述中空间表示成弯的,而在另一种描述中空间被表示成平的.

现在考虑一下逆过程:蛀洞的形成.如果对于一个蛀洞来说,它经箍缩而消失有一固定的概率,则一个蛀洞的形成也有一固定的概率.至此,又出现了一个新的难点.从时间倒转的观点来看,该图表示了两个在量子真空中自然产生的伪豆荚.在一种表示中,两个伪豆荚结合而形成一个蛀洞的概率显得还是合理的;而在另一种表示中就并非如此.然而两个形式的物理条件却完全是一样的.在一种表示中,蛀孔的形成显得合理是因为两个伪豆荚看来是靠在一起的.但是,正如另一种表示所清楚地展示的那样,这种靠近不是空间排列的固有特性."靠近"的概念要求有一个其中嵌着时空的更高维空间.此外,这个高维空间必须具有一些物理特

性,使得伪豆荚能够相互传递一种接近的感觉.但是,
这样的话时空便不再是宇宙了.宇宙是某种意义更多
的东西.如果有人继续忠实于如下观点,即时空的特性
是内在固有的,而不是外部事物的结果,那么对于拓扑
变换似乎就无法得到一个有条理的图形.

　　另一个关于拓扑起伏的困难是,它们可能会损害
空间的宏观维数.如果蛀洞能够自然形成,那么蛀洞本
身就能无限地产生蛀洞,空间就能够发展成为这样一
种结构,即虽然按普朗克尺度它是三维的,但在较大的
尺度上它具有四个或更多的表观维数.这种过程的常
见例子便是泡沫的形成.泡沫完全是由二维表面构成
的,但却具有三维的结构(图9).

　　由于存在着这样一些困难,所以有些物理学家认
为把时空当作光滑连续体的惯用描述法在普朗克尺度
上失败了,它必须由别的什么东西来代替.但从未弄清
这一别的什么东西究竟是什么样的.因为连续体描述
法在大于 10^{40}(如果假定可能的失败只出现在普朗克
尺度范围内,那就应是 10^{60})长度间距范围内都是成功
的,所以如果假定连续体描述法在所有尺度都有效,而
拓扑变换根本不存在,这似乎同样是合理的.

　　即使空间拓扑一成不变,但哪怕是在微观的尺度
上,它也不一定就简单.可以设想空间有一个从一开始
就嵌入的泡沫结构,这种结构的表观维数可能大于它
的真实维数,也可能小于它的真实维数.

　　后一种可能性在一项由 Theo dor Kaluza 和 Oskar
Klein 分别于1921年和1926年所提出的理论中都提到
了.在 Kaluza-Klein 理论中,空间是四维的,时空是五

596

维的. 空间表现为三维的缘由是它有一维是柱面的, 就像是在前面所讨论过的宇宙中一样. 其重大差别是: 沿柱面方向的宇宙 (环行) 周长不是几十亿光年, 而只有几个 (大约 10 或 100 个) 普朗克单位长. 结果, 一个试图贯穿第四空间维度的观察者几乎瞬间便回到他的出发点. 事实上, 谈到这样一个尝试是毫无意义的, 因为组成观察者的原子本身要比柱面周长庞大得多. 就这一点而论, 第四维根本就是不可见的.

　　不过它能用另一种方式表现自己: 以光的形式! Kaluza 和 Klein 阐明了如果用 Einstein 探讨四维时空的同样数学方式探讨它们的五维时空, 他们的理论就相当于麦克斯韦的电磁理论与 Einstein 的引力理论的结合. 时空弯曲所能满足的方程中, 内含着电磁场的分量. Kaluza 和 Klein 因而创立了第一个成功的统一场论, 它给出了电磁辐射的几何解释.

　　在某种意义上说, Kaluza-Klein 理论真是太成功了. 虽然它统一了麦克斯韦和 Einstein 的理论, 但它没有预示出任何新的东西, 因而不能进行违背其他理论的验证. 原因在于 Kaluza 和 Klein 对在额外的一维中时空弯曲的容许方式加以限制. 假如把这些限制去除的话, 该理论是可以预测出新的效应的, 但这些效应看来并不符合实际. 所以多年来这一理论一直被当作是一件漂亮的古董被放置在壁橱之中.

　　直到 20 世纪 60 年代, Kaluza-Klein 理论才从壁橱里拿出来, 因为那时认识到了当时正逐渐引起重视的标准理论, 能够作为其空间具有不止一个而是几个额外微观维度的 Kaluza-Klein 理论来重新表达. 有一种可能性已经开始表现出来,即整个物理学大概都可以用几何术语加以解释. 于是下面这个问题就变得非常重要:如果在密集的维度中去掉对弯曲的限制的话,将会发生什么事情呢?

发生的事情之一是预测了额外维度中的弯曲起伏,起伏被表示为大质量粒子. 假如额外维度的周长是 10 个普朗克单位,则相关粒子的质量大约为普朗克质量的十分之一,约为一微克. 由于生成这种粒子需要巨大的能量,所以它们几乎永远不会产生. 因此不论是否对于弯曲的起伏加以限制,它都不会形成任何实际差别. 问题依旧存在. 其中的一个主要问题是,额外维度中的极度弯曲使得经典真空中出现了一个非常大的能量密度. 这种大的真空能量已被观测所排除了.

对于 Kaluza-Klein 模型,从来就未曾有过专心致志的追求者,而且这些模型在物理学中的作用如何尚未肯定. 但在最近两三年中它们又重新得到大量的研究,这一回是同一项被称为超引力(supergravity)的 Einstein 理论的卓越推广相关联的,这一推广是在 1976 年由 Daniel Z. Freedman, Peter van Nieuwenhuizen 和 Sergio Ferrara 以及 Stanley Deser 和 Bruno Zumino(以一种改进的形式) 所创立.

标准的 Kaluza-Klein 模型的不妥当之处在于它们只预见了自旋角动量为 0, h 和 2h 的粒子的存在,而且这些粒子或者是无质量的或者是超大质量的. 根本没有普通物质的粒子存在的余地,大多数这些粒子的自旋角动量是 1/2h. 因此,如果用超引力代替 Einstein 理论,并且 Kaluza-Klein 的方法处理时空的话,就能获得

一个包括所有自旋种类的真实的统一体.

在目前最流行的"超"Kaluza-Klein 模型中,时空另加了七个额外的维度,这些维有一个七球面拓扑结果,是一个其自身具有某些极有趣特性的空间.所形成的理论极为充实和复杂,它确定了粒子的巨大的超多重态.粒子的质量仍然不是零便是非常大,但是七球面对称性的破坏可能赋予其中某些粒子一个较为实在的质量.经典真空的巨大能量也依然存在,不过它可能会被一个负的量子真空能量所抵消.现在尚不知这样来修正该理论是否能成功.的确,为了确实弄清楚该理论的真实含意,许多工作还有待完成.

假如 Einstein 能灵魂再现,看到他自己的理论所发生的变化的话,一定会惊讶不已.我想他一定会感到高兴的,因为物理学家们犹豫了多年,最后终于接受了他的观点,那就是认为数学上严谨的理论即便看起来它们并不严格符合实际情况,但仍值得细心研究.他同样会感到满意的是物理学家们现在敢于期望取得一个统一的场论.他会特别高兴地发现,他过去的对于整个物理学都可以用几何概念来解释的梦想似乎正在成为现实.

但他首先应感到惊讶,惊讶量子理论仍是原样,它本身根本没变,它丰富了场论,自己也由于场论而得到丰富.Einstein 从不相信量子理论揭示了最后的真理,他从不向该理论所意味着的非确定性妥协,而且他认为总有一天要被一种非线性的场论所取代.所发生的情况却恰恰相反,量子理论侵入了 Einstein 理论,并且使之变形了.

科学理论的结构[①]

附录 Ⅲ

每一种传统，都是为满足一种需求而产生，而当这种传统表现出某种阻碍作用时，便被人们所摈弃. 所以，当这次会议的一项议事日程表上说到，

① 本书附录引自图尔敏的论文. 图尔敏（Stephen Toulmin）系美国著名科学哲学家，是科学哲学历史学派新潮流的最初倡导者之一. 早在 50 年代他写的《科学哲学导论》一书中，特别是在 1963 年出版的《预见和理解》中，他提出了科学的作用在于建立整个概念系统以解释已知规律性，不在于个别预测的成败，理论的真伪不是首要的，关键在于它的应用范围等等观点，从而开启了历史学派的先河. 他在大英百科全书《科学哲学》条目中，全面介绍了科学哲学作为一门学科的内容. 在 1969 年伊利诺斯召开的科学哲学讨论会上他作了总结性发言. 这次会议是科学哲学发展史上具有转折性的重要会议. 他在这篇发言中概括而系统地回顾了现代科学哲学中的争论，介绍各派观点，指出科学哲学发展的新方向. 图尔敏指出逻辑经验主义那种照相式的静态逻辑分析的局限性，详尽分析了这种局限性的根源在于把经典的力学图景应用于充满矛盾、变化和发展的整个自然科学，从而使它在理解科学概念的真正本质和作用时显得无能为力. 作者认为，科学哲学必须摆脱这种羁绊，代之以对科学事业作动态的历史分析，着重探讨科学概念的变化及科学事业发展的理性程序等问题. 他这篇文章发表在 F. 萨普（Suppe）编的《科学理论的结构》一书中，读者从中可以了解到现代科学哲学的概貌. 现将此文译载：以飨读者.

"科学哲学家们按照传统构造了如同公理演算那样的科学理论,并依据对应规则给予这个理论的术语和陈述以部分观察的解释"时,我们就必须设想这种公理模型会完全符合这个一般原则. 因此,作为结论性概括,我将提出两个问题:(1)首先,这个传统是什么时候和怎样产生的?(2)近来人们对公理模型的不满是否表明了它对科学哲学只起阻碍而不能起促进作用?让我先回顾一下科学哲学采取公理途径的历史脉络,然后再来考虑改变这种背景的方向改变的当前要求.

　　在欧洲人看来,"传统地"这个字眼是一种奇怪的选择. 当然,我们提到的传统是一种非常新的传统. 尽管公理模型的根源可追溯到19世纪后半叶,但50年以来,它一直在科学哲学中占据中心位置,不过,即便如此,也决不意味着哲学家对它的意义取得了一致看法. 第一次世界大战后,马赫的逻辑－历史批判和经验主义的认识论,同罗素的符号逻辑,以及 Einstein 的相对论物理学在维也纳的汇合是一个决定性时期. 这里首先值得注意的是这样的事实:哲学合作者们从一开始,就对形成的联盟有着不同的动机和不同的目的.

　　例如,所有公理模型的支持者,都一直把赫兹所写的《力学原理》一书当作一个范例,因为它始终是模型运用方面的最彻底和最有启发性的书籍之一. 正如赫兹的老师赫尔姆霍茨和他自己的继承人维特根斯坦以及卡西勒一样,在哲学上,赫兹与其说是一位休谟式的经验主义者,不如说是一位康德主义者. 在把力学理论详细阐释为一种公理演算(随后又给这种公理演算以一种物理解释)时,赫兹的目的是启迪性的. 这种解释为区分理论力学涉及的直接经验方面与其一般形式或连接模式(即"模型"或"描述"特征的主要方面),提供了一种清楚明白的方法. 赫兹声称,人们只有用这种方法,才有可能清除阻碍 19 世纪物理学发展的关于力的性质的种种混乱推测.

另一方面,赫兹并不关心对模型所持的认识论的立场,这与维特根斯坦后来在他的《逻辑哲学论》中的态度是一样的:他更不认为,我们之所以相信力学的理论术语或陈述,是由于把它们当作从逻辑上和认识论上由感官观察或记录判断中派生的东西.

这种认识论的诠释乃是维也纳学派哲学家们和英国的罗素所外加的. 作为 E. 马赫的直接继承者,他们支持这样一种加强力量,即:科学中的公理模型明显地赋予马赫本人的新休谟主义以"科学认识论"的美名.

由于他们看到了这一点. 因此,这个模型不仅能够被用来把物理理论的形式连接从它们的经验应用中分离出来,而且借助于它,我们还能够继续为我们暂时地、假设性地相信科学理论的一般实体和命题提供认识论基础(通过把它们与确定的、绝对的和特殊的感觉证据联系起来而达到这一点).

至今,有关"传统"科学哲学的一些主要论题都回复到了这种马赫认识论纲领. 例如,夏佩尔(D. Shapere)在这次会议上集中火力所攻击的"理论"与"观察"之间的区别. 对于那些献身于科学哲学的这种"传统"纲领的逻辑经验主义者来说,观察材料总是"坚实可靠的",特殊的,而且从认识论上来说是基本的,对比之下,在他们看来理论知识始终是派生的、一

般的和"软弱无力的". 然而, 对一名像赫兹那样的康德主义者来说,"理论"与"观察"之间的区别是以完全不同的路线作出的. 对他来说, 有关观察到的运动的经验问题, 可以用一种与力学相关的形式来陈述, 只是在先于模型或描述的范围之内, 以被定义的理论术语陈述出来罢了. 所以, 根据这种看法, 我们的确并没有从特殊感觉材料或观察陈述之中"构造"理论的普遍术语和陈述; 宁可说, 物理学的经验材料本身就已经是普遍的和有联系的.

在充分发展的形式中, 传统的(或维也纳学派的)科学哲学自身归并为两个更进一步的成分, 即数理逻辑符号主义和统一科学运动的方法论纲领. 这种传统的最宏大的志向不只是为了单独加以考虑的个别理论, 也不只是为了理论的"理想类型", 而至少在原则上是为其全部实证科学知识奠定认识论的基础. 他们希望通过进一步增添基本术语、假设和对应规则, 把一切真正的科学分支结合成一个单一的公理大厦; 由于这座大厦的中心(或逻辑 – 数学的)部分, 在符号逻辑的形式化中(尤其是低阶函数演算), 得到了最好的描述, 那么同样这种符号大体上也能被用来达到描述整个大厦的目的. 按照这一纲领, 公理模型不只是有助发现的价值或认识论的价值; 对于阐述一种一致的和统一的科学理论或世界观来说, 它现在已成为一种不能不采用的形式.

如果我们记得最初引入公理模型的种种目的, 我们就会更好地了解已在有效的传统中工作的哲学家们的不同着眼点; 我们也就会更好地理解近年来一直流行的许多疑问和犹豫. 对于像马赫一样的新休谟派来说,把"感官的观察"看作是清晰的、确定的,而且比较容易理解的,关键的问题一直是如何看待"坚实可靠材料"被用来支持科学理论的普遍术语和陈述;这个问题已严肃地摆在那些曾根据不同观点对证实、证伪、确认或确证等理论进行争论的所有科学哲学家面前.对于不相信"直接感觉"的新康德主义者来说,问题主要在于数学理论或模型究竟怎么可能用来"描述"现象.相应地,对维纳学派纲领的挑战,有时基于形式的、有时基于认识论的理由,有时基于更一般的哲学考虑.某些哲学家(如 H. 帕特纳姆)曾论证说,实际科学实践中的运用问题并不在于理论概念或原理是否是"真的""假的"或"部分确证的",而在于当它们与所有必要的"辅助陈述"相结合时,它们是否"做了解释的工作".其他哲学家(包括我自己)曾力图嘲笑那种把"所有的天鹅都是白的"当作科学中"典型理论陈述"的传统解释.作为一种回报,他们坚持理论概念或原理与他们所谓"直接感官观察"中的基础之间的概念不一致性.

如果说传统纲领的支持者们对任何一种肯定的观点具有一致的看法,那么这个观点就可称之为维也纳传统的中心公理.他们都设想,科学和科学理论已确立的理性内容,在公理发展的任何历史阶段,都可以详尽无遗地描述为"逻辑系统",即科学的理论概念与结论在逻辑关系的形式网中,是相互关联的,而且与它们赖以建立起来的观察证据是相互关联的.他们还设想这个形式网络的一致性、丰富性以及逻辑结构决定了所

论问题的理论概念和结论的有效性,及(或)其所确立的程度.因此,科学逻辑和科学哲学关心的是对科学概念和假设相互之间的逻辑关系,以及与它们所赖以建立的经验证据之间的逻辑关系,进行事后"辩护".相反地,所有维也纳传统的支持者一致坚持一种否定的态度,这就是,他们认为,促成一门科学的理论术语和陈述发生变化(由此得到新假说,引入新概念),使科学发展分出阶段性来的理性发现乃是心理学家们的事情.除非到了新的概念和假说在一种修改过的"逻辑系统"中占据了它们的地位,它们的"结构"能够加以细察,并可以与未修改过的逻辑系统结构进行比较,否则就不存在"辩护"的问题.而哲学家对新概念和新假说的提出问题则是无事可做的,其结果,就会得出这样的口号:"不存在任何发现的逻辑."

以这个历史背景来观察问题,我们当前所讨论的内容可以分为两大类,而每一类又可再分为若干小类.首先,假定我们或多或少地承认传统方法,然后我们可以这样问道:

(1)在所有事例中,公理模型都同样可以有效地用来分析和判断自然科学的任何特定阶段中的理性内容吗?然而,如果我们向那种方法挑战,而且摈弃传统上把"辩护的逻辑"与"发现的心理学"截然分开,那么我们就可以进一步问:

(2)公理模型真的能够用作分析和判断一门自然科学的理性内容从一个阶段向另一个阶段发展的方式吗?

考塞(R. Causey)在他有关玻姆(D. Bohm)的评

论中令人赞赏地叙述了这两个问题之间的显著差别.
(他说道:)作为一种"逻辑结构",科学图像给予我们
的仅仅是其内容静态的"照相".当我们需要"活动图
像"以表明科学的理性内容是怎样历史地发展时,年
轻的科学哲学家们急待解决的更为新的问题就随之产
生.

让我们依次来考虑这两大类问题中的每一问题.
在第一类问题中,存在着四组明显的子问题.首先,那
些依然准备在传统公理模型基础上构造科学理论的逻
辑结构的人,仍可以问道:

(1a)为了分析所有科学理论的公理结构,是否存
在着任何标准的、强制的符号系统或形式呢?更为普
遍的一步是,那些接受照相式的"逻辑结构"科学观,
但又稀里糊涂地把自己局限于公理框架中的人可能会
问:

(1b)公理形式就是科学的唯一合理的"逻辑结
构"吗?或者说可能存在可以合理分析科学理论内容
的其他逻辑形式吗:无论是否在公理模型基础上来构
造所有科学理论的"逻辑结构",人们都必须考虑科学
理论的经验应用以及它们的形式连接,这就将提出第
三个问题:

(1c)什么是科学理论的形式要素据以获得经验
联系或解释的"对应"(Correspondence)的本质呢?
最后,把整个科学理论图像当作"逻辑结构",对此有
人会提出更为激烈的挑战,他们会这样问:

(1d)自然科学的理性内容(在其任何一个发展的
暂时阶段上),真的能够用逻辑关系的系统网来表达

吗？

　　先谈(1a) 的问题：据历史记载,这次会议的参加者中没有任何人仍对整个地维护一种统一科学的最初纲领感兴趣.在这个范围内,逻辑实证主义的高潮已经过去.那种倾向公理模型的主张,充其量只是认识论的或启发式的.在这次讨论会上,萨普独自利用了数理逻辑的形式符号,把公理模型用于研究;然而,即使这样做,他也不是用常规的方式,而是为了提出某些新颖的问题.他向道,假设公理模型用来当作一种分析工具,当我们考虑不同科学或不同时代时,我们可以不问情况而无止境地使用各种公理形式吗？ 因此,他要求建立一种公理系统的分类学,这至少在一个方面,表现出对早期纲领重要的背离.

　　下一个问题(1b) 仅仅超越了萨普的建议一步.因为如果各种不同的公理结构形式是有效的,而且那些形式的哪一种是在特殊时候被特殊科学所证实,这是一个历史的问题,那么,是否在某些阶段的某些科学不能同样地和合理地证明其他的逻辑结构的非公理形式,这就不是一个历史的问题吗？ 赫兹在《力学原理》导言中强调,他对动力学的公理解释,仅仅代表了若干可选择的图像之一,所有这些可选择的图像在逻辑上是一致的,在经验上则是可应用于同样现象的.无论是在赫兹自己选择的力学领域里,还是在其他自然科学领域里,不同的逻辑连接系统,可以十分合理地被用来描述现象.鉴于"公理之父"承认这一点,人们当然可以进一步询向,他对公理系统(作为描述现象的科学图像) 的说明中的观点,是否就不能加以扩大化和普遍化,以便应用于具有其他逻辑形式的理论.事实上,这是赫兹的重要赞赏者维特根斯坦在他晚年惯于反复研究的课题;而且在华特森的《论对物理学的理解》一书中采纳并发展了他有关这个课题的许多思想.

例如,有些自然科学的内在连接是以分类学的形式,而不是以公理的形式更自然地表现出来的(亚里士多德自己曾是一位海洋生物学家,他的逻辑三段论可以直接用于他那个时代的生物学体系并非是偶然的).同样,有些自然科学(例如几何光学)的标准解释程序利用了图解的,而不是数学的技术;还有一些科学建立在计算机程序的使用上,等等.人们稍加留心就可以在各种情况下做出赫兹所强调的那种相同的、富有启迪性的区别:即,借以联系科学理论概念和陈述的内部结构或形式连接,与形成连接理论的外部关系或经验应用之间的区别.

承认这一点并不依赖于公理模型的使用,那么还有什么理由要求公理分析的优先地位,甚而还要使之成为必须采用的方法呢? 只要哲学家们以建立一个单一的、整合的统一科学为目标,这种要求都是非常有益的;可是,一旦放弃这个雄心和抱负,则必须为坚持"不是公理就是虚无"找出其他的根据.没有任何抽象的、形式的系统(我们可以这样回答)可以详细说明(更不用说可以保证)其本身经验的关联或者应用的范围.所以,我们确实必须分别研究(在每种特殊情况下)恰好是何种连接形式 —— 公理化的、分类学的、图解式的或其他形式 —— 对任何历史发展阶段包含这种或那种课题的科学理论来说,都是适当的.即使这种

适当的形式事实上证明是公理化的,那它将在每种情况下确实仍然是一个悬而未决的问题,这个问题正是萨普的"公理形式分类学"条目对那种特殊事例的应用.就这样,在这次讨论会上,给人印象特别深刻的是C.亨普尔告诫哲学家们不要过高估计"形式化(包括公理化)对真正的科学程序具有基本的重要性".亨普尔表示愿意用这样重新考虑旧有主张的方式,揭示仍旧遗留在维也纳传统之内的问题.

　　无论怎样回答前面的这两个问题,都会引出第三个问题:即(1c)解释何种类型的"对应"存在于科学的理论术语、科学的陈述和它们的经验应用之间的问题.对于这一点,参加这次讨论会的科学哲学家的认识明显是分歧的.一个极端是那些像C.亨普尔那样的人,他们满足于对经验解释的传统阐述作某些较小的修正,而另一个极端,像帕特纳姆那样的人,他们认为,"对应规则"的概念只能用来掩盖有关科学理论解释性应用的极度混乱性.还有像夏佩尔那样的人会争辩说,只是因为"理论陈述"与"观察陈述"之间的区别一直被误解着,所以"对应规则"看来才是必需的,而且他们希望看到能够对这个特殊问题重新作出完满的陈述.

　　在这第三个问题的整个讨论过程中,这次会议最引起人们兴趣也最出人意料的是T.库恩的一篇论文.在这篇论文中,他用新的方法详细说明了自己有关科学"规范"的本质和作用的观点;而且在这样做时,他表明了他比过去更接近传统逻辑经验主义者的主张.

　　对于第三个问题,最明显的是亨普尔和帕特纳姆

609

之间的对立. 亨普尔承认,"内部原则"(它把科学中的
理论术语联系起来)和"过渡原则"(它把理论术语与
前科学术语或超科学经验联系起来)之间的区别,远
不像逻辑经验主义全盛时期那样死板枯燥. 像卡尔纳
普一样,亨普尔现在正准备比他过去更认真地对待来
自超科学思想的那些科学理论历史发展的哲学问题.

由于帕特纳姆在自己论文中攻击鲍波尔的确认理
论,所以他主张,如果不存在"发现的逻辑",那也就不
存在"检验的逻辑"(即对于确证、证实、确认、证伪来
说,都没有形式上的"规则系统"). 这一主张正是对维
也纳学派及它的所有信奉者的哲学纲领的一个基本挑
战. 因为帕特纳姆根本忽视维也纳学派所设置的大部
分逻辑障碍,(例如)在理论和实践之间或者在概念和
应用之间的障碍,而且他慎重地把判断科学概念的任
务归入到日常生活和实践的活动领域中,而马赫原来
试图将这一任务从这种活动领域中引出来. 一门科学
的种种理论观念不是一些彼此分离的东西,而且也不
脱离一般观念,例如,它不是脱离那些在技术、政治以
及其他超科学生活范围里指导实践的各种观念. 在这
个范围内并不存在特殊"试验性的"或"假说性的"观
念,即没有任何东西能把这些思想与用以报告给我们
的观察结果的术语分开. 对帕特纳姆来说,一种科学理
论与其"实验基础"之间的唯一区别,就是以抽象来表
述和考虑的这种理论,与当用来构造我们生活形式和
允许证明其在实践中解释成功时的同一理论之间的区
别.

这些在维也纳传统的中心公理范围内引起的问题

就谈到此:一旦我们继续讨论问题(1d)和问题(2),我们就无论如何不得不转到公理的问题上来.因此,这些必须考虑的新问题可以从 D.夏佩尔提给这次会议的论文中得到阐明.他所引用的那些例子,更清楚地说明了下面两方面的问题,即,一方面连接科学术语和陈述二者的内在联系,在任何时候,不必完全是"逻辑的"或"公理的",另一方面,(在对问题(2)的回答中),因此对自然科学应持这样的看法,即,它不仅仅是一种"逻辑系统",而更普遍地是一种"理性事业",作为当前研究的成果,这种"理性事业"的概念和命题之间的相互关系,不如数学系统、公理系统或其他系统严格精确.

事实上,(正如夏佩尔所提出的)实际的自然科学默认了实际存在的逻辑的"分歧"、不连贯性、甚至不一致.在某些领域中,例如,量子电动力学中,通行的解释程序甚至会要求我们自己反驳自己:为了某种计算的目的,我们假定 P,例如"电子有零半径";而为了作其他的计算,我们必须假定非 P,例如"电子有非零半径".然而,物理学家们完全能够很好地协调这些矛盾,并学会识别每一种计算适用于什么场合.所以,如果我们想了解实际的科学是怎样起作用的,那么我们必须放弃这样的假设,即:处于热烈争论中的自然科学理性内容具有"逻辑的"或"系统的"结构:相反,我们必须考虑这些科学怎样才能成功地完成它们实际的解释使命,而不管这样的事实,即不论何时,它们的理性内容都有逻辑分歧、不连贯性以及矛盾之处.

为什么维也纳传统的支持者忽略了这些逻辑分歧

611

和不一致性,或者至少是把它们看作对科学无关紧要的东西呢? 显然,这是与传统中心公理[由问题(1d)所引起争论的公理]的两种含糊或不清晰性有关. 因为这个公理常常使人不明确:第一,不是把它当作自然科学内构造"逻辑系统"的一种特殊的理论演算或算法,就是相反地把它当作整个科学的理性内容. 同样,这个公理还经常使人模糊不清,人们不是打算把"逻辑结构"的概念当作解释和分析实际自然科学的一种描述形式,就是相反地打算用来作为制定和批评自然科学的指令性理想.

当我们回忆公理方法的出发点,即赫兹对理论力学的分析时,那些含糊性的起源是可以理解的:因为力学理论自从在牛顿《原理》中诞生一直到赫兹时代,都是当作形式的公理系统提出来的,而且被作为物理世界提供(至少在原则上)包罗万象的、机械论解释的理性基础:就以这种资格,它获得了作为纯数学分支的那种综合特性. 例如,康德把牛顿动力学放在与欧几里得几何学同等的地位;而且到目前为止,"理性力学"已经成为一门严格的数学课题,像纯几何学一样,不涉及任何实际的、经验的科学问题,而有着自己独立的地位.

因此,在力学中,并且仅仅在力学中,一门完整的物理科学的理性内容,显然可以解释为纯粹的数学演算. 这就是一种避免了逻辑分歧和不连贯性的自然科学. 在这种情况下,作为例外,就不需要把作为整体的科学与它所包含的特殊算法和概念系统区别开来. 把力学作为一种理想的自然科学图像,从而避免了与之

不相干的理性缺陷,赫兹的这种说明具有明显的魔力.
把理论力学当作其他科学分支的一面镜子,要求在这
一模型基础上构建其他科学,并达到相同的逻辑一致
性,这种诱惑看来是不可抗拒的. 然而,理论力学真正
形式的完美,无疑要求我们不要为了使其普遍地适用
于自然科学而将其视为自然科学的"范例",去做关于
力学的"逻辑结构"的外推结论. 更确切地说,我们需
要认识力学到底是怎样一种特殊的科学. 有鉴于力学
理论的概念和假设全都是互相定义的,并且能全部采
用,因此,自然形成一个简单的、一致的"逻辑系统",
大部分自然科学是由许多不同的、多多少少互相联系
着的概念和概念系统所组成. 这些概念是过去不同的
时期,为了解决和解释不同问题的任务而引进的. 典型
的自然科学概念是一个集合体或者聚集物,而不能形
成一个紧凑的逻辑系统:在任何选定的时刻,应用这些
概念的经验范围,并不都是一样的. 只是一部分在逻辑
上是相互依赖的,某些部分甚至可能是互不一致的.

当我们考虑问题(2) 的含义时,即,当我们思考以
什么术语去描述自然科学的理性内容从一个历史阶段
向另一个阶段发展的方式时,上述一点的重要性就显
而易见了. 正是由于(像夏佩尔所强调的) 在典型的自
然科学概念中存在着分歧、不一致和矛盾,才产生了科
学的概念问题,从而迫使科学家注意把概念的变化引
人科学的理性内容. 在像理性力学这样的课题中,所有
未解决的问题都是形式的问题,而只为数学的精确留
下了余地:在更典型的科学中,也为概念变化留下了余
地,这正是使它们保持"科学地位"的东西,形成一个

完整的逻辑系统在科学上远不是典型的,恰恰相反,典型科学却是有逻辑分歧和不一致性的,正是这些分歧和不一致性才成为科学探索的能动的、发展着的领域之有生命力的课题.

记住了这一点,我们就可以认为(与夏佩尔)不谈论"理论演算及其结构",而谈论"科学事业及其问题",这样做会更好些.为了理解科学概念的真正本质和功能,我们不仅要分析它们与同一理论演算的其他概念的"逻辑关系",而且还要分析用以处理一种发展着的科学中概念问题的理性程序.用这种观点来看,传统方法的严重缺陷就在于把"理性的"东西和"逻辑的"东西等同起来.由于拒绝让任何不服从形式分析的理性关系进入哲学讨论,维也纳的经验主义者就从哲学上排除了"概念变化"的整个课题,即在科学事业中,怎样产生非形式的概念问题,以及如何合理对待的整个问题.由于科学哲学的维也纳传统只集中注意"逻辑系统"的本质,因此,就给出一幅容易使人误解的自然科学理性内容的图像,甚至停留在"照相"水平上.

硬说"没有发现的逻辑"并不能消除掉这种疑义.除了修辞以外,这种修饰过分的辞藻不会有任何用途.对于在此争论的问题来讲,无论是否有任何形式的或准形式的联系存在于科学的不同阶段通用的概念和理论之间,也无论是否有为比较它们各自优点的任何规则系统,更确切地说,在科学概念的引进、建立和改进之中是否包含有哪些种类理性程序,都不能否认有形式的、数学的或"逻辑的"关系存在于科学的不同发展

阶段的通用概念之间的情形,也不能否认在早期与后期概念应用的经验领域之间有精确的对应关系的情形.一旦我们认识了这个问题的实质,我们就既不情愿同逻辑经验主义者一起否定任何"发现的逻辑"的存在,也无意于(同 N. R. 汉森一起)力图恢复 C. S. 皮尔斯的"诱骗逻辑",或者为了这个问题(和 P. 费耶阿本德一起),以"科学理论的无政府主义"的名义,持华而不实的轻浮态度.这是因为,一旦对我们的基本理论概念提出了质疑,任何人都可以自由地、随心所欲地去进行思索.当所考虑的概念问题和变化基本上是非数学的和非形式的时候,目前所面临的问题正是以何种科学程序的"理性"存在的问题.

如果我们如此简短地回答这个问题,我们某些人可能会争辩说,正是由于五十多年来,维也纳逻辑经验主义者以及他们的合作者占了支配地位,因此,在当今的科学哲学中,我们正在为此而付出代价.摆脱限制科学哲学家如此之久的科学理论的静态的"照相",去建立一种科学问题和程序的"活动图像",现在已经是时候了;运用这种"活动图像",科学中概念变化的理性动力学将成为易懂的,而其"理性"的本质也将是显而易见的.

按照实际情况,我们在此只能指出这种新的说明中包容的主要问题,即帕特纳姆·尼克尔斯和夏佩尔曾帮助加以解释的问题,但对此不得不多做些说明.首先,任务不是空想的了,不再是为了检验新科学概念和理论而设计形式规则系统了,正相反,任务是既以理性的又以实践的术语去描述不同科学解释工作的特性,以便引入新的科学概念和理论.一旦我们这样做了,我们便可以探究:何种"合理考虑"能有助于建立某个新概念或新假设,或者作为必要慎重考虑的"可能性",或者作为讨论中关于现象的"有效解释".使一个新概念成为可能的"合理考虑",不必一定有助于在现存的符号逻辑图式中做分析;然而,对新颖的"可能性"的讨论(像方法论的准则和理性策略的讨论一样)正如对确立的(或"已作辩护的")概念、理论和解释的讨论一样,现在也完全是哲学应该讨论的问题.与此相应地,在对自然科学作动态的说明中,许多被逻辑经验主义者当作"发现的心理学"而摒除的东西,以及许多被T.库恩称为"科学社会学"的东西,必须作为哲学探究的正当园地,加以开拓.

总而言之,如果哲学家今天仍以"传统的"或逻辑经验主义者的方法去对待科学哲学已经有困难了,这是由于某些根本不同种类的理由,有些是高度专业化的和技术性的,有些则是较为一般的和哲学上的.从最低限度的困难着手:有些当代哲学家承认科学理论的逻辑结构是(或应当是)公理化的,但是对原来那种以为有一个单一的、整体性的强制性的公理形式的统一科学之理想表示怀疑.于是就有了承认科学理论有基本逻辑结构,但却怀疑这个结构是否必须是公理化的哲学家.另有一些哲学家,他们允许科学理论有理性结构,但却怀疑这一结构是否是在"逻辑的"或"数学的"模型之上有效地构造出来的,并对有成果的理论的实际应用极为关注.最后而且是最激进的一部分人确信,完全以"结构"或"系统"的术语讨论自然科学

的概念和假说已毫无益处,更不必说用与"逻辑结构"和公理化系统,那样的术语有关的静态术语了.

同样,任何当代科学哲学家将保留多少传统的分析,恰取决于他准备以怎样的激进程度对传统方式加以怀疑.一个极端是,他可能满足于遵守公理模型,并继续用数理逻辑符号,去讨论在一门或另一门自然科学中已经得到应用的所有不同公理化形式.另一个极端是,他将论证说,把科学的理性内容描述为"逻辑结构"这种观念本身就包含人为抽象:这种抽象仅能应用于少数像理论力学那样的非典型的首尾一致的科学,而且只应用于在历史上发展着的理性活动的单一的、短暂的某个阶段.而他为这种抽象辩护,宁愿去了解处于科学哲学中心的"科学系统的逻辑结构"问题,将由"科学事业的合理发展"问题去代替.

如果科学哲学家的确决定从理论演算的传统的静态的或"照相"观点走向科学事业的"动态"观点,他们将发现自己面临着一系列全新的问题.例如,他们将不得不问:在任何科学事业中,对于完成科学的所有解释目的来说,目前的概念怎么会不能完全达到解释科学的目的,从而引起概念问题的;解决当前的概念问题的理论方法,是如何由不同理性策略所支配的;新颖观念是怎样作为理论上的可能性而进行传播,并受到合理批评的;当不同的其他探究对这些可能性的要求在经验上有关或无关时,人们是如何判定它的;在当前的情况下作为提供可采纳的解释的某些方式究竟是怎样挑选出来的;修改过的概念在一定的时候是怎样在当前科学思想主体中获得固定的地位,并成为确立了的变化.

　　因此,简而言之,流行于有关科学中的任何暂时的阶段中的概念和概念系统,是怎样合理地发展成后继的阶段的那些概念和概念系统? 而所有这些必须要回答的问题,不应以抽象形式的术语回答,而要以引导各种"科学事业"发展的解释目的,持应有的历史态度来回答. 一旦科学哲学达到这个阶段,那么,它将不再关心科学理论或"公理演算"的"传统"观念,代之而起的将是一种全新的传统.

马赫的研究理论及其
与 Einstein 的关系

附 录 IV

1 论马赫原理在研究中的应用

Einstein 在他的自述笔记中认为,马赫冲击和动摇了人们对力学根本作用的教条主义的信念. 他写道[①]:"在这方面,当我还是个大学生时,马赫的《力学史》对我产生过深刻影响. 从他不可摧毁的怀疑主义和独立思考精神中,我看到他的伟大. 不过,在我比较年轻的时候,马赫的认识论见解也深深影响过我,这一见解今天在我看来是根本站不住脚的."

---

① P. A. 施尔普编《A. Einstein,哲学家－科学家》1949 年英文版 20 页.

　　根据以上引文我们可以看到,马赫曾从事于两种活动:他批判过他所在时代的物理学,并且也逐步建立起一种"认识论见解".这两种活动似乎是彼此独立地发展的;Einstein 晚年时赞成他的一种活动但反对另一种活动,对两种活动的描述也很不同.他说,马赫,作为认识论者,把"感觉"看成是"实在世界的构件"①,作为物理学家,他却从未逾越物理学领域而批判了牛顿的绝对空间②.

　　本附录中我们将把马赫的物理学论证与他的"认识论"分开.看来把二者分开并不很困难.马赫的物理学论证,总括起来,构成一种不同于实证主义的科学哲学,而与 Einstein 的研究实践(以及他的某些比较一般的关于研究的言论)是一致的,从他的这些论证推衍出反对 19 世纪的原子论和狭义相对论的不同意见,是完全合理的.我们也要看到,凡是马赫与 Einstein 意见不一致的地方,那是因为后者在讲实证主义而前者则对科学和常识性知识给了颇为复杂的说明.然而,马赫的"认识论"最后看来根本不是什么认识论,而是一种在形式上(虽非内容上)类似原子主义但又不同于任何实证主义本体论的一般科学理论(或理论概述).

　　马赫在他的《力学》③一书 1 章 2 节中提出并分析斯台温关于斜面上静态平衡条件的论证,即等高斜面

---

　　① 　Einstein 1948 年 1 月 6 日给 M. 贝索的信,引自 G. 霍尔敦著《科学思想主题的来源》1973 年英文版 231 页.

　　② 　见施尔普著同上书 28 页.

　　③ 　本文引言出自 1933 年莱比锡第 9 版.括号内是该书页码,页码前加 E 者系引自《认识与谬误》莱比锡 1917 年版.

上的相等重量的物体其作用力与斜面的长度成反比（命题 E）. 为了证明 E, 斯台温设想在一个包括两个平面的楔形或 V 形物上悬挂一条锁链①. 锁链或摆动或静止都可以. 在摆动的情况下, 它必定永不间断地动着, 因为每次摆动的距离都相等, 但斯台温说, 锁链永远不停地运动, 根本是不可能的（命题 P）, 所以锁链会停止不动、处于平衡状态. 而且因为锁链下部是对称的, 可以取掉而不致破坏平衡, 所以人们便可得出命题 E. 斯台温的论证就是这样.

马赫认为, 像 E 这样的命题能根据实验和实验的推论得出, 也可以借助于像 P 这样的"原理"（28 页）得出来. 实验"受异样的环境（摩擦）所歪曲"（26 页）, "永远与精确的静止状态的实际大小"不一样（30页）, "看来似乎是可疑的"（26 页）. 另一方面, 从原理出发的论证, 却"有更大的价值", 我们"毫不怀疑地接受它们". 这些原理具有的权威性来自一种强有力的"本能"（25 页）, 这种本能就像斯台温的感觉那样, 感到他实验中的锁链是不可能永动的. 原理能用实验检验, "但当原理的成功已很显然时, 这种检验并不必要 …… 人们进行思想实验就行了"（29 页）. 用这种方法进行实验"并不错误, 如果是错误的话, 我们大家都有份儿. 进一步说, 只有最强有力的本能同最强有力的概念力量相结合, 才能使一个人成为伟大的科学家"（27 页、参见 E 163 页）. 确实, "可以说, 科学最重

---

① 斯台温自己考虑的是把 14 个重量一样而距离相等的球挂在一条线上, 本文例子见《力学》31 页.

要和最有分量的扩展就是用这种方法取得的. 伟大科学家为了把特别观念与现象领域的一般轮廓协调起来而采取的这一程序, 这种在考虑个别作用的同时、经常关注整体的方法, 堪称真正哲学的方法"(29 页).

　　方法影响我们的概念. 原理无视具体物理现象或事件的特点. 要把科学置于原理基础之上, 这就迫使我们不得不使这样的事件或现象"摆脱干扰的环境"而以一种理想化的形式把事件表现出来: 用斜面和杠杆代替楔子和横木, 正像在几何学中用直线和平面代替椽子和光滑的平面一样: "我们依靠正确的概念积极地重建事实, [然后] 就能用科学方法掌握它们"(30页).

2　Einstein 对原理的应用

　　现在看一看 Einstein 关于他得出狭义相对论的方法说明①. 面对当时物理学的困境, 他设法"根据已知事实, 努力探寻构造性理论, 而发现真正的规律"; 他感到用这种方法不能获得成功而"失望". 他遵循热力学从原理而不是从事实出发的实例, 在物理研究中逐步明确地认识到"只有发现普遍性原理才会 …… 获得结果". 他根据这样的思想实验找到一个原理: "如果我追踪速度为 V 的光线(真空中的光速)的行动, 我应该把这样一条光线观察为在空间振动着的电磁场的静止状态. 然而, 不管是根据经验或是根据麦克斯韦方

---

① 施尔普同上书 52 页.

程,都似乎没有这样的东西".这种程序和马赫提倡和描述的步骤,几乎没有任何区别.

这种相似性在不少细节方面也可看到.Einstein 不止一次地否认受过迈克尔逊－莫雷实验的影响:"我推定我当时只是想当然地认为它是真的"①.关于斯台温的实验,马赫写道(29页):"只要理论无疑能够成功""实验是否真正完成,这是没有关系的".当人们问到 Einstein 关于他的信念的源泉时,他谈到那是由于直觉和"对事物的辨别力",这一点与马赫强调富有成果的原理之本能的(直觉的)本质是一致的.马赫说:"直接承认某一原理 …… 作为理解一个领域的一切事实以及认识原理如何渗透到一切事实的钥匙,而不必要用我们偶然知道的命题作为依据,用修修补补、缓慢费力的方法去证明这一原理,这是符合思维经济和科学的美学的 …… 确实,这种迫切要证明科学原理的作法,导致对原理的精确性产生一种错误看法:把某些陈述看作更加稳妥、看作是其他陈述之必要而无可争议的基础,但实际上这些陈述具有的确实性并不多,或者甚至更少的确实性."(72页)

马赫认为,原理是能够而且需要用经验加以检验的(231页).Einstein 同意这一点,他说,科学试图"探

---

① R.S.商克兰德著《与 Einstein 的谈话》1963 年美国《哲学杂志》31 期 55 页.又例如,关于惯性质量和引力质量相等的理论,Einstein 说:"甚至我还不知道爱沃特沃斯的值得称赞的实验 —— 如果我记得不错的话,那是以后才知道的 —— 但我丝毫不怀疑这一理论的完全有效性."见《思想与见解》1954 年英文版 287 页.

寻统一的理论系统"①,但他又说:"逻辑的基础由于新
经验或新知识的出现所受到的威胁,远远超过专业训
练因其与经验的联系更加密切所受到的威胁.逻辑基
础的重要意义在于基础同所有个别部分的关联之中,
但是它的最大危险同样也在于遇到任何新的因素."②
另一方面,他不愿仅仅因为某一似乎有理的观念与某
种经验结果相冲突就放弃它,这一点同马赫强调本能
性原理的权威、强调经验事实要适应原理,是一致的.
要描述 Einstein 在他的相对论论文中的程序,最好的
方法就是重复马赫对斯台温论证的简单说明,只要把
关键的组成部分调换一下就行了③.

3 对马赫的一些批判站不住脚

现在看一看人所共知的关于马赫与 Einstein 关系
的一些评论. A. 米勒教授曾著书④对狭义相对论发
明以前历史和早期解释给以卓越而详尽的说明,企图
解释马赫在《光学》序言中对狭义相对论的批判. 我认

---

① 《理论物理学基本原理》,载《科学》杂志(1940),引自《思想和
见解》324 页. 参考马赫语:"只有那些在最大范围内能持续存在并能最
广泛地补经验之不足的观念,才是最科学的."(465 页).

② 马赫认为,本能性的一般原理比个人经验的结果更可靠,这正
是因为一般原理尽管与广泛领域的事实处于潜在冲突之中却仍然能存
在的缘故(325 页).

③ 霍尔敦把 Einstein 的独一无二的风格(不从实验或问题而从原
理出发)与佛普(Föppl)联系起来(见 G. 霍尔敦著《科学思想主题的来
源》205 页). 我认为,他本来也可以把这一风格与马赫联系起来,因为
Einstein 研究过马赫,而佛普又尊重马赫.

④ 《Einstein 的狭义相对论》1981 年英文版 138 页.

为,他对这一批判的说明并不正确.他说,马赫"干脆地拒绝接受相对论"①.马赫曾答应解释"在他自己的思想中,他为什么反对相对论,反对到什么程度",这就是说,当时他反对相对论的意见的性质和生硬程度尚未确定,尚未见于书刊论著(正式答复的书籍从未出版).此外,我们也不同意米勒尔教授所作批判的理由.

根据他的说法,"Einstein 先验地假设相对性原理,这一点就表明他已经超过了马赫".确实,Einstein 所写 1905 年论文不是从实验事实而是从假设出发的,而且又是从假设推出结论的 —— 但是这正是马赫所描述和提倡的程序或方法.当然,马赫强调要用经验检验原理这一点也是事实 —— 但这里我们又一次看到我们已说过的他和 Einstein 的共同之处,马赫还进一步评论说,因为"我们周围环境的稳定不变",原理"可以用来当作数学演绎的出发点"(231 页).而 Einstein 认为,狭义相对论只有在特殊的和稳定的环境中才是有效的.这一点又使我们看到马赫接近 Einstein 之处.

米勒尔写道(166 页):"Einstein 两个相对性假设的自明状态,把它们置于直接实验观察范围之外."这是对的 —— 若是没有马赫可能会加以反对的那种含义的话.甚至米勒尔的(正确的)说明,即"材料(Einstein 理论中的),也可以指思想实验的结果",这与马赫并不冲突,因为我们已经知道:马赫与 Einstein

---

① Einstein 自己也这样说:"马赫激烈地反对狭义相对论"——1948 牟 1 月 6 日致贝索函,引自霍尔敦同上书 232 页.

两者之间的明显冲突,根本不会是关于适当的研究程序或方法的冲突①.霍尔敦在考虑诸如热动力学第一和第二定律、牛顿第一定律、光速不变、麦克斯韦方程的有效性以及惯性质量和引力质量相等以后,他写道:"这些没有一个是被马赫称为'经验事实'的"②.霍尔敦断言,马赫不把(经验的)"事实"一词用于某一普遍性原理,同时他暗示说,马赫反对用这种原理当作论证基础.

我认为,他的上迷断言和暗示都很难与马赫著作重要部分协调一致.正如我们在前面第1,2节和后面第4节表明的那样,马赫对朴素的归纳推理程序持严格的批判态度,喜欢直接而"本能"地使用具有很大普遍性的原理.再者,当我们带着这种认识背景阅读他的著作时,可以看到,他在许多地方使用"经验事实"一词似乎还是比较随便的③.

霍尔敦还提到 Einstein 对马赫的另一批判④.Einstein 认为,"马赫体系所研究的是经验材料之间存在着的关系;在他看来,科学就是这些关系的总和.这种观点是错误的,事实上,马赫所做的是在编目录,而

---

① 这一批判也适用于 R. 埃塔格基(Itagaki)的陈述,即"从原理到实验的方针是与马赫的方法论截然相反的"(《科学史》22,1982,90页).马赫不仅不反对从原理出发,而且他提倡这一点.

② 《科学思想主题的来源》229 页.

③ 例如,马赫直接地或暗含的称能量守恒为一经验事实(437—477 页及以后),虽然这是靠思想实验而不是靠仔细的实验研究揭示出来的(E194 页).

④ 载霍尔敦著同上书239 页,引文引自 Einstein1922 年4 月6 日在巴黎的讲演(《Einstein 文集》中文版1 卷168 页).

不是建立体系."许多哲学家和史学家已多次重述这
一批判.其实他们的批判是站不住脚的;只要注意看一
看马赫是多么经常地强调:必须使一般事实从个别观
察和实验的特殊性中摆脱出来,必须"永远注意整
体"(29 页).正如他所说的那样,力学史就在于基本上
逐渐地、"一步一步地"展示了对"一个重大事实的认
识".最有价值的科学家是上天赋以"广阔眼界""能通
过全部事实看出原理的那些人"(61,72,133,266 页及
其他多处),也能"直接认识到某一原理乃是理解某一
领域一切事实的钥匙;在他们心目中,能看到这一原理
是怎样渗透到一切事实中去的"(72 页),这些人在自
然过程中,由直观而认识这一原理(133 页,指伽利略;
参见 E207 页),从而"一见之下就能理解或掌握很多
的东西",而那些"眼光比较短浅的"天真的观察者却
纠缠于"次要的情况"(70 页),"无法选择和注意那些
本质性的东西".因此,有价值的科学家并不是列举事
实,把它们整理成目录;他们或者是"重建事实"或者
是从事"构造新理论的尝试",用他们"自己储存的观
念"建造"理想化的事实"(E190 页以后).他们不以逻
辑的首尾一致为满足,他们寻求"甚至更大的和谐",
他们就在普遍的事实和本能性原理中寻找这种和谐.

4 马赫论归纳、感觉和科学进步

从马赫对归纳法的态度,可以很清楚地了解他对
科学的看法.他写道(E312 页):"真奇怪,许多科学家
把归纳法看作研究的主要方法,仿佛自然科学除了把

明显的个别事实直接整理归类以外,就没有别的事情好做了. 我们并不否认这种活动的重要性,但这种活动并不是科学家的唯一任务;重要的是,科学家必须探寻已知事物的有关特征及其关联,这比把它们分类更困难得多. 所以称自然科学为归纳科学是没有道理的."有关的特征是什么,而怎样才能发现这些特征呢? 根据马赫的见解,古典动力学的有关特征是:质量是存在的;不同的计算质量的方法总是导致同一结果;任何引起运动的东西(地心吸力;太阳、月亮、行星的引力;磁力;电力)决定加速度而不决定速度(187,244 页等). 简而言之,这些特征就是力学原理所描述的那些东西. 我们已看到,在原理的发现中,本能与直观起着重要作用(E315 页:"直观是一切知识的基础"). 正如马赫所说:"我们借以取得新的洞见和经常被不妥当地称为归纳法的心理活动,不是个简单过程,它是很复杂的. 这种心理活动不是个逻辑过程,虽然心理活动中能插入逻辑过程作为中间的和辅助的环节. 抽象与想象对新知识的发现起主要作用. 在这些问题上,方法不能给我们什么帮助;这一事实可以用来解释惠威尔描述归纳发现所具有的那种神秘特征. 科学家探寻有启发性的观念. 开始时,他既不知道这一观念,也不知道能够找到这一观念的方法. 但是当目的和达到目的的途径〔已经〕展示其自身时,科学家一下子为他的发现感到惊讶,正像一个人在树林里迷路突然间走出茂密森林,眼界扩大,看到一切事物清清楚楚地展现在自己面前那样. 只有在主要的东西被发现以后,才能用方法整理这些东西,加以秩序化,改进结果."

628

　　探寻原理一方面靠观察,另一方面又与科学家"独立地使用他自己储存的观念、把它们作为要素加到观察上去"这一活动分不开.因此可以说,开普勒关于火星轨道椭圆率的试探性假设乃是他自己的构造.这种情况也适用于伽利略关于自由落体的速度和时间比例的假设以及牛顿关于冷却与温差的速度比例的假设(E316 页).科学家自己增加的要素的性质如何,则决定于科学家本人、他的时代的科学状况和他对某一纯粹的事实陈述满意的程度(E316).例如,牛顿的思想特征是大胆和高度的想象,而且"确实,我们毫不怀疑后者乃是他的研究的最重要的本领"(181 页):"在理解自然以前,必须靠想象把握自然,以便使我们的概念具有生动而直观的内容."① 我们已看到,马赫认为,抽象"对知识的发现起重要作用"(E318 页);抽象似乎是消极的工作程序或方法,它把实在的物理特性,例如颜色(就力学而言)、温度、摩擦、空气阻力、行星干扰等省略掉了.对马赫来说,这是科学家另外"加上去的"并用以"重建"事实之积极的和建造性工作的一种副作用;因此抽象是"大胆的理智行动"(E140 页).这种抽象可能打不中要害,"只有成功才证明它是合理的".必须按这种意义去理解马赫的著名口号"科学

---

　　① 在这里我们看到了马赫与 Einstein 之间进一步相似之处.后者一再强调:研究不应以感觉和整理感觉秩序的概念为满足,而需要把研究建立在"很大程度上独立于感性知觉的对象"上(《思想与见解》291 页).但当他把这些对象视为"随意的",是"自由精神的创造",因而就是在关键之处停止提出问题的时候,马赫却考察这些对象的来源、本质及其权威性的本质与根源.

就是使观念适应事实而且使观念彼此适应"(478 页等处). 使观念适应事实并不是说在思想中介中不断重复不加改变的事实, 而是一个改变观念和事实这两要素的辩证过程. 现在我们就稍微仔细地看一下这一过程是怎样展开的.

科学家为了探寻世界秩序, 便寻求各种原理, 寻求原理的方法, 一种是靠实验, 用"曲折的""修修补补的"和"不确定的"方法; 另一种是用本能的方法, 借助于大胆的思想实验和由此而得出的概括. 原理规定思想风格, 要求我们用这种风格把已知事实"概要地说明"或"概念化". 这是真正的创造性工作, 通过改变和重建事实和观念而把两者联结起来. 意味着不同抽象方法的不同原理, 以不同甚至相反的方向把事实观念化或"概括", "一会儿强调现象的这一方面, 一会儿强调现象那一方面"(73 页). 例中, 布莱克把热看作实体, 因而假设热的守恒原理, 提出用潜热理论说明冰结和蒸发的道理, 而同时, 19 世纪热力学家曾考虑把热改变为其他形式的能(E175 页). 事实和观念的适应"能够以许多不同方法进行". 在同一范围内产生于不同领域或不同原理之概念化解释有时发生冲突, 产生自相矛盾的现象(这种冲突的实例之一就是第 2 节所说的 Einstein 的思想实验). 这种自相矛盾是研究的"最强大动力"(E176 页). "一个人永远不能说过程已完全成功, 已达到终点", 因而一个人永远不能说, 一件事实 —— 任何事实 —— 已经彻底全面地被说明了. 甚至感情激动的谈话"都包含着"必须用研究加以检验和发展的"片面的理论". 马赫认为, "精神领域"

即思维、感情和奋勉等,"靠内省是不能充分查明的.
内省法是不够的,但内省法加上考察身体内部联系的
生理学研究则能使我们清楚地认识这一领域,使我们
认识我们内部的存在"①.精神现象的全部本质是由包
括内省心理学和生理学研究这一相辅相成的研究策略
在内的研究工作揭示出来的.

　　马赫之所以不仅把心理学而且把整个科学研究建
立在这种混合研究战略基础之上,理由有二.第一个理
由是他的批判态度:他甚至要考察最一般而影响最深
的那些科学因素,例如有的人认为主体与客体、精神与
物质、肉体与灵魂之间存在着明确界限,有的人相应地
认为存在着任何"精神"事物尚未能接触到的外部世
界,这些观念都是这样的科学因素.在马赫时代,人们
认为这些观念是研究工作不可动摇的前提条件(这一
态度现在仍以一种不可言状的形式残存着).马赫不
同意这一态度.他认为,影响科学的或科学的一部分的
东西,也必须经受科学的考察.考察一个实在的外部世
界的观念意味着,或是寻找精神 — 物质界限的裂缝,
或是引入已不再受这一观念约束的"相反的观念化之
事物"(263 页).这两种方法马赫都使用.使用混合研
究战略的第二个理由是,这种战略可导致部分成功.上
述部分的界限观念最后表明是由心理 — 生理诸过程
(马赫将诸过程联结起来)引起的,其他部分观念则是
一些次要而偶然的早期观念的残余.为了进一步考察

---

　　①　见 E14 页小注:作为认识来源,心理上的观察与物理上的观察
同样重要.

这一问题,为了准备一种不再依赖于这些偶然事物的科学,马赫提出了他的"一元论". 这种一元论不是马赫关于研究的一般观点的一部分,而是一种与这些观点一致而又从属于这些观点的特殊理论. 所以这种一元论不是研究的必然限界条件,但几乎所有对马赫的批评者,包括 Einstein 在内,却认为马赫的一元论就是这样. 马赫特别强调这一点:"对心理学家来说,最简单而最自然的起始点,不一定就是物理学家的,或者研究完全不同问题的化学家的,或者看到同一问题的不同方面的那些人的,最好而最自然的起始点"(E12 页小注 1). 把马赫的一元论看作是将存在的东西(感觉)简单地等同于那些(1) 主观的、(2) 基本的而且(3) 不能进一步分析的实体,这尤其是误解. 这样的实体既不存在于科学中(马赫认为,科学并没有"不可动摇的因素",而且"需要不断地加以考察". 并请参阅 E15 页关于哲学和科学的思想方法之不同的论述),所以也不存在于马赫的一元论中,因为正如我们已经看到的那样,这种一元论是科学的理论而不是哲学的原理.

根据马赫的看法,世界是由要素组成的,这些要素能用许多不同方法加以分类,使彼此关联起来. 要素就是感觉,但"这只是"就我们考虑其依赖于一种特殊的要素复合即身体时,才是这样的:"它们同时又是物质的对象,即只就我们考虑其他基本的附属物的限度内,才是这样的"①. "所以,要素既是自然的事实,又是心理的事实(E136 页),它们以许多不同方式互相依存,

---

① 《感觉的分析》13 页.

不存在任何不受其外界变化影响的要素复合,严格地说,根本不存在任何孤立的事物"(E15页).要素不是最后的——"它们正和炼金术的元素一样,也正和今天的化学元素一样,乃是初步的和试验性的"(E12页).从形式上看,马赫的一元论和原子假说有很多共同之处.两者都假设世界是由一定的基本实体组成的,都是用科学研究方法去发现实体的真实本质,都同意假设是不必要的,必须由经验加以检验;而且正如原子论的最终目的是根据原子去分析现象学的理论,而不需要去反对构造这些理论,同样,马赫也不会反对或批判构造这样一种力学科学,假若人们不把这种力学概念看作是最后的、是其他一切事物的基础的话(483页),马赫与原子论者的区别在于基本的实体——在这里马赫略胜一筹.因为在他看来,只要"根据原子运动不能解释感觉",就必定能根据感觉领域的要素来解释原子,否则原子假说就不会是经验科学的一部分了.这样看来,马赫所想象的要素比原子是更为基本的.

5　Einstein 的非理性实证主义和马赫的辩证理性主义

现将以上关于我们认识发展和我们认识要素的非常有经验的说明,与下边 Einstein 论著的引言加以比较. Einstein 说:

"我相信,在建立'实在的外在世界'时,第一步是形成有形物体的概念和各种不同的有形物体的概念.

在我们的许多感觉经验当中,我们在头脑里任意取出某些反复出现的感觉印象的复合(部分地同那些被解释为标记别人的感觉经验的感觉印象结合在一起),并且给它们一个概念 —— 有形物体的概念.从逻辑上看,这概念并不等于上述那些感觉印象的总和;它却是人类(或者动物)头脑的一种自由创造.但另一方面,这个概念的意义和根据都唯一地归源于那个使我们联想起它的感觉印象的总和.第二步见之于这样的事实:在我们的思维(它决定我们的期望)中,我们给有形物体这个概念以一种独立的意义,它高度独立于那个原来产生这个概念的感觉印象.这就是我们在把'实在的存在'加给有形物体时所指的意思.这样一种处置的理由,唯一地是以下面事实为根据,即借助于这些概念以及它们之间的心理上的关系,我们就能够在感觉印象的迷宫里找到方向.这些观念和关系虽然都是头脑的自由创造,但是比起单个感觉经验本身来,我们觉得它更强有力,更不可改变,而单个感觉经验所不同于幻想或错觉结果的那种特征,是永远无法完全保证的.另一方面,这些概念和关系,实际上,关于实在物的假设,一般说来关于'实在世界'的存在这假设,确实只有在同感觉印象相联系(在这些印象之间形成一种心理上的联系)时,才站得住脚."①

　　熟悉马赫论著以及包括维也纳学派在内的实证主义的历史的读者,看到这一说明后,会觉得它是多么接近实证主义而不是接近马赫,而感到十分惊奇.这一说

---

① 《思想和见解》291 页,《Einstein 文集》中文版 1 卷 342 页.

明比马赫的更加简单得多,而最重要的是,它是完全不实在的.在历史上或在个人成长过程中,并不存在对应于"第一阶段"的什么阶段;当我们走不出"感觉印象的迷宫"①,"在头脑里任意"选择特殊的一束束的经验,"自由地创造"概念并用这一束束经验把概念联系起来时,本来就分不出来有什么阶段."不仅人类而且个人也发现 …… 一个完整的世界观,但对建造这一世界观,他并没有自觉地做过贡献.每一个人必须从这里开始 ……"(E15 页)."常识 …… 从总体上理解我们周围环境中的物体,并不把 …… 个别感觉的贡献分开"(E12 页小注 1).

然而,"第一阶段"不仅不存在,而且作为认识的起,也不能存在.马赫解释理由如下:"仅仅经验,没有思维伴随的单纯的经验,对我们来说永远是陌生的"(456 页);一个人面对感觉经验而没有思维,就不知所措,不能做最简单的事情.同时,"一个个别的感觉既非有意识的也非无意识的,只有它变为当前种种经验的一部分,才成为有意识的"(E44 页):把这些经验连接起来是经验之有意识的先决条件,所以,想把有意识的但尚未连接起来的感觉领域加以调整安排是不能把经验连接起来的."想象力已抓住某一单纯的观察所得,改变它并增添内容"(E105 页);这是必要的,因为"在理解自然之前,必须预先在想象中掌握它,这样我们的概念就可以有一个充满生气而直观的内

---

①　Einstein 谈到感觉印象时,总是指直接的感觉印象.这一点从他 1952 年 5 月 7 日给 M. 索洛文的信中看得很清楚(A. P. 弗伦芝编《Einstein 一百周年论文集》1979 年英文版 270 页).

容"(E107 页):概念也不能是"纯"的,在它们能用来调整安排任何事物以前,必定已充满了种种知觉的对象.概念和感觉最初都是不能单独存在以后才结合并在结合中形成认识的.

再者,记忆与想象之间并没有严格界限 —— 任何经验都不是孤立的,其他经验总会影响对这一经验的记忆的.无论如何,记忆乃是"诗与真理的结合"(E153 页 —— 此指歌德的自传《诗与真理》),"观察和理论也不能严格分开"(E165 页),所以"使我们的观念适应事实以及使我们的观念互相适应这两个过程也不能严格分开.一个有机体最初的知觉就已经由有机体固有的和临时的情绪(这有赖于生物的需要和传统 ——E70 页以后)共同决定了,以后的印象则受先前发生的一切的影响"(E164 页).这样产生的整个知觉的复合"比概念的思维从组织上说更早、基础更好"(E151 页);而"从一开始根本就不能与科学观念分离的"常识,不仅不知道任何 Einstein 意义上的感觉,而且不可能形成这种复杂和抽象的观念(E44 页小注 1).

马赫与 Einstein 都相信科学和常识具有密切联系.马赫说,"科学概念与常识观念直接相联系,与常识观念是根本分不开的"(E232 页).Einstein 说,科学家"如果不批判地考虑一个更加困难得多的问题[比对科学观念的分析更困难],即分析每天思维的本质以及何处需要改变就加以改变的问题,就不能前进一步",就是这个道理.但是 Einstein 用以描述这一情况的方式使这一改变看起来是颇为容易的,而提出的进

行这些改变的方法也是错误的. 如果"感觉是给定的
题材"①,如果用来使这一题材条理化的概念是"任意
的""自由地创造"和"本质上是虚构的"(引自《思想
与见解》273 页),那么,我们需要做的就是放弃一组虚
构,"自由地发明"另一组和第三组、第四组虚构,比较
一下它们整理知觉的好坏程度,挑选那能把题材整理
得最有次序的概念就行了. 这一程序可能很长,使人厌
烦,但并不很难. 整个过程就是"玩弄概念的自由游
戏"②. 如果,另一方面,在种种感觉、想象与思维、记忆
与幻想、发生学与本能(E164 页并参阅 E323 页:科学
假说化活动不过是本能的原始思维进一步发展)、梦
与醒之间没有明显分离;如果任何历史上给定的题材
是所有这些实体的掺和物,或者也许不是掺和物而是
简单的单一物③(这意味着,知觉不是题材而是"虚
构")—— 那么,研究就的确同 Einstein 所描述的程序
很不一样了,新原理的发现将不会那么"自由",也不
是单纯地把某些熟悉的概念重新调换调换就可以了,
因为概念本身的存在现在都成了问题.

---

① 　请记住 Einstein 在给贝索的信里(见前面小注)就是把这一假
设归之于马赫(他根本无此主张)并加以批判. 此处引句是他写此信
(1948)以前 12 年写的,他本人接受此假设 —— 在他的《自述》中
(1946)以及 1952 年写给素洛文的信中都是这样写的(参见小注).感觉
主义假定感觉是不能分析的,这简直是一种自我讽刺.
② 　施尔普编《Einstein,哲学家 – 科学家》1949 年英文版 20 页.
③ 　例如,马赫似乎倾向于把迪昂所说的某些"性质"算作要素,但
迪昂认为"性质"是像电流、电荷等的东西.

　　看到 Einstein 和普朗克①（他们都强烈地反对实证主义）这样有创造力的科学家，仍然主要以实证主义为根据来说明科学，以至使这种说明比他们参与的科学实践简得多多了，这使人感到很奇怪．而被认为是实证主义者的马赫却是这样一个少有的思想家，他认识到上述 Einstein 说明的虚构特性，而用比较实在的说明代替．因此，他成为格式塔心理学和数学中的构造主义的先驱（如皮亚杰、洛伦兹、波利扬义和维特根斯坦第二）以及近现代尝试寻求物理世界模式的先驱之一．

　　我们已经看到，Einstein 强调一般原理之虚构性和任意性的特征．他的意思是说，不存在从经验（对他来说，就是直接的感觉）能够推论到原理的任何逻辑途径．马赫可能并不反对这一狭隘的解释，因为他不仅看到而且强调原理和特殊经验之间的（逻辑的）冲突，而且劝告科学家要使后者适应前者而不要使前者适应后者．但是他不承认原理因此就是"人类思想的自由创造"这一点是正确的，因为在所谓的逻辑约束以外还有其他许多约束，"合理的"行动不仅要留意这些逻辑以外的约束，而且也是受命于这些约束的．

　　马赫这样批驳"自由的创造"以后，还发出一个警告．"人们时常称数字是'人类思想的自由创造'．当我

－－－－－－－－－－

　　①　普朗克认为，感觉"是我们一切经验的来源，这是大家公认的"；"必须永远保持与感觉世界的联系"；"一切知识的来源和每一种科学的起源均在于个人经验．这些经验是直接给定的，是我们凭幻想做出的最实在之物，是构成科学的思想系列的第一个起点"；"只有通过感觉的中介才能看到实在世界．"（见所著《演讲和回忆》1969 年德文版45,226 页）．

们看到数学建立起来的精致完美而巍峨的大厦时,用这种话赞扬人类的精神,这是很自然的.然而,探寻这些创造的本能性起源,考虑导致需要这些创造的环境是什么,这才会有助于我们更好地理解这些创造.也许一个人这样才会明确认识到,在这里产生的第一个结构是由物质环境无意识地、从生物因素上强加于人的,只有这些结构产生并且已证明是有用的以后,他才能认识到它们的价值"(E327 页).谈论"自由的创造"(或"大胆的假设"),这就无视这些错综复杂的决定因素,而代之以天真而虚构的说明,蒙蔽研究者,使其对自己的任务产生错误认识.这就是马赫的告诫.因为任何脱离本能的思维系列会失去与实在的联系,会产生"梦幻般的过头话和不适当的、异常的特殊理论"(29 页以后).

6　原子和相对性原理

马赫认为原子是由于科学家远离他们时代的科学本能的基础而产生的怪物.在他看来,原子不仅是理想化的东西,而且是"纯粹的思维对象,从其本质来说,根本不能刺激感官"(E418 页).一个理想化的东西,例如理想的气体,纯粹的液体,完全弹性的物体,一个球面,能够由一系列的近似物与经验相联系 —— 它遵守连续性原理(131 页).甚至像牛顿力学那样复杂而内容广泛的理论,都包括能逐步变为对观察物的描述的陈述①. 确实,康德的具有其丰富结构的现象世界遵守马赫所理解的连续性原理. 另一方面,康德以前的实体,或者康德所说的自在之物,并没有这一特性(466页). 这种实体既不能经验,也不能由一系列近似物与经验相联系;它们是纯粹思维的构造,关于它们的陈述是不能用原理检验的. 马赫假设(假设 A) 这种实体在科学中是没有地位的. 他还假设(假设 B) 他的时代中大部分科学家所设想的原子具有不称人心的上述特性. 他是根据这两个假设反对原子论的,不是根据几乎所有批评他的那些人(包括 Einstein 在内) 所说的朴素的实证主义.

    Einstein 以及差不多所有现代科学哲学家都接受假设 A. 它是马赫论证中唯一的方法论(认识论) 假设. 所以根据方法论理由是不能够批评马赫反对原子的意见的. 假设 B 是一个历史假设,像一切历史假设一样,是不容易得到公认的. 此外,马赫承认"原子论可能使科学家说明各种不同的事实",但是他力促人们把原子论看作"权宜的助力",应为求得"更为自然的观点" 而努力(466 页). 这正是 Einstein 早年关于统计的(热) 现象论著中所持立场;在这些论著中他不仅批判当时动力学理论"未能对热的一般理论提供适当基础",而且也尽力使统计的(热) 现象的说明摆脱特殊的力学假设,并且他指明,只要探寻到物理现象的一些

---

①   Einstein 在给贝索信中批评马赫"不了解牛顿力学也具有这一思辨特征",这一点表明 Einstein 没有很好地读过马赫著作,或者虽然读过却早已忘掉了.

很一般的特性就能获得满意的结果①．再者，Einstein
在论述布朗运动的论文中，认识到需要更强有力的论
据，于是就建立了正是马赫所要求的那种原子和经验
之间连续性关系．最后，量子论采用了马赫一直在寻求
的那种"更为自然的观点"．我们只能得出这样的结
论：马赫的批判是合理的；这种批判根本与实证主义无
关；Einstein 和冯·斯莫卢霍夫斯基以及量子论创建者
的研究活动，似乎正是按马赫所批判的各方面而改进
动力学理论的．如果什么地方有实证主义的话，那是发
生在 Einstein 那里，而不是在马赫那里．

　　狭义相对论满足了马赫捍卫的连续性原理．我们
已看到这一点并能了解为什么我们不能接受通常所说
的马赫反对这一理论的意见：他们所批判的观点根本
不是马赫所持的观点，但显然是采用了马赫所提倡的
研究程序或方法的 Einstein，却得到称赞．马赫在他的
《光学》序言中，提出批判狭义相对论的三点理由：相
对性原理的捍卫者的日趋严重的教条主义、"建立于
感觉生理学基础上的思考"以及"产生于 …… 实验的
概念"②．他对教条主义的指责颇有根据．这种指责适
用于普朗克；似乎他已把相对性原理的不变体，看作是
他假设隐藏于科学世界和感觉世界背后之绝对实在的
组成部分．这一指责也适用于大多数其他物理学家，他
们不了解马赫对主体与客体界限所做的考察，不愿参
与对这样一个根本性偏见的批判考察，就是说，他们把

---

　　①　这些特性例如，一次直线性微分方程代表状态变量的时间协
变（马赫遵循皮卓德，Petzold，视此为一重要的经验事实）．
　　②　《物理光学原理》英文版．

主客体间界限视为当然,而用相对性原理巩固这一界限,使之更加明确.这些考虑很可能与马赫的下列问题有关:对界限的跨学科考察、对"精神"事件或现象包含有"物质"要素(反之亦然)的推测以及企图建立一种把这些内容均考虑在内的观点的尝试.所以在马赫和对 Einstein 不加批判的追随者之间的冲突,第一,是两种不同科学理论的冲突,一种理论很具体地说明主体与客体界限,另一理论根据物理学、生物学和心理学的科研成果而重新规定或消灭这一界限;第二,是两种态度的冲突:马赫想考察物质,他的论敌则认为这一问题或已解决或者甚至并不认为那里有什么问题.在这里,马赫又一次作为批判的科学家出现在我们面前,他企图使科学的一些很基本的内容能符合其他科研领域已应用的原理.众所周知,这一冲突一直继续到 Einstein 与玻尔关于量子论①的对立以及后来的时 — 空理论与量子论之间的冲突.至于马赫提出的第三点批判理由的内容,我们一无所知.

7 应该取得的教训

从马赫和 Einstein 这一段历史插曲中,我们应学习到什么呢?我们学习到:第一,一个人不能完全信赖被普遍接受的见解或"科学的伟大转折点"或"伟大争论"的公认的见解,即使有关领域的杰出学者支持这

---

① 这一冲突也是在物理学假设上的冲突,一方带有批判态度(玻尔),一方具有教条主义的顽固性(Einstein).参阅拙著《哲学论文集》1981 年英文版卷 1 论玻尔.

些见解.第二,不用详细研究档案材料,只要阅读几本著名的书籍,就时常能发现公认见解的错误.第三,这样读书使我们认识到,大多时候公认的见解不仅是不正确的,而且比它们描述的现象或事件更加简单(而且单纯无知得多).第四,因此我们不得不怀疑许多所谓"伟大的争论",例如"实在主义"和"实证主义"的争论(一般总与马赫 – Einstein 之谜相联系)乃是由误解和疏漏引起的虚伪可耻的论战,只就论战而研究论战,不进行任何历史分析(第二点提到的那种简单的分析),我们从这种论战中绝对学不到任何关于科学和一般知识的东西.第五,宣称已解决这些争论的哲学体系与那些专事批判别人的能手的产物是难以区分的,只不过这些批判能手自知在干什么而哲学家并不知道而已.不同哲学体系以种种正反理由对同一个"伟大的争论"或同一个"前进的一跃"或同一个"革命"提出不同看法而彼此对垒时,就引起哲学论战,但这些论战总是空谈太多①.第六,当然,空谈对所有那些因缺乏才智不能理解或影响复杂历史过程的人,还是有用的,现在这种人可以头脑简单却仍然是哲学家,甚至能够自称比那些不满意他们天真幼稚思维模式的人更为"合理".第七,这种情况鼓舞我们有时走得稍远些,用批判眼光看看所谓构成伟大争论的种种事件,

---

① 在玻尔与 Einstein 论战事例中产生的空谈,请参阅拙著.围绕所谓哥白尼革命的空谈,在拙著《反对方法》(1975 年英文版)中也有讨论.

把那些参加争论的人们他们听到的童话中"拯救"出来①.这一活动本身是饶有兴味的,因为这一活动产生伟大的、往往是意想不到的事.为了不使我们的历史和我们的哲学变成伪装为实在世界的梗概之白日梦的话,这种活动是很必要的.

---

① 伟大德国诗人和哲学家 G. E. 莱辛写过文章,企图把伟大的但深受诽谤的历史人物,从他们所蒙受的来自牧师、学者和流言蜚语的不公正中拯救出来.

空间和时间

附录 V

引起我们返回到一个我们经常讨论的问题的理由之一是,最近在我们关于力学的观念中发生的革命. 如同洛伦兹所构想出的,相对性原理会不会把全新的空间和时间概念强加于我们,从而迫使我们抛弃似乎已经建立起来的一些结论? 我们不是曾经说过,几何学被心智设想为经验的结果,但是毫无疑问,经验并没有把它强加于我们,以至于一旦把它构造出来,它就免除了一切修正,超越于来自经验的新攻击所能到达的范围? 而且,作为新力学建立的基础的实验看来不是已经震撼它了? 为了看到我们针对它应该思考的东西,我们必须简短地回忆几个基本的观念.

645

首先，我们将排除所谓的空间感觉的观念，该观念把我们的感觉定域在一个预定的空间里，这种空间概念先于所有的经验而存在，先于所有经验的这种空间具有几何学家的空间的一切性质．事实上，什么是这种所谓的空间感觉呢？当我们希望了解动物是否具有空间感觉时，我们做了什么实验呢？我们把功物所需要的目标放在动物附近，我们观察动物是否知道不用试错法作出容许它接近目标的动作．我们是怎样觉察到别人被赋予这种宝贵的空间感觉呢？正因为他们为了接近目标也能够有目的地收缩他们的肌肉，而目标的存在在他们看来是被某些感觉揭示出来的．当我们观察我们自己意识中的空间感觉时，还有什么更多的东西呢？在改变了的感觉的参与下，我们在这里又认识到，我们能够进行我们的动作，这些动作能够使我们接近被我们视为是这些感觉的原因的目标，从而能够使我们作用于这些感觉，使它们消失或使它们更强烈．唯一的差别在于，为了意识到这一点，我们不需要实际进行这些动作；我们在心中想到它们就足够了．这种理智不能传达的空间感觉只能是一些埋藏在无意识的最深处的某种力量，因此对我们来说，这种力量只能够通过它引起的行为来认识；这些行为恰恰就是我刚说过的动作．因此，空间感觉简化为某些感觉和某些动作之间的恒定的联系，或者简化为这些动作的表象．（为了避免经常重复出现的含糊其词，不管我经常重复解释，是否有必要再次重申，我们用这个词并不意味着在空间中表象这些动作，而是意味着表象伴随动作发生的感觉？）

那么,空间为什么是相对的? 它在多大程度上是相对的? 很清楚,如果我们周围的所有物体和我们身体本身以及我们的测量仪器在它们彼此之间的距离丝毫不变的情况下被转移到空间的另一个区域,那么我们便不会觉察到这一转移. 这就是实际所发生的情况,因为我们被地球的运动携带着而不能觉察这一点. 假使所有的物体也和我们的测量仪器以相同的比例伸长,我们也不会觉察到它. 因此,我们不仅无法知道物体在空间中的绝对位置,甚至连"物体的绝对位置"这种说法也毫无意义,我们同意仅仅说它相对于另一个物体的位置;"物体的绝对大小"和"两点之间的绝对距离"的说法也无意义:我们必须说的只是两个大小的比例、两个距离的比例. 但是,就此而言还有更多的东西:让我们设想,所有的物体都按照某一比原先的规律更复杂的规律形变. 不管按照任何规律,我们的测量仪器也按同一规律形变. 我们也将不能觉察出这一点:空间比我们通常认为的还要相对得多. 我们只能觉察到跟同时发生的测量仪器的形变不相同的物体的形变.

我们的测量仪器是固体;要不然就是由相互可移动的固体制造,它们的相对位移通过这些物体上的标记、通过沿刻度尺移动的指针来指示:我们正是通过读这些刻度尺来使用我们的仪器的. 因此,我们知道,我们的仪器或者以与不变的固体相同的方式改变位置,或者没有改变位置,由于在这种情况下,所说的指示没有改变. 我们的仪器也包括望远镜,我们用它进行观测,以至可以说,光线也是我们的仪器之一.

　　我们关于空间的直觉观念会告诉我们更多的东西吗？我们刚刚看到,它被简化为某些感觉和某些动作之间的恒定联系.这等于说,我们用来作这些动作的四肢也可以说起着所谓测量仪器的作用,这些仪器没有科学家的仪器精确,但对于日常生活来说已足够了,与原始人的智力相仿的儿童,用这些肢体来测量空间,或者更确切地讲,构造满足他日常生活需要的空间.我们的身体是我们的第一个测量仪器.像其他测量仪器一样,它也由许多可以彼此相对运动的固体部件构成,某些感觉向我们提供了这些部件相对位移的信息,正如在人造仪器中的情况一样,我们知道我们的身体作为一个不可变的固体是否改变了位置.总而言之,我们的仪器(儿童把它们归功于自然,科学家把它们归功于他的天才)以固体和光线作为它的基本要素.

　　在这些条件下,空间具有独立于用来测量它的仪器的几何学特性吗？我们说过,如果我们的仪器经受了同样的形变,那么空间也能够在我们意识不到它的情况下经受无论什么样的形变.因此,空间实际上是无定形的、松弛的形式,没有刚性,它能适应于每一个事物;它没有它自己的特性.把空间几何化就是研究我们的仪器的性质,即研究固体的性质.

　　但是,由于我们的仪器是不完善的,每当仪器被改进时,几何学都必须修正.建筑师应当能在他们的说明中写上:"我提供了比我的竞争对手优越得多、单纯得多、方便得多、舒适得多的空间."我们知道,这并非如此:我们会被诱导去说,如果仪器是理想的话,那么几何学就是研究仪器所具有的性质.但是,为了做到这一

点,就必须知道,什么是理想的仪器(而我们并不知道,因为不存在理想的仪器),只有借助几何学,才能够确定理想的仪器;这是一种循环论证. 于是,我们将说,几何学研究一组规律,这些规律与我们的仪器实际服从的规律几乎没有什么不同,只是更为简单而已,这些规律并没有有效地支配任何自然界的物体,但却能够用心智把它们构想出来. 在这种意义上,几何学是一种约定,是一种在我们对于简单性的爱好和不要远离我们的仪器告诉我们的知识这种愿望之间的粗略折中方案. 这种约定既定义了空间,也定义了理想仪器.

我们就空间所说过的话也适用于时间. 在这里,我不希望像柏格森的信徒所设想的那样谈论时间、谈论绵延;绵延远非是没有一切质的纯量,可以说,它是质的本身,它的不同部分(它们在其他方而各部分相互渗透) 在质上相互区分. 这种绵延不会成为科学家的仪器;只有像柏格森所说的那样,通过经历深刻的变换,通过使它空间化,它才能够起这种作用. 事实上,它必须变成可测量的东西;不能被测量的东西不能成为科学的对象. 因此,能够被测量的时间本质上也是相对的. 如果所有的现象都慢下来,我们的钟表也是如此,那么我们便不会意识到它;无论支配这种放慢的规律是什么,情况都是如此,只要它对于所有各种现象和所有钟表都相同. 因此,时间的特性只不过是我们钟表的性质而已,正如空间的特性只不过是测量仪器的特性一样.

这还并非一切;心理的时间、柏格森的绵延适合于对发生在同一意识中的现象进行分类,科学家的时间就起源于它们.它不能对发生在两个不同意识背景中的两个心理现象进行分类,更不必说对两个物理现象进行分类了.一个事件发生在地球上,另一个事件发生在天狼星上;我们将怎样知道,第一个在前发生,或同时发生,或在第二个之后发生呢? 这只能是作为约定的结果.

但是,我们能够从一个全然不同的观点来考虑时间和空间的相对性.让我们考虑世界所服从的规律;这些规律能够用微分方程来表述.我们看到,如果直角坐标轴改变了,或者这些轴依然不动,这些方程未被证伪;如果我们改变时间原点,或者用运动的直角坐标轴代替固定的直角坐标轴,坐标轴的运动是匀速直线运动,这些方程也不被证伪.如果从第一种观点来考虑,请允许我把相对性称为心理的相对性;如果从第二种观点来考虑,请允许我把相对性称为物理的相对性.你立即会看到,物理的相对性比心理的相对性受到多得多的限制.例如,我们说,假如我们用同一常数乘以所有的长度,倘若乘法同时用于所有的物体和所有的仪器,那么一切都不会有什么变化.但是,如果我们用同一常数乘所有的坐标,那么微分方程就有可能不成立.如果使该系统与运动的、旋转的坐标轴相关,它们也会不再成立,因为这时必然要引入通常的离心力和复合的离心力.由此,傅科(Foucault)实验证明了地球的旋转.也有一些事情动摇我们关于空间相对性的思想,动摇我们基于心理的相对性的思想,这种不一致似乎使许多哲学家进退维谷.

让我们来更加仔细地考察一下这个问题.世界的

所有部分都是相互依赖的,天狼星无论多么遥远,毋庸置疑,它对发生在这个地球上的事件不可能绝对没有影响.因此,假使我们希望写出支配这个世界的微分方程,那么这些方程要么是不精确的,要么它们将依赖于整个世界的条件.不可能存在一个适合于地球的方程组、另一个适合于天狼星的方程组;必然只存在一个方程组,它将适用于整个宇宙.

于是,我们不直接注意微分方程;我们注意的是有限方程,这种方程是可观察现象的直接翻译,通过微分能够从它们导出微分方程.当坐标轴像我们描述过的那样进行变化时,微分方程不被证伪;但是,同样的情况对于有限方程并不为真.事实上,坐标轴的改变会迫使我们改变积分常数.结果,相对性原理不能用于直接观测到的有限方程,但可以用于微分方程.

这样一来,我们如何从有限方程 —— 它们是微分方程的积分 —— 得到微分方程呢? 那就必须根据赋予积分常数的值了解几个彼此不同的特殊积分,然后用微分消除这些常数.尽管存在着无限多的可能解,但是这些解中只有一个在自然界是可以实现的.为了建立微分方程,不仅必须知道可以实现的解,而且也必须知道所有可能的解.

于是,如果我们只有一个适合于整个宇宙的规律系统,那么观察将只给我们提供一个可以实现的解;因为永远只有一个宇宙摹本被复制出来;这就是最主要的困难.

此外,作为心理的空间相对性的结果,我们只能观察我们的仪器能够测量的东西;例如,它们将给予我们所需要考察的星球之间的距离,或各种物体之间的距离.它们将不会向我们提供它们相对于固定坐标系或运动坐标系的坐标,因为这些坐标系的存在纯粹是约定的.如果我们的方程包含这些坐标,那么它是通过一种虚构的,这种虚构可以是方便的,但不管怎样总是一种虚构.如果我们希望我们的方程直接表示我们观察到的东西,那么距离将必然在我们的独立变量中出现,于是其他变量将自行消失.此时,这就是我们的相对性原理,但它不再具有任何意义.它仅仅表示,我们在我们的方程中引入了无法把事物描述明确的辅助变量 —— 寄生变量,而且有可能消去这些变量.

假如我们不坚持绝对的严格,那么这些困难将会消失.世界的各部分是相互依赖的,但是如果距离很远,那么引力就微弱得可以忽略;于是,我们的方程将分解为独立的方程组,一个只可适用于地上的世界,另一个适用于太阳,再一个适用于天狼星,或者甚至适用于更小的区域,像实验桌这样的区域.

这样一来,说只存在一个宇宙的摹本就不对了;在一个实验室可以有许多桌子.通过改变条件,重新开始实验将是可能的.我们仍然不知道唯一的解,唯一的一个实际实现的解,而知道大量的可能解,从有限的方程推进到微分方程,问题将变得容易些.

而且,我们将不仅知道一个这样的较小区域的各种物体的各自距离,而且也能知道它们距邻近小区域的物体的距离.我们可以这样来安排它,使得在第一种距离保持不变时,只有第二种距离发生变化.于是,这就好像我们改变了第一个小区域所参照的几个坐标轴

一样. 这些星球太遥远了,以至于对地上的世界没有可觉察的影响,但是我们看到了它们,多亏它们,我们才能够把地上的世界和与这些星球相联系的坐标轴关联起来. 我们具有测量地上物体各自距离和这些物体相对于这个不同于地上世界的坐标系的各坐标的手段. 因此,相对性原理才具有意义;它变得可以验证了.

不过,我们要注意到,我们只是通过忽略某些力得到了这些结果,我们还不认为我们的原理仅仅是近似的;我们赋予它以绝对的价值. 实际上,看看我们的小区域相互之间无论相距多么远,相对性原理依然为真,我们便会异口同声地说,它对于宇宙的精确方程而言也为真;这个约定将永远不会发现有错误,因为当把它应用于整个宇宙时,该原理是不可验证的.

让我们现在返回到稍前提到的情况. 一个系统此刻与固定坐标轴有关,然后与旋转坐标轴有关. 支配它的方程将发生变化吗? 是的,按照通常的力学确是如此. 这是严格的吗? 我们观察到的东西不是物体的坐标,而是它们的各自的距离. 于是,通过消去只不过是寄生的、观察不可达到的变量的其他方程,我们就能够尝试建立这些距离所服从的方程. 这种消元法总是可能的,唯一的事情是,如果我们保留坐标,我们便会得到二阶微分方程;相反地,在消去了所有不可观察的变量后,我们推导出的方程将是三阶微分方程,这样它们将给出通向大量可能的方程的途径. 根据这种推断,相对性原理在这种情况下还将适用. 当我们从固定坐标轴进入到旋转坐标轴时,这些三阶方程将不变化. 发生变化的将是确定了坐标的二阶方程;但是,可以说,二阶方程是三阶方程的积分,正如在微分方程的所有积分中一样,其中包含着积分常数;当我们从固定坐标轴进入到旋转坐标轴时,没有保持相同的正是这个常数.但是,由于我们假定,我们的系统在作为整个宇宙来考虑的空间中是完全孤立的系统,我们无法得知整个宇宙空间是否旋转.因此,描述我们观察到的东西的方程实际上是三阶方程.

我们不去考虑整个宇宙,让我们现在考虑我们的一些小的孤立区域,在这些区域中,没有机械力相互作用,但这些区域却是相互可见的.如果这些区域中的一个旋转着,那么我们将看到它旋转.我们将承认,我们必须赋予我们刚刚提到的常数的值取决于旋转速度,因而学力学的学生通常采用的约定将被认为是正确的.

因此,我们认清了物理相对性原理的意义;它不再是简单的约定.它是可以验证的,因此它可能不会被证实.它是实验的真理,而这种真理的意义是什么呢? 从前面的考虑很容易推断它.它意味着,当两个物体之间的距离无限增加时,它们相互的引力趋于零.它意味着,两个遥远的世界的行为就像它们互不相关一样;我们能够更好地理解,物理的相对性原理为什么没有心理的相对性原理广泛.由于我们理智的真正本性.它不再是必然的;它是一个实验的真理,实验把限制强加给这个真理.

这个物理的相对性原理能够用来定义空间;可以说,它向我们提供了新的测量工具.让我们自己弄清楚:固体怎么能够使我们测量空间,或确切地讲,怎么

能使我们构造空间呢？通过把一个固体从一个位置移动到另一个位置,我们公认有可能在开始使它适合于一个图形,然后使它适合于另一个图形,我们一致同意,可以认为这样两个图形是相等的.由于这种约定,几何学产生了,于是,在不改变图形的形状和大小的情况下,空间本身的变换对应于固体的每一个可能的移动.几何学只不过是这些变换的相互关系的知识,或者是利用数学语言研究这些变换所形成的群的结构,即研究固体运动群的结构.

由此断定,存在着另一种变换群,即我们的微分方程不会被证明是错的那种变换群;这是定义两个图形相等的另一种方法.我们将不再说:当同一固体开始与一个图形重合,然后与另一个图形重合时,这两个图形则是相等的.我们将说:当同一个力学系统距邻近的力学系统足够远,以至于可以看成是孤立系统,开始以这样的方式放置,使系统的不同质点再现出第一个图形,再以这样的方式放置,使它们再现出第二个图形,如果这样的同一个力学系统以同一方式行动,那么这两个图形便相等.

这两种观念彼此之间有本质上的区别吗？不,固体在它的各个分子相互间的引力和斥力的影响下形成它的形状;力的这种系统必须处于平衡.当固体的位置变化时,它依然保持自己的形状,用这种方法定义空间即用下述方式定义空间:描述固体平衡的方程不会因坐标轴的变化而证明是错的;因为这些平衡方程只不过是普遍的动力学方程的特例,根据物理的相对性原理,它不会因坐标轴的这种变化而被修正.

固体是一个力学系统,正像任何其他力学系统一样;我们前面关于空间的定义与新定义之间唯一的差别就在于,新定义在它容许用任何其他力学系统代替固体的这个意义上其范围更为广泛一些.而且,新约定不仅定义了空间,而且也定义了时间.它告诉我们,什么是两个同时的瞬间,什么是相等的时间间隔,或者一个时间间隔是另一个间隔的两倍意味着什么.

一个结论性的评论:正如我们已经说过的,由于与天然固体的特性相同的理由,物理的相对性原理是经验的事实;例如,它容易受到不断的修正;而几何学必须摆脱这种修正.正因为如此,它必须再次变成约定,相对性原理必须认为是一种约定.我们已经提到,它的实验意义是什么;它意味着,两个十分遥远的系统,当它们的距离无限增加时,它们之间的相互引力趋近于零.经验告诉我们,这近似地为真;经验不能够告诉我们,这完全为真,因为两个系统之间的距离总是有限的.但是,没有任何东西妨碍我们假定这完全为真;即使经验与该原理似乎不符,也没有任何东西妨碍我们.让我们设想,当距离增加而相互之间的引力减小,此后引力又开始增加的情况.没有任何东西妨碍我们承认,对更大的距离而言,引力再减小,并最终趋于零.只有把目前所考虑的原理本身作为约定,这才能使它免受经验的冲击.约定是经验向我们提示的,但我们却可以自由地采用它.

那么,近来因物理学的进步而引起的革命是什么呢?相对性原理在它的前一个方面被抛弃了;它被洛伦兹的相对性原理所代替.正是"洛伦兹群"的变换,

未把动力学的微分方程证伪. 如果我们设想, 系统不再与固定坐标轴相联系, 而是与用变化着的变换表示其特性的坐标轴相联系, 那么我们就必须承认, 所有的物体都发生了形变; 例如, 球变成椭球, 椭球的短轴平行于轴的平移. 时间本身也必须显著地加以修正. 在这里有两个观察者, 第一个与固定的坐标轴相联系, 第二个与旋转坐标轴相联系, 但是每一个观察者都认为另一个观察者处于静止. 不仅对这样一个图形, 第一个人认为是球, 而在第二个人看来似乎是椭球, 而且, 对于两个事件, 第一个人认为是同时的, 对第二个人来说却并非如此.

每一个事件发生着, 就像时间是空间的第四维一样, 就像起源于通常的空间和时间的结合的四维空间不仅能够绕通常的空间轴以时间不改变的方式旋转, 而且能够绕无论什么轴旋转. 因为比较在数学上是精确的, 所以有必要把纯粹虚值赋予空间的第四个坐标. 在我们的新空间中, 一个点的四个坐标不再是 x, y, z 和 t, 而是 x, y, z 和 $t\sqrt{-1}$. 但是, 我没有坚持这种观点; 主要的问题是要注意, 在新概念中, 空间和时间不再是两个决然不同的、能够被独立看待的实体, 而是同一整体的两个部分, 是两个如此紧密结合的部分, 以至于不能轻易地把它们分开.

另一个评论: 以前我们试图定义发生在两个不同环境的两个事件的关系, 如果一个事件可以认为是另一个事件的原因, 那么就可以认为它发生在另一个事件之先. 这个定义变得不恰当了. 在这种新力学里, 没有瞬时传递的作用; 最大的传输速度是光速. 在这些条

657

件下,能够发生下述情况:事件 A(作为仅仅考虑空间和时间的一个结果) 既不会是事件 B 的结果,也不会是事件 B 的原因,如果它们发生的地点之间的距离如此之大,以至于光在足够长的时间内不能从 B 地传播到 A 地,或从 A 地传播到 B 地的话.

鉴于这些新观念,我们的观点将是什么呢? 我们将不得不修正我们的结论吗? 当然不;我们已经采取了一种约定,因为它似乎是方便的,并且我们已经说过,没有任何理由能够强使我们放弃它. 今天,一些物理学家想采取一种新的约定.并非他们被迫这样做;而是他们认为这种新约定更为方便:这就是一切. 没有接受这种见解的人能够合理地保留他们的旧见解,以便不触动他们的旧习惯. 我们相信,这就是他们(就在我们中间),在未来的一个长时期内将要做的事情.

关于 Einstein 的《相对论的意义》附录 II 的一个注记

1964 年,当刘书麟在与这一论题有关领域内工作时,曾发现 Einstein 的《相对论的意义》[1] 一书附录 II —— 非对称场的相对性理论 —— 的关键公式 $(10_c)_E^+$,即如下公式

$$\delta U'{}_{ik}^{l} \equiv U_{ik}^{l\,*} - U_{ik}^{l} =$$
$$U_{ik}^{t}\xi_{,t}^{l} - U_{tk}^{l}\xi_{,i}^{t} -$$
$$U_{it}^{l}\xi_{,k}^{t} - \xi_{,ik}^{l} +$$
$$\left[- U_{ik,t}^{l}\xi^{t} \right]$$

有误,当时曾期待该书的英、中等文字的新的版本,对此会加以澄清. 但是,十七八个年头已经过去了,尽管自那时以来已经出版的该书的中、英、法、俄及波兰[2] 等文字的新版本,而且自 1965 年以来,还出版了关于各种语言

的 Einstein 的选集及著作集[3,4,5,6]，遗憾的是却都未曾注意到这一问题的严重性.

鉴于式$(10_c)_E$乃是 Einstein 非对称统一场论的关键——"Bianchi 恒等式"、散度定理及守恒律都是从式$(10_c)_E$导出的，而 Einstein 的理论又是统一场论的核心；鉴于近来，由地统一场论本身以及规范场论的进一步、深入的发展，特别是近年来一些文献中还常引用该附录 Ⅱ 的有关公式及其推论[8,10]. 因此，即使在今天，似仍有必要为此做这样一个简短的注记，以引起应有的注意.

本附录的目的在于给出正确的式$(10_c)_E((10_c)^1)$，并利用它导出新的 Bianchi 恒等式、新的散度定理与新的守恒形式.

为此，让我们首先回顾一下伪张量U_{ik}^l的定义和它在局部坐标变换$(x) \to (\overset{*}{x})$之下的变换规律.

只要有了联络系数Γ_{jk}^l，我们就可由它来定义伪张量$U_{ik}^l = U_{ik}^l(x)$[1]

$$U_{ik}^l \equiv \Gamma_{ik}^l - \Gamma_{it}^t \delta_k^l \equiv \Gamma_{ik}^l(x) - \Gamma_{it}^t(x)\delta_k^l$$
$$(i,l,k = 1,\cdots,n = 4) \qquad (1)$$

故由联络系数Γ_{ik}^l在局部坐标变换$(x) \to (\overset{*}{x})$之下按下式变换

$$\overset{*}{\Gamma}_{ik}^l(\overset{*}{x}) = \frac{\partial \overset{*}{x}^l}{\partial x^r} \frac{\partial x^\alpha}{\partial \overset{*}{x}^i} \frac{\partial x^B}{\partial \overset{*}{x}^k} \Gamma_{\alpha\beta}^r(x) + \frac{\partial \overset{*}{x}^l}{\partial x^s} \frac{\partial^2 x^s}{\partial \overset{*}{x}^i \partial \overset{*}{x}^k} \qquad (2)$$

可以得出在局部坐标变换$(x) \to (\overset{*}{x})$时，伪张量U_{ik}^l的变换规律为

$$\overset{*}{U}{}^l_{ik}(\overset{*}{x}) = \frac{\partial \overset{*}{x}{}^l}{\partial x^r} \frac{\partial x^{\alpha}}{\partial \overset{*}{x}{}^i} \frac{\partial x^{\beta}}{\partial \overset{*}{x}{}^k} U^r_{\alpha\beta} + \frac{\partial \overset{*}{x}{}^l}{\partial x^s} \frac{\partial^2 x^s}{\partial \overset{*}{x}{}^i \partial \overset{*}{x}{}^k} -$$

$$\delta^l_k \frac{\partial \overset{*}{x}{}^t}{\partial x^s} \frac{\partial^2 x^s}{\partial \overset{*}{x}{}^i \partial x^t} \tag{3}$$

注意式（3）可重新写成

$$\overset{*}{U}{}^l_{ik}(\overset{*}{x}) = U^{*\,l}_{ik}(\overset{*}{x}) + V^{*\,l}_{ik}(\overset{*}{x}) \tag{4}$$

式中

$$U^{*\,l}_{ik}(\overset{*}{x}) \equiv \frac{\partial \overset{*}{x}{}^l}{\partial x^r} \frac{\partial x^{\alpha}}{\partial \overset{*}{x}{}^i} \frac{\partial x^{\beta}}{\partial \overset{*}{x}{}^k} U^r_{\alpha\beta}(x) + \frac{\partial \overset{*}{x}{}^l}{\partial x^s} \frac{\partial^2 x^s}{\partial \overset{*}{x}{}^i \partial \overset{*}{x}{}^x} -$$

$$\frac{1}{2}\left[\delta^l_i \frac{\partial \overset{*}{x}{}^t}{\partial x^s} \frac{\partial^2 x^s}{\partial \overset{*}{x}{}^k \partial x^t} - \delta^l_k \frac{\partial \overset{*}{x}{}^t}{\partial x^s} \frac{\partial^2 x^s}{\partial \overset{*}{x}{}^i \partial \overset{*}{x}{}^t}\right] \tag{5}$$

是易位不变的，而

$$U^{*\,l}_{ik}(\overset{*}{x}) = \frac{1}{2}\left[\delta^l_i \frac{\partial \overset{*}{x}{}^t}{\partial x^s} \frac{\partial^2 x^s}{\partial \overset{*}{x}{}^k \partial x^t} - \delta^l_k \frac{\partial \overset{*}{x}{}^t}{\partial x^s} \frac{\partial^2 x^s}{\partial \overset{*}{x}{}^i \partial \overset{*}{x}{}^t}\right] =$$

$$\frac{1}{2}\left[\delta^l_i \lambda_{,k} - \delta^l_k \lambda_{,i}\right] \tag{6}$$

是对 U^l_{ik} 的所谓 λ 变换，式（6）中的 λ 是由下式

$$\lambda = \frac{1}{2}\log\left|\frac{\partial x^{\alpha}}{\partial \overset{*}{x}{}^{\beta}}\right| \quad (\alpha, \beta = 1, \cdots, n = 4)$$

给出的，这里 $\left|\dfrac{\partial x^{\alpha}}{\partial \overset{*}{x}{}^{\beta}}\right| = \det\left(\dfrac{\partial x^{\alpha}}{\partial \overset{*}{x}{}^{\beta}}\right)$ 为坐标变换$(\overset{*}{x}) \to (x)$

的 Jacobi 行列式，$\lambda_{,l} = \dfrac{\partial \lambda}{\partial x^l}$.

于是，不难得知，（4）（即（3））乃是易位对称变换（5）与 λ 变换（6）的组合.

有了以上的设备，现在让我们来给出新的式$(10_c)_E$，即$(10_c)'$.

要强调的是，对同一坐标点的变分 δ 其定义如下[9]

$$\delta U_{ik}^l \equiv U_{ik}^{*l}(x) - U_{ik}^l(x) =$$
$$U_{ik}^{*l}(\overset{*}{x}) - U_{ik}^l(x) -$$
$$[U_{ik}^{*l}(\overset{*}{x}) - U_{ik}^{*l}(x)] =$$
$$\delta' U_{ik}^l - [U_{ik}^{*l}(\overset{*}{x}) - U_{ik}^{*l}(x)]$$

$$(7)$$

此处

$$\delta' U_{ik}^l = U_{ik}^{*l}(\overset{*}{x}) - U_{ik}^l(x)$$

我们的兴趣在于求出在局部坐标变换 $(*) \to (\overset{*}{x})$ 为无穷小变换

$$\overset{*}{x}^i = x^i + \xi^i \quad (i = 1, 2, \cdots, n = 4) \quad (8)$$

（上式中 $\xi^i \equiv \xi^i(x) = \xi^i(x^1, \cdots, x^4)$ 为无穷小量）时，$U_{ik}^{*l}(\overset{*}{x})$ 的具体形式.

事实上，将式(8) 代入式(5) 可得

$$U_{ik}^{*l}(\overset{*}{x}) = (\delta_r^l + \xi_{,r}^l)(\delta_i^\alpha - \xi_{,i}^\alpha)(\delta_k^\beta - \xi_{,k}^\beta) U_{\alpha\beta}^r(\lambda) +$$
$$(\delta_s^l + \xi_{,s}^l) \frac{\partial}{\partial x^i}(\xi_k^s - \xi_{,k}^s) -$$
$$\frac{1}{2}[\delta_k^l(\delta_s^t - \xi_{,s}^t) \frac{\partial}{\partial x^i}(\delta_t^s - \xi_{,t}^s) +$$
$$\delta_i^l(\delta_s^t - \xi_{,s}^t) \frac{\partial}{\partial x^k}(\delta_t^s - \xi_{,t}^s)] =$$
$$U_{ik}^l(x) + U_{ik}^t \xi_{,t}^l - U_{tk}^l \xi_{,i}^t -$$

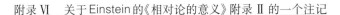

$$U_{it}^{l}\xi_{,k}^{t} - \xi_{,ik}^{l} + \frac{1}{2}\left[\delta_{k}^{l}\xi_{,it}^{t} + \delta_{j}^{l}\xi_{,kt}^{t}\right] +$$

$$R(\xi_{,\sigma}^{\lambda}, \xi_{,\sigma\rho}^{\lambda}) \tag{9}$$

上式中余项 $R = R(\xi_{,\sigma}^{\lambda}, \xi_{,\sigma\rho}^{\lambda})$ 为含 $\xi_{,\sigma}^{\lambda}$ 与 $\xi_{,\sigma p}^{\lambda}$ 的三次多

项式;而 $\xi_{,\sigma}^{\lambda} = \dfrac{\partial \xi^{\lambda}}{\partial x^{\sigma}}, \xi_{,\sigma\rho}^{\lambda} = \dfrac{\partial^{2}\xi^{\lambda}}{\partial x^{\sigma}\partial x^{\rho}}.$

由于变分要假定当 ξ^{λ} 为无穷小量时,$\xi_{,\sigma}^{\lambda},\xi_{,\sigma p}^{\lambda}$ 皆为

同阶无穷小量,故略去(9)中高于一阶的小量 R 得

$$U_{ik}^{*l}(\overset{*}{x}) = U_{ik}^{l}(x) + U_{ik}^{l}\xi_{,t}^{t} - U_{tk}^{l}\xi_{,i}^{t} - U_{it}^{l}\xi_{,k}^{t} -$$

$$\xi_{,ik}^{l} + \frac{1}{2}\left[\delta_{k}^{l}\xi_{,it}^{t} + \delta_{i}^{l}\xi_{,kt}^{t}\right] \tag{10}$$

又若将 $U_{ik}^{*l}(\overset{*}{x})$ 作为变元 $(\overset{*}{x})$ 的函数在点 (x) 作

Taylor 展开并略去高一阶的无穷小得

$$U_{ik}^{*\rho}(\overset{*}{x}) = U_{ik}^{*l}(x) + \frac{\partial U_{ik}^{*l}}{\partial x^{t}}\Bigg|_{(\overset{*}{x}) = (x)}^{\xi_{t}} \tag{11}$$

上式中可以用 $\dfrac{\partial U_{ik}^{l}}{\partial x^{t}}$ 替代 $\dfrac{\partial U^{*l}}{\partial x^{t}}$ 是因为,如将 $\dfrac{\partial U_{ik}^{*l}}{\partial x^{t}} =$

$\dfrac{\partial U_{ik}^{*l}}{\partial \overset{*}{x}^{t}}$ 作为变元 $(\overset{*}{x})$ 的函数,在点 (x) 展开可以得知

$\dfrac{\partial U_{ik}^{*l}}{\partial x^{t}} - \dfrac{\partial U_{ik}^{l}}{\partial x^{t}}$ 为一阶无穷小,因此略去高于一阶的无穷

小量,式(11)就变成

$$U_{ik}^{*l}(\overset{*}{x}) = U_{ik}^{*l}(x) + \frac{\partial U_{ik}^{l}}{\partial x^{t}}\xi^{t} =$$

$$U_{ik}^{*l}(x) + U_{ik,t}^{l}\xi^{t} \tag{12}$$

于是将式(10)及(12)代入式(7),最后得

$$\delta U_{ik}^{l} \equiv U_{ik}^{*l}(x) - U_{ik}^{l}(x) =$$

$$U_{ik}^t \xi_{,t}^l - U_{tk}^l \xi_{,t}^t - U_{it}^l \xi_{,k}^t -$$

$$\xi_{,ik}^l + \frac{1}{2}(\delta_k^l \xi_{,it}^t + \delta_i^l \xi_{,kt}^t) +$$

$$[-U_{ik,t}^l \xi^t] \qquad\qquad (10_c)'$$

应当强调的是:上式与$(10_c)_E$的差别在于第四项的符号以及$(10_c)'$中多了一项$\frac{1}{2}(\delta_k^l \xi_{,it}^t + \delta_i^l \xi_{kt}^t)$,由此得出结论,由$(10_c)'$导出的"Bianchi 恒等式"$m_i = 0$ $(i = 1, \cdots, 4)$、散度定理$(g^{ik} \delta U_{ik}^s)_{,s} =$ 以及守恒律与由式$(10_c)_E$导出的有关定理之间有实质性的差异.

我们将利用$(B_a)_E$及刚得到$(10_c)'$导出新的"Bianchi 恒等式"的具体形式. 为此,我们像附录 II_E 那样假定选择 ξ 使得它以及其一阶偏导数在积分区域 Ω 的边界 $\partial\Omega$ 上为零.

设变分原理为[1]

$$\delta \int_\Omega \mathscr{H} \mathrm{d}\tau = 0$$

式中,$\mathscr{H} = g^{ik} \xi_{ik}, s_{ik}$ 为 U 的 Ricci 曲率.

以 g^{ik} 与 U_{ik}^l 为独立变量取变分,并假定它们的变分在边界 $\partial\Omega$ 上恒等于零,则可得

$$\int \delta \mathscr{H} \mathrm{d}\tau = 0$$

将式$(14)_E$代入上式得

$$0 = \int_\Omega \delta \mathscr{H} \mathrm{d}\tau =$$

$$\int_\Omega L S_{ik} \delta g^{ik} - \mathscr{N}_l^{ik} \delta U_{ik}^l + (g^{ik} \delta U_{ik}^t)_{,t}] \mathrm{d}\tau =$$

$$\int_\Omega (S_{ik} \delta g^{ik} - \mathscr{N}_l^{ik} \delta U_{ik}^l) \mathrm{d}\tau + \int_{\delta\Omega} g^{ik} \delta U_{ik}^t \mathrm{d}\delta =$$

$$\int_{\Omega} (S_{ik} \delta g^{ik} - \mathscr{N}_l^{tk} \delta U_{ik}^l) \mathrm{d}\tau =$$

$$\mathrm{I} + \mathrm{II} \equiv 0 \qquad\qquad (13)$$

上式中第三个等号是由于 Gartan-Gauss-Stokes 定理，第四个等号是因为已假定 $\delta U_{tk}^t \mid_{\delta\Omega} = 0$，上式中的 S_{ik} 及 $\mathscr{N}_l^{tk}$ 由 $(14)_E$ 给出.

利用 $(B_a)_E$ 得

$$\mathrm{I} \equiv \int_{\Omega} S_{ik} \delta g^{ik} \mathrm{d}\tau =$$

$$\int_{\Omega} (S_{ik} g^{tk} \xi_{,t}^i + S_{ik} g^{it} \xi_{,t}^k - S_{ik} g^{ik} \xi_{,t}^t - \xi_{ik} g_{,t}^{ik} \xi^t) \mathrm{d}\tau =$$

$$\sum_{\alpha=1}^{4} I_{\alpha} \qquad\qquad (14)$$

利用分部积分可得

$$\mathrm{I}_1 \equiv \int_{\Omega} S_{ik} g^{tk} \xi_{,t}^i \mathrm{d}\tau = \sum_{\alpha=1}^{4} \int_{\alpha} S_{ik} g^{\alpha k} \xi_{,\alpha}^i \mathrm{d}\tau =$$

$$\sum_{\alpha=1}^{4} \int_{\Omega} S_{ik} g^{\alpha k} \xi_{,\alpha}^i \mathrm{d}x^{\alpha} \mathrm{d}\tau_{\alpha} =$$

$$\sum_{\alpha=1}^{4} \{ \int_{\delta\Omega\alpha} S_{ik} g^{\alpha k} \xi^i \mathrm{d}\tau_{\alpha} -$$

$$\int_{\Omega} (S_{ik} g^{\alpha k})_{,\alpha} \xi^i \mathrm{d}x^{\alpha} \mathrm{d}\tau_{\alpha} \} =$$

$$- \sum_{\alpha=1}^{4} \int_{\Omega}^{\delta\Omega\alpha} (S_{ik} g^{\alpha k})_{,\alpha} \xi^i \mathrm{d}\tau =$$

$$- \int_{\Omega} (S_{ik} g^{tk})_{,t} \xi^i \mathrm{d}\tau \qquad\qquad (15)$$

上式中最后第二个等号是由于假定在边界 $\partial\Omega (\supset \partial\Omega_{\alpha})$ 上 $\xi^i = 0$，注意

$$\mathrm{d}\tau = \mathrm{d}x^1 \wedge \cdots \wedge \mathrm{d}x^4$$

$$\mathrm{d}\tau_{\alpha} = \mathrm{d}x' \wedge \cdots \wedge \hat{\mathrm{d}}x^{\alpha} \cdots \wedge \mathrm{d}x^4 = \frac{\mathrm{d}\tau}{\mathrm{d}x^{\alpha}}$$

665

同理可得

$$I_2 \equiv \int_\Omega S_{ik} g^{it} \xi_{,t}^k d\tau = \int_\Omega S_{ki} g^{kt} \xi_{,t}^i d\tau =$$

$$- \int_\Omega (S_{ki} g^{kt})_{,t} \xi^i d\tau \qquad (16)$$

及

$$I_3 \equiv - \int_\Omega S_{ik} g^{ik} \xi_{,t}^t d\tau = - \int_\Omega S_{ki} g^{ik} \xi_{,i}^i d\tau =$$

$$\int_\Omega (S_{tk} g^t -)_{,i} \xi^i d\tau \qquad (17)$$

而 I_4 可以改写为

$$I_4 \equiv - \int_\Omega S_{ik} g_{,t}^{ik} \xi^t d\tau = - \int_\Omega S_{tk} g_{,i}^{tk} \xi^i d\tau \qquad (18)$$

故由（15）～（18）得

$$I = \sum_{\alpha=1}^{4} I_\alpha = \int_\Omega \{ (-S_{ik} g^{tk} - S_{ki} g^{kt})_{,t} +$$

$$[(S_{tk} g^{tk})_{,i} - S_{tk} g_{,i}^{tk}] \} \xi^i d\tau =$$

$$\int_\Omega [(-S_{ik} g^{tk} - S_{ki} g^{kt})_{,t} + S_{tk,i} g^{tk}] \xi^i d\tau$$

$$(14)'$$

现在让我们求出式（13）的第二项

$$\mathrm{II} \equiv - \int_\Omega \mathcal{N}_l^{tk} \delta U_{ik}^l d\tau \qquad (19)$$

将（10_c）′代入上式得

$$\mathrm{II} = - \int_\Omega [\mathcal{N}_l^{tk} U_{ik}^t \xi_{,t}^l - \mathcal{N}_l^{tk} U_{tk}^l \xi_{,i}^t -$$

$$\mathcal{N}_l^{tk} U_{it}^l \xi_{,k}^t - \mathcal{N}_l^{tk} \xi_{,ik}^l +$$

$$\frac{1}{2} \mathcal{N}_l^{tk} (\delta_i^l \xi_{,tk}^t + \delta_k^l \xi_{,ti}^t) -$$

$$\mathcal{N}_l^{tk} U_{ik,t}^l \xi^t] d\tau = \sum_{\alpha=1}^{6} \mathrm{II}_\alpha \qquad (20)$$

类似地应用分部积分技巧，并注意在 $\partial\Omega(\supset \partial\Omega_\alpha)$ 上 $\xi^i = 0$，可得以下三式

$$\mathrm{II}_1 = -\int_\Omega \mathscr{N}_l^{tk} U_{ik}^t \xi_{,t}^l \mathrm{d}\tau =$$

$$-\int_\Omega \mathscr{N}_i^{tk} U_{lk}^t \xi_{,t}^i \mathrm{d}\tau =$$

$$\int_\Omega (\mathscr{N}_i^{tk} U_{lk}^t)_{,t} \xi^i \mathrm{d}\tau \qquad (21)$$

$$\mathrm{II}_2 = \int_\Omega \mathscr{N}_{lk}^i U_{tk}^l \xi_{,t}^t \mathrm{d}\tau =$$

$$\int_\Omega \mathscr{N}_l^{tk} U_{ik}^l \xi_{,t}^i \mathrm{d}\tau =$$

$$-\int_\Omega (\mathscr{N}_l^{tk} U_{ik}^l)_{,t} \xi^i \mathrm{d}\tau \qquad (22)$$

$$\mathrm{II}_3 = \int_\Omega \mathscr{N}_l^{tk} U_{it}^l \xi_{,k}^t \mathrm{d}\tau =$$

$$\int_\Omega \mathscr{N}_l^{kt} U_{ki}^l \xi_{,t}^i \mathrm{d}\tau =$$

$$-\int_\Omega (\mathscr{N}_l^{kt} U_{ki}^l)_{,t} \xi^i \mathrm{d}\tau \qquad (23)$$

同样若注意到 $\xi_{,l}^t \mid_{\delta\Omega} = 0$ 可得

$$\mathrm{II}_4 = \int_\Omega \mathscr{N}_l^{tk} \xi_{,ik}^l = \int_\Omega \mathscr{N}_i^{tk} \xi_{,tk}^i \mathrm{d}\tau =$$

$$-\int_\Omega \mathscr{N}_{i,k}^{tk} \xi_{,t}^i \mathrm{d}\tau =$$

$$\int_\Omega \mathscr{N}_{i,kt}^{tk} \xi^i \mathrm{d}\tau \qquad (24)$$

及

$$\mathrm{II}_5 = -\int_\Omega \frac{1}{2} \mathscr{N}_l^{tk} (\delta_i^l \xi_{,tk}^t + \delta_k^l \xi_{,ti}^t) \mathrm{d}\tau =$$

$$-\int_\Omega \frac{1}{2} (\mathscr{N}_l^{tk} \xi_{,tk}^t + \mathscr{N}_l^{kl} \xi_{,tk}^t) \mathrm{d}\tau =$$

$$\int_{\Omega} \frac{1}{2} \left(\mathscr{N}^{tk}_{l,k} + \mathscr{N}^{kl}_{l,k} \right) \xi^t_{,t} \mathrm{d}\tau =$$

$$- \int_{\Omega} \frac{1}{2} \left(\mathscr{N}^{tk}_{l,ki} + \mathscr{N}^{kl}_{l,ki} \right) \xi^i \mathrm{d}\tau \qquad (25)$$

将 II_6 改写为

$$\mathrm{II}_6 = \int_{\Omega} \mathscr{N}^{tk}_l U^l_{tk,i} \xi^i \mathrm{d}\tau \qquad (26)$$

将式$(21) \sim (26)$代入式(20)得

$$\mathrm{II} = \sum_{\alpha=1}^{6} \mathrm{II}_{\alpha} = \int_{\Omega} \big\{ \big[\mathscr{N}^{tk}_i U^t_{lk} - \mathscr{N}^{tk}_l U^l_{ik} -$$

$$\mathscr{N}^{kt}_l U^l_{ki} + \mathscr{N}^{tk}_{i,k} \big]_{,t} -$$

$$- \big[\frac{1}{2} \left(\mathscr{N}^{tk}_{t,k} + \mathscr{N}^{kt}_{t,ki} \right) -$$

$$\mathscr{N}^{tk}_l U^l_{tk} \big] \big\} \xi^i \mathrm{d}\tau \qquad (20)'$$

由(14)及(20)，即由$(14)'$及$(20)'$，得

$$\mathrm{I} + \mathrm{II} = \int_{\Omega} \big\{ ES_{ik} g^{tk} - S_{ik} g^{tk} + \big[\mathscr{N}^{tk}_i U^t_{lk} -$$

$$\mathscr{N}^{tk}_l U^l_{ik} - \mathscr{N}^{kt}_l U^l_{k} \mathscr{N} + \mathscr{N}^{tk}_{i,k} \big]_{,t} -$$

$$- \big[\frac{1}{2} \left(\mathscr{N}^{tk}_t + \mathscr{N}^{kt}_t \right)_{,kt} -$$

$$\mathscr{N}^{tk}_l U^l_{tk,i} - S_{tk,i} g^{tk} \big] \big\} \xi^i \mathrm{d}\tau \equiv$$

$$\int_{\Omega} \mathscr{M}_i \xi^i \mathrm{d}\tau \equiv 0 \qquad (13)'$$

由 ξ^i 的任意性（当然要要求它满足 $\xi^i \mid_{\delta\Omega} = \xi^j_{,k} \mid_{\delta\Omega} = 0$）及$(13)'$得"Bianchi 恒等式"

$$\mathscr{M}_i \equiv 0 \quad (i = 1, \cdots, 4) \qquad (27)$$

这里

$$\mathscr{M}_i = \big[- S_{ik} g^{tk} - S_{ki} g^{kt} + \mathscr{N}^{tk}_i U^t_{lk} -$$

$$\mathscr{N}^{tk}_l U^l_{ik} - \mathscr{N}^{kt}_l U^l_{ki} + \mathscr{N}^{tk}_{i,k} \big]_{,t} -$$

$$- \big[\frac{1}{2} (\mathscr{N}^{tk}_t + \mathscr{N}^{kt}_t)_{,ki} -$$

$$\mathscr{N}^t_l U^l_{tk,i} - S_{tk,i} g^{tk} \big] \tag{28}$$

不难看出,由上式定义的 $\mathscr{M}_i$ 与 $(18)_E$ 得到的 $(\mathscr{M}_i)_E$ 是不同的. 其差别来源于式 $(10_c)'$ 与式 $(10_c)_E$ 给出的 δU^l_{ik} 不同,其差异在于式 (28) 中项 $\mathscr{N}^{ik}_{i,kt}$ 的符号与在式 (28) 中还多了一项 $\frac{1}{2}(\mathscr{N}^{tk}_t + \mathscr{N}^{kt}_t)_{,ki}$,容易得知,当可以忽略 $\mathscr{N}^t_{ik}$ 的二阶偏微商时, $(\mathscr{M}_i)_E$ 与 $\mathscr{M}_i$ 是一致的,但这只极特殊情形才有可能.

同样可证明散度定理与动量 – 能量守恒定律也是与附录 Ⅱ$_E$ 中的有差异. 事实上,若将 $(10_c)'$ 和 $(10_c)_E$ 分别代到散度定理

$$(g^{ik} U^s_{ik})_{,s} = 0$$

中,显然得到不同的结果. 因而在此基础上所得到的守恒律当然也是不同的,由于这只是一些技术上的工作,为了节省篇幅,这里就不一一讨论了.

参 考 资 料

[1] EINSTEIN A. The Meaning of Relativity. 5ed (1955) Princeton. (爱因斯坦著,相对论的意义, 1961,1979 年再版.)

[2] EINSTEIN A. ISTOTA TEORII WZGL EDNO'SCI (1968),Warsawa.

[3] EINSTEIN A. Réflexions sur l'Électrodynamique, La Géométrie et la Relativité. nouvelle édition. (1979) Traduit Par M. solovine et M. A. Tonnelat. Paris.

［4］TAMM N E,СМОРОДИНСКИЙ Я А,КУЗНЕЗОВ Б Г.Альберт Зйнштейн Собране Наупные Трудов Том II(1967).807 Москова.

［5］汤川秀树.Einstein(1971),东京.

［6］范贷年.爱因斯坦文集.第二卷(1977)557,北京.

［7］TONNELAT M A. Les Théories Unitaires de l'Électromagnetisme et de la Gravitation, Gauthies-Villars,(1965). Paris.

［8］KOLTZ A H R, GREGORY L J. The Nonsymmetric unified field theory. G. R. G General Relativity and Gravitation vol 13. N. 2. 1981.

［9］WEYL H. Raum-Zeit-Matter. 5ed(1923)Berlin.

［10］SEN D K. Field for Particle, 1972.

Einstein 场方程的一类新解①

附
录

VII

一、介绍

在广义相对论和宇宙学中，Einstein 场方程是一个基本方程，因而求出它的精确解是非常重要且有意义的. 目前，对于 Einstein 场方程，除了著名的 Schwarzschild 解[1] 和 Kerr 解[2] 之外，还有很多有意义的结果[3-6].

尽管寻找 Einstein 场方程的精确解是十分有意义的，但是众所周知，求解 Einstein 场方程是非常困难的，因为它是一个关于 Lorentzian 度规 $g_{\mu\nu}(\mu,\nu = 0,1,2,3)$ 的二阶非线性双曲型偏微分方程. 一个好的坐标变换

---

① 引自浙江大学数学科学研究中心，沈明和孙庆有的文献.

可以简化方程使得方程容易求解,因此若要求解 Einstein 场方程,关键的一步就是选择适当的坐标系. 在文献[7]中,Kong 和 Liu 提出了如下形式的度规

$$(g_{\mu\nu}) = \begin{pmatrix} u & v & p & q \\ v & w & 0 & 0 \\ p & 0 & \rho & 0 \\ q & 0 & 0 & \sigma \end{pmatrix} \quad (1)$$

其中 u,v,p,q,w,ρ 以及 σ 是关于坐标(t,x,y,z) 的光滑函数. 他们证明了如果

$$g \triangleq \det(g_{\mu\nu}) = uw\rho\sigma - v^2\rho\sigma - p^2w\sigma -$$
$$q^2w\rho < 0 \quad (\rho < 0, \sigma < 0) \quad (2)$$

则度规$(g_{\mu\nu})$ 是 Lorentzian 的. 通过 Bianchi 恒等式, Kong 和 Liu 猜想 Einstein 场方程解的一般形式为下面三种类型

$$(\eta_{\mu\nu}) \triangleq \begin{pmatrix} u & v & p & q \\ v & 0 & 0 & 0 \\ p & 0 & \rho & 0 \\ q & 0 & 0 & \sigma \end{pmatrix} \quad (\text{I})$$

$$(\eta_{\mu\nu}) \triangleq \begin{pmatrix} 0 & v & p & q \\ v & w & 0 & 0 \\ p & 0 & \rho & 0 \\ q & 0 & 0 & \sigma \end{pmatrix} \quad (\text{II})$$

或者

$$(\eta_{\mu\nu}) \triangleq \begin{pmatrix} u & v & p & 0 \\ v & w & 0 & 0 \\ p & 0 & \rho & 0 \\ 0 & 0 & 0 & \sigma \end{pmatrix} \quad (\text{III})$$

在文献[8-9]中,Kong 和 Liu 关于时间周期解取得了一些新的结果. 在本附录中,我们根据 Kong 和 Liu 的方法构造了真空 Einstein 场方程的一类新的精确解. 我们说明了这类解不是 Minkowski 的,并且在本质上不同于其他已有的解. 此外,根据这类解的通式我们给出了两个例子,这两个例子的 Riemann 曲率张量在时间轴上的某些点上趋近于无穷,但是它们的 Riemann 曲率张量的模长为零.

二、一类新解

我们考虑下面的真空 Einstein 场方程

$$G_{\mu\nu} \triangleq R_{\mu\nu} - \frac{1}{2}g_{\mu\nu}R = 0 \tag{3}$$

或者等价地

$$R_{\mu\nu} = 0 \tag{4}$$

其中 $g_{\mu\nu}(\mu,\nu = 0,1,2,3)$ 是一个未知的 Lorentzian 度规,$R_{\mu\nu}$ 是 Ricci 曲率张量,R 是标量曲率,$G_{\mu\nu}$ 是 Einstein 张量.

在坐标 (t,x,y,z) 下,根据类型(Ⅰ)我们考虑下面形式的度规

$$ds^2 = (dt,dx,dy,dz)(g_{\mu\nu})(dt,dx,dy,dz)^{\mathsf{T}} \tag{5}$$

这里

$$(g_{\mu\nu}) = \begin{pmatrix} u & v & p & 0 \\ v & 0 & 0 & 0 \\ p & 0 & -k^2 & 0 \\ 0 & 0 & 0 & -k^2 \end{pmatrix} \tag{6}$$

其中 u,v,p 是关于 t,x,y 的光滑函数,k 是关于 t,x 的光滑函数. 通过简单的计算,得到

$$g \triangleq \det(g_{\mu\nu}) = -v^2 k^4 \tag{7}$$

因此,通过式(2)可知度规(6)是 Lorentzian 的.

根据文献[8],假设

$$v = Vk_x \qquad (8)$$

且

$$p = k^2 + kV_y \qquad (9)$$

其中 V 是关于 t, y 的任意光滑函数. 将(8)和(9)代入式(5),通过计算,我们得到

$$R_{03}, R_{11}, R_{12}, R_{13}, R_{23} = 0 \qquad (10)$$

$$R_{22} =$$

$$-\frac{2Vkk_{xt} - ku_x - uk_x - 4V_ykk_x - 3k^2k_x + VV_{yy}k_x + 2Vk_xk_t - V_y^2k_x}{k_xV^2}$$

$$(11)$$

且

$$R_{22} = R_{33} \qquad (12)$$

由

$$R_{22} = R_{33} = 0 \qquad$$

我们解得

$$u = 2Vk_t - 2V_yk - k^2 + VV_{yy} - V_y^2 + \frac{q}{k} \qquad (13)$$

其中,q 是关于 t 和 y 的积分函数.

为了简化计算,我们取

$$q = 0 \qquad (14)$$

则式(13)简化为

$$u = 2Vk_t - 2V_yk - k^2 + VV_{yy} - V_y^2 \qquad (15)$$

假设

$$VV_{yy} - V_y^2 = w^2 \qquad (16)$$

其中 w 是关于 t 的任意函数. 因此式(15)变为

$$u = 2Vk_t - 2V_yk - k^2 + w^2 \qquad (17)$$

求解式(16)得到

$$V = a \cosh\left(\frac{wy}{a} + b\right) \qquad (18)$$

其中 $a = a(t)$ 及 $b = b(t)$ 是两个积分函数. 不失一般性,取 $b(t) = 0$,则式(18)简化为

$$V = a \cosh\left(\frac{wy}{a}\right) \qquad (19)$$

把(8)(9)(17)和(19)代入式(4),我们得到

$$R_{00}, R_{01}, R_{02} = 0 \qquad (20)$$

自然成立. 由以上讨论,我们得到如下的定理.

定理 1 在坐标 (t, x, y, z) 下,真空 Einstein 场方程(3)有下面的解

$$ds^2 = (dt, dx, dy, dz)(g_{\mu\nu})(dt, dx, dy, dz)^{\mathrm{T}} \quad (21)$$

其中

$(g_{\mu\nu}) =$

$$
\begin{pmatrix}
2Vk_t - 2V_y k - k^2 + w^2 & k_x V & k^2 + kV_y & 0 \\
k_x V & 0 & 0 & 0 \\
k^2 + kV_y & 0 & -k^2 & 0 \\
0 & 0 & 0 & -k^2
\end{pmatrix} \quad (22)
$$

而 $k = k(t, x)$ 和 $w = w(t)$ 是任意的光滑函数,V 由式(19)给出.

三、解的几何分析

我们得到了 Lorentzian 度规(21)的 Riemann 曲率张量和 Weyl 标量. 进一步地,我们还比较了(21)和其他解,特别是和 Schwarzschild 解以及 Kerr 解之间的区别. 从而得出结论(21)是一个新的解.

通过直接计算,可以得到(21)的相应 Riemann 曲率张量为

$$R_{\alpha\beta\mu\nu} = 0 \quad (\forall\, \alpha\beta\mu\nu \neq 0202 \text{ 或 } 0303) \quad (23)$$

$$R_{0202} = \frac{kw\cosh(wy/a)(w_t a - wa_t)}{a^2} \qquad (24)$$

$$R_{0303} = -\frac{kw\cosh(wy/a)(w_t a - wa_t)}{a^2} \qquad (25)$$

其 Riemann 曲率张量的模长为

$$\| \boldsymbol{R} \| \triangleq R^{ij\gamma\delta}R_{ij\gamma\delta} = 0 \quad (i,j,\gamma,\delta = 0,1,2,3)$$
$$(26)$$

式(24)及(25)表明解(21)不是渐近平坦的,且非均匀的. 根据 WMAP 数据显示宇宙中存在各项异性信息[10],我们得到的这个时空也许能在宇宙中有新的应用.

在广义相对论中,Weyl 标量 $\Psi_0,\cdots,\Psi_4$ 是用来描述四维时空曲率的. 在 Newman-Penrose 形式中,它们是 Weyl 张量 $C_{\mu\nu\alpha\beta}$ 十个独立自由度的表现. 根据 Szekeres 在文献[11]中的物理解释,Ψ_0 和 Ψ_3 分别代表进入的和离开的纵向辐射项;Ψ_1 和 Ψ_4 分别代表进入的和离开的横向辐射项;Ψ_2 是 Coulomb 项,代表了单极引力的来源. 通过 CRTENSOR Ⅱ 的程序,可得到度规(21)的 Weyl 标量为

$$\Psi_0 = 0 \qquad (27)$$

$$\Psi_1 = \frac{V_y k_{xx}k + k_{xx}k^2 - kk_x^2 - 2V_y k_x^2}{\sqrt{2}\,Vk^2 k_x} \qquad (28)$$

$$\Psi_2 = \frac{4k^2 + 2V_y k + VV_{yy} + w^2 + V_y^2}{6V^2 k^2} \qquad (29)$$

$$\Psi_3 = \frac{1}{2\sqrt{2}\,k_x^3 kV^3}(-2V_y k_x^2 k + k_{xx}k^3 + 3V_{yy}Vk_x^2 -$$
$$2k_x^2 w^2 + 3V_y k_{xx}k^2 - k^2 k_x^2 - kk_{xx}w^2 -$$
$$2V_t V_y k_x^2 + 2VV_{yt}k_x^2 - 2V_t kk_x^2 -$$

676

$$V_y k_{xx} w^2 - 3V_y^2 k_x^2 + 2k_{xx} V_y^2 k) \tag{30}$$

$$
\begin{aligned}
\Psi_4 = \frac{1}{2k_x^2 kV^4}(& 4V_y V_t k + V^2 V_{yyy} + V^2 V_{yyt} + 2V_t k^2 - \\
& VV_{yy}k + V_y^2 k + kw^2 + 2V_y w^2 - \\
& VV_t V_{yy} + 2V_y^3 + 2V_t V_y^2 - \\
& 3VV_y V_{yy} - 2VV_{yt}k - 2VV_y V_{yt})
\end{aligned}
\tag{31}
$$

注意到曲率张量是内蕴的,从式(24)(25)得出 Lorentzian 度规(22)不是通过其他复杂的坐标变换得来的 Minkowski 度规,并且这个时空也不同于 Schwarzschild 时空和 Kerr 时空[12].我们通过表1进行更详细地比较.

表 1　Schwarzschild 解、Kerr 解以及本附录所得解之间的区别

比较项目	Schwarzschild 解	Kerr 解	本附录所得解
$R_{ijkl}(i,j,k,l = 0,1,2,3)$	$R_{ijij}(i<j)$	$R_{ijij}(i<j)$,R_{0113},R_{1323},R_{0223},R_{0102},R_{0312},R_{0123},R_{0213}	R_{0202},R_{0303}
$\|R\|$	$\neq 0$	$\neq 0$	0
Weyl 标量	Ψ_2	Ψ_2	$\Psi_1,\Psi_2,\Psi_3,\Psi_4$

注记 1　在表格 1 中仅列出不为零的 Riemann 曲率张量和 Weyl 标量.

注记 2　通过类似的比较,我们得到这个时空也不同于其他时空,例如,Gödel 宇宙[13],Taub-NUT 时空[4],Ori 时空[14],等等.

四、例子

我们根据定理 1 给出两个例子,并且分析了它们的性质.

例1 令

$$\begin{cases} w(t) = \exp\left(\dfrac{1}{t}\right) \\[2mm] a(t) = -t^2 \exp\left(\dfrac{1}{t}\right) \\[2mm] k(t,x) = \exp\left(-x^2 + \dfrac{1}{t}\right) \end{cases} \qquad (32)$$

那么在坐标 (t,x,y,z) 下，真空 Einstein 场方程(3) 的解为

$$ds^2 = (dt, dx, dy, dz)(\eta_{\mu\nu})(dt, dx, dy, dz)^{\mathrm{T}} \quad (33)$$

其中

$$(\eta_{\mu\nu}) = \begin{pmatrix} \eta_{00} & \eta_{01} & \eta_{02} & 0 \\ \eta_{01} & 0 & 0 & 0 \\ \eta_{02} & 0 & \eta_{22} & 0 \\ 0 & 0 & 0 & \eta_{33} \end{pmatrix} \qquad (34)$$

而

$$\begin{cases} \eta_{00} = 2\exp\left(\dfrac{2t + y - x^2 t^2}{t^2}\right) + \\[3mm] \qquad \exp\left(\dfrac{2}{t}\right)\left[1 - \exp(-2x^2)\right] \\[3mm] \eta_{01} = 2xt^2 \exp\left(-x^2 + \dfrac{2}{t}\right) \cosh\left(\dfrac{y}{t^2}\right) \\[3mm] \eta_{02} = \exp\left(-2x^2 + \dfrac{2}{t}\right) - \exp\left(-x^2 + \dfrac{2}{t}\right) \sinh\left(\dfrac{y}{t^2}\right) \\[3mm] \eta_{22} = -\exp\left(-2x^2 + \dfrac{2}{t}\right) \\[3mm] \eta_{33} = -\exp\left(-2x^2 + \dfrac{2}{t}\right) \end{cases}$$

$$(35)$$

通过式(7),易得

$$\eta \triangleq \det(\eta_{\mu\nu}) = -4x^2t^4\exp\left(-6x^2 + \frac{8}{t}\right)\cosh^2\left(\frac{y}{t^2}\right)$$

$$(36)$$

性质1 在解(33)中,变量 t 是时间坐标.

证明 由式(35)的第一个等式可知

$$\eta_{00} = 2\exp\left(\frac{2t + y - x^2t^2}{t^2}\right) +$$

$$\exp\left(\frac{2}{t}\right)\left[1 - \exp(-2x^2)\right] > 0$$

$$(37)$$

当 $x \neq 0$ 时,经过计算可得

$$\begin{vmatrix} \eta_{00} & \eta_{01} \\ \eta_{01} & 0 \end{vmatrix} = -4x^2t^4\exp\left(-2x^2 + \frac{4}{t}\right)\cosh^2\left(\frac{y}{t^2}\right) < 0$$

$$(38)$$

$$\begin{vmatrix} \eta_{00} & \eta_{01} & \eta_{02} \\ \eta_{01} & 0 & 0 \\ \eta_{02} & 0 & \eta_{22} \end{vmatrix} = 4x^2t^4\exp\left(-4x^2 + \frac{6}{t}\right) \times$$

$$\cosh^2\left(\frac{y}{t^2}\right) > 0 \qquad (39)$$

$$\begin{vmatrix} \eta_{00} & \eta_{01} & \eta_{02} & 0 \\ \eta_{01} & 0 & 0 & 0 \\ \eta_{02} & 0 & \eta_{22} & 0 \\ 0 & 0 & 0 & \eta_{33} \end{vmatrix} = -4x^2t^4\exp\left(-6x^2 + \frac{8}{t}\right) \times$$

$$\cosh^2\left(\frac{y}{t^2}\right) < 0 \qquad (40)$$

当 $x = 0$ 时,$(\eta_{\nu\mu})$ 的行列式等于零. 因此 $x = 0$ 是由式

（33）所描述的时空的退化奇点. 根据文献［15］中事件视界的定义，可知 $x = 0$ 不是事件视界. 由上述讨论可知变量 t 是时间坐标.

性质 2 对于任意固定的 $y \in \mathbf{R}$，当 $t \rightarrow 0$ 时有

$$| R_{0202} | \rightarrow \infty \ , \ | R_{0303} | \rightarrow \infty \tag{41}$$

证明 将（32）代入式（24）和式（25），可得

$$R_{0202} = \frac{2\exp\left(-x^2 + \dfrac{2}{t}\right)\cosh\left(\dfrac{y}{t^2}\right)}{t^3} \tag{42}$$

$$R_{0303} = -\frac{2\exp\left(-x^2 + \dfrac{2}{t}\right)\cosh\left(\dfrac{y}{t^2}\right)}{t^3} \tag{43}$$

因此，当 $t \rightarrow 0$，易得

$$| R_{0202} | \rightarrow \infty \tag{44}$$

$$| R_{0303} | \rightarrow \infty \tag{45}$$

证毕.

注意到式（26），我们得到

$$\| \mathbf{R} \| \triangleq R^{ijkl} R_{ijkl} = 0 \quad (i,j,k,l = 0,1,2,3)$$

上式说明 $t = 0$ 不是时空（33）的物理奇点，而是由于坐标选取不当产生的奇点. 以后我们会继续深入研究这一问题.

下面我们讨论在坐标 (t,x,y,z) 下时空（33）的零曲线和光锥. 固定 y 和 z，得到

$$ds^2 = \left\{ 2\exp\left(\frac{2t + y - x^2 t^2}{t^2}\right) + \right.$$

$$\left. \exp\left(\frac{2}{t}\right)\left[1 - \exp(-2x^2) \right] \right\} dt^2 +$$

$$2xt^2\exp\left(-x^2 + \frac{2}{t}\right)\cosh\left(\frac{y}{t^2}\right) dt dx$$

在(t,x) – 图上考虑零曲线的定义为

$$\left\{2\exp\left(\frac{2t + y - x^2t^2}{t^2}\right) + \right.$$

$$\left. \exp\left(\frac{2}{t}\right)\left[1 - \exp(-2x^2)\right]\right\}\mathrm{d}t^2 +$$

$$2xt^2\exp\left(-x^2 + \frac{2}{t}\right)\cosh\left(\frac{y}{t^2}\right)\mathrm{d}t\mathrm{d}x = 0$$

通过上式求得

$$\mathrm{d}t = 0$$

$$\frac{\mathrm{d}t}{\mathrm{d}x} = -\frac{2xt^2\cosh\left(\dfrac{y}{t^2}\right)}{2\exp\left(\dfrac{y}{t^2}\right) + \exp(x^2) - \exp(-x^2)} \quad (46)$$

因此,零曲线和光锥的示意图可参见图 1.

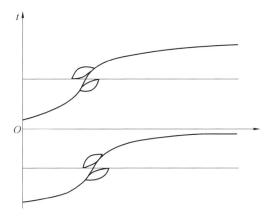

图 1　零曲线与光锥

对于任意固定的 $t \in \mathbf{R}$,通过式(33)得到 t – 切面为

681

$$ds^2 = - \exp\left(- 2x^2 + \frac{2}{t} \right) (dy^2 + dz^2) \qquad (47)$$

当 $t \neq 0$,上式说明 t - 切面为一个共形平面.

例2 令

$$\begin{cases} w(t) = e^{-1/\sin t} \\ a(t) = e^{-1/\sin t} \sin^2 t/\cos t \\ k(t,x) = \sin^2 x e^{-1/\sin t} \end{cases} \qquad (48)$$

此时,我们得到真空 Einstein 场方程(3)的解为

$$(\tilde{\eta}_{\mu\nu}) = \begin{pmatrix} \tilde{\eta}_{00} & \tilde{\eta}_{01} & \tilde{\eta}_{02} & 0 \\ \tilde{\eta}_{01} & 0 & 0 & 0 \\ \tilde{\eta}_{02} & 0 & \tilde{\eta}_{22} & 0 \\ 0 & 0 & 0 & \tilde{\eta}_{33} \end{pmatrix} \qquad (49)$$

其中

$$\begin{cases} \tilde{\eta}_{00} = \dfrac{2\sin^2 x}{e^{(2\sin t + y\cos t)/\sin^2 t}} + \dfrac{1 - \sin^4 x}{e^{2/\sin t}} \\[2mm] \tilde{\eta}_{01} = \dfrac{2\sin x \cos x \sin^2 t \cosh(y\cos t/\sin^2 t)}{\cos t e^{2/\sin t}} \\[2mm] \tilde{\eta}_{02} = \dfrac{\sin^4 x + \sin^2 x \sinh(y\cos t/\sin^2 t)}{e^{2/\sin t}} \\[2mm] \tilde{\eta}_{22} = - \sin^4 x e^{-2/\sin t} \\[2mm] \tilde{\eta}_{33} = - \sin^4 x e^{-2/\sin t} \end{cases} \qquad (50)$$

通过式(7),易得

$$\tilde{\eta} \triangleq \det(\tilde{\eta}_{\mu\nu}) =$$
$$- \frac{4\sin^{10} x \cos^2 x \sin^4 t \cosh^2(y\cos t/\sin^2 t)}{\cos^2 t e^{8/\sin t}} \qquad (51)$$

类似地,可以证明.

性质3 在解(49)中,变量 t 为时间坐标.

通过性质 3 及式(50),可知如下的 Lorentzian 度规

$$ds^2 = (dt, dx, dy, dz)(\tilde{\eta}_{\mu\nu})(dt, dx, dy, dz)^{\mathrm{T}} \quad (52)$$

是真空 Einstein 场方程(3)的时间周期解. 时间周期解和循环宇宙[16]有着密切的联系. 这个时空的其他性质和例 1 类似,在这里就不再赘述了.

五、总结

本附录中,我们找到了真空 Einstein 场方程的一类新解(22),并给出了两上有意义的例子. 我们得到这类解的 Weyl 标量除了 Ψ_0 外其余的都不为零. 根据(22),可以构造出真空 Einstein 场方程的很多解. 在本附录中我们仅给出了两个例子,它们的 Riemann 曲率在时间坐标上趋近于无穷,但其 Riemann 曲率张量的模长为零. 以后我们要构造真空 Einstein 场方程的其他类型的解,期望其 Riemann 曲率张量的模长在时间坐标为有限值时趋近于无穷.

参考资料

[1] SCHWARZCHILD K. Uber das gravitationsfeld eines masenpunktes nach der Einsteinschen theorie. Sitz Preuss Akad Wiss, 1916:189.

[2] KERR R P. Gravitiational field of a spinning mass as an example of algebraically special metrics. Phys Rev Lett, 1963,11:237-238.

[3] BICAK J. Selected Solutions of Einstein's Field Equations: Their Role in General Relativity and

Astrophysics. In Einstein's Field Equations and Their Physical Implications, Lecture Notes in Phys, 540. Berlin: Springer, 2000:1-126.

[4] HAWKING S W, ELLIS G F R. The Large Scale Structure of Space-time. Cambridge: Cambridge University Press, 1973.

[5] STEPHANI H, KRAMER D, MACCALLUM M, et al. Exact Solutions of Einstein's Field Equations (second edition). Cambridge Monographs on Mathematical Physics. Cambridge: Cambridge University Press, 2003.

[6] 李慧玲,蔡敏,林榕. 对稳态 NUT-Kerr-Newman 黑洞的量子隧穿特征的研究. 数学物理学报,2008, 28A(6):1150-1156.

[7] KONG D X, LIU K F. Time-periodic solutions of the Einstein's filed equations. arXiv:0808. 1100v2.

[8] KONG D X, LIU K F, SHEN M. Time-periodic solutions of the Einstein's field equations II. arXiv: 0807.4981.

[9] KONG D X, LIU K F, SHEN M. Time-periodic universe. arXiv:0809.0046.

[10] HINSHAW G, et al. Three-year wilkinson microwave anisotropy probe (WMAP) observations: Temperature analysis. arXiv: astro-ph/0603451.

[11] SZEKERES P. The Gravitatonal compass. J

Math Phys, 1965, 6:1387-1391.

[12] CHANDRASEKHAR S. The Mathematical Theory of Black Holes. New York: Oxford University Press, 1983.

[13] GÖDEL K. An example of anew type of cosmological solution of Einstein's field equations of graviation. Rev Mod Phys, 1949, 11:447-450.

[14] ORI A. A class of time-machine solutions with a compact vacuum core. Phys Rev Lett, 2005,95: 021101.

[15] WALD R M. General Relativity. Chicago, London: The University of Chicago Press, 1984.

[16] CORICHI A, SINGH P. Quantum bounce and cosmic recall. Phys Rev Lett, 2008,100: 161302.